肉羊肥育与疾病防治

主　编
吴心华

编著者
王伟华　贝丽琴
包玉琴　宋佳卉
蔡志斌　李学仁

金盾出版社

内 容 提 要

本书重点围绕肉羊生产的核心技术饲养管理和疾病防治进行编写，饲养管理技术包括：肉羊品种培育与繁殖技术，肉羊场建设，肉羊饲料调制技术，肉羊营养需要与饲养标准，肉羊饲养管理，肉羊肥育技术；疾病防治内容包括：舍饲羊病特点与对策，传染病防治，寄生虫病防治，营养代谢病防治，普通病防治。本书由多位长期从事肉羊生产实践和教学的专家编写，内容全面，技术实用，适合基层技术推广人员和肉羊养殖场(户)畜牧兽医人员参考。

图书在版编目(CIP)数据

肉羊肥育与疾病防治/吴心华主编．—北京：金盾出版社，2014.5(2019.1重印)
ISBN 978-7-5082-9000-3

Ⅰ.①肉…　Ⅱ.①吴…　Ⅲ.①肉用羊—饲养管理②羊病—防治　Ⅳ.①S826.9②S858.26

中国版本图书馆CIP数据核字(2013)第277222号

金盾出版社出版、总发行
北京市太平路5号(地铁万寿路站往南)
邮政编码:100036　电话:68214039　83219215
传真:68276683　网址:www.jdcbs.cn
北京军迪印刷有限责任公司印刷、装订
各地新华书店经销
开本:850×1168 1/32　印张:6.75　字数:160千字
2019年1月第1版第4次印刷
印数:14 001～17 000册　定价:21.00元

作者简介

吴心华　男，1963年10月生，宁夏大学教授，兽医专家。现兼任农业部中国动物疾病控制中心牛传染病控制净化评估认证专家，中国畜牧兽医学会兽医内科学分会常务理事，中国畜牧兽医学会兽医外科学分会理事；宁夏回族自治区现代农业奶产业专家；宁夏吴忠市奶产业专家；宁夏贺兰山乳业集团奶牛技术顾问；宁夏灵武市羊产业专家；中国青年创业国际促进会（YBC）导师。从事兽医诊疗工作30年，诊治各种家畜约10万头次，从事牛人工授精11年，积累了丰富的诊疗经验，尤其擅长奶牛疾病的诊治、外科手术、人工授精、饲养管理。

2002年首次在宁夏开展奶牛真胃变位研究，至今已完成700余例奶牛真胃变位手术，成功救活500余头奶牛，并将技术在行业内广泛传授，培养徒弟百余人，对兽医临床技术的提高和宁夏奶产业的快速发展做出了积极贡献。

2006年获全国“各民主党派工商联无党派人士为全面建设小康社会做贡献先进个人”。

2007年获吴忠市农业农村工作优秀外聘科技工作者。

2004年、2005年、2006年、2009年分别获宁夏大学教学质量奖。2007年、2008年、2010年、2013年获宁夏大学“优秀毕业生指导教师”。

2008年“动物主要器官血管铸型标本的研制”获宁夏回族自治区科技进步奖二等奖。

2010年获宁夏大学“首届科技服务地方先进工作者”。

2012获“宁夏回族自治区青年创业优秀导师”,“宁夏银川市青年创业优秀导师”。

2013年获“中国青年创业国际促进会资源贡献奖”。

发表论文40篇,主编教材3部,参编著作4部。

前言

发展肉羊养殖是我国畜牧业的重要产业之一。我国牧场的载畜量已经过饱和，为了保护环境和生态平衡，肉羊的舍饲或圈养已经成为广大农区和禁牧区域的主要养殖方式。目前，舍饲养羊涌现出的主要问题有：饲养密度加大，防病治病难度加大，致使羊的传染病、寄生虫病、营养代谢病、中毒病频发；饲养成本上升，基础母羊越来越少，羊价格越来越高；粗饲料短缺，品质下降；人员工资提高，饲养成本加大；药物使用泛滥，羊肉质量下降等问题。《肉羊肥育与疾病防治》在编写内容和资料选择上着眼于目前舍饲养羊场存在的主要问题来谈，针对性强，使用价值高，适合生产、教学、科研者应用。

《肉羊肥育与疾病防治》主要讲述了肉羊的品种培育技术，杂交优势利用技术，繁殖控制技术，饲料配制与营养调控技术，饲养管理技术，育肥技术和疾病防治技术，配以典型图片，图文并茂，重点突出，便于识别，容易掌握。

本书在编写过程中得到了宁夏大学师生，宁夏大北农科技实业有限公司、宁夏灵武市狼皮子梁山草羊基地、新希望青铜峡国雄饲料公司等单位和许多同志的支持和关心，不少同仁还提供了珍贵的照片，在此一并致谢。

由于时间仓促，加之编者水平有限，错误和缺点在所难免，恳请广大读者提出宝贵意见。

编著者

目　录

第一章　肉羊品种培育与繁殖技术

一、羊的品种

(一)中国羊品种

1. 滩羊　滩羊是宁夏地方优良品种,集中分布于宁夏的银川市、石嘴山市以及吴忠所辖县、区及甘肃,内蒙古地区的荒原上(图1-1)。

哺乳滩羊

断奶公滩羊

图1-1　滩　羊

主要特性:属短脂尾羊,是我国珍贵的裘皮羊品种,所产二毛裘皮独具一格。羊毛富光泽和弹性,为纺织提花毛毯的优质原料。体质坚实,适应荒漠、半荒漠地区条件。体重:公羊为47千克,母羊为35千克。羊毛品质:被毛由有髓毛组成。毛长:公羊为11.2厘米,母羊为8.9厘米。剪毛量:公羊为1.6～2.0千克,母羊为1.3～1.8千克。羊毛细度:无髓毛为17微米,有髓毛为26.6微米。净毛率为65%。生产的裘皮为二毛皮，洁白呈波浪形花案，美丽轻盈柔软，毛股一般有5～7个弯曲，较好的花型属串字花。产肉性能：屠宰率，成年羯羊为45%，母羊为40%，二毛羔为50%。产羔率为102%。初生羔羊体重一般可达4 000克左右，约相当于母羊体重的9%。生后，公羔生长发育稍微比母羔快一些。在5月龄断奶时，公羔体重一般达到24千克左右，母羔体重一般可达18千克左右，在断奶后的6、7个月内，生长发育较缓慢。公羔满10月龄时，一般体重30千克左右，母羔满10月龄时可达24千克左右。

宁夏于20世纪80年代初期，从山东引进小尾寒羊进行纯种繁殖，同时用小尾寒羊公羊同宁夏绵羊的当家品种滩羊杂交，所产滩寒杂种羊的产羔率170%～200%，早熟性好，非季节性发情，体重大于同龄、同性别的滩羊，达到了预期目的，取得了良好效果。20世纪90年代以来，又引进国外肉羊专用品种萨福克、特克萨尔、无角陶赛特、杜泊羊为父本，杂交改良滩寒杂种羊，提高其产肉量、改善肉的品质，创造了明显的经济效益、社会效益和生态效益。

2. 小尾寒羊 小尾寒羊是中国乃至世界著名的肉裘兼用型绵羊品种，主要产于山东省(图1-2)。

断奶小尾寒羊

小尾寒羊种公羊

图1-2 小尾寒羊

主要特性：小尾寒羊是我国优良的肉毛兼用型绵羊品种，具有适应性强、耐粗饲、早熟、多胎、多羔、生长快、体格大、产肉多、裘皮好、遗传性稳定和适应性强等优点。成年公羊体重150～200千克。终年可繁殖，两年三产，不少是一年两产，每胎2～4只，高的达7只。肉用性能优良，早期生长发育快，成熟早，易肥育，适于早期屠宰。在良好的饲养条件下，3月龄公羔断奶体重达26千克，胴体重13.6千克，净肉重10.4千克；3月龄母羊羔断奶体重达24千克，胴体重12.5千克，净肉重9.6千克。6月龄公羊体重可达46千克，胴体重23.6千克，净肉重18.4千克；6月龄母羊体重可达42千克，胴体重21.9千克，净肉重16.8千克。周岁肥育羊屠宰率55.6%，净肉率45.89%。

3. 内蒙古白绒山羊　内蒙古白绒山羊主要分布于内蒙古自治区西部的巴彦淖尔盟、伊克昭盟和阿拉善盟，是著名的绒肉兼用羊品种。所产白羊绒，品质优良，在国际上享有很高的声誉，其产品被誉为白如雪、轻如云、软如丝的天然珍品。近几年，日本、澳大利亚、朝鲜等国竞相购买内蒙古白绒山羊(图1-3)。

图1-3　内蒙古白绒山羊

内蒙古白绒山羊有3个类型，即二狼山白山羊、阿尔巴斯白绒山羊和阿左旗绒山羊。3个类型的外貌特征基本相似，公、母羊均有角有须，公羊角向后上方向外捻曲，呈扁三棱形，长约60厘米；

母羊角较小，长约25厘米。头中等大小，鼻梁微凹，耳大向两侧半下垂。体形较粗短，近似方形，后躯略高，四肢粗壮结实。被毛分内外两层，外层为粗毛，光泽良好，长12～20厘米，细度83.8～88.8微米；内层为绒毛，长5.0～6.5厘米，细度12.1～15.1微米。按其被毛状态又可分为长细毛型和短粗毛型，前者外层被毛长而细，产绒量低；后者外层被毛短而粗，但产绒量高。

内蒙古白绒山羊是一个适应性强、产肉多、绒毛增产潜力大的地方良种。公羊活重52～58千克，母羊30～45千克，屠宰率40%～50%。平均产绒量360克左右，最高达870克，粗毛产量与绒毛产量相近，但繁殖率较低，多为单羔，且一年产一胎。

4. 中卫山羊 中卫山羊是裘皮用羊，其中心产区是宁夏的中卫县和甘肃的景泰、靖远县，与其毗邻的中宁、同心、海原、皋兰、会宁等地也有分布。解放以来，该羊先后被全国20个省(区)引进，用以改良当地羊，效果较好(图1-4)。

图1-4 中卫山羊

中卫山羊毛色以纯白为主，杂色较少。成年羊头部清秀，面部平直，额部丛生毛一束。公、母羊皆有须。公羊有向后上方向外伸展的捻曲状大角，母羊有向后上方弯曲的镰刀状角，无角者甚少。体躯短深，近于方形，全身各部位结构匀称，结合良好，四肢端正，蹄质结实。体格中等，成年公羊体高 61 厘米，体长 68 厘米，体重 30～40 千克；成年母羊体高 57 厘米，体长 59 厘米，体重 25～35 千克。被毛分为两层，外层为粗毛，有浅波状弯曲和真丝样光泽，长 20 厘米左右，细度为 50～56 微米，状如安哥拉羊毛；内层为绒毛，纤细柔软，有丝样光泽，长 6～7 厘米，细度 12～14 微米。

中卫山羊是世界上唯一的裘皮用羊品种，初生羔羊全身覆有波浪形弯曲的毛股，生后 1 个月左右，毛长达到 7.5 厘米左右时，毛股上有 3～4 个波浪形弯曲，多的有 6～7 个，毛股紧实，花色艳丽，形成美丽的花穗，且花案清晰，光泽悦目，此时宰杀剥皮，与著名的滩羊裘皮极为相似。裘皮皮板面积 1 360～3 392 厘米^2。屠宰适时的裘皮，具有美观、轻便、结实、保暖和不结毡等特点。

中卫山羊成年羊产肉 12 千克左右，屠宰率 40.3%～48.8%，裘皮期羔羊产肉 2.5～4.0 千克，屠宰率 50.5%。公羊产毛量 250～500 克，产绒 100～150 克；母羊产毛量 200～400 克，产绒 120 克左右。母羊泌乳期 5～7 个月，日产奶 250～500 克。产羔率 103.95%，双羔率 2.2%左右。

中卫山羊体质结实，具有耐寒、抗暑、抗病力强和耐粗饲等优良特性。

5. 辽宁绒山羊 辽宁绒山羊分布在辽宁省辽东半岛步云山周围各县，中心产区在盖县，它是我国著名的绒山羊品种，具有产绒量高、绒白色、体格大、适应性和遗传性强等特点。该品种杂交改良地方羊效果明显，杂种一代，产绒量可提高 2～3 倍，产肉量也有较大幅度的提高。

辽宁绒山羊毛色纯白，体格大，休躯结构匀称，体质结实。头较大，额顶有绺毛。颈宽厚，背平直，后躯发达，四肢较高。公母羊均有角有须，公羊角粗大开向两侧平直伸展，角长约 40 厘米；母羊角较小，向后上方；角长约 20 厘米。被毛外层为粗毛，具有丝样光泽，内层为绒毛。

辽宁绒山羊公羊产绒量平均 600 克，最高可达 1 000 克以上，产粗毛量约 700 克；母羊产绒量约 400 克，最高 750 克，产粗毛量约 500 克。绒毛平均长度 7 厘米左右，平均细度 17 微米左右。公羊活重平均 50 千克，母羊 40 千克左右，平均屠宰率为 45％，胴体重 20 千克以上。公、母羊 7～8 月龄开始发情，产羔率 110％～120％。

(二)国外肉羊品种

1. 萨福克羊 原产于英国英格兰东南部的萨福克、诺福克、剑桥和艾塞克斯等地。萨福克羊以无角、黑头、黑腿、肉用体型好的南丘羊为父本，以当地体型较大、黑头、有角、毛用型、腿长、体长而狭窄、放牧性能好、肌肉发达、强健的旧型诺福克羊为母本进行杂交育种，于 1859 年育成。属于大型肉羊品种(图 1-5)。

纯种萨福克

萨福克杂种1代

图 1-5 萨福克羊

主要特征：美国培育出的高性能萨福克成年公羊体重113～159千克，成年母羊体重81～113千克，成年母羊产毛量2.25～3.60千克，净毛率50%～62%。萨福克羊毛属中型毛，纤维直径25.5～33.0微米，羊毛品质支数48～58支，被毛长度5.00～8.75厘米。白萨福克是由澳大利亚于1977年开始培育的一种头和四肢均为白色的萨福克品种。白萨福克与萨福克的生产性能相近，但是为白脸和白腿。白萨福克的育种目标同萨福克相同，即低脂肪，大胴体，体型良好且生长迅速。

外貌特征：公、母羊均无角，体躯白色，头和四肢黑色，体质结实，结构匀称，头重，鼻梁隆起，耳大，颈长、深且宽厚，鬐甲宽平，胸宽深，头、颈、肩结合良好。背腰长而宽广平直，腹大紧凑，肋骨开张良好，四肢健壮，蹄质结实，体躯肌肉丰满呈长桶状，前、后躯发达。

生长发育特征：宁夏畜牧所从新西兰引进萨福克种羊测定结果，头胎公羔初生重5.2±1.1千克，母羔4.5±0.6千克；公羔月龄重13.5±3.2千克，母羔13.1±2.7千克；周岁公羊体重114.2±6.0千克，母羊74.8±5.6千克；2岁公羊体重129.2±6.7千克，母羊91.2±10.9千克；3岁公羊体重138.5±4.4千克，母羊96.8±7.2千克。

繁殖性能：公、母羔4～5月龄即有性行为，7月龄性成熟，有7月龄偷配、12月龄产足月羔者。通常情况下公、母羊12月龄初配。在宁夏除炎热的7～8月份发情较少外，其他时节均能正常发情、妊娠。第一个情期妊娠率91.6%，第二个情期妊娠率100%，总妊娠率100%。1.5岁母羊只平均妊娠期限144.2±2.6天，范围142～149天，头胎产羔率173%，第二胎产羔率204.8%。公羊12月龄开始配种，1.5～2岁公羊采精量0.9～1.5毫升，精子密度15亿～24亿/毫升，精子活力0.75，人工授精和人工辅助交配条件下，情期妊娠率80%～90%，本交公羊同断尾或短瘦尾母羊之比为1∶100。萨福克母羊第二胎所产羔羊数和体重见表1-1。

表1-1 萨福克母羊第二胎所产羔羊数和体重 （千克）

每胎产羔数	羔羊性别	初生重	1月龄重	3月龄重	6月龄重	10月龄重
单　羔	公	5.7	19.8	47.5		
	母	5.4	20.6	43.2		
双　羔	公	5.3	17.5	41.4		
	母	4.9	15.2	38.1		
三　羔	公	5.3	18.9	47.5		
	母	3.7	11.0	30.3		
四　羔	公	4.0	15.7	44.7		
	母	3.5	8.9	29.0		
平　均	公	5.0	17.5	44.0	51.8	76.4
	母	4.7	15.3	37.6	51.6	68.1

产毛性能：成年公羊产毛量5～6千克，成年母羊产毛量3～4千克，毛长7～9厘米，细度48～50支，净毛率60%，毛白色，偶尔可见少量的有色纤维。宁夏畜牧所从新西兰引进的萨福克公羊春毛产量3.0千克，自然长度5.5厘米。羊毛品质分析结果表明，公羊毛平均细度48～50支，伸直长度66.2毫米，强度17.6 cN，伸度33.3%，含脂率9.9%，R_{457}白度42.7；母羊相应指标依次为产毛量2.4千克，自然长度4.9厘米，细度48～50支，伸直长度71.3毫米，强度16.7 cN，伸度37.8%，含脂率9.8%，R_{457}白度43.2。

产肉性能：萨福克公、母羔羊4月龄平均体重47.7千克，屠宰率50.7%；7月龄平均体重70.4千克，胴体重38.7千克，屠宰率55%，出栏羔羊肉质细嫩，肉脂相间，味道鲜美。

萨福克是目前世界上体格、体重最大的肉用羊品种，北美洲饲养的萨福克公羊体重113～159千克，母羊81～110千克；品种特征明显，体型外貌整齐，肉用体型突出，繁殖率、产肉率、日增重高，肉质好，被各引入地作为肉羊生产的终端父本。由于该品种羊的头和四肢为黑色，被毛中有黑色纤维，杂交后代多为杂色被毛，故在细毛羊产区要慎重。

2. 无角陶(道)塞特羊　无角陶塞特羊是发展肉用羔羊的父系品种之一。原产于大洋洲的澳大利亚和新西兰(图 1-6)。

图 1-6　纯种无角陶赛特羊

主要特性：公、母羊均无角，颈粗短，体躯长，胸宽深，背腰平直，体躯呈圆桶形，四肢粗短，后躯发育良好，全身被毛白色。成年公羊体重 100～125 千克，母羊 75～90 千克。该品种羊具有早熟，生长发育快，全年发情和耐热及适应干燥气候等特点。胴体品质和产肉性能好，4 月龄羔羊胴体 20～24 千克，屠宰率 50%以上。产羔率为 130%～180%。无角陶赛特公羊与小尾寒羊母羊的杂交，效果良好，杂交后 6 月龄公羔胴平均体重为 24.20 千克，屠宰率达 54.50%，净肉率达 43.10%，后腿肉和腰肉重占胴体重的 46.07%。

纯种无角陶赛特羊和萨福克羊在宁夏生长发育进行比较：通过对萨福克羊和无角陶赛特羊不同时期(初生、30 日龄、断奶、周岁)生长发育情况和生产性能作了对比，萨福克羊和无角陶赛特羊在宁夏地区都能表现出其优良的特点和生产性能，而且与当地母羊杂交效果非常明显。试验结果表明，从体重来看，萨福克公、母羔初生体重均大于无角陶赛特公、母羔；30日龄、断奶、周岁时无角陶赛特公、母羊的体重均大于萨福克公、母羊。说明萨福克羊在出生后生长发育迅速，属肉用早熟品种。而无角陶赛特羊在30日龄、断奶、周岁时生长发育较快。从体尺来看，萨福克公、母羔在初生时的体高、体长和胸围均大于无角陶赛特公、母羔，30日龄、断奶、周岁时无角陶赛特公、母羊的体高、体长和胸围均大于萨福克公、母羊。

3. 夏洛莱羊 夏洛莱羊原产于法国中部的夏洛莱地区，是最优秀的肉用品种。被毛同质，白色。公、母羊均无角，整个头部往往无毛，脸部皮肤呈粉红色或灰色，有的带有黑色斑点，两耳灵活会动，性情活泼(图1-7)。

图1-7 夏洛莱羊

主要特性：具有早熟，耐粗饲，采食能力强，肥育性能好等特点。成年公羊体重110～140千克，成年母羊体重80～100千克。羔羊生长速度快，平均日增重为300克。4月龄肥育羔羊体重为35～45千克，6月龄公羔体重为48～53千克，母羔38～43千克，周岁公羊体重为70～90千克，周岁母羊体重为50～70千克。产肉性能：夏洛莱羊4～6月龄羔羊的胴体重为20～23千克，屠宰率为50%，胴体品质好，瘦肉率高，脂肪少。夏洛莱羊被毛白色，毛细而短，毛长6～7厘米，剪毛量3～4千克，细度为60～65支，密度中等。繁殖性能：属季节性自然发情，发情时间集中在 9～10 月，平均受胎率为 95%，妊娠期 144～148 天。初产羔率 135%，三至五产可达 190%。

4. 杜泊羊　杜泊羊原产于南非，是由有角陶赛特羊和波斯黑头羊杂交育成，主要用于羊肉生产，分为白头杜泊和黑头杜泊两种(图 1-8)。

图 1-8　杜泊羊

主要特性：杜泊羊个体高度中等，体躯丰满，体重较大。成年公羊和母羊的体重分别在 120 千克和 85 千克左右。杜泊羊以产肥羔肉而见长，胴体肉质细嫩、多汁、色鲜、瘦肉率高，被国际誉为“钻石级肉”。4 月龄屠宰率 51%，净肉率 45%左右，肉骨比 9.1∶1，料重比 1.8∶1。杜泊羔羊生长迅速，3.5～4 月龄的杜泊羊体重可达 36 千克，屠宰胴体约为 16 千克，品质优良，羔羊日增重 81～91 克，最高日增重可达 200 克。杜泊母羊可在一年四季任何时期产羔。母羊的产羔间隔期为8个月,在饲料条件和管理条件较好的情况下,母羊可达到二年三胎,一般产羔率能达到150%。

图1-9 特克塞尔羊

5. 特克塞尔羊 特克塞尔羊属于中大型品种,原产于荷兰,世界许多地区均有分布,我国宁夏、内蒙古、黑龙江等地引进(图1-9)。

主要特性:特克塞尔羊头部与四肢无绒毛,蹄色为黑色。公羊体重110~130千克,母羊70~90千克,剪毛量5~6千克,毛长10~15厘米,毛细50~60支,剪毛量3.5~5.5千克。4~5月龄体重可达40~50千克,产羔率150%~160%。

6. 波尔山羊 波尔山羊原产于南非,波尔山羊被称为世界"肉用羊之王"(图1-10)。

图1-10 波尔山羊

主要特性:具有体型大、生长快、繁殖力强、产羔多、屠宰率高、产肉多、肉质细嫩、耐粗饲、适应性强和抗病力强的特点。成年波尔山羊公羊、母羊的体重分别达60千克和65千克左右。屠宰率较高,平均为48.3%。

二、肉羊品种培育与杂交优势利用

（一）肉羊品种培育

纵观世界畜牧业发展史，发达国家无不经历了数量扩张型和质量效益型两个阶段。当羊数量达到一定规模后再靠增加数量提高效益其空间和潜力已很小，只有靠提高个体生产性能和产品质量来提高效益，即由数量型向质量效益型转变是经济增长方式转型在畜牧业中的具体体现。在世界各国肥羔生产体系中，经济杂交是最重要的措施之一，通过品种间杂交所产生的杂种优势，具有生活力强、生长发育快、饲料利用率高、适应性强的优点，是提高个体产量和经济效益的最有效、最便捷的途径。国外大量试验表明，二元杂交断奶重的杂种优势率为13%，三品种杂交的杂种优势率在38%以上，四品种杂交的杂种优势率又超过三品种杂交。杂交方式分为级进杂交和经济杂交（简单杂交、多元杂交、轮回杂交），杂交方案的选择应根据当地羊的类型、饲草料资源及品质、农户经济状况、技术力量、养殖水平、生产成本等因素综合考虑。

我们进行肉羊生产采用的最主要的技术之一就是品种培育与杂交优势利用技术。肉羊品种培育技术包括选种技术、选配技术。

选种技术是“选优去劣”过程，具有创造性，可改变种群基因频率。选配技术是一种交配制度，可巩固选种成果，实现选种目的；选种与选配互为基础。杂交优势利用技术可以创造新组合（新表型）产生杂交优势（生产力、生活力、适应性、抗逆性等方面）。

(二)肉羊培育模式

1. 肉羊纯种繁育与杂交利用体系的概念 所谓肉羊的纯种繁育与杂交利用体系,是在充分利用现有品种(系)资源的基础上,将纯种肉羊的选育提高、良种肉羊的推广和商品肉羊的生产结合起来,通过深入开展配合力测定或杂交组合试验,筛选出既适合当地生产条件又符合市场需要的优选组合,并通过建立不同性质的各具不同规模的肉羊场(纯种羊育种场、良种羊繁殖场和商品肉羊生产场),各羊场之间密切配合,严格按照固定的杂交模式和规范化的生产技术,系统进行商品肉羊完整的纯种繁育与杂交利用体系,通常是以纯种肉羊育种场(父系肉用品种和母系品种的核心群)为核心、良种肉羊繁殖场(繁殖群)为中介、商品肉羊生产场(生产群)为基础的上小下大宝塔式繁育体系。生产,以形成一个统一的遗传传递系统。

建立良种肉羊的繁育体系是现代肉羊业的发展方向,标志着一个国家或一个地区肉羊业的发达程度。在现代肉羊生产中,建立健全肉羊的纯种繁育与杂交利用体系,能使肉羊的杂交利用工作有组织、有计划、有步骤地进行,有利于良种肉羊的选育提高和繁殖推广,可使在育种肉羊群中实现的育种进展逐年不断地传递并扩散到广泛的商品肉羊生产群中。

2. 肉羊的杂交利用 现代杂交生产的特点是在纯种(纯系)选育的基础上,通过配合力测定和杂交组合试验,筛选出最优的杂交组合和杂交方式,充分利用杂种优势(指不同品种或品系间的杂交,后代性能指标具有超出原来两亲本平均生产水平的能力),从而高产、优质、高效地生产羊肉。

杂交方式:所谓杂交,是指不同品种或不同品系间的公、母羊相互交配。杂交依目的不同,可分为育成性杂交、改良性杂交和生产性杂交(即经济杂交),其中生产性杂交根据亲本品种的多少和利用方法的不同，分为简单的和复杂的生产性杂交。在肉羊生产中，最常用的经济杂交有两品种简单杂交（二元杂交）、三品种固定杂交（三元杂交）和轮回杂交等几种杂交方式。

（1）两品种简单杂交　又叫二元杂交，它是我国肉羊生产中应用广泛且比较简单的一种杂交方式。用2个品种（或品系）的公母羊进行杂交，利用杂种优势来生产商品肉羊。当前在我国农村经济条件下，一般选择本地母羊与国外引进品种或国内培育品种，如德国肉用美利奴羊、萨福克羊、法国夏洛莱羊、无角陶赛特羊、杜泊羊的种公羊进行杂交，产生的一代杂种不论公母羊全做经济利用。二元杂交的优点在于杂交方式简单，仅需一次配合力测定，就能获得个体杂种优势，其不足在于繁殖性能的杂种优势不能得到充分利用。

（2）三品种杂交　又叫三元杂交，从两品种简单杂交所得到的杂种一代母羊中，选留优良个体，与另一品种的公羊进行杂交，产生的后代作为商品羊。该方法的优点主要是能获得较高的母本和后代的杂种优势，尤其是繁殖性能。通过杂种母本的再利用，杂种优势更高。一般来说，三元杂交方法在繁殖性能上的杂种优势率较二元杂交方法高出1倍以上。但该方法的缺点是杂交繁育体系较为复杂，需要保持3个品种（系），制种时间较长，需要2次配合力测定。

3. 宁夏肉羊纯种繁育与杂交利用体系

（1）设计思路　坚持以市场为导向，以产品为龙头，以科技进步为先导，以效益为中心的原则，立足本国、本地区实际，协调资源配置，在搞好肉羊新品种培育、引进、推广的同时，广泛开展经济杂交，走规模化、专业化、集约化的肥羔生产之路。

借鉴国外先进肉羊生产的成功经验。在经济杂交利用体系中，英国早熟肉用品种，特别是早熟型短毛品种是普遍采用的父系品种，如萨福克羊、陶赛特羊、特克萨尔羊、杜泊羊等。母系品种则尽可能利用早熟性好，四季发情、多胎多产、泌乳力强的小尾寒羊品种。

(2)设计的主要技术要点　广泛开展经济杂交，走规模化、专业化、集约化的肥羔生产之路；经济杂交以简单的二元杂交、三品种杂交为主体；经济杂交中，父本选择国外肉用品种，如萨福克羊、陶赛特羊、杜泊羊等；母本选择国内优良地方品种，如滩羊、小尾寒母羊、滩寒杂代母羊。繁育体系按照二年三胎繁育体系进行。繁殖技术参数确定为，国外肉用品种繁殖率150%，国内优良地方品种繁殖率250%，二元杂种母羊繁殖率200%。

4. 宁夏肉羊培育模式

(1)二元杂交方案　①利用现有滩羊母羊为母本，采用小尾寒羊为父本，生产出的滩寒杂交后代进行肥羔生产。②利用现有滩羊母羊为母本，采用国外肉羊为父本，生产出的滩杂交后代进行肥羔生产。③利用现有小尾寒羊为母本，采用国外肉羊为父本，生产出的寒杂交后代进行肥羔生产。

(2)三元杂交方案　第一步利用现有滩羊母羊为母本，小尾寒羊为父本，生产出滩寒杂交后代。第二步以滩寒杂交后代母羊为母本，父本选择顺序为陶赛特羊、特克塞尔羊、萨福克羊、杜泊羊(终端杂交父本)，分别进行级进杂交或经济杂交，进一步提高杂交后代的生产性能和进行肥羔生产。

宁夏肉羊培育模式见图1-11。

(三)肉羊杂交效益分析

1. 滩羊与小尾寒羊二元杂交　以滩羊纯种繁殖与滩羊母羊与小尾寒羊公羊杂交比较，结果见表1-2。

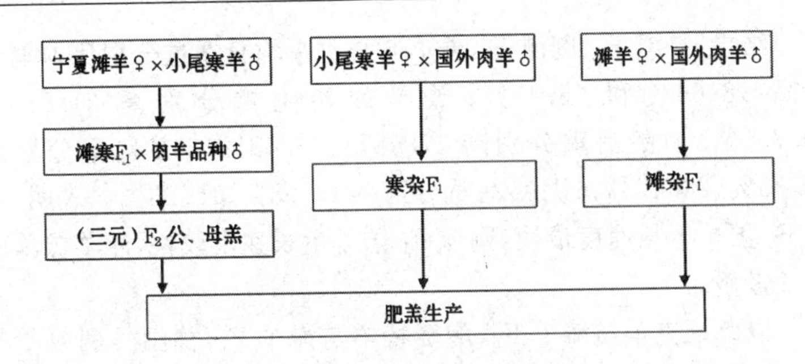

图 1-11　宁夏肉羊培育模式

表 1-2　羔羊不同阶段体重变化

组　合	平均产羔数	初生重（千克）	1月龄重（千克）	3月龄重（千克）	6月龄重（千克）	平均日增（克）
滩　羊	1	3.19	7.12	19.78	29.5	146.17
滩寒杂交	2.7	3.5	8.3	23.4	35.2	186.8

表 1-2 表明，滩寒杂交一代各阶段体重优于滩羊，杂交优势明显。

2. 滩羊与国外肉羊二元杂交　以滩羊作为母本，以特克塞尔、无角陶赛特羊作父本，杂交生产的特滩 F_1（特克塞尔♂×滩羊♀）、陶滩 F_1（无角陶赛特♂×滩羊♀）和滩羊羔羊各 30 只，公母各半，在相同的饲养管理条件下，以同等营养水平饲喂 180 天。测定初生重、1 月龄体重、3 月龄体重、6 月龄体重、6 个月平均日增重，结果见表 1-3。

表 1-3　特滩 F_1、陶滩 F_1、滩羊羔羊不同阶段体重变化

组　合	只　数	初生重（千克）	1月龄（千克）	3月龄（千克）	6月龄（千克）	平均日增（克）
特滩 F_1	30	3.88	8.40	24.62	35.1	173.44
陶滩 F_1	30	3.82	8.36	24.28	34.2	168.78
滩　羊	30	3.19	7.12	19.78	29.5	146.17

结果：特滩 F_1、陶滩 F_1 羔羊 6 个月平均日增重分别比本地滩羊高 18.66% 和 15.47%；羔羊的初生重分别高 21.63%、19.75%，1 月龄活重分别高 17.98%、17.42%，3 月龄重分别高 22.75%、24.47%，6 月龄活重分别高 18.98%、15.93%。表明，特滩 F_1 羔羊生长速度最快，陶滩 F_1 羔羊生长速度较快，滩羊羔羊的生长最慢。

以萨福克羊与滩羊 F_1，陶赛特羊与滩羊 F_1，德国美利奴羊与滩羊 F_1，小尾寒羊为父本与滩羊 F_1，滩羊与滩羊各 30 只，公母各半。在相同的饲养管理条件下，以同等营养水平进行饲喂 120 天，比较其体重，日增重，料重比，屠宰前活重，胴体重，屠宰率，结果见表 1-4。

表 1-4　萨滩 F_1、陶滩 F_1、美滩 F_1、滩寒 F_1、滩羊羔羊 120 日龄生产性能变化

	日龄	体重（千克）	日增重（克）	料重比	屠宰前活重（千克）	胴体重（千克）	屠宰率（%）
萨福克羊与滩羊 F_1	120	33.3	246.1	1.86∶1	34.8	16.8	48.2
陶赛特羊与滩羊 F_1	120	28.9	204.5	1.94∶1	32.3	15.5	48.0
德国美利奴羊与滩羊 F_1	120	32.2	233.2	2.14∶1	35.9	17.4	48.6
小尾寒羊为父本与滩羊 F_1	120	26.6	182.2	2.27∶1	31.3	15.0	48.3
滩羊与滩羊	120	23.5	180.7	2.41∶1	27.4	12.5	45.4

结果：萨福克羊与滩羊 F_1 ＞德国美利奴羊与滩羊 F_1 ＞陶赛特羊与滩羊 F_1 ＞小尾寒羊为父本与滩羊 F_1 ＞滩羊与滩羊。但是，滩羊与萨福克、陶赛特羊的杂种羔羊均出现杂色，德国美利奴羊羔羊均为白色，所以，德国美利奴羊作为滩羊二元杂交的父本较好。

3. 小尾寒羊与国外肉用品种二元杂交　小尾寒羊为母本，分别与国外肉用品种萨福克、无角陶赛特羊作父本杂交进行羔羊肉生产，各选 30 头，饲喂 180 天，结果见表 1-5。

表 1-5　不同肉用品种杂一代羔羊与小尾寒羊羔羊不同阶段体重变化

项　目	萨寒 F_1（n=30）	杜寒 F_1（n=30）	陶寒 F_1（n=30）	小尾寒羊（n=30）
初生重（千克）	4.21	4.11	4.05	3.41
1 月龄重（千克）	16.53	16.12	15.04	9.23
4 月龄重（千克）	32.14	31.85	30.73	21.64
6 月龄重（千克）	41.76	40.13	38.85	29.35
6 个月平均日增重（克）	208.61	200.11	193.33	144.11

结果：

不同肉羊品种：杂一代羔羊的初生重均大于小尾寒羊羔羊初生重的 20％以上；各 F_1 羔羊 6 月龄不同阶段的平均体重和 6 个月平均日增重均大于小尾寒羊羔羊；其中萨寒 F_1 羔羊体重（最大）＞杜寒 F_1＞陶寒 F_1＞小尾寒羊羔羊（最低）。各 F_1 羔羊与小尾寒羊羔羊相比，分别提高 44.76％、38.85％、34.15％。

经济效益：萨寒 F_1 羔羊（最大）＞杜寒 F_1 羔羊＞陶寒 F_1 羔羊＞小尾寒羊羔羊（最小）；各 F_1 羔羊的经济效益均高于小尾寒羊羔羊 1 倍以上。

杂种优势突出：杂一代羔羊既表现了父本明显的早熟、生长速度快、肉用性能好的特点，又保持了母本适应性强的特征，明显改变了小尾寒羊生产性能低、增重慢、饲料转化率低、经济效益差的现象。

4. 滩寒杂代与肉用品种绵羊三元杂交　用新西兰引进的萨福克、特克萨尔和无角陶赛特种为父本，引入后的萨福克 3 岁公羊平均体重 138.5±4.4 千克，母羊 96.8±7.2 千克；特克萨尔 3 岁公羊平均体重 118.5 千克，母羊 78.3 千克；无角陶赛特 3 岁公羊平均体重为120.21千克,母羊平均体重为78.27千克。以原有的寒×滩所产母羊为母本,3岁母羊平均体重47.8±5.9千克。随机选取萨×寒滩、特×寒滩和陶×寒滩三种杂交组合所产杂种羊、滩羊、小尾寒羊羯羊各3只,共计15只,年龄均为周岁,进行饲养试验,结果在相同的饲养管理条件下,用3个品种的良种肉羊作父本,以同一类群的杂种母羊杂交所产杂种羯羊,周岁时屠宰前活重、胴体重、净肉重、肉骨比、屠宰率均明显大于同龄的初始父本小尾寒羊和初始母本滩羯羊,分别是萨杂肉公羊周岁活重63.6千克,特杂为71.1千克,陶杂为68.1千克,同龄、同性别的滩羊为32.9千克,小尾寒羊为40.5千克。屠宰试验结果:萨杂屠宰率56.07%,陶杂为55.0%,特杂为54.08%,滩羊为49.76%,小尾寒羊为46.47%;杂种肉羊胴体净肉率比滩羊提高5.04~5.99个百分点,比小尾寒羊提高9.23~10.18个百分点;眼肌面积、GR值、肌肉纤维直径均为杂种肉羊大于滩羊和小尾寒羊;屠后1小时的新鲜肉pH值6.07~6.20,均属于正常范围。

5. 波尔山羊杂交利用　由南非卡普省育成并已注册的改良型波尔山羊是目前世界上公认的唯一专用肉用山羊品种,由于其各生长阶段体格、体重大,日增重、繁殖率、屠宰率高,肉质和早熟性好,全年多次发情,其综合产肉性能是世界上其他任何羊品种所不能比拟的。

1997年以来用引入的波尔羊及其冻精改良宁夏土种羊,结果表明,波尔羊适应本地区不同类型的环境条件;6月龄杂种一代公羊体重为22.1±4.3千克,是同龄同性别土种羊只均体重15.3±1.8千克的144.1%。6月龄杂二代公羊只平均活重30.8±2.4千克,为同龄同性别土种羊只平均活重的201.3%。周岁杂一代公羊只平均活重39.5±1.3千克,平均胴体重20.3±0.2千克,屠宰率51.3%±1.3%,平均屠宰前活重和胴体重依次比同龄同性别的土种羊提高 1.24 倍和 1.94 倍，只均屠宰率提高 11.6 个百分点（表 1-6，表 1-7）。

表 1-6　宁夏本地羊和波尔山羊杂一代羊体重比较

类　别	年　龄	性　别	体　重 （千克）	日增重 （千克）
本地羊	6 月龄	公 母	15.3±1.8 15.1±2.2	72.0±7.5
波本 F_1	6 月龄	公 母	22.1±4.3 17.1±2.3	96.0
波本 F_2	6 月龄	公	30.8±2.4	170.9

表 1-7　杂一代同本地羊屠宰对比试验结果

类　别	年　龄	屠前活重 （千克）	胴体重 （千克）	屠宰率 （%）
本地羊	周　岁	17.6±1.4	6.9±1.4	39.7±3.2
波本 F_1	周　岁	39.5±1.3	20.3±0.2	51.3±1.3

三、提高肉羊繁殖率措施

在舍饲养羊生产中应选择多胎性羊品种与当地羊进行杂交，提高繁殖率。同时还要注意优化羊群结构，使青年羊（半岁至 1 岁半）的比例保持在 15%～20%，壮年羊（1.5～4 岁）占 65%～75%，5 岁以上的羊占 10%～20%的比例。母羊比例达到 65%～70%，其中繁殖母羊占 45%～50%，按这种比例饲养，经济效益较好。另外，公、母羊比例对提高繁殖率和经济效益也有影响，据中国养殖网（2005）统计，理想的羊群公母比例是 1∶36，繁殖母羊、育成羊、羔羊比例应为 5∶3∶2，可保持高的生产效率、繁殖率和可持续发展后劲。小规模养羊户最好不要饲养种公羊,因为良种羊价格高,饲养成本和风险大,从经济角度来讲不划算,最经济的方式是应用人工授精技术,这样可大量节约饲养费用和购买公羊的费用。饲养规模大的羊场,必须配备种公羊,推广人工授精技术是提高优秀种公羊繁殖效率的最佳措施。

(一)肉羊繁殖特性

1. 性成熟与初配年龄 羊的性成熟年龄差异较大,一般公羊在 6～10 月龄,母羊在 6～8 月龄达到性成熟。早熟品种 4～6 月龄性成熟,晚熟品种 8～10 月龄性成熟。我国地方绵羊、山羊品种 4 月龄就出现性活动,如公羊爬跨、母羊发情等。一般来讲,初配母羊的年龄达 12 月龄,体重达成年体重的 70%时开始配种为宜。早熟品种、饲养管理条件好的母羊可适当早些。种公羊的利用在 1.5 岁左右开始为宜。在生产上,羔羊断奶以后,公、母羊要分开饲养,防止早配或近亲繁殖。

2. 发情 发情是指母羊达到性成熟后所表现出的一种周期性的性活动现象。这种周期性性活动同时伴随着母羊卵巢、生殖道、精神状态及行为的变化,表现出一定的特征。母羊发情后表现为兴奋不安,对周围刺激反应敏感,常鸣叫,举尾拱背,频频排尿,食欲减退,放牧的母羊常离群独自行走,喜欢主动寻找或接近公羊,愿意接受公羊交配。当公羊追逐或爬跨时站立不动或绕圈而行,摆动尾部,后肢岔开,后躯朝向公羊。处于泌乳期内的母羊发情,泌乳量下降,不照顾羔羊。母羊外阴部充血、肿胀,阴蒂充血勃起,阴道黏膜充血、潮红、湿润并有黏液分泌。母羊发情虽然有以上表现,但在生产中往往不明显,尤其是处女羊。所以,在生产中要多观察,并结合试情进行鉴定。母羊每次发情持续的时间称为发情持续期。发情持续期的长短与羊的品种、年龄及每个配种季节的配种阶段有关。幼龄羊的发情持续期较短,成年羊则较长;配种季节刚开始时,发情持续期较短,中期较长,以后又缩短。绵羊的发情持续期一般为 30 小时左右,山羊 24～38 小时。羊发情周期为 18～23 天,平均为 20 天。

3. 排卵　羊属自发性排卵,排卵时间一般在发情开始后 12～24 小时。

4. 妊娠　母羊在发情期内配种后,就不再表现发情,说明已经妊娠。从开始受孕到分娩的这一期间叫妊娠期(怀孕期),通常是从最后一次配种或输精的那一天算起至分娩之日止。羊的妊娠期为 146～161 天,平均为 152 天。羊的妊娠期因品种、年龄、胎次、性别及外界环境因素等不同而略有差异,一般本地羊比杂种羊短些,青壮年羊比老、幼龄羊短些。

根据妊娠期可以推算预产期,方法:从母羊最后一次配种日期向后推算 150 天,预产期约是配种月加 5,日减 4。例如某一只母羊最后一次配种时间为 9 月 1 日,那么该羊的预产期应为翌年 1 月 26 日。

5. 发情鉴定　发情鉴定和配种是种羊场最重要的日常工作。准确的发情鉴定是做好配种工作的前提,及时有效的配种是提高羊群繁殖效率的基本保障。必须做到"三定一落实",即定时、定圈、定任务,责任落实到人。

(1)外部观察法　主要是观察母羊的精神状态、性行为表现及外阴变化情况。母羊发情时,常表现兴奋不安,对外界刺激反应敏感,食欲减退,有交配欲,主动接近公羊,公羊追逐或爬跨时常站立不动,并强烈摆动尾部、频尿等现象,且外阴部分泌少量黏液。绵羊发情期一般比山羊短。

(2)试情羊法　用试情公羊放入母羊群,对母羊的行为观察、外阴部观察、阴道检查结果进行综合鉴定。

试情公羊符合本品种特征,膘情中等偏上、体格大而健壮、性欲旺盛,年龄在 1 周岁以上,使用前经过 1 周以上的调教。试情公羊应占适繁母羊数量的1/40。试情公羊必须经过1周以上的调教方可使用。试情公羊在调教与使用过程中均应系带试情布。试情布表面光滑,结实耐用且清洁卫生。使用时,能牢牢裹住试情公羊腹部,护住其阴茎,防止在试情时偷配。调教期间,每天让试情公羊与事先准备的母羊接触3～4次,并与发情母羊本交1～2次,同时,管理人员应给以相同口令,直至试情公羊熟悉场地环境,能听从口令,适应佩戴试情布,掌握母羊发情征状,学会爬跨母羊,并具有交配能力。试情公羊在试情期间应按种公羊配种期的日粮标准饲喂。试情公羊每天运动2次,每次30分钟以上。每隔3～4天必须让试情公羊本交1次,以保持其旺盛性欲。试情公羊要由专人管理,定人定圈使用,连续使用3天必须休息1天。试情公羊患病期间不得使用。

试情工作要求专人负责,每天早晚各进行1次。一般每圈母羊试情时间每次不少于30分钟。试情时必须给试情公羊系牢试情布后才能放入母羊圈,同时,现场仔细观察记录母羊反应情况。

试情时凡主动接近公羊,公羊追逐或爬跨时站立不动,并摆动尾巴的母羊即可视为发情;对于精神兴奋不安、食欲较差、频尿的可疑母羊必须进一步察看其外阴部或阴道内部情况,凡外阴红肿、流出少量黏液的母羊即可视为发情;阴道黏膜红润,有透明黏液,子宫颈口开张的母羊即为发情。确认发情的母羊必须迅速挑出,隔离。

6. 配　种

配种工作必须由专职技术人员负责,应根据母羊的品种和数量制定好每年、每季度和每月的配种计划。按计划选留种公羊,确定公、母羊的与配关系。

肉羊的配种方法大体分为自然配种和人工授精。

(1)自然交配　自然配种就是在羊只的繁殖季节,将公、母羊混群实行自然交配。通常采用大群配种,即将一定数量的羊群按公母 1∶25～35 的比例混群放牧。这种方法节省人力,受胎率也高。

(2)人工授精 羊的人工授精是指通过人为方法将公羊的精液输入母羊的生殖器内使卵子受精以繁殖后代。与自然配种相比,人工授精具有以下优点:扩大优良公羊的利用率,提高母羊的受胎率,节省购买和饲养大量种公羊的费用,减少疾病的传染以及克服公、母羊所处地域相距过远的困难等。

①人工授精操作:将待配母羊牵到输精室内的输精架上固定好,或将羊的后腿横跨在一定高度的横杠上,或将羊的后腿由人提起固定。将母羊外阴部清洗消毒干净,输精员右手持输精器,左手持开膣器,先将开膣器慢慢插入阴道,再将开膣器轻轻打开,寻找子宫颈。如果打开开膣器后发现母羊阴道内黏液过多或有排尿表现,应让母羊先排尿或设法使母羊阴道内的黏液排净,然后将开膣器再插入阴道,细心寻找子宫颈。子宫颈附近黏膜颜色较深,当阴道打开后,向颜色较深的方向寻找子宫颈口可以顺利找到,找到子宫颈后,将输精器前端插入子宫颈口内 0.5～1.0 厘米深处,用拇指轻压活塞,注入原精液 0.05～0.1 毫升或稀释液 0.1～0.2 毫升。如果遇到初配母羊阴道狭窄,开膣器插不进或打不开,无法找到子宫颈时,进行阴道输精,但每次至少输入原精液 0.2～0.3 毫升。在输精过程中,如果发现母羊阴道有炎症,而又要使用同一输精器进行连续输精时,在对有炎症的母羊输完精之后要注射抗生素,用 0.1%新洁尔灭溶液清洗输精器,或用 70%酒精棉球擦拭输精器进行消毒,以防母羊相互传染疾病。但使用酒精棉球擦拭输精器时,要特别注意棉球上的酒精不宜太多,而且只能从后部向尖端方向擦拭,不能倒擦。酒精棉球擦拭后,用生理盐水棉球再擦拭一遍,才能再次输精。

②输精时间:母羊排卵时间通常在发情末期 24～36 小时,受精能力能保持 12～24 小时,因此,输精最迟应在排卵前 8～12 小

时进行。一般适宜的配种时间是母羊发情后的20～30小时。

③输精次数：一般采取1次试情，2次输精，即当天上午试情后下午第一次输精，第二天早晨第二次输精；下午试情，第二天上午、下午各输精1次。

④输精量：原精液0.05～0.1毫升，稀释精液0.1～0.2毫升。一次输精的有效精子数：绵羊一般要求7500万个以上；山羊5000万个以上。配种时必须认真做好配种记录。

(3)配种效果检查　检查目的是防止母羊空怀。检查方法是配种后，连续跟踪检查2个情期以确认母羊是否受孕，即从配种当日算起，在第16、17、18天和第33、34、35天连续进行发情鉴定，如均无发情表现就可确认母羊已经受孕，否则应在发情时再次配种。对于连续3个情期配种无效的母羊，要分析原因，及时治疗或淘汰。

7. 妊娠期诊断　母羊妊娠以后，一般表现为发情周期停止，食欲增加，营养状况改善，毛色润泽光亮，性情变得温顺，行为谨慎稳重。妊娠3个月以后腹围明显增大，右侧比左侧更为突出，乳房胀大。右侧腹壁可以触诊到胎儿，在胎儿胸壁紧贴母体腹壁时，可以听到胎儿的心音。根据这些外部表现可以诊断是否妊娠。

羊妊娠期平均为150天，其中绵羊为146～155天。在配种时间选择上最好避免冬季1月份产羔，提高羔羊成活率。母羊预产期的推算方法是，配种月份加5，配种日期减2或减4(如果妊娠期通过2月份，预产日期应减2，其他月份减4)。例如一只母羊在2012年11月3日配种，该羊的产羔日期为2013年4月1日。

8. 分娩预兆

(1)乳房变化　临产前，母羊乳房肿大，乳头直立，可从乳头挤出少量清亮的胶状液体和少量初乳。但是，乳房变化受营养状况影响很大，营养不良的母羊，乳房变化不明显。

(2)软产道变化 临产母羊阴门肿胀、潮红、柔软红润，有时流出浓稠黏液。

(3)骨盆韧带变化 骨盆部韧带变松软，肷窝下陷，特别是临产前2～3小时表现最明显。

(4)行为变化 食欲不振，行动困难，排尿次数增多，起卧不安，不时回顾腹部，喜离群或卧墙角，卧地时两后肢向后伸直。

9. 产羔前准备工作 因地制宜地准备好接羔室或临时接羔棚，要求宽敞明亮、干燥通风、保温性能好，使用前彻底清扫、消毒。棚舍内有待产母羊圈和母仔圈，每个小圈约2米^2。冬季产羔室温度不低于5℃，接羔时必备的接产绳、接产器械，毛巾，消毒药、脸盆，草架、料槽、母仔栅栏、磅秤、产羔记录表、耳标、碘酊、药棉、胶布和多发病防治药品等必须事先准备好。另外，给产羔母羊准备充足的干净温糖盐水、优质干草和适当的精饲料、多汁饲料。

10. 母羊分娩 正常胎位的羔羊，出生时一般是两前肢和头部先出，并且头部紧靠在两前肢的上面。若产双羔或多羔，先后间隔5～30分钟，但有时也长达数小时以上。母羊将胎儿全部产出后，0.5～4小时排出胎衣，7～10天常有恶露排出。分娩是母羊的正常生理过程，一般让其自行分娩，当遇下列情况时应及时助产。若分娩启动2～3小时不见胎儿，但见羊水中带鲜血，多数是发生难产，需要立即助产。

①如胎头已露出阴门外，而羊膜还未破裂，应立即撕破羊膜，排放羊水，使胎儿的口鼻露出并清理其中的黏液，待其生产。

②若初产母羊骨盆及阴道狭窄或胎儿过大，生产困难，则应扩大母羊阴门。具体方法是：把胎儿两前肢拉出、送入，反复3～4次，然后助产员一手拉胎儿前肢，一手扶胎儿头，随母羊努责将胎儿斜向下方拉出，动作要缓。

③若羊水已排出，母羊阵缩及努责已无力时，助产员应蹲在母羊体躯后侧，用膝盖轻压其腹部，等羔羊的嘴端露出后，用一手向前推动母羊的会阴部，待羔羊头部露出时，再用一手拉头，另一手拉两前肢，随母羊努责斜向下方轻缓地拉出羔羊。

④若胎位不正时，应在母羊阵缩时，用手把胎儿推回腹腔，然后，再用手伸入母羊阴道，中指、食指伸入子宫探明胎位，并帮助纠正，再辅助产出。若需要手术助产或剖宫产，则应请有经验的技术人员协助解决。

羔羊出生后，先将其口鼻部的黏膜擦掉，并让母羊将羔羊舔干。如果母羊不舔，可在羔羊身上撒些麦麸。脐带一般会自然拉断，助产员把脐带内的血液挤净，然后涂上碘酊消毒，也可以用烧烙器烙断，还可用线绳结扎，剪断再消毒。因分娩时间长，有的羔羊呈假死现象，可进行人工呼吸，以两手分别握住羔羊的前肢和后肢，慢慢活动胸部，或在鼻腔内进行人工吹气，使其复苏。也可注射尼可刹米 1 毫升，产程时间较长、产后精神沉郁羔羊可静脉注射 5%碳酸氢钠 20 毫升。

11. 产后母羊的护理 母羊产后身体虚弱，应安静休息，并给一些温盐水饮用，喂些麦麸和青干草。胎衣通常在产后 2～3 小时排出，应及时取走，以防母羊吞食。哺乳期羔羊的营养主要依靠母乳，若母羊乳多，羔羊生长发育就好，抗病力强，成活率高。因此，在产后 1～3 天，应对母羊进行补饲，以多汁饲料及优质干草为主，适当补喂精饲料，每日每只 0.25～0.5 千克。常用饲料配方如玉米粉 35%、小麦麸 47%、豆饼或菜(棉)籽饼 15%、食盐 0.5%和矿物质预混料 2.5%等；或玉米粉 54%、小麦麸 27%、黑豆 8%、豆饼 8%、骨粉 1%、脱氧磷酸氢铝 1%、食盐 1%。产后 1～3 天的母羊，不能饲喂过多精料，以免造成消化不良和乳房炎；产后母羊不能饮冷水。

12. 羔羊的护理

(1)吃好初乳　初乳营养丰富，含有初生羔羊所需的抗体，可促其胎粪排出，增强疾病的抵抗力。羔羊出生后1小时即可站立行走吃奶，如不能自己吃奶接产人员应辅助哺乳，以保证羔羊及时吃到初乳。多余初乳挤出后装瓶冷冻贮存，若母羊有病、死亡、无奶或奶水不足时，可以用50℃水溶化开喂给或找保姆羊代乳。

(2)羔羊补饲　羔羊出生后10～15天要训练其采食固体饲料。选择优质、柔软的禾本科和豆科牧草，扎成直径为5厘米的小草把，吊在羊舍四周，让其采食；30日龄羔羊要让其采食混合精料，每只每天50～100克，60日龄羔羊100～150克。

(3)羔羊管理　产羔室温度15℃以上，地面干燥，垫草干燥清爽，同时要防止羔羊被压伤、压死。对产羔羊舍要经常消毒保持舍内干净卫生。对病、弱、缺奶的羔羊要特殊护理，让其吃饱奶，对病羔要及时发现病情，对症治疗。

(4)预防羔羊疾病　羔羊容易发生的疾病有两种，一种是羔羊痢疾，另一种是肺炎。

①羔羊痢疾：主要是由于感染大肠杆菌、沙门氏菌和魏氏梭菌所引起，羔羊出生后2～4天，出现腹泻，粪便呈灰白色、淡黄色或绿色，有时带血粘在肛门附近，有特别的臭味。羔羊精神不佳，食欲不振，耳、鼻和四肢发凉，背弓起，颈屈头垂，全身无力。羔羊痢疾病死率较高，应注意预防和及时治疗。预防可注射疫苗或在羔羊生后连续喂给氨苄(阿莫西林胶囊)(5万单位/片)，每天1～2片，连续4～5天。但有效方法是给产前15天的妊娠母羊注射疫苗，产后1小时内羔羊吃足够多的初乳。

②肺炎：主要是由于气候骤然变冷或羊舍过于潮湿，二氧化碳气体不能及时排出而致病。患病羔羊呼吸急促、咳嗽、气喘、流鼻涕，体温升高，无食欲。治疗可用氨苄＋安乃近5毫升，肌内注射。

青霉素 10 克，每天 2 次；也可以服用磺胺噻唑，第一次喂 2 克，以后每次 1 克，每天 3 次，连服 3～4 天。

（二）肉羊繁殖新技术

常用繁殖新技术有诱导发情技术、同期发情技术、超数排卵技术、胚胎移植技术、克隆技术（胚胎或体细胞）、人工授精技术、一胎多羔技术、冷冻精液制作技术、妊娠诊断技术、早期断奶技术等。

1. 诱导发情技术 诱导发情的主要方法是利用促性腺激素、溶黄体激素或者某些生理活性物质如初乳及环境条件的刺激，通过内分泌和神经作用，促使卵巢从相对静止状态转变为功能活跃状态，从而促使卵泡的正常生长发育，以恢复母畜正常的发情和排卵的技术。

2. 同期发情技术 同期发情，是采用激素或类激素的药物处理，使母畜在特定的时间内集中发情和排卵的方法。通俗地讲，是使一群母畜中的大部分个体在相对集中的时间内同时发情。

3. 超数排卵技术 超数排卵指在雌性动物发情周期的适当时间，注射外源激素，从而使血液中促性腺激素浓度升高，使卵巢上更多的卵泡发育并排卵。

4. 胚胎移植技术 胚胎移植是将从配种后的良种母畜（供体）体内取出的早期胚胎，或者是由体外受精及其他方式获得的胚胎，移植到同种、生理状态相同或相似的母畜（受体）体内，使之继续发育成为新个体的过程，也称借腹怀胎。胚胎移植技术不仅在研究羊卵子和卵母细胞的成熟、受精过程、胚胎早期发育以及胚胎与子宫内环境的关系等繁殖生物学问题上有着重要的应用，而且在促进羊体外受精技术、性别鉴定技术、转基因技术、胚胎分割技术和核移植技术等方面也起着至关重要的作用。随着这一技术的日趋发展和成熟，它已与发情控制、人工授精、超数排卵、动物克隆等现代生物技术和遗传育种理论紧密地结合在一起，在畜牧生产中显示了广阔的应用前景。

方法：供体、受体选择→同期发情（供体、受体）→超数排卵（供体）→配种（供体）→回收胚胎（供体）→检胚（体外）→胚胎移植（受体）。

应用技术：选种、选配、同期发情、超数排卵、手术移植。

5. 克隆技术（胚胎或体细胞）　克隆是英文“clone”一词的音译，简单讲就是一种人工诱导的无性繁殖方式，即人工控制羊的繁殖过程。清华大学生物科学与技术学院教授郑昌学说，克隆通俗地讲就是“复制”、“拷贝”生物，而不是靠父母繁育。随着生物科学技术的发展，克隆的内涵也在不断地扩大，只要是从 1 个细胞得到 2 个以上的细胞、细胞群或生物体，就可以称为克隆。由此分化所得到的细胞、生物体就是克隆细胞、克隆体。

6. 一胎多羔技术　母羊一胎产多羔，或母羊产后死亡，可将羔羊寄养其他母羊。

方法：催情补饲、外源激素（如双羔苗）、生殖免疫（GnRH、LH、FSH、MLT、性激素类、抑制素类、前列腺素、催产素等）。

注意：选留多胎母羊后代，早期断奶，短期优饲，及时配种。发情鉴定是关键。

7. 早期断奶技术　羔羊的正常断奶时间为 4 月龄，早期断奶是羔羊在 10～15 日龄进行早期补饲，40～60 日龄断奶。早期断奶可以使母羊尽快复壮，使母羊早发情、早配种，提高母羊的繁殖率。也可以促使羔羊肠胃功能尽快发育成熟，增加对纤维物质的采食量，提高羔羊体重和节约饲料。

第二章　肉羊场建设

一、基本要求

舍饲羊的圈舍及配套设施建设要考虑羊的品种选择，饲料的来源、加工、贮藏，饲养管理技术，繁育技术，羊的肥育技术，疾病防治技术和产品销售等方面的因素。

1. 基本要求　一般建议生活区与养殖区分离。养殖区与风向平行，一侧分别建设饲草料棚、青贮窖，下风口建设粪场。羊场应选择在地势高燥、通风向阳和排水方便的地方。羊舍要建筑在办公区和生活区的下风向，屋角对着冬、春季的主风向。羊舍地面要高出地面20厘米以上，建筑材料应就地取材。总的要求是坚固、保暖和通风良好。羊舍不仅要具备通风良好、冬暖夏凉、干燥卫生的休息睡眠场所，还要在羊舍外修建面积大于羊舍面积2～4倍的运动场，以利于羊只活动和日光浴，保证羊只的健康和生长需要，而且有利于圈养羊规模养殖，集约化管理。

2. 羊舍类型及建筑标准　肥育羊适宜的温度是15℃～28℃，南北方羊舍设计各不相同。羊舍建筑按屋顶形式可分单坡式、双坡式及拱形等。通常单坡密闭式适合北方较寒冷地区，前高2.5米，后高2.0米，进深6～7米，长度可根据所容纳羊数确定；半敞棚式羊舍适合北方较温暖地区，建筑仿照单坡式，不同之处是后斜坡面为永久性棚舍，前半面为拱形塑料薄膜顶，拱形材料多为钢筋或钢管，也可用竹竿，夏季去掉薄膜成为敞棚式羊舍。一般中梁高2.5米，后墙高2.0米，前墙高1.2米，山墙上部砌成斜坡。据测定，这种棚舍内比舍外温度高4.6℃～5.9℃。南方由于气候潮湿、多雨，最好建楼式羊舍为宜。舍内高2米，门宽1米，羊舍窗户设在向阳，距地面1.5米以上，羊舍墙高1.2米。上面安装玻璃窗朝外开，楼台离地面0.8～1.5米，舍内地面呈5°角斜向外舍，以利粪尿流入粪池。羊舍长度以饲养羊只规模和场地而定，最好隔成4米×3米规格的若干小间，便于饲养管理。

3. 建筑面积　羊舍面积应根据羊只生产方向、品种、性别、年龄、生理状况和当地气候等，合理设计。羊场建筑可参考表2-1标准。

表2-1　羊舍及运动场面积参考值

类　别	单　位	数　量	备　注
生产母羊舍内建筑面积	米²/只	1.2	产羔舍按基础母羊占地面积的20%～25%计算
生产母羊运动场面积	米²/只	2.4	运动场面积一般为羊舍面积的1.5～3倍或成年羊运动场面积可按4米²/只计算
肥育羊舍建筑面积	米²/只	1.0	
肥育羊运动场面积	米²/只	2.0	
育成母羊舍建筑面积	米²/只	0.7～0.8	
3～4月龄羔羊占舍面积	米²/只	0.24	占母羊舍面积的20%计算
种公羊面积	米²/只	2.0～2.05	单饲4～6
育成公羊面积	米²/只	0.7～1.0	

4. 饲槽和饮水槽　饮水要安全卫生。成年母羊和羔羊舍饲需水量分别为10升/只·日和5升/只·日。冬季要饮温热水。饲槽供羊只补饲之用，可分为移动式和固定式两种。规模大的羊场或专业户应建固定式饲槽，槽底宽20厘米，上口宽30厘米，高20厘米，呈U形，长度根据饲养数量设计。饲养数量少的

农户可以采用移动式饲槽。饮水槽可用砖、水泥砌成，或用钢板焊制。

5. 运动场及围栏 运动场是供羊只活动的场所，运动场面积一般为羊舍面积的2～4倍。成年羊运动场面积可按每只羊占地4米^{2}修建，场地应有一定坡度，有利于排水。围墙可用砖砌成24厘米宽、1.2米高的砖墙，隔墙可用钢筋或钢管焊，也可用木棒留8～12厘米间隙做成栅栏，防止羊只钻出。

6. 饲草储备 每只羊的日补饲量可按干草2.0～3.0千克来预估。育成羊、羔羊分别按成年羊的75%、25%计算，表2-2为舍饲羊主要日粮储备参考标准。

表2-2 舍饲羊主要日粮储备参考标准 （单位：千克/日·头）

种类	生产母羊	后备母羊	肥育成年羊	肥育羔羊
混合干草	2.0	1.5	1.5	1.0
青贮玉米	1.5	1.0	3.0	2.0
各类精饲料	0.3	0.25	0.4	0.5

7. 羊舍管理方案

（1）公羊舍布局 包括配种圈、种公羊圈、后备公羊圈、试情公羊圈。

（2）基础母羊（周岁以上）舍布局 包括哺乳母羊圈、妊娠母羊圈、配种母羊圈、空怀母羊圈。

（3）后备母羊（周岁以内）舍布局 包括断奶母羔圈，青年母羊圈，青年母羊圈（初配）。

（4）商品羊舍布局 包括成年母羊圈，青年母羊圈，母羔圈，公羊圈。

羊场内各羊舍布局以方便生产操作为原则。一般羔羊、育成羊舍在上风处；母羊与种公羊舍相距远些，以免相互干扰；病羊舍在下风处。

羊场布局见图 2-1。

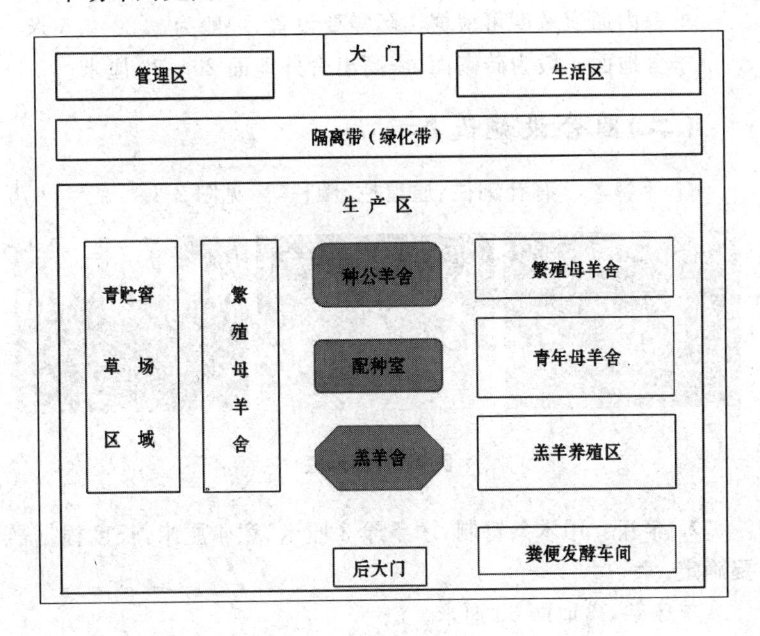

图 2-1 羊场布局

二、羊舍建设

（一）标准化羊舍建设

为有效防止疾病发生，提高羊的成活率和增重速度，应根据羊只生活习性和获得优质产品的目的，为羊群建造冬暖夏凉的圈舍。寒冷地区的羊舍宜建在背风向阳的地方，炎热多雨地区宜选在高燥通风之处。羊舍一般坐北朝南，墙体是砖混结构，屋架是木梁的三角结构，屋面是瓦椽结构。整个结构有利于夏天通风、冬天保暖。羊舍的长度不超过 40 米，羊舍宽 5 米，双列式羊舍宽 7.5 米，三列式羊舍宽 10 米。羊舍设有换气窗。

羊舍内通道宽度可根据实际需要设置，一般为 1.2～2.5 米。

羊舍地面一般为砖砌面，需高出舍外地面 20～30 厘米。

（二）圈舍设施设备

1. 羊网栏 有补饲栏、通道栏、圈栏等，见图 2-2。

图 2-2 羊网栏

2. 羊床 用木条钉制，木条厚 3 厘米、宽 4 厘米，长度根据需要确定。

羊床架，离地面 60 厘米。

3. 栅栏 材料为热镀自来水管、热镀条铁、热镀角铁、热镀钢圆。栅栏围成笼，高 1 米，宽 1.5 米，长 3 米。

4. 饲槽 白铁皮制，底宽 17 厘米，口宽 32 厘米，高 17 厘米。

5. 饮水设备 可用水槽、乳头饮水器或塑料桶。

6. 承粪池 在羊床下面用水泥制成深度 40 厘米蓄粪池。

（三）饲料加工设施设备

1. 饲料库 面积 100 米^2，用于堆放饲料原料和加工颗粒饲料。

2. 青贮窖 选择地势高燥、地下水位低、土质坚实、离羊舍近的地方，挖圆形土窖，或者用砖砌墙。通常为直径 2.5 米、深 3～4

米。长方形青贮窖，宽 3.0～3.5 米、深 10 米左右，长度视需要而定，通常为 15～20 米。

3. 铡草机　用于切碎秸秆，青干草等粗饲料。

4. 粉碎机　用于粉碎玉米等精饲料。

5. 混合机　用于混合精饲料原料，制成精料补充料。

6. 制粒机　制作颗粒饲料。颗粒饲料分为精补料颗粒饲料和全混合颗粒饲料，适用于大型肥育场。

7. TMR 机　制作羊用全混合日粮。适用于大型肥育场。

第三章　肉羊饲料调制技术

一、饲草种类及调制

粗饲料是羊的必需饲料，通过对粗饲料的咀嚼，可促进唾液缓冲液的分泌，有效控制肉羊瘤胃中的酸碱度，避免发生酸中毒。肉羊粗饲料主要有青贮饲料和秸秆饲料。

（一）青贮饲料

青贮指提供厌氧（密闭缺氧）条件，促使附着于青贮原料上的乳酸菌大量繁殖，利用青贮原料中的可溶性糖和淀粉生成乳酸，以抑制或杀死所有微生物，从而最大限度地保存青绿饲料营养成分。

1. 青贮的原料　常见有全株玉米秸秆、玉米秸秆、黑麦草、高粱秆、新鲜苜蓿、禾本科牧草、甜菜、胡萝卜等。

2. 青贮容器的种类

（1）青贮窖　地上青贮窖全部建在地面以上，窖壁高 1.5～2 米，窖壁厚度不低于 70 厘米，以满足密闭的要求。地下青贮窖适合冬季寒冷的北方，可防青贮冰冻。半地上半地下青贮窖也是一种很好的选择。青贮窖壁须水泥抹面或铺塑料薄膜，以利密封。

（2）青贮袋　青贮袋为双层塑料，无毒聚乙烯或聚丙烯制成，直径 1.5～3 米，高 2～3 米，塑料厚度应在 0.1 毫米以上，最好是外层白色、内层黑色，白色反射阳光，黑色抵抗紫外线对饲料的破坏作用。制作方法：一是将切碎的青贮原料装入用塑料薄膜制成的青贮袋内，装满后用真空泵抽空密封，存放于干燥处；二是用打捆机将青绿牧草打成草捆，装入塑料袋内密封，置于干燥处发酵。

(3)青贮塔　一般为砖砌，水泥抹面，可长期使用，但建造成本高、占地小。

3. 青贮容器的要求

(1)不透气　是调制优质青贮饲料的首要条件，以满足厌氧菌的生长。为防止透气，可在壁内裱衬一层塑料薄膜。

(2)不透水　青贮设施不要在靠近水塘、粪池的地方修建，以免污水渗入。建在地上水位1米之上。

(3)壁面光滑平直　青贮设施的墙壁要求平滑垂直、圆滑，这样才有利青贮饲料的下沉和压实。

(4)要有一定的深度　宽度和直径应小于深度，宽度和深度之比为1∶1.5或1∶2，以利于借助青贮原料的重力压紧压实，并减少窖内的空气，保证青贮质量。

(5)防冻　窖壁和窖覆盖物必须能够防冻，以免青贮原料冻结，影响饲喂。

4. 青贮设施的容量　青贮设施应大小适中。一般而言，青贮设施越大，原料的损耗越少，质量越好。在实际应用中，青贮窖的大小应根据饲养羊头数和每日取用的饲料厚度不少于10厘米为宜。

青贮原料的重量估计见表3-1。

表3-1　青贮饲料的容重估计　(单位：千克/米^3)

青贮原料种类	青贮饲料重量
全株玉米、向日葵	500～550
玉米秸	450～500
牧草、野草	600

5. 青贮饲料的制作与使用 首先将青贮原料切短，长度在2厘米左右；然后装窖，每次填入窖内约20厘米厚，用人力或机械充分压紧踏实，一层一层压紧，直至装到超过窖口0.5米；最后封顶，先盖一层切短的秸秆或软草(厚20～30厘米)，或铺盖塑料薄膜，再覆盖厚约0.5米的泥土压实。覆盖后，连续5～10天检查青贮内容物的下沉情况，及时把裂缝用湿土封好，覆盖物必须高出青贮窖边缘，防止雨水、雪水流入窖内。

可添加青贮添加剂，选用甲醛、甲酸，能抑制微生物，提高青贮的质量；尿素添加量为0.3%～0.5%，能提高粗蛋白质8～10克/千克；硫酸钠添加量为0.2%～0.3%，使含硫氨基酸增加2倍。

青贮饲料发酵时间一般一个半月。

取用青贮饲料应先从背风的一端开始，逐渐向前开取，每次取用厚度为10厘米以上。

青贮饲料取出后在严冬季节不宜放在室外，以免冰冻；夏季取出后不宜久放，以免二次发酵。

开始饲喂青贮饲料要由少到多，逐渐增加；停止饲喂要逐步减喂，使羊有一个适应过程。

(二)秸秆饲料的调制

我国秸秆资源丰富，可作为羊的粗饲料。秸秆经适当的加工处理后采食量和消化吸收率有较大的提高。

1. 切短和粉碎 秸秆可切短到2～3厘米长，或用粉碎机粉碎，但不宜过细。切短或粉碎后可直接喂羊，也可以用清水或淡盐水浸泡后再喂，浸泡软化可提高适口性，增加采食量。

2. 氨化处理 把切短的秸秆按每100千克洒入25%氨水12～20千克，也可按100千克秸秆洒入30～40千克尿素配制的溶液，拌匀后装入不漏气的塑料袋内，装满后扎紧袋口即可。或利用池子边拌边装，装完后用塑料布盖好，上面压紧，决不能漏气。温度保持在20℃以上，经过20天左右启封，自然通风12～24小时，氨味消除后即可喂羊。

3. 秸秆碱化　将麦秸或稻草铡成3厘米长短，用1%石灰水100千克处理33千克草，将秸秆和水装入缸内或水泥池中，充分浸润，上面用石块压实，再加石灰水，保持水面淹浸原料，浸渍一昼夜，原料被浸透，用手抓感觉柔软时捞出，沥去石灰水，用清水淘洗干净即可喂羊。

4. 秸秆微贮　就是把农作物秸秆粉碎后加入活性菌种，经一定时间的发酵后，将秸秆中的纤维素、半纤维素转化为菌体蛋白和易消化吸收成分的一种方法。

微贮前应对贮窖彻底清除、晾干；将玉米秸秆切碎成3～5厘米；按干秸秆或草粉的2‰～3‰添加专用微生物制剂。有时为了提高微贮的质量，向原料中添加0.5%～1%玉米面，为乳酸菌发酵提供充足的糖原；添加0.5%尿素，提高微贮蛋白质含量；添加3.6千克/吨甲醛，抑制贮料发霉和改善贮料风味等。补加水分使含水量达到65%～75%为宜。逐层装填逐层压实，提供厌氧环境。

二、肉羊精饲料种类及特性

精饲料主要有能量饲料和蛋白质饲料，常用的有玉米、小麦麸、豆粕、棉粕、菜粕、酒糟蛋白饲料（DDGS）、干啤酒糟、干苹果渣等。多种精饲料原料合理搭配、混合均匀，生产精料补充料，补充粗饲料中缺乏的营养。

肉羊常用精饲料、粗饲料营养成分见表3-2。

表 3-2 常用饲料营养成分含量

	原料名称	粗蛋白质（%）	净能（兆焦/千克）	钙（%）	磷（%）
粗饲料	玉米秸秆	3.9	2.00	0.27	0.08
	小麦秸	3.0	2.13	0.27	0.08
	稻草	4.8	3.00	0.29	0.07
	玉米青贮	1.4	0.59	0.10	0.02
	苜蓿干草	17.9	4.80	1.20	0.25
	鲜苜蓿	5.2	1.38	0.52	0.06
精饲料	玉米	8.6	8.66	0.08	0.21
	小麦麸	14.4	6.32	0.35	0.80
	豆粕	42	7.87	0.32	0.67
	棉粕	41	7.18	0.28	1.04
	菜粕	37	7.39	0.65	1.02
	DDGS	26	7.32	0.20	0.74
	干啤酒糟	24	7.65	0.32	0.42
	干苹果渣	7.7	4.68	0.20	0.14

三、舍饲羊饲草饲料的贮备、加工、调制

1. 饲草饲料的种类及贮备 饲料贮备因肉羊品种不同贮备量有所差异，对地方品种而言，每年每只羊需贮备秸秆或干草300～400千克；多汁饲料60～100千克；精饲料60～100千克；青草按3.4～4.2千克/只·日计算。对肉用品种或小尾寒羊来讲，每年每只羊需贮备青饲料180～250千克；青贮秸秆1 100～1 200千克；多汁饲料180～260千克；精饲料270～300千克。贮备饲料量要比需要量高出10%，以抵损耗。

2. 饲草饲料的加工、调制　舍饲羊的粗饲料包括各种农作物秸秆，如玉米秸秆、稻草、小麦秸、豆秸、燕麦草、花生秧、青干草、菜叶、树叶等。秸秆切短后经青贮、氨化、微贮等处理后可提高羊只的适口性和营养价值以及消化率。调制禾本科干草，应在抽穗期收割；豆科或其他干草应在开花期收割。青干草的含水量应在15%以下，绿色、芳香、茎枝柔软、叶片多、杂质少是制作青干草的要求，而且应打捆和设棚贮藏。干草在饲喂时要切碎，切割长度在3厘米以上，防止浪费。精饲料包括玉米、大麦、麦麸、米糠、油饼、糟粕、糟渣等。库存精饲料的含水量不得超过14%，谷实类饲料喂前应粉碎成1～2毫米的小颗粒。一次加工以10天内喂完为宜，大型羊场最好现喂现加工。

第四章　肉羊的营养需要与饲养标准

一、羊的消化特点

（一）羊主要器官及功能

羊属于反刍家畜，具有瘤胃、网胃、瓣胃和皱胃四个室，前3个胃称前胃，其黏膜无胃腺，不能分泌胃液。皱胃壁黏膜有腺体，其分泌物（胃液）含有酶，可将饲料中营养物质进行分解，与单胃动物相同。羊胃的容积较大，绵羊约为30升，山羊约为16升，其中瘤胃容积最大，占整个胃容积的78%～85%。

一般羊胃总容积约30升，其中瘤胃23.5升、网胃2升，瓣胃1升，皱胃3.5升；小肠17～34米（平均约25米），大肠4～13米。

瘤胃是一个天然的发酵罐，既能保证羊在较短的时间内采食大量的饲料，又有利于瘤胃内微生物生存和发酵，供给羊所需要的营养。网胃对饲料有二级磨碎功能，并继续进行微生物消化，也参与反刍活动。瓣胃内壁有大量皱褶，对饲料的研磨能力很强，使食糜变得更细。皱胃称为真胃，胃壁黏膜有腺体，能分泌消化液，主要是盐酸和胃蛋白酶，对食物进行化学性消化。

羊的小肠细长曲折，约为25米。胃内容物进入小肠后，经各种消化液（胰液和肠液等）消化、分解，营养物质被小肠吸收。未被消化吸收的食物，由于小肠的蠕动被送到大肠。羊的大肠直径比小肠大，长度比小肠短。大肠的主要功能是吸收食糜水分和形成粪便。食糜在大肠微生物和由小肠带入大肠的各种酶的作用下，继续消化吸收，余下部分在大肠中吸收水分，形成粪便排出体外。

(二)瘤胃微生物与消化特点

1. 瘤胃微生物的种类及功能　瘤胃是羊特有的消化器官,是食物的贮存库,除机械磨碎外,瘤胃内还有广泛的微生物区系活动。主要微生物有细菌、纤毛虫和真菌,其中起主导作用的是细菌。

(1)细菌　种类繁多,按其功能可分为纤维素分解菌、蛋白质分解菌、淀粉分解菌、脂肪分解菌、维生素合成菌、产甲烷菌、产氨菌、利用酸菌和利用糖菌等。纤维素分解菌能分泌纤维素分解酶,使纤维性物质产生挥发性脂肪酸,供羊体利用。纤维分解菌对pH值变化很敏感,若瘤胃液中pH值低于6.2时,将严重抑制纤维素分解菌的生长。最重要的3种纤维素分解菌是白色瘤胃球菌、黄色瘤胃球菌和产琥珀酸拟杆菌。淀粉分解菌主要有嗜淀粉拟杆菌、解淀粉琥珀酸单胞菌。产氨菌主要分解蛋白质产生氨气,包括尿瘤胃拟杆菌、反刍兽新月形单胞菌、丁酸弧菌等。

(2)原虫　瘤胃原虫主要有纤毛虫纲和鞭毛虫纲。原虫可利用纤维素,但其主要的发酵底物是淀粉和可溶性糖。原虫通过降低瘤胃液内淀粉和可溶性糖浓度,控制瘤胃内挥发性脂肪酸的生成,使瘤胃内pH值保持恒定。原虫在营养方面也存在负效应,因为原虫主要依靠吞食细菌和真菌来合成自身的蛋白质,使纤维物质的利用率降低;另外,由于原虫体积较大,在瘤胃滞留时间长,大部分原虫在瘤胃中自溶死亡,很少进入真胃和十二指肠被羊体利用。

(3)厌气性真菌　羊体内主要的一种厌气性真菌是藻红真菌属,它是一种首先侵袭植物纤维结构的瘤胃微生物,能从内部使木质素纤维强度降低,使纤维物质在羊反刍时易于被破碎,这就为纤维素分解菌在这些碎粒上栖息、繁殖和消化创造了条件。瘤胃真菌也可以发酵半纤维素、木聚糖、淀粉和糖类。

2. 消化特点

(1)反刍　反刍是羊的正常消化生理功能。羊在短时间内能采食大量的草料，经瘤胃浸软、混合和发酵，随即出现反刍。反刍时，羊先将食团逆呕到口腔内反复咀嚼70～80次后再咽入瘤胃中，如此反复。每天反刍次数为8次左右，逆呕食团约500个，每次反刍持续40～60分钟，有时可达1.5～2小时。反刍次数及持续时间与草料种类、品质、调制方法及羊的体况有关。长途运输、过度疲劳、患病或受外界强烈刺激，均会造成反刍紊乱或停止，对羊的健康造成不利影响。羔羊在20日龄开始出现反刍。

(2)瘤胃消化功能特点　瘤胃消化通过微生物发酵完成，并通过反刍调节。瘤胃微生物对羊的特殊营养作用可以概括为以下4个方面。

①分解粗纤维。羊对粗纤维的消化率为50%～80%(平均65%)，主要依靠瘤胃微生物将粗纤维分解为低分子脂肪酸(如乙酸、丙酸和丁酸等)，并经瘤胃壁吸收后进入肝脏，用于合成糖原，提供能量。部分脂肪酸被微生物用来合成氨基酸和蛋白质。羊昼夜分解粗纤维可生成的脂肪酸达500克，能满足其对能量需要的40%，其中主要是乙酸。

②合成菌体蛋白，改善日粮品质。日粮中的含氮化合物在瘤胃微生物作用下降解为肽，氨基酸和氨是合成菌体蛋白的原料。一部分氨被瘤胃壁吸收后在肝脏合成尿素，大部分尿素可随唾液再进入瘤胃，被微生物再次降解和利用。在瘤胃中未被分解的蛋白质(包括菌体蛋白)进入真胃和小肠，在胃、肠蛋白酶的作用下，被消化吸收。瘤胃发酵不仅改善了日粮的蛋白质结构，也使羊能有效地利用非蛋白氮(NPN)。饲料蛋白质在瘤胃中被消化的数量主要取决于在瘤胃降解率和通过瘤胃的速度。非蛋白氮(如尿素)的分解速度相当快，在瘤胃中几乎全部分解，饲料中的可消化蛋白质约有70%被水解。饲料中总氮含量、蛋白质含量以及可发

酵能的浓度是影响瘤胃微生物蛋白质合成量的主要因素。另外一些微量元素锌、铜、钼等，也对瘤胃微生物合成菌体蛋白质具有一定的影响。

③合成维生素。瘤胃微生物可以合成B族维生素。包括维生素B_1、维生素B_2、维生素B_6、维生素B_{12}、遍多酸和烟酸等。瘤胃微生物在正常情况下保持较稳定的区系活性，同时也受饲料种类和品质的影响。突然变换饲料或采食过多精饲料都会破坏微生物区系活性，引起消化代谢紊乱。所以，在以粗饲料为主的日粮中添加尿素等喂羊时，必须保证有一定的能量水平，才能有效地利用日粮中的非蛋白氮。碳水化合物中淀粉比例增加，可提高B族维生素的合成量。补饲钴，可增加维生素B_{12}的合成量。瘤胃微生物还可以合成维生素K。一般情况下，瘤胃微生物合成的B族维生素和维生素K足以满足需要，不需另外添加。

④对脂类有氢化作用，可以将牧草中不饱和脂肪酸转变成羊体内的硬脂酸。同时，瘤胃微生物也能合成脂肪酸。

二、羊的营养需要

羊的营养需要包括维持需要和生产需要。维持需要指羊为了维持正常生命活动所需要的营养物质。生产需要包括生长、繁殖、泌乳、产毛、肥育等营养需要。肉羊的营养需要量包括干物质的采食量，蛋白质、能量、脂肪、矿物质、维生素和水的需要量。

1. 干物质采食量　干物质采食量(DMI)是指各种绝干的固形饲料养分需要量的总称。干物质采食量是一个综合性的营养指标。在配制日粮时，合理调整干物质采食量与营养浓度的关系。肉羊干物质采食量一般为体量的3%～5%。

羊采食饲料的种类比较广泛，羊的采食量与生产性能和对饲料的利用率有直接关系。生产中影响羊采食量的因素很多，比如品种、日粮组成、环境因素和饲喂方式等。羊的体况,特别是体重是羊采食量的决定因素。

2. 蛋白质需要量 粗蛋白质包括纯蛋白质和氨化物。蛋白质由多种氨基酸组成,蛋白质营养需要也就是氨基酸营养需要。蛋白质是细胞的重要组织成分,参与机体代谢过程中的生化反应,在生命过程中起着重要作用。肉羊对粗蛋白质的数量和质量要求并不严格,因瘤胃微生物能利用蛋白氮和氨化物合成生物学价值较高的菌体蛋白。但瘤胃微生物合成必需氨基酸的数量有限,60%以上需从饲料中获得。高产肉羊,单靠瘤胃微生物合成必需氨基酸是不够的。因此,合理的蛋白质供给,对提高饲料利用率和生产性能是很重要的。

肉羊日粮中能量和蛋白质比例直接影响肉羊的生产性能。日粮中蛋白质适量或生物学价值高,可提高饲料代谢能的利用,使能量沉积量增加。日粮中能量浓度低,蛋白质量不变,羊为满足能量需要,增加采食量,则蛋白质摄取量过多,由蛋白质转化为低效的能量,很不经济。反之,日粮中能量过高,则采食量减少,造成蛋白质摄取不足,日增重下降。

肉羊对蛋白质需要量随年龄、体况、体重、妊娠、泌乳等不同而异。幼龄羊生长发育快,对蛋白质需求量就多。随年龄的增长,生长速度减慢,蛋白质的需要量随之下降。妊娠羊、泌乳羊、肥育羊对蛋白质需求量相对较高。

1977 年以来,世界上已有 9 个国家和地区提出了反刍动物蛋白质新体系。这些新蛋白体系的共同特点均是将反刍动物蛋白质营养需要量的估测从以前的粗蛋白质体系改进为以进入小肠的蛋白质数量为基础。小肠蛋白质包括瘤胃非降解蛋白(UDP)、瘤胃微生物合成的蛋白质(MCP)以及少量内源蛋白。新体系的重点为:估测 MCP 的合成量,评定过瘤胃蛋白质,MCP 及 UDP 在小肠中的消化率。这些新体系从不同角度弥补了传统体系的不足。

3. 能量需要量　能量是肉羊的基础营养之一，能量水平是影响生产力的重要因素。只要能量得到满足，各种营养物质如蛋白质、矿物质、维生素等才能发挥其营养作用。

肉羊对能量的需要除与体重、年龄、生长及日粮中能量与蛋白质的比例有关外，还随生活环境（温度、湿度、风速等）、活动程度、肥育、妊娠、泌乳等因素而变化，一般放牧羊比舍饲羊消耗热量多，冬季较夏季多耗热能 70%～100%；哺乳双羔需要能量高出维持需要量的 1.7～1.9 倍。

能量过高对肉羊生产成绩也不利，要掌握控制方法，限量饲喂，限制采食时间，增加粗饲料比例等。

4. 脂肪需要量　羊体内的脂肪主要由饲料中碳水化合物转化为脂肪酸后再合成体脂肪。豆科作物子实、玉米糠及稻糠等均含有较多脂肪，是羊日粮中脂肪的重要来源，一般羊日粮中不必添加脂肪。肉羊日粮中脂肪含量超过 10%，会影响羊的瘤胃微生物发酵，阻碍羊体对其他物质的吸收和利用。

5. 矿物质需要量　羊需要多种矿物质元素，矿物质元素是羊体内组织不可缺少的组成部分，它的缺乏或过量，都会影响羊的生长发育、繁殖和产品生产，严重时会导致羊的死亡。根据已有的研究结果，羊对矿物质元素的需要量种类约有 23 种，其中包括钠、钾、钙、镁、氯、磷和硫 7 种常量元素，另外还有碘、铁、铜、锌、锰、硒、钼、钴、镍、锶、氟、铬和砷等 16 种微量元素。矿物质元素的需要量测定有许多方法，其中包括矿物质平衡试验方法、饲养试验方法、比较屠宰试验方法及同位素标记法。

6. 维生素需要量　NRC（1981）和 Volker 等（1981）及 Haenlein（1987）都报道了羊的维生素需要量。Morand Fehr 等（1987）建议羊应补充维生素 A、维生素 D、维生素 E。但羔羊在瘤胃未发育成熟前还应补充维生素 B_1 3～8 毫克/千克日粮和维生素 B_{12}

0.02～0.05 微克/千克日粮，维生素 E 需要量是每千克干物质为15 毫克为好。表 4-1 为羊维生素推荐需要量。近年来的研究表明，烟酸、生物素和胆碱对羊瘤胃微生物的繁衍和瘤胃内环境稳定都有明显作用，添加这些维生素对粗饲料在瘤胃的降解与代谢都有促进作用。

表 4-1　羊脂溶性维生素推荐需要量

维生素	日需要量
维生素 A	3500～11000（单位/千克）
维生素 D	250～1500（单位/千克）
维生素 E	5～100（毫克/千克）

三、肉羊饲养标准与日粮配方

（一）肉羊饲养标准

肉羊的饲养标准是根据科学试验结果、结合实践饲养经验，对不同品种、年龄、性别、体重、生理状况、生产方向和生产水平的羊，科学地规定每只每日应通过饲料供给的各种营养物质的数量。从理论上讲，肉羊的饲养标准就是由维持饲养和生产饲养两部分组成。肉羊维持饲养是肉羊在维持体重不变，身体健康，不生产任何产品的情况下，所需要的营养。维持饲养的营养需要量随肉羊体重和管理方式而不同。体重愈大，维持需要量愈多，舍饲饲养方式维持需要量小于放牧饲养。了解肉羊的营养需要，是确定饲养标准，合理配合日粮，进行科学养羊的依据，也是维持肉羊的健康及其生产性能的基础。肉羊饲养标准是设计肉羊日粮配方的依据，现主要有中国肉羊饲养标准 NY/T 816—2004 和美国 NRC 标准等。饲养标准包括饲料原料营养价值表和羊营养需要量。饲养标准在应用中不能生搬硬套，各地应依据羊的品种、生产性能、自然条件和饲养水平等实际情况加以调整。

（二）肉羊日粮配合

肉羊日粮是指一只羊在一昼夜内采食各种饲料的总和。饲料配方是根据饲养标准和饲料营养成分，选择几种饲料原料按一定比例互相搭配，使其满足羊的营养需要的一种日粮方剂。肉羊日粮由粗饲料和精补料组成。加工机械条件好的可生产全价配合颗粒饲料。

饲喂配合饲料的优点：①节省饲料，提高饲料转化率。配合饲料营养全面、平衡、利用率高，还能增进健康，提高生产率。②采用配合饲料，家畜单位增重耗料少、生长快、出栏快，降低成本，提高经济效益。③合理利用和扩大饲料来源。

1. 日粮配合原则　①必须根据营养需要和饲养标准，并结合饲养实践予以灵活运用，使其具有科学性和实用性。②要兼顾日粮成本和生产性能的平衡，必须根据肉羊的生理特点，因地制宜，选用适口性强、营养丰富且价格低廉，用后经济效益好的饲料原料，以小的投入获取最佳效益。③配合的日粮能被肉羊完全采食。

2. 日粮设计方法　举例说明。

现有一批活重30千克羔羊进行肥育，计划日增重300克，试用野干草、中等品质干苜蓿、玉米、豆饼4种饲料，配制肥育日粮。

配制步骤和方法：

第一步，查阅肥育肉羊饲养标准，制定符合要求的肥育羊营养需要量，同时查饲料营养价值表，记录所用饲料原料营养成分，查阅结果列表。

第二步，计算粗饲料提供的营养物质量。设日粮中粗饲料占60%，则两种干草总给量为羔羊日需干物质总量1.3千克×

0.6＝0.78 千克，精补料的干物质给量则为 1.3 千克×0.4＝0.52 千克。

混合干草可提供的各种营养如下：设干草和苜蓿配比为 70%和 30%，则干草日给干物质 0.78 千克×0.7＝0.546 千克；苜蓿日给干物质量 0.78×0.3＝0.234 千克；风干量：干草 0.546 千克÷0.9221＝0.5921 千克；苜蓿 0.234 千克÷0.9245＝0.2531 千克；可提供的营养物质分别为：消化能＝0.5921 千克×7.99＋0.253 千克×10.13＝7.2948 兆焦；粗蛋白质＝592.1 克×0.112＋253.1 克×0.123＝97.45 克；钙＝592.1 克×0.0098＋253.1×0.0167＝10.31 克；磷＝592.1 克×0.0041＋253.1×0.00521＝3.74 克；消化能和粗蛋白质分别比羔羊的日需要量少 9.855(17.15－7.2948)兆焦和 93.55 克(191－97.45)，钙、磷均超过需要量，且 Ca：P＝2.68：1 处于合理范围内(3：2～1)。

第三步，调配玉米和豆饼两种精饲料以补充其所缺少的消化能和粗蛋白质。设所缺消化能玉米补充 70%，则由玉米提供的消化能＝9.8552×0.7＝6.8986 兆焦，玉米所给的风干饲料量为 6.8986 兆焦÷14.02 兆焦/千克＝0.4925 千克，玉米提供的粗蛋白质 0.4925 千克×69.5＝34.23 克。豆饼提供的消化能为 9.8552－6.8986＝2.9566 兆焦，豆饼所给的风干饲料量为 2.9566÷18.16＝0.1629 千克，豆饼提供的蛋白质为 0.1629×421＝68.59 克。由豆饼、玉米提供的粗蛋白质量为：34.23＋68.59＝102.82 克。

从这个日粮配合来看，需野干草 0.5921 千克；苜蓿干草 0.2531 千克；玉米 0.4925 千克；豆饼 0.1629 千克。含干物质 1.3292 千克，消化能 17.1561 兆焦，粗蛋白质 200.27 克，完全能满足肥育羔羊对消化能和粗蛋白质及钙、磷的需要。

3. 推荐饲料配方 见表 4-2 至表 4-13。

表 4-2　肥育肉羊饲料配方　（%）

体重（千克）	饲料种类						
	玉米	麦麸	豆饼	胡麻饼	磷酸氢钙	食盐	维生素及微量元素
20～30	59	3	30	4.5	2	1	0.5
30～40	60	4	25	7.5	2	1	0.5
40～50	60	9	20	7.5	2	1	0.5
50～60	61.5	9	12	14	2	1	0.5
60～70	61.5	9	12	14	2	1	0.5

表 4-3　种公羊非配种期日粮配方　（%）

精料配方	玉米	胡麻饼	麦麸	矿物质维生素	食盐
	69	17	12	1	1
日粮组成	精料 0.4 千克，苜蓿干草 0.8 千克，青贮玉米 2.5 千克，玉米秸秆 0.5 千克。日粮含干物质 2.12 千克，代谢能 22.54 兆焦，可消化蛋白质 179.2 克，钙 12.2 克，磷 4.2 克。				

表 4-4　种公羊配种期日粮配方　（%）

精料配方	玉米	豆饼粕	菜籽粕	胡麻饼	麦麸	矿物质维生素	食盐
	69	10	9	5	5	1	1
日粮组成	精料 0.8 千克，苜蓿干草 1.0 千克，青贮玉米 2.5 千克，胡萝卜 0.5 千克。日粮含干物质 2.19 千克，代谢能 26.7 兆焦，可消化蛋白质 255.5 克，钙 14.0 克，磷 6.5 克						

表 4-5　空怀母羊日粮配方　（%）

精料配方	玉米	胡麻饼	麦麸	矿物质维生素	食盐	尿素（克）
	68	17	13	1	1	5
日粮组成	精料 0.2 千克，苜蓿干草 0.3 千克，青贮玉米 0.7 千克，玉米秸秆 0.5 千克。日粮含干物质 1.1 千克，代谢能 101.4 兆焦，可消化蛋白 76.5 克，钙 5.4 克，磷 1.3 克。					

表 4-6　妊娠母羊日粮配方　（%）

精料配方	玉　米	葵花饼	麦　麸	矿物质维生素	食　盐	磷酸氢钙
	75	6	16	1	1	1
日粮组成	精料 0.4 千克，苜蓿干草 0.4 千克，玉米秸秆 0.7 千克。日粮含干物质 1.37 千克，代谢能 13.6 兆焦，可消化蛋白质 92.3 克，钙 7.4 克，磷 3.0 克					

表 4-7　泌乳母羊日粮配方　（%）

精料配方	玉　米	胡麻饼	麦　麸	矿物质维生素	食　盐
	64	22	12	1	1
日粮组成	精料 0.4 千克，苜蓿干草 0.5 千克，玉米秸秆 0.7 千克，胡萝卜 1 千克。日粮含干物质 1.6 千克，代谢能 17.2 兆焦，可消化蛋白质 118.6 克，钙 9.1 克，磷 3.2 克				

表 4-8　育成前期(3～8 月龄)日粮配方　（%）

精料配方	玉　米	胡麻饼	豆　饼	麦　麸	磷酸氢钙	矿物质维生素	食　盐
	67	12.5	7.5	10	1	1	1
日粮组成	精料 0.4 千克，苜蓿干草 0.6 千克，玉米秸秆 0.2 千克。日粮含干物质 1.1 千克，代谢能 11.6 兆焦，可消化蛋白质 126.8 克，钙 7.7 克，磷 3.0 克						

表 4-9　育成期(9 月龄至配种月龄)日粮配方　（%）

精料配方	玉　米	胡麻饼	葵花饼	麦　麸	磷酸氢钙	矿物质维生素	食　盐
	45	25	13	14	1	1	1
日粮组成	精料 0.5 千克，青贮玉米 2.0 千克，玉米秸秆 0.6 千克。日粮含干物质 1.69 千克，代谢能 17.4 兆焦，可消化蛋白质 110.6 克，钙 5.5 克，磷 5.3 克						

表 4-10　乳羔羊颗粒料配方　（%）

精料配方	玉　米	胡麻饼	豆　饼	麦　麸	矿物质维生素	食　盐
	65	15	8	10	1	1
日粮组成	精料 0.4 千克，苜蓿干草 0.6 千克，玉米秸秆 0.2 千克。日粮含干物质 1.1 千克，代谢能 11.6 兆焦，可消化蛋白质 126.8 克，钙 7.7 克，磷 3.0 克					

表 4-11　断奶羔羊强度肥育饲料配方　（%）

精料配方	玉　米	胡麻饼	菜籽粕	麦　麸	矿物质维生素	食　盐
	73	10	10	5.5	1	0.5
日粮组成	精料 0.5 千克，苜蓿干草 0.3 千克，玉米秸秆 0.2 千克。日粮含干物质 0.9 千克，代谢能 11.56 兆焦，可消化蛋白质 101.2 克，钙 6.9 克，磷 2.7 克					

表 4-12　当年羔羊强度肥育饲料配方　（%）

精料配方	玉　米	胡麻饼	葵花饼	麦　麸	矿物质维生素	食　盐
	56	20	8.5	14	1	0.5
日粮组成	精料 0.5 千克，苜蓿干草 0.4 千克，玉米秸秆 0.8 千克。日粮含干物质 1.5 千克，代谢能 14.8 兆焦，可消化蛋白质 115.0 克，钙 7.1 克，磷 2.4 克					

表 4-13　成年羊强度肥育饲料配方　（%）

精料配方	玉　米	胡麻饼	葵花饼	菜籽粕	麦　麸	米　糠	矿物质维生素	食　盐	石　粉
	38	20	10	14	10	5	1	1	1
日粮组成	精料 0.5 千克，青贮玉米 2.0 千克，稻草 0.6 千克。日粮含干物质 1.68 千克，代谢能 17.3 兆焦，可消化蛋白质 116.9 克，钙 6.6 克，磷 4.6 克								

四、肥育羊常用添加剂和营养调控剂

（一）营养性添加剂

营养添加剂是用少量或微量添加剂，来补充日粮中某些营养物质的不足，完善日粮的全价性，从而提高饲料的利用率。舍饲肥育的羊通过补饲添加剂饲料，可以平衡羊日粮中缺乏的营养物质，以增强前胃微生物的合成速度，从而提高营养物质的消化率和利用率。

1. 非蛋白氮（NPN）添加剂 可部分替代饲料中的天然蛋白质，而被广泛应用于羊营养中。用于羊肥育的非蛋白氮化合物主要是尿素。

反刍羊利用尿素的效果与日粮中蛋白质水平有很大关系，蛋白质水平越低，饲喂尿素的效果越好。蛋白质水平达18%时，尿素利用率有较大下降。反刍羊利用尿素合成的微生物蛋白，具有较高的生物学价值，但其中的蛋氨酸、胱氨酸等含硫氨基酸含量变低。因此，用尿素饲喂反刍羊时，如能补饲一些蛋氨酸或硫酸盐，则效果更佳。含尿素日粮的最佳氮、硫比为10∶1。另外日粮中需要一定量的碳水化合物；磷、硫和维生素A、维生素D可促进尿素氮的利用，对提高日粮中纤维素的消化率及促进生长都是有益的。而钙、镁、铜、锌、钴、硒等元素，能通过提高瘤胃微生物的活力，改善尿素氮的利用率。低分子脂肪酸既是微生物合成的基本碳架，又是微生物的生长因子。因此，补充脂肪酸有利于尿素的利用。此外，在尿素饲料中添加风味剂，可改善适口性，增加尿素氮的利用量。瘤胃的pH值对尿素利用也有影响，瘤胃内偏碱性时，氨多以游离NH_3存在，瘤胃壁对NH_3的吸收力增强，易造成氮素损失和氨中毒；瘤胃内偏酸性时，多以NH_4^+存在，胃壁对NH_4^+

的吸收力降低。因而，有较多的 NH_4^+ 用于合成微生物蛋白。

尿素使用方法及注意事项：①制成混合饲料或颗粒饲料。以尿素占混合料的 1%～2%为宜，不能超过 3%。②制成高蛋白质配合饲料。用 70%～75%的谷物饲料、20%～25%的尿素和 5%的钠膨润土充分混合，在 150℃～160℃的高温下压制成高蛋白质添加剂，使饲料中糊化淀粉与熔化的尿素结合在一起形成稳定的混合物。③在青贮饲料或碱化处理秸秆时添加尿素。青贮玉米中添加 0.5%尿素，可使总粗蛋白质含量达到 10%～12%。碱化秸秆时加入 3%～5%尿素能明显提高秸秆的营养价值。④液氨处理麦秸及谷物饲料。氨化秸秆时每吨用 30 千克氨水，分 3 次，每次 10 千克灌入草垛，每次间隔 1～2 天。氨化谷物饲料时可用液氨浸泡谷物饲料。⑤制成非蛋白氮舔食盐块，此法是目前我国养羊生产实践中广泛应用的一种方法。其优点是便于贮藏、运输、采食均匀、利用率高、不易造成中毒。用 10 千克尿素溶于 5 升热水中，加食盐 40 千克、糖蜜 20 千克、碎谷料 40 千克、肉粉 5 千克、骨粉 7 千克，压成砖供羊舔食。⑥复方瘤胃缓解尿素。市场上有 2 种复方瘤胃缓释尿素产品，一种是颗粒饲料，是将尿素、缓释剂和淀粉质及载体混合，经硬制粒方法制成硬粒料；另一种是结晶饲料，是将脲酶制剂混合在饲料中。

2. 微量元素添加剂　由于矿物质元素随家畜采食牧草或补料进入体内；而不同地区牧草中矿物质的种类和数量有很大差异，常引起家畜营养不平衡，因而人为补充矿物质添加剂显得十分重要。

(1)膨润土　膨润土是火山熔岩在酸性介质条件下热液蚀变的产物，俗称皂土或黏土，其中含硅 30%、钙 10%、铝 8%、钾 6%、镁 4%、铁 4%、钠 2.5%、锰 0.3%、氯 0.3%、锌 0.01%、铜 0.008%、钴 0.004%。

膨润土有强烈的离子交换能力，并有提高营养物质利用率的作用。前苏联学者(1980)研究了膨润土对绵羊生产性能的影响，在基础日粮中加补1%膨润土,结果表明,羊体重分别比对照组高5.4%和5.2%,羊毛长度提高15.6%和8.1%。张世铨报道,内蒙古细毛羊羯羊在100天青草期放牧时,每只每日用30克膨润土加100毫升水灌服。试验组比对照组毛长增加0.8厘米,每平方厘米剪毛量增加0.039克。

(2)*沸石* 是一种白色或五色矿石,具有较强的吸附和离子交换性能;其成分因产地而不同,一般含有铝、铁、钙、钾、钛、硅、镁、钠、磷等元素的氧化物。常用添加剂量为1%～2%。

(3)*稀土* 稀土是元素周期表中钇、钪及全部镧系元素共17种元素的总称。据张英杰报道,在放牧加补饲条件下,试验组每天每只添加硝酸稀土0.5克,经60天试验,试验组小尾寒羊比对照组平均体重提高11.3%。

(4)*微量元素盐砖* 根据研究,给羊饲喂含有各种微量元素的盐砖,是补充羊微量元素的简易方法。羊用的复合盐,最好使用瘤胃中易溶解的微量元素硫酸盐。

(二)营养调控剂

1. 瘤胃素 瘤胃素是莫能菌素的商品名,是灰色链球菌发酵产物经提纯后的抗生素,作为离子载体运送金属离子通过生物膜。瘤胃素作为一种丙酸促进剂,可提高瘤胃内挥发性脂肪酸中丙酸的含量;减少瘤胃对饲料蛋白质和氨基酸的降解,抑制瘤胃内甲烷的生成;维持瘤胃正常pH值,预防臌胀病的发生等。此外,瘤胃素可改善瘤胃生理环境及某些瘤胃外效应。通常肉羊饲料中添加剂量为5.5毫克/千克体重。

2. 缓冲剂 饲料中添加缓冲剂有避免因饲料变化而引起的酸中毒的作用。目前常用的饲料缓冲剂有碳酸氢钠(小苏打)、碳酸钙、氧化镁、磷酸钙、膨润土等。一般碳酸氢钠和氧化镁以3∶1的比例混合使用效果好。碳酸氢钠能中和青贮饲料的酸性和瘤胃微生物产生的有机酸，提高乙酸、丙酸的比例和有机酸的消化率；能与蛋白质结合成复合体，减少在瘤胃内的降解，增加过瘤胃蛋白的数量，并提高淀粉、纤维素的消化率。可预防酮血病、脂肪肝、酸中毒。当日粮中精料比例过大、仅喂发酵饲料、饲料粉碎得过细或由高粗料日粮突然转变为高精料日粮时可添加碳酸氢钠，剂量为日粮的0.75%～1.0%。

3. 酵母及酵母培养物——益康XP　益康XP功能能刺激纤维消化菌、稳定瘤胃内环境及利用乳酸。添加量，肥育准备期2周至肥育期4周和热应激时1～5克/只·日。

4. 酶制剂　酶制剂是近年来研究的一种调控剂，育成母羊和肥育公羔每天每只添加纤维素酶25克，或利用含果胶酶、纤维素酶和半纤维素酶的混合酶制剂处理稿秆、草类等粗饲料后饲喂羊有良好效果。

5. 腐殖酸钠　是羔羊的有效促生长剂，使用方法是每日每只4克，拌入少量精料中喂给。

6. 脱霉素(霉可吸)　能抑制霉菌生长，改变微生态环境，防止饲料发霉产生毒素，能有效地阻止胃肠道对霉菌毒素的吸收，还能将血液循环中的毒素吸附到胃肠道，排泄到体外，增强肝脏的解毒功能，提高机体免疫功能，防治继发感染。

7. 舔砖　舔砖是将牛羊所需的营养物质经科学配方，加工成块状，供羊舔食的一种饲料，其形状不一，有的呈圆柱形，有的呈长方形、方形不等。也称块状复合添加剂，通常简称“舔块”或“舔砖”。舔砖完全是根据羊喜爱舔食的习性而设计生产的，并在其中添加了羊日常所需的矿物质元素、维生素等微量成分，能够补充羊日粮中各种微量成分的不足，从而预防羊异食癖等。肉羊舔砖配方见表4-14。

表 4-14　舔砖配方　（单位:千克/批）

原料名称	配方 1	配方 2	配方 3
硫酸亚铁	3.3	2.3	2.3
硫酸锌	3.2	1.76	1.76
硫酸铜	0.32	0.35	0.35
硫酸锰	1.2	1.23	1.23
硫酸镁	1.9	1.9	1.9
5%钴盐	0.25	0.10	0.1
5%碘盐	0.12	0.15	0.15
5%硒	0.13	0.13	0.13
食　盐	20	20	15
磷　钙	8	8	8
石　粉	4	4	4
尿　素	13	12	12
糖　蜜	20	20	20
水　泥	8	8	8
麦　麸	13.5	10	13
糠　粉	13	10	
棉籽饼		10	15
膨润土			7
合　计	109.92	109.92	109.92

肉羊饲养中饲料使用及饲料卫生需符合《无公害食品肉羊饲养饲料使用准则》NY 5150—2002。

第五章　肉羊的饲养管理

肉羊饲养管理技术主要有分群管理(按年龄,按生理状态),分类饲养(按年龄,按生理状态),定期整群鉴定,阶段目标管理等。肉羊生产实践中必须做到:人员有培训,工作有日程,饲喂有程序,配种有计划,饲料有保证,防疫有要求,时时有总结。

一、肉羊的一般管理

(一)修　蹄

无论是舍饲还是放牧,羊蹄的保护很重要。羊蹄壳生长较快,如不整修,易造成畸形,系部下沉,蹄尖上翘行走不便而影响采食。甚至踩踏乳房造成乳房外伤,所以绵羊在剪毛后和进入冬牧前宜进行修蹄。修蹄一般在雨后进行,这时蹄质软,易修剪。修蹄时让羊坐在地上,羊背部靠在修蹄人员的两腿间,从前蹄开始,用修蹄剪或快刀将过长的蹄尖剪掉,然后将蹄底的边缘修整得和蹄底一样平齐。蹄底修到可见淡红色的血管为止,不要修剪过度。整形后的羊蹄,蹄底平整,前蹄是方圆形。变形蹄需多次修剪,逐步校正。为了避免羊发生蹄病,平时应注意休息场所的干燥和通风,勤打扫、勤垫圈,或撒草木灰于圈内和门口,进行消毒。如发现蹄趾间、蹄底或蹄冠部皮肤红肿,跛行甚至分泌有臭味的黏液,应及时检查治疗。轻者可用10%硫酸铜溶液或10%甲醛溶液洗蹄1～2分钟,或用2%来苏儿液洗净蹄部并涂以碘酊,重者需要兽医进行对症治疗。

(二)驱虫和预防接种

“羊瘦为病”。冬春两季的羊群,抵抗力明显降低,每年的3~5月份是寄生虫感染的高发期。所以,在有寄生虫感染的地区,每年应在春、秋季节进行2次预防性驱虫。常用的驱虫药物有丙硫咪唑、四咪唑、驱虫净、敌百虫、伊维菌素、虫克星等。驱虫后1~3天,要把羊群安置在指定羊舍和放牧地,防止寄生虫及虫卵污染牧地。对羊的粪便做发酵处理,杀灭寄生虫卵。传染病对养羊业危害较大,要做好各项预防工作,如检疫、预防接种等。预防接种常在每年春、秋季进行,接种何种疫(菌)苗,视预防传染病种类而定。

(三)药　浴

1. 药浴目的　驱除体外寄生虫,预防寄生虫病的发生;并治疗寄生虫病。如:羊虱、螨病、羊鼻蝇等的成虫、若虫或虫卵在药浴时均可被杀死,起到预防和治疗的作用。

2. 寄生虫病现状　球虫病在个别圈舍严重发生,镜检时视野中球虫数太多,无法计算。虫卵以食道口线虫为主,还有捻转血茅线虫、细颈线虫、毛首线虫和疑似的毛圆线虫。细颈囊尾蚴病、脑包虫病也有发生。外寄生虫病中,痒螨严重,疥螨散在发生。

3. 药浴用药　常用敌百虫和螨净配合使用。利用药浴池进行药浴。药液有效浓度分别是敌百虫0.5‰~1‰;螨净1‰(参考浓度)。药浴时兽医可根据试浴情况进行调整。根据药浴池的容积计算出所需的敌百虫和螨净并用60℃~70℃的温水溶解,放进药浴池中加足量水搅拌均匀,配制成20℃~30℃的药浴液。为保证药液的有效浓度和体积,应及时补充药液使浓度稳定。

4. 药浴要求　首先依据羊只的品种、年龄、圈舍、生理状况、健康状况等制定计划。要求:先浴良种羊,后浴一般羊;先浴种用羊,后浴非种用羊;先浴种公羊,后浴种母羊;先浴健康羊,后浴病羊；妊娠2个月以上的母羊和有外伤的羊暂缓药浴。药浴池要彻底清洗和全面消毒，以避免池内可能存在的寄生虫污染健康羊只。剪毛后的7～10天进行药浴较好，在短时间内集中药浴。选择晴朗、暖和、无风的上午进行，以便羊毛、皮肤能很快干燥。工作人员操作时须佩戴口罩和橡皮手套，以免中毒。羊只应在药浴前8小时停止饲喂，入浴前2～3小时饮足水，防止羊口渴误饮药液；药浴前挑选3～5只品质较差的羊试浴，无异常现象则按计划组织药浴，否则调整药液浓度。药浴时，18～20只1组，依次药浴。专人引导羊只进药浴池，专人持浴杈在池边疏散。要使药液浸没羊的全身，尤其是头部和背部。将背部、头部未能渗透的羊只压入浸湿；遇有拥挤互压现象，要及时拉开，以防药水呛入羊肺或淹死在池内。羊只在入池2～3分钟后即可出池，在滴流台停留5分钟后再放出。药浴后羊只应在阴凉处休息1～2小时，天气变化则及时赶回羊舍，防止感冒；在药浴后的2小时内，哺乳母羊与羔羊要严格隔离，以免吮乳造成中毒。患疥癣等皮肤病的羊只，在第一次药浴后隔1～2周再药浴1次。药浴结束后，剩余药液不可随意倾倒，最好深埋，避免意外事故。药浴的同时，应对圈舍、水槽、饲槽彻底清洗消毒。

二、繁殖母羊的饲养管理

繁殖母羊是羊群生产的基础，其生产性能直接决定羊群的生产水平，因而要给予良好的饲养管理条件，使其能顺利完成配种、妊娠、哺乳过程。依据繁殖母羊生理特点和所处生产周期的不同，可把繁殖母羊的饲养管理分为空怀期、妊娠期和泌乳期3个阶段，其中妊娠期可分为妊娠前期（3个月）和妊娠后期（2个月）；哺乳期也分为哺乳前期和哺乳后期（各为2个月）。饲养工作重点在妊娠后期和哺乳前期，共约4个月。

（一）空怀期的饲养管理

空怀期是断奶至配种受胎阶段，约为3个月，这一时期的主要工作是恢复体况，为母羊配种、妊娠储备营养，以确保较高的受胎率和产羔率。如在一年一产的繁殖体系中，产冬羔母羊的空怀期一般为5～7个月，产春羔母羊的空怀期可达8～10个月。在舍饲状态下，空怀期的关键技术是羔羊适时断奶。断奶过早，羔羊生长发育受到影响；断奶过迟，母羊的体况在短时期内难以恢复。抓好适时断奶的同时，必须给予合理的日粮，满足其发情需要，为配种妊娠储备营养，但不能过肥。繁殖母羊只有在膘情良好的情况下，才能有较高的发情率和受胎率。据报道，配种前母羊的体重每增加1千克，产羔率可望增加2.1%。在配种前2～3周，对体质较弱的繁殖母羊，适当补饲混合精料0.1～0.2千克，具有明显的催情效果，可使大母羊群发情整齐，按时完成配种任务。

（二）妊娠期的饲养管理

母羊妊娠前期（前3个月），胎儿发育缓慢，母羊所需营养与空怀期基本相同，应保持中等膘情。日粮可由70%粗饲料、30%精补料组成。管理上要避免吃霜草或霉烂饲料，不使母羊受惊猛跑，不饮冰水，以防发生早期流产。对膘情不好的母羊要加强补饲。妊娠后期，胎儿生长发育迅速，营养需要多，初生羔羊重量的85%～90%在这一阶段形成。同时，母羊还需要储备一定的营养，供妊娠和泌乳。此期如果母羊过肥，则容易出现食欲不振，反而使胎儿营养不良。因此，妊娠最后5～6周营养需要，怀单羔母羊可在维持饲养基础上增加12%，怀双羔母羊则增加25%。日粮组成为干草1.0～1.5千克，青贮饲料1.5千克，精补料0.6千克。

此期的管理措施都应围绕保胎，进出圈要慢，不要使羊快跑和跨越沟坎，注意饲料和饮水的清洁卫生，早晨空腹不饮冷水，治病时不要投服大量的泻药和子宫收缩药等不使用地塞米松，以免流产。同时适量运动和适量添加维生素A、维生素D也非常重要。

（三）哺乳期的饲养管理

哺乳期一般为90～120天，在哺乳前期，母乳是羔羊最重要的营养来源，尤其是15～20日龄，几乎是羔羊的唯一来源。所以要保证母羊获得全价营养，提高泌乳量，满足羔羊哺乳需要。据测定，羔羊每增重100克，需母乳500克，而母羊每生产500克奶，需要0.3个饲料单位，33克可消化蛋白质、1.8克钙、1.2克磷。精料喂量应比妊娠期分别提高10％(单羔)和30％(双羔)。日粮可由0.6～0.7千克精补料，1.5～2.0千克青干草，0.5千克胡萝卜，1.0～1.5千克青贮料组成。

但应注意，产后1～3日，对膘情好的母羊不应补饲精料，以免因消化不良引发乳房炎。母羊一般在产后20～30天达到泌乳高峰，70～80天后开始下降，其营养水平应根据泌乳量调整。

管理上要保证饮水充足，圈舍干燥、清洁。冬季要有保暖措施。另外，在产前10天左右可多喂一些多汁料和精补料，以促进乳腺分泌。哺乳后期(后1～2个月)，母羊泌乳量逐渐下降，羔羊对母乳的依赖程度减少，此时应把补饲重点转移到羔羊上，对母羊只补些干草即可，但对膘情较差的母羊，可酌情补饲精料。

三、种公羊的饲养管理

种公羊数量少，但种用价值高，对后代影响大，故在饲养管理上要求比较精细。种公羊的基本要求是体质结实，不肥不瘦，精力充沛，性欲旺盛，精液品质良好。在饲养上，应根据饲养标准合理搭配饲料。种公羊所喂的饲料应是营养全面、容易消化、适口性好的饲料。补饲日粮应富含蛋白质、维生素和矿物质，要求品质优良、易消化、体积较小和适口性好。在管理上，要求单独组群，并保证有足够的运动量。种公羊适宜采用“放牧＋补饲”的饲养方式。保持清洁干燥，定期消毒，要防止公羊互相斗殴，要有足够的运动量。添加维生素 E；补饲优质干草和胡萝卜。

依据种公羊配种强度及其营养需要特点，可把种公羊的饲养管理分为配种期和非配种期两个阶段。

（一）非配种期的饲养管理

种公羊在非配种期虽然没有配种任务，但仍不能忽视饲养管理工作。非配种期的种公羊，除应供给足够的热能外，还应注意足够的蛋白质、矿物质和维生素的补充。夏秋以放牧为主，草场植被良好的情况下，一般不需补饲。在冬季及早春时期，每日每只羊补饲玉米青贮 2.0 千克，全价混合精料 0.5～1.0 千克，胡萝卜 0.5 千克，食盐 10 克，预混料 1%，并要满足优质青干草的供给。在冬、春季节，坚持适当的放牧和运动。

（二）配种期的饲养管理

为保证公羊在配种季节有良好的种用体况和配种能力，在进入配种期前 1～1.5 个月，就应加强种公羊的营养，在一般饲养管理的基础上，逐渐增加精饲料的供应量，并增加蛋白质饲料的比例，给量为配种期标准的 60%～70%。配种期日喂混合精料 0.8～1.5 千克，鸡蛋 2～3 枚，胡萝卜 1 千克，青干草自由采食。混合精料组成：玉米 54%，饼粕 28%，麦麸 15%，食盐 2%，预混料 1%。配种结束后的公羊主要在于恢复体力，增膘复壮，日粮标准和饲养制度要逐渐过渡，不能变化太大。

种公羊在配种前 1 个月开始采精，检查精液品质。开始采精时 1 周采精 1 次，继后 1 周 2 次，以后 2 天 1 次，到配种时，每天采精1～2次，成年公羊每日采精最多可达3～4次，2次采精间隔不少于2小时。对精液密度和活力不达要求的公羊，要增加优质蛋白质饲料和胡萝卜的饲喂量，并增加运动量。种公羊的管理人员要身体健康、工作负责、具有丰富的饲养管理经验，管理人员相对稳定，不要随意更换。

四、羔羊的饲养管理

羔羊是指从出生到断奶(一般0～4月龄)的羊羔。饲养管理重点是提高羔羊成活率，并根据生产需要培育体型良好的羔羊。羔羊时期为减少发病死亡应注意做到以下几点。

1. 早吃、吃好初乳 羔羊生后30分钟内一定让其吃上初乳，羔羊出生36小时后就不能够吸收初乳中完整的抗体蛋白大分子，所以早吃、吃好初乳是促进羔羊体质健壮、减少发病的重要措施。

2. 安排好吃奶时间 生后20日内可母仔同圈让其自由吃奶，20日龄后可把母仔分开，每天定时喂奶3次，这样有利于羔羊采食固体饲料，锻炼胃肠功能。

3. 保持适宜的舍温 保温防寒是初生羔羊护理的重要工作，羊舍温度应保持在5℃以上，室温是否适宜可以从母仔表现判断，若室温不合适，应及时调温，随时留意天气预报，做好防范措施。

4. 搞好圈舍卫生 圈舍应保持宽敞、清洁、干燥。冬季要勤换褥草，夏季要通风换气；对羊舍及周围环境要定期严格消毒，对病羔实行隔离，对死羔及其污染物要及时清除，集中处理。

5. 提早补饲 羔羊生后7～10天开始喂给羊代乳粉。从15～20日龄开始补精料，最好饲喂饲料公司生产的的羔羊专用颗粒饲料，或破碎的珠粒与切碎的青干草、胡萝卜等混合搅拌喂给。同时可混入少量食盐和磷酸氢钙，或另外添加舔砖，以刺激羔羊食欲并防止异食癖。正式补饲时，应先喂粗料，后喂精料，定时定量，喂完后把饲槽扫净。

6. 合理运动 羔羊生后5～7天，选择无风、温暖的晴天，把羔羊赶到运动场进行运动和日光浴。随着羔羊日龄的增加，应逐渐延长在运动场的时间。运动场上应放一些淡盐水让其自由饮用。

7. 及时分群 羔羊2月龄左右应分群，公、母羊分开饲养，不作种用的公羔应及早去势肥育。羊群过大时，应把强弱羔羊分开饲养。

8. 做好疾病防治 羔羊时期发生最多的疾病是“三炎一痢”，即肺炎、胃肠炎、脐带炎和羔羊痢。产房要保持干燥温暖，接产时要清除体表、口腔和鼻腔的黏液，认真做好脐带消毒，哺乳和注射用具要清洗消毒，要搞好卫生减少发病、死亡。保持羔羊舍干燥通风、干净卫生、严防产生贼风，严重病羔要隔离治疗，死羔和胎衣要集中处理。

五、育成羊的饲养管理

育成羊是指羔羊断奶后至第一次配种的幼龄羊，一般在5～18月龄。羔羊断奶后5～10个月生长很快，一般毛肉兼用和肉毛兼用品种公、母羊增重可达15～20千克，营养物质需要较多。若此时营养供应不足，不仅影响当年的育成率，成熟期也会推迟，不能按时配种，还将影响羊只生长发育，出现四肢高、体狭窄而浅、体重小、剪毛量低等，降低羊的品质及生产性能，严重时失去种用价值。断奶时不要同时断料，公、母羊单独组圈饲养。在育成阶段，无论是冬羔还是春羔，必须重视第一个越冬期的饲养。所以，在越冬期首先要保证有足够青干草、青贮料、多汁饲料的供应，每天补给混合精料200～250克，留作种用的可酌情提高。在育成阶段，可通过体重变化来检查羊的发育情况。

第六章　肉羊肥育技术

舍饲肥育是利用农作物秸秆、农副产品、精饲料等饲料资源，将羔羊或异地购来的架子羊进行舍饲短期肥育。其特点是肥育期短，畜群周转快，经济效益高。目前肥育的方式主要有异地购买或者成年羊集中舍饲肥育，分别称为异地羔羊肥育和异地成年羊肥育，适用于农区。

一、异地舍饲肥育关键环节

（一）选 择 羊

选择合适的羊肥育是肥育成功的首要条件。

1. 品种选择　从增重速度、料肉比综合来看，杂交羊肥育的经济效益高于小尾寒羊等地方品种，杂交羊以白萨福克羊×小尾寒羊和杜泊羊×小尾寒羊为主。在50～60天的肥育期内，同样的饲养管理条件下，杂交羊日增重400～450克，小尾寒羊日增重250～320克。由于当前肥育羊的产品市场是以鲜羊胴体、羊皮、羊下货为主，精分割的较少，所以以羊皮为主要副产品的肥育羊综合效益显著，其中宁夏滩羊、杜寒杂交羊、萨寒杂交羊和纯种小尾寒羊颇受欢迎。

2. 月龄及体重、性别的选择　杂交羊以3～5月龄、27～40千克为宜；小尾寒羊以4～6月龄、22～30千克为宜；宁夏滩羊以3～5月龄、10～12千克为宜。同等条件下，公羊日增重比母羊多50～100克。

3. 健康状况选择 必须购买健壮的羔羊进行肥育。僵羊、病羊看似便宜,肥育效益极低。健康羊膘满肉肥,体格强壮,被毛发亮,眼睛明亮有神,听觉灵敏,鼻镜湿润、光滑,常有微细的水珠;羊的皮肤在毛底层或腋下等部位通常呈粉红色。体温是羊健康与否的晴雨表,山羊的正常体温是37.5℃～39℃,绵羊为38.5℃～39.5℃,羔羊比成年羊高1℃;健康羊眼结膜呈鲜艳的淡红色,粪呈椭圆形粒状,成堆或呈链条状排出。

4. 地域、季节的选择 肥育羊必须来自于非疫区,运输距离越近越好,应激反应小。肥育季节尽量避开严寒酷暑,出栏时机最好赶上肉羊价格好的时机。

5. 引羊数量的选择 一批入栏的羊数量要够一个出栏销售批次。数量过多或者过少都会造成销售时,外运成本升高,影响效益。

(二)运输及饲草饲料贮备

做好异地运输运力、人员准备,夏季要防止中暑,冬季防寒、防沙。各种物资的购买和运输均不得在疫区。

饲草饲料是舍饲肉羊最重要的基础物质之一,肥育羊必须按需要量贮备优质粗饲料和精补料,并做好消防工作。

(三)饲养管理

最佳饲喂方式是全混合日粮(TMR)。肥育饲养管理注意事项如下。

1. 定时定量饲喂 每日喂料2次,早晚各1次,每次1.5～2小时。粗饲料自由采食。

2. 采食量 羊每天采食饲料为体重的3%～3.5%,上午喂全天采食量的45%～50%,下午喂全天采食量的50%～55%。

3. 保证充足清洁饮水 最好饮用自来水,保持水槽清洁,24

小时不间断供水，冬天保温效果好的条件下可以考虑使用自动饮水嘴、饮水碗，不能饮冰碴水。

4. 羊舍通风、保暖　经常通风可以降低羊舍内氨气浓度，做好保温可以预防感冒等疾病的发生。

5. 粪便清理　粪便的清理要及时，清出的粪便要进行无害化处理。

6. 驱虫、防疫和消毒　每年2次驱虫，或每批羊进圈20天后分2次进行驱虫，按免疫程序做好防疫，定期消毒。

(四)疫病防控

做好疫病防控是目前我们面临的最大问题，是做好食品安全的关键环节，所以，要严格按照免疫程序注射疫苗。

二、异地舍饲肥育常见问题

根据长期以来对养殖户的跟踪与调查发现，舍饲肥育养羊，密度大，出现的主要问题是防病治病难度加大，传染病、寄生虫病、营养代谢病、中毒病等群发性疾病频发；许多养殖户为了增加肥育日增重、缩短肥育饲养周期而减少肉羊日粮中粗饲料（干草）用量或使用全精料型日粮，使可供纤维分解菌附着并降解利用的纤维颗粒减少，造成瘤胃pH值下降，纤维分解菌活性减弱，进而导致瘤胃消化功能不健全和瘤胃菌群失调，消化功能显著降低，肝脏坏死，个别病羊突然死亡。

(一)疫病多发

规模肥育羊场的显著特点是羊只饲养数量大，饲养密度高，缺少专业技术人员，防疫意识差，羊只入园区检疫防疫能力弱，往往将病羊引入园，致使传染病、寄生虫病迅速传播，甚至暴发。目前常见传染病有羊快疫、羊肠毒血症、羊猝殂、羊传染性胸膜肺炎、羊传染性脓疱、绵羊痘、山羊痘、口蹄疫、羊链球菌病、羊巴氏杆菌病、附红细胞体病、大肠杆菌病、炭疽、布鲁氏菌病、结核杆菌病、李氏杆菌病等。常见寄生虫病有羊绦虫病、弓形虫病、片性吸虫病、线虫病、球虫病、螨病等。

(二)肉质下降

羊肉质以其细嫩,脂肪分布均匀,性温补而闻名于世。现在羊肉生产按照“区域化布局、专业化分工、集约化生产、规模化经营”原则组织生产的趋势越来越明显,效果也越来越突出。但是,不喂或少给粗饲料快速肥育模式,严重背离羊反刍消化规律,致使羊代谢性疾病增多,如肥育羊尿结石、黄脂肪症、异食癖。另外,驱虫药中毒、霉变饲料中毒、尿素中毒等多发,造成羊肉质量下降。

(三)用药盲目

饲喂人员防疫消毒知识缺乏,防病治病条件差,羊有了疾病,只知道注射抗生素,别无他法。由于长期用药不合理,滥用抗生素,致使羊细菌性传染病病原抗药性越来越严重,治疗难度加大,人兽共患传染病增多,饲养员的健康程度也下降。

(四)粗饲料不足、品质差

舍饲肥育存在的严重问题之一是粗饲料严重不足、品质差,加工调制程度低。

三、异地舍饲肥育关键技术

绵羊和山羊都可以肥育,肉用品种或杂交羊肥育效果好。肥育方式主要采取异地购买,园区内集中短期肥育的异地肥育方式。

常见主要有羔羊短期肥育和架子羊短期肥育。肥育期分为预饲期和肥育期，预饲期为15天，肥育期为90天。

（一）肥育前的准备工作

1. 清粪垫圈与消毒　肥育羊进圈前，对棚圈进行全面检查，发现损坏及时修建；然后清粪垫圈，用3%～5%烧碱水（氢氧化钠）或10%～20%石灰乳对地面、墙壁、饲槽等进行全面彻底的消毒，工具用“消毒王”消毒；园区门前应设消毒池和消毒室，消毒室墙壁中下部安装紫外线消毒灯，脚下铺设消毒池。

2. 准备饲草料　饲草贮备方式主要有制作青贮饲料，大量收购作物秸秆，与饲料厂签订精饲料合作协议。贮备量按需要量加10%制定。

3. 准备药品　准备肥育羊常规药品，如杀菌、退热、止痛、驱虫、灭蚊蝇、瘤胃调控药物等。

4. 岗位培训　羊入园区前，一定要请有经验的专家进行培训，使所有饲养人员必须掌握羊舍饲肥育饲养管理技术、羊病防控知识、驱虫技术、注射疫苗技术、一般用药知识等。

（二）预饲期的工作重点

预饲期一般为15天，分三步过渡：第一步1～3天，自由饮水，只喂干草和少量精补料，让羊适应新的环境；第二步4～10天，仍然以干草为主日粮，逐步添加精补料。第三步从第11天至第15天，从第16天正式进入肥育期。

目前异地肥育操作误区主要有：①病羊复杂又不能及时发现并隔离治疗，致使疫病剧增；②多数羊经过异地长途运输等应激，免疫力低下，瘤胃功能有待恢复，如果高精料肥育，致使生长缓慢，病死率增多；③预饲期由于羊体质弱，驱虫时少数羊出现急性中毒死亡，多数羊慢性中毒，生长迟缓；在注射疫苗时免疫应答反应能力弱，免疫效果不理想；④不能进行严格分段再分群饲养，严重影响肥育效果。

肉羊预饲期工作重点如下。

1. 预饲期前 1～3 天 自由饮水，只喂干草，让羔羊适应新的环境，主要任务是严格执行检疫制度，查找发热羊，隔离治疗，及时处理病原。新进入园区的所有羊必须逐个进行体温检测，凡是发热病羊一律隔离，注射氨苄青霉素 2 克，病毒灵 10 毫升，安乃近 10 毫升，地塞米松 10 毫克，一次分点肌内注射，每天 2 次，连用 3 天。体温恢复正常，精神明显好转，饮食恢复后留群肥育。否则，一律屠宰，杜绝病羊留园。对精神差体质弱的分群进行瘤胃外给微生物制剂，对健康羊按品种、年龄、性别分群，再按膘情，进一步分群肥育。

2. 预饲期 4～10 天 以干草为主日粮，逐步添加精补料，饮水中添加维生素 C、葡萄糖等减轻应激。

3. 预饲期 10～15 天 主要进行适时驱虫和疫苗注射。过量使用驱虫剂容易发生急慢性中毒。一般建议经过 10 天的预饲期后再驱虫，最好是在进入肥育期第二，第四，第六周分别适量进行。驱虫时，首先按体重分群，准确计算驱虫药剂量。内寄生虫常用驱虫药为伊维菌素或丙硫苯咪唑，剂量 10～15 毫升/千克体重，拌匀在精补料中采食。驱虫后 5 天将粪便集中堆积发酵，杀灭虫卵。杀灭外寄生虫采用药浴或药淋浴，剪毛或抓绒后 7～10 天进行，常用药物有螨净。

免疫接种可激发羊体产生特异性抗体。有组织、有计划地进行免疫接种是预防和控制传染病的重要措施之一。异地肥育最好在预饲期第 10～15 天注射疫苗，即 10～14 天皮下注射或肌内注射口蹄疫疫苗、绵羊痘疫苗、三联苗（羊猝殂、羊快疫、羊肠毒血症）或五联苗（羊快疫、羊猝殂、羊肠毒血症、羔羊痢、黑疫）5 毫升，14 天后产生免疫力，免疫期 0.5～1 年。首次注射疫苗后的第 14 天再加强注射1次，以防漏免。

当羊群暴发疫病时，注射疫苗要慎重。羊接种疫苗获得免疫力需要2～3周时间。对羊的细菌性感染可进行3天的抗生素治疗，停药3天后全群免疫接种，其余未发病羊群立即紧急接种。羊的病毒性感染，不分羊只大小、是否妊娠，立即紧急接种，同时对病羊注射抗生素预防细菌感染。一般免疫失败的主要原因是疫苗没有按照使用说明书保存和使用，或在入园区前10天，羊只体质过差时注射疫苗。

4. 合理安排剪毛、分群和上槽　羊到场1周内集中剪毛。剪毛可以增进食欲，增强皮下血液循环，促进钙吸收，改善皮张质量。剪毛可不分季节。

按品种、性别、体重进行分群，每群30～40只为宜；羊只对于新环境不适应，尽早让羊适应新饲养制度，特别是由放牧转向舍饲的羊，连续几天不上槽不但会导致体重下降，严重的还可造成衰竭死亡。

5. 修蹄、去势、剪毛　去势后的羊性情温顺，便于管理，容易肥育，同时还可减少膻味，提高羊肉品质。凡供肥育的羔羊，一般在生后2～3周龄去势，宜在晴天无风的早上进行。肥羔生产中肥育公羔不去势，其增重效果比去势的同龄公羔快，而且膻味与去势的羔羊无明显差别。

放牧肥育应进行修蹄（图6-1）。修蹄应在雨后或让羊只在潮湿草地上活动数小时后，蹄质变软时进行。修蹄时先用修蹄剪将生长过长的蹄尖剪掉，然后用修蹄弯刀将蹄底边缘修整至和蹄底平齐，再修到蹄底可见淡红色血管为止。不可修剪过

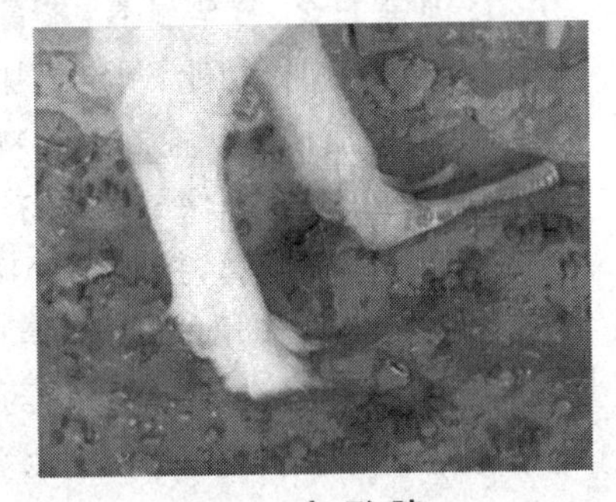

图6-1　变形蹄

度，防止出血和行走不便。

当年出生，当年肥育屠宰的肉毛兼用品种羔羊，在屠宰前60～90天或周岁以上的羊，在进入短期肥育前60～90天，均剪毛1次，促进羊只采食抓膘，增加羊毛收入，从而增加经济效益。

6. 预饲期日粮配方 选购正规饲料公司生产的全价饲料或浓缩饲料，搭配一定的粗饲料和能量饲料。

成年羊进入肥育场1～5日，由每日每只饲喂饲草1千克和精补料400克逐渐增加到饲喂饲草400克和精补料500克。饲喂量以1小时吃净为宜。饲草配方：紫花苜蓿草粉10%、玉米纤维蛋白30%、玉米秸秆30%、稻草粉15%、干酒糟10%、葡萄皮（葡萄酒下脚料）5%。其中草粉长2～5毫米，过细则不利于胃肠蠕动，过粗则适口性差，易造成浪费。精补料配方：碎玉米50%、豆粕5%、黑豆（炒熟）10%、葵花粕（炒熟）6%、小麦麸15%、小苏打1%、食盐3%、肉羊专用预混料10%，混合均匀。

另外，预饲期精补料配方参考：玉米粒25%，干草64%，糖蜜5%，油饼5%，食盐1%，抗生素50毫克；玉米粒39%，干草50%，糖蜜5%，油饼5%，食盐1%，抗生素35毫克。

（三）肥育期的工作重点

1. 更新理念、科学饲养、提高肉质 肥育的核心理念应是最大限度地发挥瘤胃功能，制定更加科学的饲养管理程序，减少疾病发生，提高肉质风味。控制精补料喂量，要在整个肥育期添加粗饲料，延长肥育时间，确保羊肉风味。构建优质羊肉营销体系，实现优质优价。限饲肥育，控制肥育期时间，在肥育过程中禁用有致畸、致癌、致突变作用的兽药，禁止在饲料中添加药兽，禁用激素类药品、安眠镇静药、中枢兴奋药、镇痛药、解热镇痛药、麻醉药、化学保定药、肌肉松弛药和巴比妥类药，使用抗生素治疗注意停药期。

饲料添加剂可以提高羊干物质采食量，刺激瘤胃微生物蛋白质的合成和 VFA 产量，提高饲料消化率或转化率，稳定瘤胃内环境和 pH 值，改善生长发育，减少热应激，改善健康状况，减少酸中毒，增强免疫力。肥育肉羊常用饲料添加剂有：瘤胃素、碳酸氢钠等。

2. 加强饲养管理 羊肥育期为 90～150 天。经过 15～20 天的肥育准备期后，进入高强度精料肥育期。及时分群，隔离病弱羊只，减少换料应激。做好后续驱虫。每日投喂饲料 2～3 次，羔羊占槽位为 25～30 厘米，投料量以 45 分钟内吃完为准，剩料应及时清扫，选择优质饲料，严防饲料发霉变质。

舍饲羊具有很强的群居特征，只要轻轻驱赶就立即起来上槽，佯装采食，即“洋气疟”，看似采食，实则瘦弱。不像放牧时，病羊会掉队、呆立、离群，容易被发现，所以，在舍饲过程中，必须仔细观察。分群不及时见图 6-2。最好 1 个月分 1 次群，可以及时发现病羊、弱羊。

图 6-2 分群不及时

3. 日粮推荐

(1)肥育前期 羊进入育肥场 16～40 日，每日饲喂饲草 500 克和精补料 500 克，饲喂量以 40 分钟吃净为宜。饲草配方：紫花苜蓿草粉 10%、玉米纤维蛋白 20%、玉米秸秆 30%、稻草粉 15%、干酒糟 20%、葡萄皮 5%，草粉长度不超过 5 毫米。精补料配方：碎玉米 60%、豆粕 5%、黑豆(炒熟)8%、葵花粕 5%、小麦麸 8%、小苏打 1.5%、食盐 2.5%、肉羊专用预混料 10%，混合均匀。

(2)肥育后期 羊进入育肥场 41 天至出栏。逐渐增加精补料，每日饲喂饲草 700 克，精补料 800 克，饲喂量以 30 分钟吃净为宜。饲草配方：紫花苜蓿草粉10%、玉米纤维蛋白20%、玉米秸秆35%、稻草粉15%、干酒糟15%、葡萄皮5%，草粉长度不超过5毫米。精补料配方：碎玉米63%、豆粕5%、黑豆（炒熟）10%、小麦麸8%、小苏打1.5%、食盐2.5%、肉羊专用预混料10%，混合均匀。

表6-1　羊肥育各阶段的配方推荐

肥育阶段	玉　米	豆　粕	大豆皮	秸秆粉	酒　糟	预混料
肥育前期（10～20千克）	40	16	5	25	10	4
肥育后期（20～40千克）	45	15	—	25	11	4

从羊粪便上可以判断采食和日粮适宜情况，一般在肥育前期、增料期和肥育后期有部分软粪为正常，其余则以干粪成型为正常；粪中含有未消化的饲料颗粒时，减少喂料量和该颗粒的比例、增加破碎度等。

4. 饲喂方法　进入肥育期，应该逐渐加大精补料用量。保证足够的槽位，每天上午6时和下午5时各饲喂1次，七成饱、八成睡、九成十成易伤胃，自由饮水。冬季中午温度较高时通风换气，采取保暖措施。夏季用负压风扇或水帘通风降温，白天灭蝇，晚上灭蚊。梅雨季节在饲料中添加脱霉剂防止饲料霉变。

5. 提高疾病防治水平　在肥育期也要定期检疫布鲁氏菌病和结核病等人兽共患传染病，发现疫情彻底扑杀，消毒深埋，绝对不可食用。高精料肥育使易羊易患尿结石、黄脂肪症、酸中毒，脂肪肝等营养代谢病使羊过肥，羊肉风味降低，品质下降。

肉羊生产中选择抗生素的原则是尽快抑制或杀灭特异的病原体，所以选择的抗生素要对羊副作用小，避免出现耐药性和药物诱导的毒性，价格低。

抗生素首次使用应加倍量，迅速杀灭病原微生物，连续按疗程足量进行给药，以防止细菌产生耐药性；病情控制后还要小剂量维持2～3天，以防复发；使用抗生素期间要及时补给维生素B和维生素C。

抗生素联合应用的益处是治疗混合感染，获得协同的抗菌活性，克服细菌的耐受性，防止细菌耐药性的出现，防止由于存在其他细菌产生的酶而使抗生素失活。

抗生素抗菌治疗失败的原因是诊断错误或选药错误。例如分不清是病毒还是细菌性感染，选择的抗生素不敏感，或细菌产生了耐药性，抗生素量不足，有配伍禁忌的抗生素被联合应用。缺乏必要的支持疗法，羊患了疾病，只知道注射抗生素，别无他法。

加强人员专业学习是提高饲养员素质最主要的途径。首先要改变理念，肥育羊的核心不单纯是长得快，更重要的是肉质好，风味佳，才能价格好，效益高。

四、羔羊肥育技术

羔羊肥育主要指1岁以内羔羊的肥育，具有生产周期短、生长速度快、饲料报酬高、便于组织生产等特点。羔羊肥育分为哺乳羔羊肥育，早期断奶羔羊强度肥育，断奶羔羊肥育，当年羔羊肥育4种类型。

（一）羔羊肉的生产特点及原理

1岁内完全是乳齿的羊肥育屠宰后的肉称羔羊肉。羔羊肉中的肥羔肉是指在30～60日龄断奶，肥育至4～6月龄，体重大约32千克进行屠宰的羊肉。

羔羊生长发育快，从出生至2月龄的日增重可达180～230克，2～10月龄可达100～150克，饲料转化率高达3～4∶1，而成年羊为6～8∶1；羔羊对植物性蛋白质利用效率极高，比成年羊高0.5～1倍。肥羔生产周期短，产品率高，成本低；羔羊肉所含瘦肉多，脂肪少，胆固醇含量低，肉质鲜嫩多汁，腥味小，营养丰富，味道鲜美，易被人体消化吸收。目前在国际市场上畅销，价格比大羊肉高30%～50%。

（二）羔羊肉的生产方式

羔羊肥育主要有哺乳羔羊肥育，早期断奶羔羊强度肥育，断奶羔羊肥育，当年羔羊肥育。

1. 哺乳羔羊肥育 哺乳羔羊肥育方式不属于强度肥育，羔羊舍饲，10日龄开始补饲，羔羊到达3月龄时，肥育挑出达到屠宰体重（30千克）的羔羊，出栏上市。不够屠宰体重的羔羊，断奶后继续肥育。羔羊不采取早期断奶，仍然保留原有的母仔对，可减免因断奶应激。哺乳羔羊的肥育以舍饲为主，以早熟性能好的公羔为主要对象，是满足节日市场需要的特殊生产方式。

母羊哺乳期间每日补饲足够量的优质豆科干草，加0.8千克的精补料。对羔羊进行隔栏补饲，羔羊开食时间越早越好，每天补饲2次，以玉米粒为主，适量搭配黄豆饼和胡萝卜丝一起混合均匀放入饲槽。有条件的地方最好配制羔羊颗粒饲料。每次喂量以20分钟吃完为宜。供给优质苜蓿干草，自由采食。干草品质不佳时，日粮中添加50～100克蛋白质饲料。

2. 早期断奶羔羊强度肥育 指羔羊哺乳45～60天，断奶后继续在圈内饲养，到120～150日龄活重达35千克时屠宰的肥育方式。其特点是在哺乳期开始强化肥育，对羔羊实现早期断奶，直线肥育。早期断奶强度肥育，意义在于使母羊全年繁殖，安排在秋季和冬季产羔，生产元旦、春节、古尔邦节和开斋节等特需的羔羊肉。这种肥育方式不是羊肉生产的主要方式，而是为了满足市场或节日供应的特殊需要，也常与民族和宗教习惯相联系。

早期断奶羔羊强度肥育技术要点：①羔羊断奶前实行隔栏补饲。羔羊1.5月龄断奶前半个月实行隔栏补饲，或在早、晚与母亲分开2～4小时，让羔羊在专用圈内活动，圈内放有饲料槽和饮水器。补饲的饲料应与断奶后的饲料相同，谷粒在刚开始饲喂时可以稍加破碎，羔羊习惯采食后，则以整粒饲喂为宜。羔羊颗粒饲料适口性好，比粉料能提高饲料报酬5%～10%。②实施早期断奶。据M. J. Iucke试验观察，羔羊瘤胃发育可分为出生至3周龄的无反刍阶段，3～8周龄的过渡阶段，8周以后的反刍阶段，说明到8周龄时瘤胃已充分发育，能采食和消化大量植物性饲料，此时断奶是比较合理的。③做好预防注射。肥育羔羊常见的传染病有肠毒血症和出血性败血症。羊肠毒血症疫苗可以在产羔前给母羊注射，或在断奶前给羔羊注射。羔羊活动场要保持干燥、卫生，通风良好。④按羔羊需要配制日粮。根据羔羊的体重和肥育速度，配制精补料。以下早期断奶羔羊的饲料配方供参考：玉米83%、黄豆饼15%，石灰石粉1.4%，含盐0.5%，添加剂0.1%（其中硫酸锌1毫克，硫酸锰80毫克，氧化镁200毫克，碘酸钾1毫克，维生素A、维生素D、维生素E分别为500单位、1 000单位、20单位）。肥育全期不变更饲料配方。⑤让羔羊自由采食肥育饲料。最好采用自动饲槽，以防止羔羊四肢踩入饲槽，污染饲料，降低饲料摄入量，扩大球虫病和其他病菌的传染。自动饲槽应随羔羊日龄增大而适当升高，以饲槽中没有饲料堆积或溢出为准。⑥供给充足的清洁饮水。⑦饲喂优质干草。断奶羔羊的日粮单纯依靠精饲料，既不经济又不符合消化生理。干草一般占日粮总量的30%～60%。苜蓿干草不仅粗蛋白质高达20%，还含有促生长的未知因子，饲喂效果明显优于其他干草。⑧适时出栏。出栏时间与品种、饲料、肥育方法等有直接关系。大型品种3月龄出栏，体重可达35千克，小型品种相对差一些。断奶体重与出栏体重有一定相关性。据试验，断奶体重13～15千克时，肥育50天体重可达30千克，因此断奶体重12千克以下时，肥育后体重25千克，因此在饲养上设法提高断奶体重，就可增大出栏活重。

3. 断奶羔羊肥育 羔羊2～3月龄断奶，经过90～150天的肥育，于6～8月龄达到屠宰体重。宰前活重一般公羔约50千克，母羔约40千克，胴体重为20～22千克。断奶羔羊肥育是目前我国羊肉生产主要生产方式，也是工厂化肉羊生产的主要途径。肥育方式主要是异地舍饲肥育。肥育过程分为两个阶段，即预饲期和肥育期。

(1)预饲期技术要点 预饲期一般为15天，分3阶段过渡。

第一阶段，1～3天，自由饮水，只喂干草，让羔羊适应新的环境。

第二阶段，4～10天，饲喂第二阶段日粮，参考日粮：玉米粒25%，干草64%，糖蜜5%，油饼5%，食盐1%，抗生素50毫克。营养成与含量：粗蛋白质12.9%、总消化养分57.1%、消化能20.51兆卡、钙0.78%、磷0.24%，精、粗料比例为36∶64。

第三阶段，11～15天，参考日粮：玉米粒39%，干草50%，糖蜜5%，油饼5%，食盐1%，抗生素35毫克。此配方含蛋白质12.2%，总消化养分61.6%，消化能21.7兆卡，钙0.62%，磷0.26%。精、粗料比例为50∶50。

目前多数集中肥育羊场都选择饲料公司生产的专用全价饲料或浓缩饲料，肥育效果好，发病少。

预饲期的饲养管理要点：用普通饲槽每日投喂2～3次，保证每只羔羊占槽位25～30厘米。投料量以在45分钟内吃完为准。饲养员注意观察羔羊的采食行为，实施分群饲养。变换日粮配方都应有5～7天的过渡期，切忌变换过快。根据羔羊生长表现，及时调整饲料种类和日粮配方，做好羔羊的预防注射和驱虫。

(2)正式期技术要点 第十六天正式进入肥育期，饲喂肥育专用日粮，见表6-2。

表 6-2　肥育羔羊的饲养标准　（每日每只需要量）

月龄	体重（千克）	风干饲料（千克）	消化能（兆焦）	可消化粗蛋白质（克）	钙（克）	磷（克）	食盐（克）	胡萝卜素（毫克）
3	25	1.2	10.5～14.6	80～100	1.5～2	0.6～1	3～5	2～4
4	30	1.4	14.6～16.7	60～150	2～3	1～2	4～8	3～5
5	40	1.7	16.7～18.8	90～140	3～4	2～3	5～9	4～8
6	45	1.8	18.8～20.9	90～130	4～5	3～4	6～9	5～8

正式肥育期的长短，因羔羊品种、类型、入圈体重以及肥育期所采用的日粮类型而定。例如肉羊品种或肉羊与当地品种的杂交后代，其生长速度较快，如果提供较高的日粮标准，日增重可以达到 300 克左右，一般肥育 90 天；当地粗毛羊，生长速度较慢，日粮标准可适度降低，一般肥育期为 150 天。肥育日粮分为粗料型、精料型和青贮型 3 种。在饲养管理方面，羔羊先喂 10～14 天预饲期日粮，再转用青贮型肥育日粮。青贮开始时要控制喂量，以后逐日增加，10～14 天达到全量。羔羊每日采食量不少于 2～3 千克，饲料先精后粗，少加勤添。每天清扫饲槽剩料。

4. 当年羔羊肥育　当年羔肥育指羔羊断奶后放牧一段时间，然后舍饲肥育，当活重达 35 千克左右时屠宰的生产过程。

当羊羔肥育属于吊架子肥育。哺乳期以母乳促进羔羊发育，断奶后放牧饲养，使得骨架长大，舍饲饲喂高精料肥育。此法可以充分利用夏季的新鲜牧草，大大降低生产成本。当年羔羊经肥育后，肉质细嫩，新鲜多汁，膻味小，销售价格比成年羊肉高 20%～50%。

（1）*技术要点*　公母分群，防止早配；异地运羊应尽量减少应激。羔羊对饲料中有毒成分反应较敏感，因而要防止饲料霉变；注意维生素和微量元素的补充；精粗比例要适当，以 6∶4 为宜，精料喂量过大易引起酸中毒。冬季肥育注意防风保暖，提高能量饲料比例。

(2)舍饲羔羊肥育管理　肥育配合饲料有粉状料和颗粒饲料。粉粒状日粮中粗饲料(干草和秸秆等)不宜超过20%～30%,长度10～15毫米。颗粒饲料用于羔羊肥育,日增重可以提高25%,减少饲料浪费。颗粒饲料中的粗饲料比例,羔羊料不超过20%,羯羊肥育料可到60%。颗粒大小:羔羊料1～1.3厘米,大羊料1.8～2厘米。多雨、潮湿季节,舍饲肥育圈,特别是羔羊肥育圈,要铺垫一些秸秆、干草等吸水材料,以后直接往上添撒,每隔2米撒1行,1周撒2次,每次铺撒的位置要更换,垫草会随着羔羊的运动将散开铺匀。高精料肥育应注意给肥育羊一个适应期,预防过食精料造成羊肠毒血症和因钙、磷比例失调引起的尿结石症等。

五、架子羊肥育技术

成年羊的肥育主要指1岁以上的羊,其中包括不同年龄的瘦弱羊及淘汰母羊等的肥育。此类羊的特点是体质弱,膘情差,精神状况中等。通过60～75天肥育,体重达到25千克以上即可屠宰。肥育前应按品种、活重和预期增重等主要指标确定肥育方案和日粮标准。

(一)肥育方式

肥育日粮有2种。一种是将精补料与粗饲料分别饲喂。另一种是全价颗粒饲料。其中,秸秆和干草粉可占55%～60%,精补料占40%～45%。

肥育羊入圈前,要进行分群、称重、注射疫苗、驱虫,圈舍做好消毒、清洁等工作。圈内设有足够的水槽和饲槽,以保证不断水、不缺盐。日饲喂干物质量一般为2.5～2.8千克,每日2次,以饲槽内基本无剩余为宜。

有条件放牧的地区架子羊肥育主要采用放牧加补饲的方式。

成年羊肥育营养需要量见表6-3。

表6-3　成年羊肥育营养需要量　（每只每日）

体重（千克）	风干饲料（千克）	消化能（兆焦）	可消化粗蛋白（克）	钙（克）	磷（克）	食盐（克）	胡萝卜素（毫克）
40	1	15.9～19.2	90～100	3～4	2.0～2.5	5～10	5～10
50	1.8	16.7～23.0	100～120	4～5	2.5～3.0	5～10	5～10
60	2	20.9～27.2	110～130	5～6	2.8～3.5	5～10	5～10
70	2.2	23.0～29.3	120～140	6～7	3.0～4.0	5～10	5～10
80	2.4	27.2～33.5	130～140	7～8	3.5～4.5	5～10	5～10

（二）饲养管理

在舍饲饲喂过程中，不要经常变换饲料种类和饲粮类型。替换饲料原料，需要6～8天的过渡期，粗饲料替换精饲料，过渡期为10天左右。粗饲料铡短成2～3厘米，块根块茎饲料要切片，饲喂时要少喂勤添。用青贮、氨化、微贮等秸秆饲料喂羊时，喂量要由少到多，逐步适应。喂量：青贮饲料2～3千克，氨化秸秆1～1.5千克。饲喂精料每天2次。不饲喂腐败、发霉、变质、冰冻及有毒有害的饲草、饲料，提供足够的清洁饮水，不饮雪水或冰冻水。

肥育羊的圈舍应清洁干燥，通风良好，防暑、保暖。定期清扫和消毒，保持圈舍的安静，不要随意惊扰羊群。设置足够的草架和饲槽，保证每只羊有足够的槽位。

饲养员对羊群要勤于观察，定期检查，适时注射四联苗，预防肠毒血症。在以谷类饲料为主的日粮中，可将钙的含量提高到0.5%的水平，或加入0.25%氯化铵，避免日粮中钙、磷比例失调，防尿结石发生。在潮湿多雨季节，要勤换垫草，预防寄生虫和腐蹄病的发生。图6-3为异地舍饲肥育羊准备期流程图。

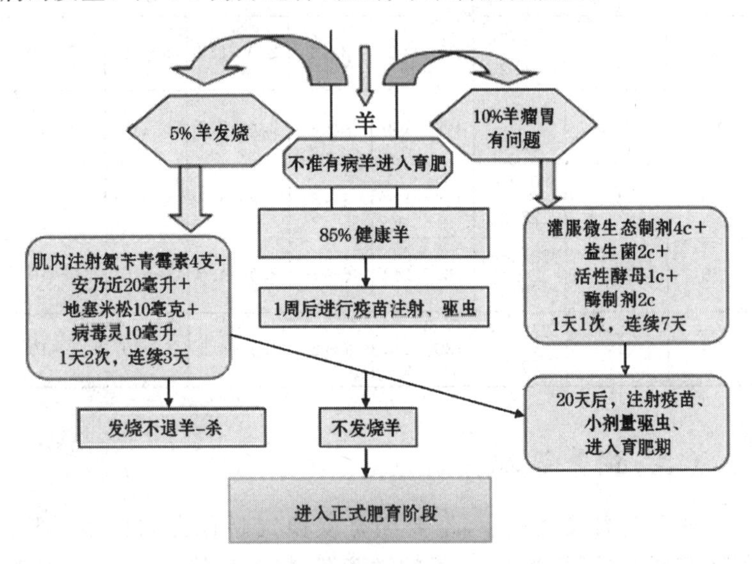

图6-3 异地舍饲肥育羊准备期流程

第七章　舍饲羊病特点与对策

一、规模化羊场疾病发生特点

（一）传染病不断发生

规模化羊场的显著特点是饲养密度大，生产强度大，造成传染病流行潜力大。病原一旦入侵，会迅速传播，甚至暴发。过去已经控制的疾病，如羊传染性胸膜肺炎、羊链球菌病、巴氏杆菌病、羊痘、羊传染性脓疱病、附红细胞体病、弓形虫病，近几年在许多规模化羊场不断发生。

笔者应用实验室病原分离、血清学检测等技术对宁夏 28 家规模化舍饲羊场传染病的流行、治疗、预防进行调查表明，舍饲羊场目前存在的主要传染病有：支原体肺炎、羊痘、口疮、梭菌病（快疫、猝殂、肠毒血症、羔羊痢疾）、口蹄疫、布鲁氏菌病、羔羊大肠杆菌病、沙门氏菌病、巴氏杆菌病、链球菌病、衣原体、破伤风、羊脑包虫。危害最严重的为羊痘和传染性支原体肺炎。大多数羊场由于缺乏技术人员和有效管理制度，对传染病的综合防制知识缺乏了解，在疫病防制环节上（进出场消毒制度、常规疫苗种类、免疫方法等）都有明显漏洞。现阶段多数养羊场对传染病诊断主要依据临床症状结合剖解，有 5 家羊场通过送检病料到有关单位化验，协助诊断。有 3 家羊场将病料送至有关单位，选择敏感药物治疗，大多数羊场发生传染病后，在没有确诊的情况下，主要对症治疗。还有个别羊场对病羊不治疗。

（二）继发性感染、并发性感染、混合感染性疫病增多

在羊病流行过程中，经临床诊断和实验室证实，继发感染和混合感染的病例增多。感染性疫病增多，病情复杂多样、危害大。在羊群疫病流行中，绵羊巴氏杆菌病，羊痘和羊传染性胸膜肺炎，片性吸虫病，羊水肿梭菌病增加。混合感染、片性吸虫病继发羊增加，因而危害较大。

（三）细菌性疾病发生率增高，治愈率降低

随着养羊业规模化程度提高，环境污染加剧，以及长期用药不合理，滥用抗生素，致使细菌性传染病病原抗药性增加，使羊大肠杆菌病和链球菌病等许多传染病的治疗难度加人。

（四）营养代谢病增多

粗饲料不足是规模化羊场普遍存在的问题，导致羊群营养代谢性疾病增多，如黄脂肪病，异食癖，尿结石，脂肪肝等。

（五）应激导致疾病增多

应激在羊病发生中起到重要作用，规模化羊场为了充分发挥生产潜力，使羊群处于高度紧张的生产状态中，因而抗病力降低，容易发生各种疾病，生产力下降。

（六）内外寄生虫病增多

在一些新建的规模化羊场，寄生虫病防治措施没有落实，致使螨虫病、羔羊消化道线虫病、球虫病严重，造成巨大损失。

二、传染病防治知识

(一)传染病的概念与类型

1. 传染的概念　在一定的外界条件下，病原微生物侵入羊机体与之相互斗争，并在一定部位生长、繁殖而引起一系列病理反应，这一过程称为传染。如果机体与病原微生物的斗争处于相对平衡状态，称为带菌(毒)现象；如果机体防御力强，或病原微生物毒力弱、数量少，病原微生物虽在体内繁殖，但仅引起机体轻微变化而不显临床症状，称为隐性传染；如果机体抵抗力弱，或病原微生物毒力强、数量多，则羊呈现一定的临床症状，称为显性传染，或称传染病。

2. 传染病的概念　凡是由病原微生物引起，具有一定的潜伏期和临床表现，并具有传染性的疾病称为传染病。

传染病和非传染性疾病不同，它必须是由一定活的病原微生物侵入机体引起，并具有一定的传染性，经过一定潜伏期后，能引起固有的临床症状。传染病的患病羊可产生特异性免疫反应(如变态反应)，耐过此病的羊能获得一定特异性免疫，即在该病痊愈后一定期间，机体获得的特异性免疫可抵抗该病的再感染。

3. 传染病的发生和发展条件　传染病的发生和发展，必须具备 3 个条件：具有一定数量和足够毒力的病原微生物；具有对该传染病有感受性的羊；具有可促使病原微生物侵入羊体内的外界条件。缺少任何一个条件，传染病就不可能发生和流行。

4. 传染病的发展阶段　一般可分为以下 4 个阶段。

(1)潜伏期　从病原微生物侵入羊机体到出现疾病的最初症状为止，这个阶段称为潜伏期。一般急性传染病潜伏期短，而慢性传染病潜伏期长。

潜伏期长短受以下因素影响：①侵入机体的病原微生物的数量与毒力。病原微生物侵入机体数量越多，毒力越强，则潜伏期越短，反之则越长。②羊机体的生理状况。羊机体抵抗力越强，则潜伏期越长，反之则越短。③病原微生物侵入的途径和部位。如狂犬病毒侵入机体的部位，越靠近中枢神经系统，则潜伏期越短。

了解潜伏期的长短，在采取防疫措施时具有重要的实践意义。因为某些传染病，处于潜伏期的羊就是传染源。所以，家畜进入牧场的预防检疫期限和发生某种传染病的隔离、封锁期限，都决定于该传染病潜伏期的长短。

(2)前驱期　是疾病的前兆阶段。病羊表现体温升高，精神沉郁，食欲减退，呼吸增数，脉搏加快，生产性能降低等一般临床症状，而尚未出现疾病的特征性症状。

(3)明显期　是疾病充分发展阶段。明显表现出某种传染病的典型临床症状，如体温曲线以及某些有诊断意义的特征性症状。

(4)转归期　为疾病发展的最后阶段。

5. 传染病的类型　家畜传染病的发生和发展以不同的类型出现。

(1)根据病程长短分类

①最急性型：病程短促(仅数分钟至数小时)，往往没有明显的临床症状，突然死亡，如最急性炭疽、绵羊快疫等。

②急性型：病程较短，有明显而典型的临床症状，如羊痘。

③亚急性型：病程较长，临床症状不如急性明显，介于急性和慢性之间。

④慢性型：病程发展非常缓慢，临床症状不明显，如结核病等。

(2)按临床表现形式分类

①显性型：病羊出现明显的临床症状，如羊巴氏杆菌病。

②顿挫型：病程缩短，而未表现出主要症状的一种轻微疾患。发病时常像典型的急性传染病一样，但很快停止下来，并以羊痊愈

而告终。虽有发生但临床上极为少见。

③隐性型：病原微生物虽在羊体内，但不表现明显的临床症状，多为慢性经过。

(3)按发病的严重程度分类

①良性：一般常以病羊的死亡率作为判定传染病是否为良性的指标。若不引起病羊大批死亡，则为良性。如良性口蹄疫死亡率一般不超过2%。

②恶性：恶性与良性相反，可引起病羊大批死亡。如恶性口蹄疫死亡率可达50%以上。

(二)传染病的传播与流行

1. 传染来源和传染媒介　传染来源是指被感染的羊。被病原微生物污染的各种外界环境因素，如饲料、水源、空气、土壤、畜舍、用具等，由于缺乏病原微生物的生活条件，不适于病原微生物长期生存繁殖，也不能持续排泄病原微生物，因此不是传染来源，而称为传染媒介。

2. 传染来源的类型　一般可分为两种：病羊和带菌羊。多数患传染病的病羊，在发病期排出的病原微生物数量多、毒力强、传染性大，是主要的传染源。带菌(毒)者是指临床上没有任何症状，病原微生物能在体内生长繁殖，并向体外排出。一般有三种类型：潜伏期带菌(毒)，病愈后带菌(毒)，健康羊带菌(毒)。

3. 传染源排出病原体的途径　一般病原体随分泌物、排泄物(粪便、尿液、阴道分泌物、唾液、精液、乳汁、眼分泌物、脓汁等)排出体外，其排出病原体的途径和传染病的性质及病原体存在的部位有密切关系。

4. 传播方式和途径　病原微生物从传染源侵入健康羊体内的方式及途径称为传播方式和传播途径。传染病的传播方式如下。

(1)直接接触传染　没有外界因素参与的情况下,由病羊与健康羊直接接触而引起,如健康羊被病犬咬伤而感染狂犬病。有垂直传播和水平传播。

(2)间接接触传染　有外界因素参与,病原体通过媒介物(饲料、饮水、空气、土壤、用具、活的传递者等),间接地传染健康羊,是大多数传染病的传播方式。间接接触传染的传播途径有:经饲料、饮水传播,经土壤传播,经空气传播,经用具传播,经活体传递者传播,即昆虫、啮齿类、病羊,工作人员。

5. 传染病的流行过程　家畜传染病流行过程的表现形式有以下 4 种。

(1)散发性　发病羊数目不多,在较长的时期内都以零星病例的形式出现,如破伤风、炭疽。

(2)地方流行性　局限于一定地区内发生的传染病,传播范围不大,比散发性数量多,如炭疽,经常出现于炭疽病尸掩埋的地方或被炭疽芽孢污染的场所。

(3)流行性　发病数目比较多,且在较短的时间内传播到几个乡、县,甚至省。

(4)大流行性　羊发病数量很大,蔓延地区非常广泛,可传播到一个国家或几个国家。

6. 影响流行的自然因素和社会因素　自然因素和社会因素对羊传染病的流行都有很大影响,主要是对传染来源、传播途径和易感羊这三个环节而影响流行过程。

(1)自然因素的影响　自然因素对传染媒介的作用最为明显。如气候温暖的夏秋季节,虻、蚊等吸血昆虫多,容易发生乙型脑炎、焦虫病附红体病等;在寒冷冬季,家畜转为舍饲时,则容易发生呼吸道传染病。自然因素对传染源的影响也很显著。如果传染源是野生动物,由于野生动物均生活在一定的自然地理条件下(如森林、沼泽等),它们所散播的疾病往往局限在一定的自然疫源地内,如李氏杆菌病、钩端螺旋体病等。如果传染源是家畜，则传染病的散播受饲养条件的影响，而饲养条件在很大程度上是由气候、地理等因素决定的。自然因素还影响家畜抵抗力。

(2)社会因素的影响　影响流行过程的社会因素，取决于人们对羊流行病的认识和重视程度。如，当家畜是传染源时，传染病能否在家畜间继续散播，取决于畜牧兽医人员是否及时地查明和隔离传染源，并施行其他有效的防疫措施。水、空气、土壤、饲料、昆虫等，能否成为传染媒介，也是由人类的活动决定的。家畜对传染病的感受性，更是受人为的饲养管理制度和卫生条件的影响。

(三)传染病的防制措施

羊传染病的防制措施通常分为预防措施和扑灭措施两部分。对于传染病的防制，应针对流行过程的三个环节，即查明和消灭传染源，切断传播途径(消灭传染媒介)，提高羊抵抗力等三方面，采取综合措施。

1. 传染病的预防措施

(1)加强饲养管理　建立和健全羊饲养管理制度。合理饲养，正确管理，以提高羊抵抗力。贯彻自繁自养原则，减少疾病的发生和传播，是当前规模化养殖的重要措施之一。

(2)加强兽医卫生监督　经常做好羊检疫工作是杜绝传染源，防止家畜传染病由外地侵入的根本措施。

①国境检疫：进行国境检疫的目的，在于保护我国国境不受他国羊传染病的侵入。

②国内检疫：目的在于保护国内各省、市、县不受邻近地区羊传染病的侵入。

③市场检疫：家畜交易市场，由于羊大量集中，而增加了传染病的散播机会。

④屠宰检验：肉类联合加工厂或屠宰场进行屠宰检验，对保护人民健康，提高肉品质量和防止羊传染病的散播有重要意义。

另外，养殖场每年都要定期检疫，及早发现传染源，防止扩大传染。对新购入的羊，必须隔离检疫，观察一定的时间，认为是健康者，方许并入原有健康群。

(3)搞好兽医卫生，做好经常性的消毒工作　开展经常性消毒工作，如外界环境消毒、羊圈舍内的消毒等，这是规模化、机械化羊场防止羊传染病发生的一个重要环节。

(4)预防接种　养殖场要根据羊品种，结合当地疾病流行情况，实行计划免疫和预防接种。根据应用时机的不同，分为预防接种和紧急接种。

在某些传染病常发地区或潜在发生地区，为了防患于未然，有计划地给健康畜群接种疫(菌)苗防止该病，称为预防接种。特别是疫区，每年必须提前确实完成疫苗注射工作。

在发生某传染病时，为了迅速扑灭该传染病的流行，而对尚未发病的羊临时进行预防接种，称为紧急接种。紧急接种使用免疫血清比较安全，注射后立即生效。一般在疫区周围 3 千米左右地带内，给所有受威胁的家畜紧急接种疫(菌)苗，建立"免疫带"是把疫情限制在疫区内，就地扑灭的一种有力措施。但是，老疫区不适用紧急接种，疫苗往往来不及起作用，羊就会被感染发病。

2. 传染病的扑灭措施

(1)查明和消灭传染源

①疫情报告：发生传染病时，要迅速报告当地政府畜牧主管单位。

②早期诊断：越早查明并消灭传染源，就越能防止传染病的蔓延。因此，早期诊断有极大的预防意义。

③隔离病羊：有利于把疫情限制在最小范围内就地消灭。根据检查结果，可将受检羊分为病羊、可疑病羊和假定健康羊，分别

进行隔离。病羊:有明显典型症状,是最危险的传染源,应在彻底消毒的情况下,集中隔离在原来的羊舍,最好是建病羊隔离舍。要由专人管理,禁止闲杂人员或其他羊出入和接近,在隔离舍出入口设消毒槽,饲养用具要专用并经常消毒,粪便集中无害化处理。可疑病羊:无任何症状,但与病羊及其污染的环境有过接触,如同群、同畜舍、同槽、同牧,使用共同的水源、草场及用具等。这类羊有可能处在潜伏期,并有排菌(毒)的危险。可疑羊应隔离观察。有条件时,应立即进行紧急预防接种或用药预防。假定健康羊:指与病羊没有接触或病羊邻近畜舍的羊。这种羊可进行预防接种,如无疫(菌)苗,可根据实际情况划分小群饲养,或转移至偏僻饲养地。隔离病羊的期限,依据传染病的性质和潜伏期的长短而定,一般急性传染病隔离时间较短,慢性传染病隔离时间较长。此外,根据各种传染病愈后带菌(毒)时间的不同,来决定隔离期限。

④封锁疫区:控制传染病从疫区向外扩散的一种措施。根据我国《羊防疫法》的规定,当发生严重的或当地新发现的羊传染病时,畜牧兽医人员应立即报请当地人民政府,划定疫区范围,进行封锁。疫区为疫病正在流行的地区,即病羊所在地及病羊在发病前后一定时间内,曾经到过的地点。疫点为病羊所在的畜舍、牧场。在农区划分疫点的范围包括病羊栏圈、运动场,连同与病羊的栏圈及运动场十分接近的场所;在牧区划定疫点应包括足够的草场和饮水地点。受威胁区为疫区周围可能受到传染的地区。受威胁区的范围可根据疫区山川、河流、交通要道、社会经济活动的联系等具体情况而定。疫区和受威胁区统称非安全区。

执行封锁应根据“早、快、严、小”的原则,即报告疫情要早,行动要快,封锁要严,范围要小。实施封锁措施时,要做好下列工作:第一,在封锁区边缘设立明显的标志,指明绕行路线,设置监督岗哨,禁止易感羊通过封锁线,在必要的交叉路口设检疫站,对必须通过的车辆、人和非易感羊进行消毒或检疫,以期将疫情消灭在疫区之内。第二,在封锁区内,在对病羊严加隔离的基础上,进行必要的处理,如治疗、急宰、扑杀等;对可疑病羊和假定健康羊及受威胁区的羊进行紧急预防接种,必要时在封锁区外建立"免疫带";凡病羊、可疑病羊的垫草、粪便、残余饲料及被污染的土壤、用具、畜舍等,均进行严格的消毒,病尸妥善处理;被病羊、可疑病羊污染过的草场、水源等,禁止易感羊使用,必要时暂时封闭,暂停羊集市贸易活动,做好必要的杀虫灭鼠工作。第三,在最后一头病羊痊愈、急宰或扑杀后,经过一定的封锁期限(根据该病的潜伏期而定),再无疫情发生时,可经过全面的终末消毒后解除封锁。解除封锁后,尚需根据各种传染病性质,在一定时间内限制病愈家畜的活动,以防其带菌(毒)传播传染病。

⑤消毒:为消灭被污染的外界环境中的病原体,不使其扩散所采取的一种预防措施。根据消毒目的不同,分为以下 3 种:预防性消毒,为了预防传染病的发生,平时作为制度规定的定期消毒;临时性消毒,在发生传染病时,为了及时消灭病羊排出的病原体所进行的不定期消毒,根据实际需要,一次或多次消毒;终末消毒,为了解除封锁,消灭疫点内可能残留病原体所进行的全面彻底的大消毒。

(2)切断病原体的传播途径　减弱或消灭传染媒介,是防制传染病的重要措施,经常对场区进行杀虫、灭鼠,填平沟洼。

(3)提高羊对传染病的抵抗力　通过加强羊饲养管理、改善环境卫生、预防接种等,可提高羊的非特异和特异性抵抗力,减少传染病的发生和蔓延。

3. 传染病的一般治疗方法

(1)特异疗法　用高免血清、噬菌体等特异性生物制剂进行的治疗。预防血清病可采取下列方法:应用同源血清;血清在使用前先微微加温,使其接近于体温时再缓缓注射;先注射血清 0.5～1 毫升,观察半小时无不良反应者再注射全量血清;在注射血清的同时，皮下注射肾上腺素。

(2)*药物疗法*　正确选用抗生素，开始剂量宜大，以便消灭病原体，以后可按病情酌减。疗程根据传染病的种类和病羊的具体情况而定。

药物疗法应根据症状选择用药，起到减缓或消除某些严重症状，调节和恢复机体的生理功能进行的一种疗法。

(3)*中兽医疗法*　对症采取相应的中药制剂灌服或针灸疗法。

对病羊加强护理，改善饲养条件，投给新鲜、柔软、易消化的饲料。

三、羊场兽医防疫规程

(一)总　则

1. 规模化羊场由于饲养群体大、数量多、饲养密度高、周转流动性大，因而疫病传播快，突发性强。为了有效预防、控制和消除各种疫病，保障肉羊业健康发展，保护人体健康，特制定本规程。

2. 必须坚持“预防为主、防重于治”的方针。羊场的全体员工必须牢固树立“防疫第一”的思想。

3. 坚持执行《动物防疫法》。对国家规定的一、二类传染病按照上级防疫部门的规定免疫接种，执行《动物免疫标识管理办法》和《自治区牲畜口蹄疫防治办法》。

4. 接受上级防疫管理部门的监督检查和处罚，接受上级防疫管理部门对发生传染病后的处理决定。

(二)组织机构和防疫设施的设置

1. 建立建全组织结构和规章制度　要建立由场长和分管场

长、兽医和畜牧人员组成的防疫领导小组，认真贯彻《动物防疫法》和本规程，制定和落实每年的整体防疫计划，建立一套有效的防疫体系。实现常年防疫、全方位防疫，确保羊场防疫安全。

2. 规模羊场有关防疫人员的职责

场长和分管场长：落实防疫基础设施，制定全场兽医防疫制度、计划、措施，做好组织和协调工作，监督防疫制度的落实。

兽医：负责实施本场全年兽医防疫计划，定期总结防疫工作并向场长报告。负责日常羊群疾病的诊断、检测、治疗工作。

饲养员：在兽医的指导下，严格执行兽医防疫制度；每日定期观察羊群，发现异常立即报告兽医，积极配合兽医搞好防疫和诊断、治疗工作；加强羊群的饲养管理，保持良好的卫生环境。

后勤人员：要严管场区大门和生产区大门，监督本场员工和外来人员执行防疫制度；保障羊场的物品供应。

3. 规模羊场应具备的防疫条件与设施　规模羊场建场应选择地势高燥、水质良好、供排方便，利于通风、日照、排水的地块。既要交通方便，又要远离居民生活区和村寨，同时防止有害气体和污水的侵害。

场区应分为生产区、生活区和隔离区，生产区要设在上风处，堆粪场和死羊处理场所要设在下风处。

羊场大门和生产区入口要设置消毒池，保持常年有消毒药液，生产区入口设立消毒更衣室，室内配置紫外线灯及工作衣、帽、鞋。

羊场内要设置兽医室、解剖室、病尸处理池（或焚尸炉）、隔离羊舍，位置要合理，以防病原扩散；场内要修建固定厕所；场内要配备高压喷雾消毒器和手提式喷雾器。

（三）日常防疫规则

羊场应坚持自繁自养的原则，确需引种要在隔离羊舍观察1

个月以上，确实健康无病时方可合群。售出的羊、展览羊、样品羊应不再返回原场。

应保持羊场内清洁、安静、干燥的环境十分重要，夏季要做好防暑降温，冬季要做好保暖工作。羊群要避免过分的拥挤。

灭鼠杀虫是羊场的一项经常性工作，羊场要禁养猫犬及其他羊，杜绝传染源。

禁止无关人员进入羊场，进入生产区的人员都应严加管理和监督，每次进入生产区都要按规定消毒和更换衣鞋帽。进入羊场的车辆、工具、垫料、兽医器械都必须经过严格的消毒。

羊的饲养管理中要保证有清洁饮水，不得喂给发霉变质的饲草饲料，禁止饲喂羊原性肉骨粉。

羊场工作人员应定期进行健康检查，有传染病不应从事饲养工作。场内兽医不应对外诊疗羊及其他羊的疾病，羊场的配种人员不应对外开展配种工作。

（四）消毒程序

羊场的大门、生产区入口消毒池要常年投放消毒液，每3天更换1次药液。人员进入要紫外线灯照射5分钟以上。

羊舍每月消毒1次，产房每次产羔前要消毒；每年春秋季节对羊舍及周围环境、工具进行1次全面清理消毒；每周清理水槽和消毒1次；成羊出售或羔羊转群后，对羊舍和用具进行1次全面彻底的消毒，空置10天后再用；传染病扑灭后必须进行1次终末大消毒。

消毒时先清理粪尿污物，再喷洒药物。消毒药可选用0.5%过氧乙酸溶液，次氯酸盐及其他消毒药，但不得使用酚类消毒剂，也不准对羊体直接喷射。消毒药物要定期交替使用，使用时保持足够的浓度和作用时间。

(五)检疫与诊断

建立定期普查制度,发现可疑传染病及时送有关单位进行检验诊断,尽快明确病因,并采取有效的防治措施。

引进种羊时,必须做好疫情调查,保证从非疫区购入并经当地兽医部门检疫,签发检疫证明,进场后经本场检验,并隔离观察1个月以上,确认健康后经免疫、驱虫、消毒后方可混群饲养。商品羊出售、运输前,要经动物检疫部门进行检疫并出具检疫证明,要对运输车辆进行消毒。

地区监测的肉羊传染病包括:口蹄疫、羊炭疽、羊痘、羊布鲁氏菌病、蓝舌病、支原体肺炎、小反刍兽疫等。

对上述传染病要定期进行免疫监测和流行病学监测,对消毒药进行选择和效果检测,对疫病净化水平进行检测。要高度重视检疫、诊断和堵截病原的工作,克服单纯依赖疫苗免疫和盲目接种疫苗的倾向。

(六)隔离与封锁

发生疫情时,应将病羊、可疑羊、健康羊分群分舍隔离饲养,指派专人负责,以便及时控制和消灭传染源,终止疫病流行和蔓延。重大疫情发生时,全场封锁,严禁一切可疑物品和人员出入。

引种羊时的隔离同前述。

(七)疾病的发现与治疗

饲养人员与兽医每天要巡视羊群,留心观察羊群的状态,尤其注意采食量、饮水量、粪便的异常,反刍、呼吸、步态是否正常。

疾病应及早发现,及早治疗。有条件的羊场可进行分离病原和药敏实验。

（八）淘　汰

对老弱病残、隐形带毒、无特效药治疗的病羊及久治不愈的慢性病羊，应予以淘汰，以及时清除病原。

（九）病死羊的处理

1. 病死羊严禁食用和出售　病死羊及病死羊的粪便、垫料在兽医的监督下销毁或深埋，然后彻底消毒处理。对危险较大的传染病的病羊尸体应采用焚烧炉焚毁。进行填埋时，在每次投入尸体后应覆盖一层厚度大于 10 厘米的熟石灰，填满后须用黏土填埋、压实并封口。或者选择干燥、地势较高，距离住宅、道路、水井、河流及羊场或牧场较远的指定地点，挖深坑掩埋尸体，尸体上覆盖一层石灰，深度应在 2 米以上。

2. 淘汰的病羊不得出售　应在兽医的监督下在指定的地点加工处理。

（十）免疫程序

1. 繁殖羊场肉羊主要传染病免疫程序　可参考表 7-1，表 7-2。

表 7-1　种用羔羊免疫程序

接种时间	疫苗种类	接种方式	免疫期
7 日龄	羊传染性脓疱皮炎灭活苗	口唇黏膜注射	1 年
15 日龄	羊传染性胸膜肺炎灭活苗	皮下注射	1 年
2 月龄	羊痘灭活苗	尾根皮内注射	1 年
2.5 月龄	羊 O、A、亚 1 型口蹄疫灭活苗	分点肌内注射	6 个月
3 月龄	羊梭菌病三联四防灭活苗	皮下或肌内注射	6 个月

续表 7-1

接种时间	疫苗种类	接种方式	免疫期
3.5月龄	羊梭菌病三联四防灭活苗二号炭疽芽孢菌	皮下或肌内注射（第二次皮下注射）	山羊6个月 绵羊12个月
	炭疽芽孢菌		
	气肿疽灭活苗	皮下注射(第二次)	7个月
4月龄	羊链球菌灭活苗	皮下注射	6个月
5月龄	布鲁氏菌病活苗	肌内注射或口服	3年
7月龄	羊O、A、亚1型口蹄疫灭活苗	分点肌内注射	6个月
产羊羔前6～8周（母羊、未免疫）	羊梭菌病三联四防灭活苗	皮下注射(第一次)	6个月
	破伤风类毒素	肌内或皮下注射（第一次）	12个月
产羔前2～4周	羊梭菌病三联四方灭活苗破伤风	皮下注射(第二次)	6个月

表 7-2 成年繁殖母羊(公羊)免疫程序

接种时间	疫苗种类	接种方法	免疫期
配种前2周	羊O型口蹄疫灭活苗	肌内注射	6个月
	羊梭菌病三联四防灭活苗	皮下或肌内注射	6个月
配种前1周	羊链球菌灭活苗	皮下注射	6个月
	二号炭疽芽孢苗	皮下注射	山羊6个月 绵羊12个月
产后1个月	羊O、A、亚1型口蹄疫灭活苗	分点肌内注射	6个月
	羊梭菌病三联四防灭活苗	皮下或肌内注射	6个月
	二号炭疽芽孢苗	皮下注射	山羊6个月 绵羊12个月

续表 7-2

接种时间	疫苗种类	接种方法	免疫期
产后 1.5 个月	羊链球菌灭活苗	皮下注射	6 个月
	羊传染性脑膜肺炎灭活苗	皮下注射	1 年
	布鲁氏菌病活苗(猪 2 号)	肌内注射	3 年
	羊痘灭活苗	尾根皮内注射	1 年

2. 集中肥育羊免疫程序 参考表 7-3。

表 7-3 集中肥育羊免疫程序

接种时间	疫苗种类	接种方式	免疫期
入圈第 15 天	羊痘灭活苗	尾根皮内注射	1 年
	羊梭菌病三联四防灭活苗	皮下或肌内注射	6 个月
	羊 O、A、亚 1 型口蹄疫灭活苗	分点肌内注射	6 个月
入圈第 22 天	羊传染性脓疱皮炎灭活苗	口唇黏膜注射	1 年
	羊传染性胸膜肺炎灭活苗	皮下注射	1 年

3. 加强免疫 有些疫苗在首次免疫之后 2～3 周需要第二次免疫接种(加强免疫)。如在预防肠毒血症、口蹄疫需要加强免疫。2 次免疫之后羊将获得坚强免疫力。

4. 羔羊的被动免疫与免疫接种 产羔前 6～8 周和 2～4 周，给母羊进行 2 次破伤风类毒素、羊梭菌四联灭活苗及大肠杆菌灭活苗注射。这样羔羊便可从母羊初乳中获得充分的被动免疫，而不容易患破伤风、肠毒血症、大肠杆菌和羔羊痢疾。在易发羔羊痢疾的羊场还应给初生羔羊皮下注射 0.1％亚硒酸钠、维生素 E 注射液 1 毫升，效果会更好。要特别注意要让羔羊及时吃到足够的初乳。羔羊从初乳获得的抗体可维持 10 周，因此 10 周龄以前不宜接种这些疫苗。否则由于抗原抗体反应使羔羊得不到免疫。

5. 疫病暴发期的免疫接种 疫病暴发时，给羊接种疫苗不能防止疫病的传播，因为羊获得免疫力需要2～3周时间。此时，对细菌性感染可进行发病圈舍内的羊治疗，1周后全群免疫接种。病毒性传染病立即全群进行紧急接种疫苗。对其他圈舍内的羊全部紧急接种。

6. 妊娠期弱毒疫苗的使用 避免在妊娠初期的1个月内注射弱毒疫苗，否则有可能引起流产和胎儿畸形。

7. 免疫失败的原因 免疫失败的主要原因是没有按照疫苗使用说明书保存和使用，或羊只体质过差。

（十一）定期驱虫

1. 体内寄生虫 驱虫时首先按羊的大小分群，计算驱虫药剂量。先用弱羊做小群试验，无中毒现象再全群驱虫。驱虫后5天将粪便集中堆积发酵，杀灭虫卵。

2. 体外寄生虫 药浴或药淋浴驱虫。剪毛或抓绒后7～10天进行效果更好。常用药物有螨净、巴胺磷等。在池或锅内药浴。

3. 驱虫程序 成年羊每年春秋各驱虫1次，按7.5毫克/千克体重口服伊维菌素或丙硫咪唑。每年剪毛后7～10天用石硫合剂药浴1次，每年2次。羔羊肥育时，在断奶后10天内用伊维菌素或丙硫咪唑驱虫1次，120日龄再驱虫1次，120～150日龄药浴1次。

（十二）登记制度

主要完成传染病免疫记录，体内外寄生虫驱虫记录，疫病发生及防治记载，各种化验、检测、病理分析记载，种羊主要病历记载和治疗结果。

（十三）报告制度

兽医人员定期向场长及上级主管部门提供羊只死亡、疫病防治情况报告，疫苗免疫及免疫水平监测报告，环境卫生及消毒情况报告，饲草、饲料质量报告。一旦发生传染病或寄生虫病，应立即报告场长和上级主管部门，并立即采取紧急措施。

（十四）监察制度

肉羊场兽医防疫工作是在上级主管部门的指导和监督下，实行行政“一把手”总负责，分管领导负责兽医防疫工作计划、制度、措施的监督和落实，兽医人员是具体执行防疫工作岗位责任人。羊场应制定出上下齐抓共管，分工明确，层层负责的兽医防疫工作责任制。每月对兽医防疫工作进行1次内部检查，及时纠正问题。对违反制度的单位和个人应自下而上追究责任。根据情节和造成的损失给予处理。对严重违反《动物防疫法》的行为，依据法律规定进行处理。

（十五）肉用商品羊疾病防治用药原则

肉羊饲养中应严格将繁殖羊和肥育羊分群饲养，肥育羊作为商品羊在疾病防治中严格按规范使用兽药。

商品羊饲养中允许优先使用有绿色产品生产资质的兽药。抗寄生虫药和抗菌药的使用及休药期规定，执行农业部颁布《无公害食品　肉羊饲养兽药使用准则》NY 5148—2002。允许使用国家标准中收载的羊用中药材和中药成方制剂，允许使用经国家兽药管理部门批准的微生态制剂。允许使用消毒防腐剂对饲养环境、厩舍和器具进行消毒。但不能使用酚类消毒剂，也不能对羊直接使用。允许使用疫苗预防羊疾病，但接种30天内不得屠宰。允许使用钙、磷、硒、钾等补充药,酸碱平衡药,体液补充药,电解质补充药,营养药,血容量补充药,抗贫血药,维生素类药,吸附药,泻药,润滑剂,酸化剂,局部止血药,收敛药和助消化药。

(十六)商品羊饲养中禁止使用的兽药

禁用有致畸、致癌、致突变作用的兽药,禁止在饲料中添加兽药,禁用基因工程方法生产的兽药,禁用激素类药品,禁用安眠镇静药、中枢兴奋药、镇痛药、解热镇痛药、麻醉药、化学保定药、肌肉松弛药和巴比妥类药,禁用国家规定已淘汰的兽药。

(十七)兽药的购买和发放

所有兽药必须来自正规兽药厂,具有《兽药生产许可证》和《产品批准文号》,或者具有《进口兽药许可证》的供应商。防止购入伪劣药品。要禁止购买、存放本《规范》禁用的兽药。允许使用的兽药要建立发放登记制度,严格执行休药期。兽药使用规定要张贴在兽医室醒目位置,要求兽医熟记。建立并保存全部用药记录,治疗用药记录包括肉羊的编号,发病时间及症状,药物名称,给药剂量,疗程及治疗时间。

(十八)合理使用抗生素

养羊生产中抗生素滥用现象十分严重,往往会使病原体对药物产生抗药性。同时羊肉中药物残留超标,影响肉的品质。按推荐剂量使用。疗程一般3~5天。慢性疾病疗程为7~10天。

联合应用抗菌药物的原则:病因不明,混合感染,感染部位一般抗菌药不易透入者,防止抗药性产生。

抗生素包括杀菌药和抑菌药。

杀菌药有:青霉素,苄青霉素,甲氧青霉素,邻氯青霉素,氨苄青霉素(链霉素,庆大霉素,卡那霉素,阿米卡星),多黏菌素,头孢菌素，万古霉素，杆菌肽，新生霉素，硝基呋喃类。

抑菌药有：所有磺胺类药物，四环素类，大环内酯类（红霉素、麦迪霉素、乙酰螺旋霉素、交沙霉素、克拉霉素、罗红霉素、阿奇霉素），泰乐菌素，碳霉素，氯霉素，林可霉素，三甲氧卞氨嘧啶。

（十九）羊常用的给药方法

羊常用给药方法有口服、直肠灌注和注射 3 种。

1. 口服　驱除羊体内寄生虫和治疗胃肠疾患的药物大多数由口灌服。方法是使羊站立，投药人用腿夹住羊颈部，或者由助手抱住羊的颈部，投药人用左手拇指从羊嘴角插入，压住舌头，同时用右手将药瓶的瓶嘴从另一嘴角伸入嘴内，左手将羊头轻轻提起，然后将药液均匀地倒入。如药液较多，要缓慢灌服，防止灌得过猛而呛入气管。

2. 直肠灌注　便秘或驱除大肠后段寄生虫时，可用直肠灌注法。方法是站立保定病羊，将灌肠管慢慢插入肛门，再提起漏斗把药物徐徐灌入肠内，如药液流得太慢，可轻轻抽动管子，加快药液灌入速度。

3. 注射　分皮下注射、肌内注射、静脉注射和腹腔注射 4 种。

皮下注射在股内侧进行，用左手提起欲注射部位皮肤，使其形成皱褶，然后将针头呈 15°角插入皮下进行注射。

肌内注射多在大腿内、外侧肌肉或颈部肌肉进行，以颈部肌内注射为好，便于操作。在大腿内、外侧进行肌内注射，不仅部位难掌握，难操作，也容易将针尖插到骨头，造成羊跛行。肌内注射不需要将皮肤提起，针头呈 90°角插入，插入时要注意深度适中，不能刺进血管。

静脉注射的主要部位是颈静脉，注射时病羊站立或横卧均可，对颈部注射部位剪毛、消毒（在实际工作中也可直接消毒），用左手压住颈部下端阻止血液回流，这时静脉鼓起似索状，右手将针头刺入，如果针头刺中静脉，注射器内会有血液流入，这时就可以进行颈静脉注射。如果针头插入过深，可慢慢退出一些，直至针筒内出现血液为止。

腹腔注射部位是在右侧肷部凹处。注射时病羊站立，肷部剪毛消毒，用16号长针头斜下刺入腹腔将药物慢慢输入。

四、规模化羊场生物安全体系的建设

羊场生物安全体系在保证羊健康中起着决定性作用，同时也可最大限度地减少养殖场对周围环境的不利影响。羊场生物安全体系包括隔离、生物安全通道、卫生消毒、动物免疫、健康监测、畜群净化、人员管理、物流控制等要素。

（一）隔　离

隔离措施主要包括空间距离隔离和设置隔离屏障。

1. 空间距离隔离　羊场场址应选择在地势高燥、水质良好、排水方便的地方，远离交通干线和居民区1 000米以上，距离其他饲养场1 500米以上，距离屠宰场、畜产品加工厂、垃圾及污水处理厂2 000米以上。

根据生物安全要求的不同，羊场区划分为生产区、管理区和生活区，各个功能区之间的间距不少于50米。栋舍之间距离不应少于10米。

2. 隔离屏障　隔离屏障包括围墙、围栏、防疫壕沟、绿化带等。

养殖场应设有围墙或围栏，将养殖场从外界环境中明确的划分出来，并起到限制场外人员、动物、车辆等自由进出养殖场的作用。围墙外建立绿化隔离带，场门口设警示标志。

生产区、管理区和生活区之间设围墙或建立绿化隔离带。

在远离生产区的下风口(向)区建立隔离观察室,四周设隔离带,重点对疑似病羊进行隔离观察。有条件的养殖场建立真正意义上的、各方面都独立运作的隔离区,重点对新进场动物、外出归场的人员、购买的各种原料、周转物品、交通工具等进行全面的消毒和隔离。

(二)生物安全通道

生物安全通道有两方面的含义,一是进出养殖场必须经由生物安全通道,二是通过生物安全通道进出养殖场可以保证生物安全。

养殖场应尽量减少出入通道,最好场区、生产区和动物舍只保留一个经常出入的通道;

生物安全通道要设专人把守,限制人员和车辆进出,并监督人员和车辆执行各项生物安全制度;

设置必要的生物安全设施,包括符合要求的消毒池、消毒通道、安装有紫外灯的更衣室等;

场区道路尽可能实现硬化,清洁道和污染道分开且互不交叉。

(三)消　毒

1. 预防性消毒

(1)环境消毒　养殖场周围及场内污水池、粪收集池、下水道出口等设施每月应消毒1次。养殖场大门口应设消毒池,消毒池的长度为4.5米以上、深度20厘米以上,在消毒池上方最好建顶棚,防止日晒雨淋,每半月更换消毒液1次。羊舍周围环境每半月消毒1次。如果是全舍饲,则在羊舍入口处设长度为1.5米以上、深度为20厘米以上的消毒槽,每半月更换1次消毒液;如果为放牧加舍饲的养殖方式,则羊舍入口可不设消毒槽。羊舍内每半月消毒1次。

(2)人员消毒　工作人员进入生产区要更换清洁的工作服和鞋、帽；工作服和鞋、帽应定期清洗、更换，清洗后的工作服晒干后应用消毒药剂熏蒸消毒20分钟，工作服不准穿出生产区。工作人员的手用肥皂洗净后浸于消毒液(0.2%柠檬酸、洗必泰或新洁尔灭等溶液)3～5分钟，清水冲洗后抹干，然后穿上生产区的水鞋或其他专用鞋，通过脚踏消毒池或经漫射紫外线照射5～10分钟进入生产区。

(3)圈舍消毒　圈舍的全面消毒顺序：羊群排空→清扫→洗净→干燥→消毒→干燥→再消毒。

在羊群出栏后，圈舍要先用3%～5%氢氧化钠溶液或常规消毒液进行1次喷洒消毒，可加用杀虫剂，以杀灭寄生虫和蚊蝇等。

对排风扇、通风口、天花板、横梁、吊架、墙壁等部位的积垢进行清扫，然后清除所有垫料、粪肥，清除的污物集中处理。

经过清扫后，用喷雾器或高压水枪由上到下、由内向外冲洗干净。对较脏的地方，可先进行人工刮除，要注意对角落、缝隙、设施背面的冲洗，做到不留死角。

圈舍经彻底洗净干燥，再经过必要的检修维护后即可进行消毒。首先用2%氢氧化钠溶液或5%甲醛溶液喷洒消毒。24小时后用高压水枪冲洗，干燥后再用消毒药喷雾消毒1次。为了提高消毒效果，一般要求使用2种以上不同类型的消毒药进行至少3次的消毒，建议消毒顺序：甲醛→氯制剂→复合碘制剂→熏蒸，喷雾消毒要使消毒对象表面湿润挂水珠。对易于封闭的圈舍，最后一次最好把所有用具放入圈舍进行密闭熏蒸消毒。熏蒸消毒一般每立方米的圈舍空间，使用40%甲醛42毫升，高锰酸钾21克，水21毫升。先将水倒入耐腐蚀的容器内(一般用瓷器盆)，加入高锰酸钾搅拌均匀，再加入40%甲醛，人即离开。门窗密闭24小时后，打开门窗通风换气2天以上，散尽余气后方可使用。喂料器、饮水器、供热及通风设施、笼养圈舍等特殊设备很难彻底清洗和消毒,必须完全剔除残料、粪便、皮屑等有机物,再用压力泵冲洗消毒。更衣间设备也应彻底清洗消毒。在完成所有清洁消毒步骤后,保持不少于2周的空舍时间。羊群进圈前5～6天对圈舍的地面、墙壁用2%氢氧化钠溶液彻底喷洒。24小时后用清水冲刷干净后用常规消毒液喷雾消毒。

(4)用具及运载工具消毒　出入圈舍的车辆、工具定期进行严格消毒,可采用紫外线照射或消毒药喷洒消毒,然后放入密闭室内用40%甲醛熏蒸消毒30分钟以上。

(5)带畜消毒　带畜消毒的关键是要选用杀菌(毒)作用强而对羊群无害,对塑料、金属器具腐蚀性小的消毒药。常可选用0.3%过氧乙酸、0.1%次氯酸钠、菌毒敌、百毒杀等。

选用高压动力喷雾器或背负式手摇喷雾器,将喷头高举空中,喷嘴向上以画圆圈方式先内后外逐步喷洒,使药液雾样缓慢下落。要喷到墙壁、屋顶、地面,以均匀湿润和羊体表稍湿为宜,不得对羊群直喷,雾粒直径应控制在80～120微米,同时与通风换气措施配合起来。

2. 紧急消毒　紧急消毒是在羊群发生传染病或受到传染病威胁时采取的预防措施,具体方法是首先对圈舍内外消毒,再进行清理和清洗。将羊舍内的污物、粪便、垫料、剩料等各种污物清理干净,并作无害化处理。所有病死羊只、被扑杀的羊只及其产品、排泄物以及被污染或可能被污染的垫料、饲料和其他物品应深埋、焚烧等无害化处理。饲料、粪便也可以堆积密封发酵或焚烧处理。用消毒液对羊舍地面和墙壁喷雾或喷洒消毒,对金属笼具可采取火焰消毒。车辆内外所有角落和缝隙都要用消毒液消毒后清水冲洗,车辆上的物品也要做好消毒。参加疫病防控的各类工作人员,和穿戴的工作服、鞋、帽及器械等都应严格消毒,消毒方法可采用消毒液浸泡、喷洒、洗涤等。消毒过程中所产生的污水应作无害化处理。

3. 消毒药物选择 养殖场根据生产实践,结合羊场防控其他动物疫病的需要,选择使用。常用消毒药的使用范围及方法如下:

(1)氢氧化钠(烧碱、火碱、苛性钠) 对细菌和病毒均有强大杀灭力,对细菌芽孢、寄生虫卵也有杀灭作用。常用2%～3%溶液来消毒出入口、运输用具、料槽等。但对金属、油漆物品均有腐蚀性、用清水冲洗后方可使用。

(2)石灰乳 先用生石灰与水按1∶1比例制成熟石灰后再用水配成10%～20%的混悬液用于消毒,对大多数繁殖型病菌有效,但对芽孢无效。可涂刷圈舍墙壁、畜栏和地面消毒。应该注意的是纯生石灰没有消毒作用,长时间放置从空气中吸收二氧化碳变成碳酸钙则消毒作用失效。

(3)过氧乙酸 市场出售制品为20%溶液,有效期半年,杀菌作用快而强,对细菌、病毒、霉菌和芽孢均有效。现配现用,常用0.3%～0.5%浓度作喷洒消毒。

(4)次氯酸钠 用0.1%的浓度带畜禽消毒,常用0.3%浓度作羊舍和器具消毒。宜现配现用。

(5)漂白粉 含有效氯25%～30%,用5%～20%混悬液对厩舍、饲槽、车辆等喷洒消毒,也可用干粉末撒地。对饮水消毒时,每100千克水加1克漂白粉,30分钟后即可饮用。

(6)强力消毒灵 是目前最新、效果最好的杀毒灭菌药。强力、广谱、速效,对人畜无害、无刺激性与腐蚀性,可带畜禽消毒。只需万分之十的浓度,便可以在2分钟内杀灭所有致病菌和支原体,用0.05%～0.1%浓度在5～10分钟内可将病毒和支原体杀灭。

(7)新洁尔灭 以0.1%浓度消毒手,或浸泡5分钟消毒皮肤、手术器械等用具。0.01%～0.05%溶液用于黏膜(子宫、膀胱等)及深部伤口的冲洗。忌与肥皂、碘、高锰酸钾、碱等配合使用。

(8)百毒杀 配制成万分之三或相应的浓度,用于圈舍、环境、用具的消毒。本品低浓度杀菌，可持续 7 天杀菌效力，是一种较好的双链季铵盐类广谱杀菌消毒剂，无色、无味、无刺激和无腐蚀性。

(9)**粗制的甲醛**　为含 37%～40%甲醛水溶液，有广谱杀菌作用，对细菌、真菌、病毒和芽孢等均有效，在有机物存在的情况下也是一种良好消毒剂；缺点是具有刺激性气味，对羊群和人影响较大。常以 2%～5%的水溶液喷洒墙壁、羊舍地面、料槽及用具消毒；也用于羊舍熏蒸消毒。

4. 消毒注意事项

养殖场环境卫生消毒。在生产过程中保持内外环境的清洁非常重要，清洁是发挥良好消毒作用的基础。养殖场区要求无杂草、垃圾；场区净、污道分开；道路硬化，两旁有排水沟；沟底硬化，不积水；排水方向从清洁区流向污染区。

熏蒸消毒圈舍时，舍内温度保持在 18℃～28℃，空气相对湿度 70%以上能起到最好消毒作用。盛装药品的容器应耐热、耐腐蚀，容积应不小于 40%甲醛和水总容积的 3 倍，以免反应沸腾时溢出灼伤人。

根据不同消毒药物的消毒作用、特性、成分、原理、使用方法及消毒对象、目的、疫病种类，交替选用 2 种或 2 种以上的消毒剂，但更换频率不宜太高，以防相互间产生化学反应，影响消毒效果。

消毒操作人员要佩戴防护用品，以免消毒药物刺激眼、手、皮肤及黏膜等。同时也应注意避免消毒药物伤害动物及物品。

消毒剂稀释后稳定性变差，不宜久存，应现用现配，一次用完。配制消毒药液应选择杂质较少的深井水或自来水。寒冷季节水温要高一些，以防水分蒸发引起家畜受凉而患病；炎热季节水温要低一些，并选在气温最高时，起到消毒同时防暑降温的作用。喷雾用药物的浓度要均匀，对不易溶于水的药应充分搅拌溶解。

生产区门口及各圈舍前消毒池内的药液应定期更换。

(四)人员管理

1. 人员行为规范

进入养殖场的所有人员,一律先经过门口脚踏消毒池(垫)、消毒液洗手、紫外线照射等消毒措施后方可入内。

所有进入生产区的人员按指定通道出入,必须坚持“三踩一更”的消毒制度。即场区门前踩踏消毒池(垫)、更衣室更衣和消毒液洗手、生产区门前消毒池及各羊舍门前消毒池(盆)消毒后方可入内。条件具备时要先沐浴再更衣、消毒才能入内。

外来人员禁止入内,并谢绝参观。若生产或业务必需,经消毒后在接待室等候,借助录像了解情况。若系生产需要(如专家指导)也必须严格按照生产人员入场时的消毒程序消毒后入场。

任何人不准带食物入场,更不能将生肉及含肉制品的食物带入场内,场内职工和食堂均不得从市场采购肉品。

在场技术员不得到其他养殖场进行技术服务。

养殖场工作人员不得在家自行饲养口蹄疫病毒易感染偶蹄动物。

饲养人员各负其责,一律不准串区串舍,不互相借用工具。

不得使用国家禁止的饲料、饲料添加剂及兽药,严格落实休药期规定。

2. 管理人员职责

负责对员工和日常事务的管理;

组织各环节、各阶段的兽医卫生防疫工作;

监督养殖场生产、卫生防疫等管理制度的实施;

依照兽医卫生法律法规要求,组织淘汰无饲养价值、怀疑有传染病的羊,并进行无害化处理。

3. 技术人员职责

协助管理人员建立养殖场卫生防疫工作制度;

根据养殖场的实际情况，制定科学的免疫程序和消毒、检疫、驱虫等工作计划，并参与组织实施。

及时做好免疫、监测工作，如实填写各项记录，并及时做好免疫效果的分析；

发现疫病、异常情况及时报告管理人员，并采取相应预防控制措施；

协助、指导饲养人员和后勤保障人员做好羊群进出、场舍消毒、无害化处理、兽药和生物制品购进及使用、疫病诊治、记录记载等工作。

4. 饲养人员职责

认真执行养殖场饲养管理制度；

经常保持羊舍及环境卫生，做好工具、用具的清洁与保管，做到定时消毒；

细致观察饲料有无变质，注意观察猪（羊）采食和健康状态，排粪有无异常等，发现不正常现象，及时向兽医报告。

协助技术人员做好防疫、隔离等工作；

配合技术人员实施日常监管和抽样；

做好每天生产详细记录，及时汇总，按要求及时向上汇报。

5. 后勤保障人员职责

门卫做好进、出人员记录；定期对大门外消毒池进行清理、更换工作；检查所有进出车辆的卫生状况，认真冲洗并做好消毒。

采购人员做好原料采购，原料要在非疫区选购，原料到场后交付工作人员在专用的隔离区进行消毒。

（五）物流管理

有效的物流管理可以切断病原微生物的传播。

养殖场内羊群、物品按照规定的通道和流向流通；

养殖场应坚持自繁自养，必须从外场引进种羊时，要确认产地为非疫区，引进后隔离饲养 14 天，进行观察、检疫、监测、免疫，确认为健康后方可并群饲养。

圈舍实行全进全出制度，出栏后，圈舍要严格进行清扫、冲洗和消毒，并空圈 14 天以上方可进畜。

羊群出场时检查免疫情况，并做临床观察，无任何传染病、寄生虫病症状迹象和伤残情况方可出场，严格禁止带病羊出场；运输工具及装载器具经消毒处理，才可带出。

杜绝同外界业务人员的近距离接触，杜绝使用经营商送上门的原料；养殖场采购人员应向农业部颁发生产经营许可证的饲料生产企业采购饲料和饲料添加剂。严禁使用残羹剩饭饲喂动物。

限制采购人员进入生产区，购回后交付其他工作人员存放、消毒方可入场使用。

所有废弃物进行无害化处理，达标后才能排放。病羊尸体、皮毛的处理按 GB 16548—1996 的规定执行。目前病羊尸体多采用掩埋法处理，应选择离羊场 100 米之外的无人区，找土质干燥、地势高、地下水位低的地方挖坑，坑底部撒上生石灰，再放入尸体，放一层尸体撒一层生石灰，最后填土夯实。

第八章 羊传染病防治

梭菌性疾病

常见梭菌性疾病有羊快疫、羊肠毒血症、羊猝殂、羊黑疫、羔羊痢疾。

羊快疫

羊快疫是羊的一种急性传染病，以发病突然，病程极短，真胃出血性损伤，死亡迅速为特征。

1. 病原 病原为腐败梭菌，革兰氏阳性。

2. 流行病学 绵羊易感，羊较少发病。以6～18月龄、营养膘度多在中等以上的绵羊发病较多。腐败梭菌广泛分布于低洼草地、熟耕地和沼泽地带，因此本病在这些地方常发生。一般呈地方性流行，多见于秋、冬和早春，此时气候变化大，当羊只受寒感冒或采食冰冻带霜的草料及体内寄生虫危害时，能促使本病发生。

3. 症状 突然发病，短期死亡。由于病程常取闪电型经过，故称为"快疫"。死亡慢的病例，间有表现衰竭、磨牙、呼吸困难和昏迷；有的出现疝痛、臌气；有的表现食欲废绝，口流带血色的泡沫。排便困难，粪团变大，色黑而软，带有黏液或脱落的黏膜；也有的排黑色稀便，间或带血丝；或排蛋清样恶臭稀便。体温一般不高，通常数分钟至数小时死亡，延至1天以上的很少见。

4. 病理剖检 尸体迅速腐败、臌胀；皮下胶样浸润，并夹有气泡。天然孔流出血样液体，可视黏膜充血呈蓝紫色。真胃及十二指肠黏膜肿胀、潮红，并散布大小不同的出血点，间有糜烂和形成溃疡。肝脏肿大，质脆，呈土黄色。胆囊多肿大，充满胆汁。肺水肿，心包积液，脾脏一般无明显变化。多数病例腹水带血。

5. 诊断 可从病史、迅速死亡及死后剖检做出初步诊断。肝被膜触片染色镜检，可发现革兰氏阳性无节丝状长链的大杆菌。必要时，进行病原体的分离培养。

6. 鉴别诊断 本病应与炭疽、羊肠毒血症和羊链球菌病相区别。

7. 防治 疫区每年注射绵羊快疫菌苗或三联苗(快疫、肠毒血症及猝殂)。疫情紧急时全群可普遍投服2%硫酸铜(每头100毫升)或10%生石灰水溶液(每头100～150毫升)，可在短期内显著降低发病数。

用药：①梭菌四联浓缩苗，每年注射1次。肥育羊进圈2周注射疫苗。②病程稍长的可肌内注射氨苄西林5～10毫克/千克体重，每天2次。内服小苏打10克，1天1次，连用2次。

肠毒血症

羊肠毒血症又名软肾病或过食症，主要是绵羊的一种急性传染病。经常发生于不注射三联苗的肥育羊场。忽然发生腹泻、惊厥、麻痹和突然死亡。剖检肾脏软化如泥。

1. 病原 病原体为魏氏梭菌，又称产气荚膜梭菌D型菌。此菌为厌气、革兰氏阳性，无运动性，在体内能形成荚膜，体外能形成芽孢。本菌能产生强烈的外毒素(现已知有12种之多)，能引起溶血、坏死和致死作用。

2. 流行病学 绵羊和山羊均可感染，但绵羊更为敏感。以4～12周龄哺乳羔羊多发，2岁的绵羊很少发病。本病呈地方流行或散发，具有明显的季节性和条件性，多在春末夏初或秋末冬初发生。

一般发病与下列因素有关：在牧区由缺草或枯草的草场转至青草丰盛的草场，羊只采食过量；肥育羊饲喂高蛋白精料过多，降低瘤胃的酸度，导致病原体的生长繁殖增快，小肠的渗透性增高及吸收大量D型产气荚膜梭菌的毒素致死。多雨季节、气候骤变、地势低洼等，都易于诱发本病。

3. 症状　病程急速，发病突然，有时见到病羊向上跳跃，跌倒于地，发生痉挛于数分钟内死亡。病程缓慢的可见兴奋不安，空嚼，咬牙，嗜食泥土或其他异物，头向后倾或斜向一侧，做转圈运动；也有头下垂抵靠棚栏、树木、墙壁等物；有的病羊呈现步行蹒跚，侧身卧地，角弓反张，口吐白沫，腿蹄乱蹬，全身肌肉战栗等症状。一般体温不高，但常有绿色糊状腹泻，在昏迷中死亡。急性病例尿中含糖量增高达2%～6%，具有一定诊断意义。

4. 病理剖检　突然倒毙的病羊无可见特征性病变，通常多见于营养良好的白羊发病，死后尸体迅速发生腐败。

最特征性病变为肾脏表面充血，略肿，质脆软如泥。真胃和十二指肠黏膜常呈急性出血性炎，故有“血肠子病”之称。腹膜、膈膜和腹肌有大的斑点状出血。心内外膜小点出血。肝脏肿大，质脆，胆囊肿大，胆汁黏稠。全身淋巴结肿大充血，胸腹腔有多量渗出液，心包液增加，常凝固。

5. 诊断　根据病史、体况、病程短促和死后剖检的特征性病变，可做出初步诊断。确诊有赖于细菌的分离和毒素的鉴定。

6. 防治　针对病因加强饲养管理，防止过食，精、粗、青料搭配，合理运动等。疫区应在每年在发病季节前，注射羊肠毒血症菌苗或羊肠毒血症、快疫、猝殂三联菌苗(6月龄以下的羊一次皮下注射5～8毫升，6月龄以上8～10毫升)或羊厌氧五联菌苗(羊肠毒血症、快疫、猝殂、羔羊痢疾、黑疫)一律5毫升。对疫群中尚未发病的羊只，可用三联菌苗做紧急预防注射。当疫情发生时，应注意尸体处理，更换污染草场和用5%来苏儿消毒。

急性病例常无法医治，病程缓慢的（即病程延长到12小时以上），可试用免疫血清（D型产气荚膜梭菌抗毒素）或抗生素、磺胺类药物等，也能收到一定效果。病程稍长的可肌内注射氨苄西林5～10毫克/千克体重，每天2次。内服1%苏打水50～100毫升，连用2次。

羊猝狙

是由C型魏氏梭菌引起的一种毒血症，临床上以急性死亡、腹膜炎和溃疡性肠炎为特征。

1. 诊　断

（1）流行病学诊断　多发于绵羊，山羊较少发生；以2～12月龄、膘情好的羊为主；诱因为采食大量谷类或青嫩多汁富含蛋白质的饲料后容易发生；呈散发。

（2）症状诊断　多数突然发作，倒地死亡；少见搐搦，四肢划动、肌肉颤搐、眼球转动磨牙、头颈后仰、口鼻流沫；或者昏迷、静静地死去。羊的血糖正常为40～65毫克/升，发病时高达360毫克/升；糖尿正常为1%，发病时6%。

（3）剖解诊断　真胃含未消化的饲料；心包积液，心内、外膜出血；肾软化（死后病变）；小肠充血、出血；胸、腹腔积液。

（4）实验室诊断　肠道内发现大量C型菌；小肠内检出ε毒素；肾软化，检出C型菌；尿内检出葡萄糖。

2. 防治　防治方法可参照羊快疫、羊肠毒血症的方法进行。发病时移转牧地或搬圈；可用三联疫苗进行预防。此病目前尚无特效药物治疗。

羊黑疫（传染性坏死性肝炎）

1. 病原与流行特点　B型诺维氏梭菌，2～4岁绵羊多发，营养状况好的多发。

2. 症状　病程短促、不食、呼吸困难、体温 41.5℃、昏睡，毫无痛苦地死亡。

3. 病变　尸体皮下静脉显著充血，因而皮肤呈黑色；胸部皮下组织水肿；浆膜腔有液体渗出，暴露于空气易凝固；真胃幽门部与小肠出血；肝脏充血肿胀，有一个到多个凝固性坏死灶，直径 2～3 厘米。

4. 诊断　细菌检查和毒素检测。

5. 防治　控制肝片吸虫感染，接种疫苗，转移到干燥地区放牧。

羔羊痢疾

羔羊痢疾是初生羔羊的一种急性传染病，以剧烈腹泻为特征。常引起羔羊大批死亡，给养羊业带来重大损失。

1. 病原　产气荚膜梭菌 B 型菌。

2. 流行病学　该病主要发生于 7 日龄内的羔羊，2～3 日龄的最为多发。纯种羊和杂交羊较土种羊易患病。杂交羊代数越多，越接近纯种，则发病率与死亡率越高。一般在产羔初期零星散发，产羔盛期发病最多。妊娠母羊营养不良、羔羊体弱、脐带消毒不严、羊舍潮湿、气候寒冷等，都是发病的诱因。病羊及带菌母羊是重要传染源，经消化道、脐带或伤口感染，也有子宫内感染的可能。呈地方性流行。

3. 症状　潜伏期 1～2 天，有的可缩短为几小时。

病初病羔精神沉郁，头垂背弓，停止吮乳，不久发生腹泻，粪便呈粥状或水样，色黄白、黄绿或灰白，恶臭。体温、心跳、呼吸无显著变化。后期大便带血，肛门失禁，眼窝下陷，卧地不起，最后衰竭而死。

4. 病理剖检　真胃黏膜及黏膜下层出血和水肿，黏膜面有小的坏死灶。小肠出血性炎症比大肠严重，黏膜发红，集合淋巴滤泡肿胀或坏死及出血，病久可形成溃疡，突出于黏膜表面，豆大，形状不规则,周围有出血炎性带。大肠病变与小肠相同,但轻微。结肠、直肠充血或出血,常沿皱襞排列成条状。肠系膜淋巴结充血肿胀或出血。实质脏器肿大变性,有一般败血症病变。

5. 诊断 在本病常发地区,根据流行病学、症状及病理剖检,可做出初步诊断。必要时为确定病原,在病羔死后即采取回肠内容物、肠系膜淋巴结、心血等,做病原体检验。

6. 防治 发病因素较复杂,须采取综合性防治措施。

(1)预防措施 加强母羊妊娠后期的饲养管理,做好配种计划。尽量避免在寒冷季节产羔。加强初生羔羊的护理,提早喂初乳,增强羔羊抵抗力。此外,可在每年秋季注射羔羊痢疾菌苗或羊快疫、猝殂、肠毒血症、羔羊痢疾、黑疫五联菌苗,产前2～3周再对母羊接种1次。对病羊要隔离治疗,污染的棚舍、垫料等要彻底消毒。羔羊出生后12小时内,灌服土霉素0.15～0.2克,1次/日,连续3日。

(2)治疗措施 治疗原则以消炎、抗菌、补液,解除酸中毒为原则。病初可肌内注射氟哌酸针剂3～5毫升,每天2～3次,磺胺咪0.5克、次硝酸钠0.2克、鞣酸蛋白0.2克、小苏打0.2克,加水适量,一次灌服,每隔8小时1次。

羊炭疽

炭疽是由炭疽杆菌所引起的人兽共患的一种急性、热性、败血性传染病。特征为脾脏肿大,皮下和浆膜下有出血性胶样浸润,血液凝固不良,死后尸僵不全。

1. 病原 炭疽杆菌为革兰氏阳性大杆菌。在羊体内为单个、成双或3～5个菌体相连的短链,菌体两端平截,能形成荚膜,在体外接触空气后,很快形成芽孢。

炭疽杆菌芽孢与菌体抵抗力不同。菌体抵抗力不强,在尸体内的炭疽杆菌，于夏季腐败的情况下 24～96 小时死亡；煮沸 2～5 分钟立即死亡；一般消毒药容易将其杀死；对青霉素敏感，是治疗本病的常用有效药物。

炭疽芽孢的抵抗力则特别强，在直射阳光下可生存 4 天，附着在毛皮上的芽孢，在干燥环境中保持 10 年不死，在土壤中经 30 多年仍能存活。在粪中可存活 1～8 年；在水中可存活 1.5～3 年；煮沸 1 小时尚能检出少数芽孢，煮沸 2 小时才能全部杀死。

2. 流行病学　各种家畜对本病都有感受性，以马、羊、鹿的感受性最强。家禽在自然条件下不易感染炭疽。人也具有感染性。

本病的传染源是病羊及其尸体。病原体随病羊的分泌物、排泄物排出体外。尸体的血液、器官、组织都含有大量炭疽杆菌，尤其是濒死期病羊天然孔流出的血液中，含有大量炭疽杆菌，在与外界空气接触之后，可形成抵抗力强大的炭疽芽孢，能保持生活力和毒力达几十年。因此，如对病羊的分泌物、排泄物和尸体不及时采取合理处置，一旦污染了土壤、水源及牧场等，就将成为长久的疫源地。

在通常情况下，家畜主要是由于摄入了含炭疽杆菌或炭疽芽孢的饲料和饮水，经消化道感染；经皮肤创伤感染的少见；而由吸血昆虫（主要是虻）传播感染的较多；呼吸道感染的可能性不能排除，但比较少见。人则多经损伤的皮肤和呼吸道感染。

本病多为散发，常发生于夏季，其他季节较少发生。其主要原因是夏季气温较高，有利于炭疽杆菌生长繁殖，同时吸血昆虫多，增加了传播机会。环境卫生不良、土壤严重污染，也是炭疽的常发地区。

3. 症状　潜伏期较短，一般为 1～3 天，但也有长至 14 天的。羊发病常为最急性和急性的。最急性发病时，羊突然倒地，全身痉挛，呼吸极度困难，瞳孔散大，磨牙，口鼻等天然孔流出带有气泡的黑紫色血液，几分钟内死亡。急发病时，可见病羊呆立、垂头、呼吸困难、体温上升至41℃～42℃，口中流出大量红色唾液，全身抽搐，粪尿带血，常在1～3天内死亡。死后口、鼻、肛门出血，尸体长时间不僵直。

4. 病理剖检 死于炭疽的病羊尸体严禁剖检，应予焚烧或深埋。

炭疽病羊死后，一般表现为尸僵不全，尸体迅速腐败，有明显膨胀。天然孔出血，血液黏稠，黑红色，不易凝固。黏膜蓝色，有出血斑点。剥开皮肤可见皮下、肌肉及浆膜下有出血性胶样浸润。脾脏显著肿大，较正常大3～5倍，脾髓暗红色，软如泥状。全身淋巴结肿大、出血，切面黑红色。

5. 诊断 诊断本病应进行流行病学调查与分析。由于本病经过很急，病羊死亡较快，因此临床诊断比较困难。一般依靠细菌学检查和血清学诊断。

(1)细菌学检查

①检验材料的采取：病羊生前可采取静脉血液(耳静脉)；如为痈型炭疽，可采取水肿液；疑似肠炭疽时，可采取带血粪便。

疑为炭疽死亡的尸体应由末梢血管采血涂片镜检，做初步诊断。必要时可做局部解剖，采取小块脾脏，然后将切口用0.2%升汞或5%石炭酸浸透的棉花或纱布塞好，再用油纸包装，放入冰瓶密封，由专人送检。

②显微镜检查：病羊生前血液标本常不能检出炭疽杆菌，因病羊只有在临死前4～20小时血液中才会出现炭疽杆菌，且菌数很少。最急性死亡的病羊血液中细菌很少，也不易检出。炭疽的穿刺液及脾脏的涂片，检出细菌的机会较多。涂片最好用荚膜染色法，可见到有荚膜的典型炭疽杆菌。死亡时间较久的尸体材料中，有时可见菌体消失，只留有荚膜，即所谓“菌影”。

③培养检查：新鲜病料可直接接种于普通琼脂平板进行分离培养和鉴定。炭疽杆菌于普通琼脂上，可形成扁平、粗糙、边缘不

整齐，如卷发样菌落。

④动物接种：将可疑病料用生理盐水制成5～10倍的乳剂。小鼠皮下注射0.1～0.2毫升，注射后24～28小时死亡，取其血液或脏器涂片检查，如发现具有荚膜的炭疽杆菌则可确诊。

(2)血清学诊断　炭疽沉淀反应又称为Ascoli氏沉淀反应。此法简便迅速，特异性高，比细菌检查更有实用价值。

将被检病料(血液、脾脏、皮张等均可)剪碎研磨后，用生理盐水稀释5～10倍，加热煮沸15分钟或置低温冷浸20小时，将上清液经石棉或滤纸过滤，使其清亮。用毛细吸管吸取此清亮滤液，加入已盛炭疽沉淀素血清的沉淀管中，层叠为两层，于5分钟内观察结果，如两层液面交接处形成白色沉淀环，即为阳性反应。

此外，还可做荧光抗体检验、噬菌体裂解试验、琼脂扩散试验、间接血凝试验、串珠试验、羊接种试验等。

(3)鉴别诊断　应与以下疾病相区别。

①气肿疽：气肿疽是气性肿胀，有捻发音。患部肌肉红黑色，切面呈海绵状。脾和血液无明显变化，病原为不形成荚膜的气肿疽梭菌。

②巴氏杆菌病：颈部肿胀与炭疽类似，但脾不肿大，血液凝固性良好。水肿液和血涂片可检出两极浓染的巴氏杆菌。

6. 防治　炭疽病的主要传染源是病羊，因此，对病死羊严禁剥皮吃肉或剖检，否则，炭疽杆菌形成芽孢，污染土壤、水源和牧地。深埋尸体，病羊羊舍及用具用10％～30％漂白粉或10％硫酸石炭酸溶液彻底消毒。在发生过炭疽病或危险的地区，每年要对羊进行1次Ⅱ号炭疽芽孢苗预防接种，注射后14天即可产生免疫力。秋季接种炭疽芽孢苗最好，因羊体健壮，可减少并发症。春季对新引进的羊或新生羔羊补种。接种前做临床检查，必要时检查体温。瘦弱、体温高、年龄不到1个月的羔羊，以及妊娠3个月内的母羊，不能进行预防接种。注意观察接种疫苗的羊，发现并发症及时治疗。

预防接种：无毒炭疽芽孢苗，绵羊皮下注射0.5毫升(山羊不宜使用)；Ⅱ号炭疽芽孢苗，山羊、绵羊均皮下接种1毫升。一般情况，严格禁止治疗。

大肠杆菌病

一些特殊血清型的大肠杆菌对羊有病原性，多引起严重腹泻和败血症。

1. 病原 病原性大肠杆菌和人畜肠道内正常寄居的非致病性大肠杆菌在形态、染色、培养特性和生化等方面没有区别，但抗原的构造不同。已知大肠杆菌有菌体(O)抗原171种，表面(K)抗原近80种，鞭毛(H)抗原56种，因而构成许多血清型。最常见的血清型 K_{88}和 K_{99}。在引起人畜肠道疾病的血清型中，有肠致病性大肠杆菌(简称EPEC)、肠产毒素性大肠杆菌(简称ETEC)和肠侵袭性大肠杆菌(简称EIEC)。

2. 流行病学 病原性大肠杆菌的许多血清型可引起各种畜禽发病。使羔羊致病的多带有 K_{99}抗原。一个畜(禽)群如不由外地引进同种畜(禽)，其病原性菌株常为一定的1～2种血清型。幼龄羊对本病最易感。在羊出生后6天至6周多发，有些地方3～8月龄的羊也有发生。

本病一年四季均可发生，但羔羊多发于冬春舍饲时期。羊发病时呈地方流行性或散发性。大型规模化养羊场，羊群密度过大、通风换气不良、饲管用具及环境消毒不彻底，是加速本病流行不容忽视的因素。

3. 症状与病变 潜伏期数小时至1～2天。分为败血型和肠型。

(1)败血型 主要发于2～6周龄的羔羊，病初体温升高达

41.5℃～42℃。病羔精神委顿，四肢僵硬，运步失调，头常弯向一侧，视力障碍，继之卧地，头后仰，一肢或数肢做划水动作。病羔口吐泡沫，鼻流黏液。有些关节肿胀、疼痛，最后昏迷。多于发病后2～4小时死亡。剖检病变可见胸、腹腔和心包大量积液，内有纤维素；某些关节，尤其是肘和腕关节肿大，滑液浑浊，内含纤维素性脓性絮片。

(2)肠型　主要发于7日龄以内的幼羔。病初体温升高至40.5℃～41℃，不久即腹泻，粪便先呈半液状，由黄色变为灰色，混有气泡或有血液和黏液。病羊腹痛、精神委顿、虚弱、卧地，如不及时救治，可24～36小时后死亡，病死率15%～75%。剖检尸体严重脱水，真胃、小肠和大肠内容物呈黄灰色半液状，黏膜充血，肠系膜淋巴结肿胀发红。

4. 诊断　根据流行病学、临床症状和病理变化可做出初步诊断，确诊需要进行细菌学检查。菌检的取材部位，败血型为血液、内脏组织，肠型为发炎的肠黏膜。对分离出的大肠杆菌应进行血清型鉴定。

近年来，国内外已研制出猪、牛、羊大肠杆菌病的单克隆抗体诊断制剂。

5. 防治　本病的急性经过往往来不及救治，可使用经药敏试验对分离的大肠杆菌血清型有抑制作用的抗生素和磺胺类药物，如喹诺酮类、土霉素、磺胺甲基嘧啶、磺胺脒、呋喃唑酮，并辅以对症治疗。

近年来，使用活菌制剂，如促菌生微生态制剂治疗羊腹泻，有良好功效。

控制本病重在预防。妊娠母畜应加强产前、产后的饲养和护理，仔畜应及时吃初乳，饲料配比适当，勿使饥饿或过饱，断奶时饲料不要突然改变。用针对本地(场)流行的大肠杆菌血清型制备的活苗或灭活苗接种妊娠母畜，可使仔畜获得被动免疫。

沙门氏菌病

沙门氏菌病又名副伤寒，是由沙门氏菌属细菌引起的疾病总称。临诊上多表现为败血症和肠炎，也可使妊娠母畜发生流产。许多血清型沙门氏菌，可感染人和发生食物中毒。

1. 病原 沙门氏菌属是革兰氏阴性杆菌。许多型沙门氏菌具有产生毒素的能力，尤其是肠炎沙门氏菌、鼠伤寒沙门氏菌和猪霍乱沙门氏菌。毒素可使人发生食物中毒。

2. 流行病学 沙门氏菌属中的许多类型对人、家禽、羊、牛均有致病性。不同年龄的动物均可感染。但幼年动物较成年者易感。羊，以断奶或断奶不久最易感。

病羊和带菌者是本病的主要传染源。它们可由粪便、尿、乳汁以及流产的胎儿、胎衣和羊水排出病菌，污染水源和饲料等，经消化道感染健畜。病羊与健康羊交配或用病公羊的精液人工授精均可感染。此外，子宫内感染也有可能。有人认为鼠类可传播本病。

3. 症状 潜伏期 4～5 天。据临床症状分为二型。

（1）下痢型 病羊体温升高至 40℃～41℃，食欲减退，腹泻，排黏性带血稀便、有恶臭。精神委顿，虚弱，继而卧地，经 1～5 天死亡。有的经 2 周后可康复。发病率 30%，病死率 25%。

（2）流产型 沙门氏菌自肠道黏膜进入血液，被带至全身各个脏器，包括胎盘。细菌经母体血进入胎儿血液循环中。绵羊于妊娠的最后 1/3 期发生流产或死产。产前、产后数天，阴道有分泌物流出。病羊产下的活羔，也表现衰弱、委顿、卧地，并有腹泻、不吃奶，往往于 1～7 天死亡。流产率和病死率可达 60%。

4. 诊断 根据流行病学、临床症状和病理变化，做出初步诊断，确诊需从病羊的血液、内脏器官、粪便，或流产胎儿胃内容物、肝、脾取材，做沙门氏菌的分离和鉴定。

5. 预防 预防本病常用加强饲养管理，保持饲料和饮水的清洁、卫生，消除发病诱因。采用添加抗生素的饲料添加剂。

6. 治疗 选用药敏试验有效的抗生素，如土霉素、氟哌酸等，并辅以对症治疗。磺胺类(磺胺嘧啶和磺胺二甲嘧啶)药物也有疗效。

巴氏杆菌病

巴氏杆菌病是由多杀性巴氏杆菌引起羊的一种传染病。特征是急性败血症和组织器官的出血性炎症。牛称出血性败血症，猪称猪肺疫，禽称禽霍乱。

1. 病原 多杀性巴氏杆菌不能运动，不形成芽孢。革兰氏染色呈阴性。巴氏杆菌对理化作用的抵抗力不强。在干燥空气中2～3天死亡，在血液、排泄物和分泌物中可生存6～10天，但在腐败的尸体中，可生存1～6个月之久。60℃、20分钟，70℃、5～10分钟可将其杀死，一般消毒药数分钟内可将其杀死。本菌对磺胺类、土霉素等药物敏感。

2. 流行病学 巴氏杆菌常存在于健康羊的呼吸道，呈健康羊带菌。羊抵抗力下降时，病原菌侵入体内，经淋巴液进入血液引起败血症。此时，病羊全身组织器官、体液、分泌物及排泄物中均含有本菌，成为传染源。

本病主要经消化道感染，其次为通过飞沫经呼吸道感染，也有由皮肤黏膜伤口或蚊蝇叮咬而感染的。

本病一年四季均可发生，但当气温变化大、阴湿寒冷时容易发病，常呈散发性或地方流行性发生。

3. 症　状

①最急性：多见于哺乳羔羊，突然发病，出现寒战、虚弱、呼吸困难等症状，于数分钟至数小时内死亡。

②急性：精神沉郁，体温升高至41℃～42℃；咳嗽，鼻孔常有

出血，有时混于黏性分泌物中；初期便秘，后期腹泻，有时粪便全部变为血水；病羊常在严重腹泻后虚脱而死，病期 2～5 天。

③慢性：病羊消瘦，不思饮食，流黏脓性鼻液，咳嗽，呼吸困难；有时颈部和胸下部发生水肿；常并发角膜炎，腹泻；临死前极度衰弱，体温下降。

4. 病理剖检 皮下有液体浸润和小点状出血；胸腔内有黄色渗出物，肺有淤血、小点状出血、肝脏偶见有黄豆至胡桃大的化脓灶；胃肠道出血，其他脏器呈水肿和淤血，间有小点状出血，但脾脏不肿大；病期较长者尸体消瘦，皮下胶样浸润。肺炎型病变明显，有胸膜炎及纤维素性肺炎，呈肝变或有干酪样坏死灶。肺切面呈大理石样。

5. 诊断 根据流行病学、临床症状和剖检变化，对本病做出诊断。同时，应注意与炭疽和气肿疽鉴别诊断。

6. 防治 预防本病主要是加强饲养管理，增强抵抗力。做好消毒及定期预防注射，使用羊巴氏杆菌氢氧化铝菌苗或油佐剂苗注射，免疫期为 9 个月，在运输前可注射血清或巴氏杆菌氢氧化铝菌苗预防。发现病羊和可疑病羊立即隔离治疗，庆大霉素注射液按 1 000～1 500 单位/千克体重或四环素注射液 5～10 单位/千克体重，或 20％磺胺嘧啶钠注射液 5～10 毫升，肌内注射，每日 2 次；复方新诺明或复方磺胺嘧啶，口服，每次 25～30 单位/千克体重，1 日 2 次，直到体温下降至常温，食欲恢复。

结核病

结核病是由结核分支杆菌引起的人兽共患的一种慢性传染病。特征为病羊逐渐消瘦，组织器官内形成结核结节和干酪样坏死。

1. 病原 结核分支杆菌有人型、牛型和禽型。无芽孢和荚膜，无鞭毛，不能运动。革兰氏染色呈阳性。本菌对链霉素、异烟肼、氨基水杨酸钠和环丝氨酸等有不同程度的敏感性。

2. 流行病学　本病可感染多种家畜和人，该菌由于分型，对羊及人的敏感性也各有不同。

病羊是本病的主要传染源，病羊的粪便、乳汁及气管分泌物等排出结核杆菌，污染周围环境而散播传染。主要通过被污染的空气经呼吸道感染，或被污染的饲料、饮水和乳汁，经消化道感染。有时可经胎盘或生殖器感染，经皮肤创伤感染者极少见。本病一年四季均可发生。

3. 症状　一般当羊体重下降，逐渐消瘦时，应怀疑为结核病。潜伏期2周到数月，甚至长达数年，通常呈慢性经过。病初症状不明显，患病较久，症状逐渐显露。由于患病器官不同，症状也不一致。常见有肺结核、乳房结核、淋巴结核、肠结核，有时可见生殖器结核和脑结核。

4. 病理剖检　结核病变是在侵害的组织和器官内形成特异性结核结节，即粟粒乃至豌豆大小，为灰白色、半透明的坚实结节，散在或互相融合形成较大的集合性结核结节。在胸膜和腹膜形成的结节如珍珠样，称为“珍珠病”。

5. 诊断　仅凭症状不易确诊。用结核菌素试验、细菌学检查等进行诊断，不仅有助于确诊疑似病例，而且可查出隐性病羊。

(1)结核菌素试验　根据感染本病的羊机体对结核菌素敏感性高的特点进行诊断。结核菌素可用点眼和皮内试验，检查羊结核，检出率高达95%～98%。点眼和皮内试验呈阳性反应，即可判定为结核菌素阳性；2次可疑反应，可判定阳性。

(2)细菌学诊断　可根据患病部位的不同采取病料；肺结核采取痰液，乳房结核采取乳汁，肠结核采取粪便，肾结核采取尿液，生殖道结核采取精液或子宫分泌物，体表结核性溃疡采取其脓性渗出液，病死家畜采取结核结节或干酪样坏死物，直接涂片，用抗酸法染色镜检。必要时,可利用结核培养基或动物接种分离结核菌,一般用动物接种比结核培养基直接分离培养的阳性率高。

6. 防制 以检疫、隔离、消毒、处理为主要措施。

(1)检疫 无病羊群,特别是未发现结核病的羊群,每年应定期用结核菌素试验和临床检查全群检疫。对新引进的羊,应隔离观察1～2个月,并经结核菌素试验,证明无病者方可混群。

(2)隔离 对于检出的阳性病羊应立即隔离,并经常做临床检查,发现开放性结核病羊时,及时扑杀。如为优良种畜,可试用链霉素、异烟肼、对氨基水杨酸钠等药物进行治疗。

检出的疑似病羊也应隔离,可建立隔离畜群,与健康畜群严格隔开。如为疑似结核羊,应于25～30天进行复检,其结果仍为疑似反应时,经25～30天后可再进行第三次检疫,如仍为疑似反应,可酌情处理。

(3)消毒 做好经常性的消毒工作,严防病原散播,粪便可堆积发酵消毒。

(4)其他 做好环境卫生,加强引种检疫。

布鲁氏菌病

1. 病原 本病是由布鲁氏菌所引起的人兽共患的一种慢性传染病。主要侵害生殖系统,以母羊发生流产和公羊发生睾丸炎为特征。布鲁氏菌属有6个种,有马耳他布鲁氏菌、流产布鲁氏菌、猪布鲁氏菌、沙林鼠布鲁氏菌、绵羊布鲁氏菌和犬布鲁氏菌。它们在形态上没有区别,都是细小的短杆状或球杆状,不产生芽孢,不能运动,革兰氏染色阴性。

布鲁氏菌对热非常敏感,70℃加热10分钟即可死亡。一般常用消毒药能很快将其杀死。

2. 流行病学 多种动物对牛、羊、猪等三种布鲁氏菌均有不同程度的感受性。自然病例主要见于牛、山羊、绵羊和猪，它们对同种布鲁氏菌最为敏感。骆驼、单蹄兽和肉食兽较少发病。鸡、鸭有时也可感染，一般情况下，母羊较公羊易感性大，成年羊较羔羊易感性高。

病羊是本病的传染源，布鲁氏菌主要存在于子宫、胎膜、乳腺、睾丸、关节囊等处，除不定期地随乳汁、精液、脓汁排出外，还主要在母羊流产时大量随胎儿、胎衣、羊水、子宫、阴道分泌物以及乳汁等排出体外。因此，产仔季节以及羊群大批发生流产时，是本病大规模传播的时期。也可由直接接触（如交配）或通过污染的饲料、饮水、土壤、用具等，以及昆虫媒介而间接传染。感染途径主要是消化道，其次是生殖道和皮肤、黏膜，实际上几乎通过任何途径均可感染。

畜群一旦感染，首先少数孕畜流产，以后逐渐增多，新发畜群，流产率可达 50%以上，常产出死胎和弱胎。多数患病母畜只流产 1 次，流产 2 次者甚少，因此，在老疫区大批流产的情况较少。病羊群在流产高潮过后，流产率逐渐降低甚至完全停止。

疫区羊陆续出现胎衣不下、子宫炎、乳房炎、关节炎、支气管炎、局部脓肿以及公羊睾丸炎等症状，经过 2～4 年之后，则此症状和病例可能逐渐消失，或仅少数病例留有后遗症。但羊群中仍有隐性病例长期存在，对人畜威胁很大，不可忽视。

3. 症状 潜伏期长短不一，短者 2 周，长者可达半年。羊布鲁氏菌病多数病例为隐性感染，症状不够明显。部分病羊呈现关节炎、滑液囊炎及腱鞘炎，通常是个别关节发炎，偶尔见多数关节肿胀疼痛，呈现跛行，严重者可导致关节硬化和骨关节变形。妊娠母畜流产是本病主要症状，但不是必然出现的症状。流产可发生在妊娠的任何时期，而以妊娠后期多见。羊多发生在妊娠 3～4 个月。流产前表现精神沉郁，食欲减退，起卧不安，阴唇和乳房肿胀，阴道潮红、水肿，阴道流出灰黄色或灰红褐色黏液，不久发生流产。

流产胎儿多为死胎，少许弱胎，也往往于生后1～2天死亡。

多数母羊在流产后伴发胎衣停滞或子宫内膜炎，从阴道流出红褐色污秽不洁带恶臭的分泌物，可持续1～2周，或者子宫蓄脓长期不愈，甚至由于慢性子宫内膜炎而造成不孕。

公羊除关节病变外，还往往侵害生殖器官，发生睾丸炎，睾丸肿大、阴囊增厚硬化、性功能降低，甚至不能配种。

4. 病理剖检 布鲁氏菌病的病理变化主要是子宫内部的变化。在子宫绒毛的间隙中，有污灰色或黄色无气味的胶样渗出物，其中含有细胞及其碎屑和布鲁氏菌。绒毛膜的绒毛有坏死病灶，表面覆以黄色坏死物，或污灰色脓汁。胎膜由于水肿而肥厚，呈胶样浸润外观，表面覆以纤维素样脓汁。流产胎儿主要呈败血症病变。浆膜、黏膜有出血点和出血斑，皮下结缔组织发生浆液出血性炎症，脾脏和淋巴结肿大，肝脏中出现坏死灶，肺常有支气管肺炎。流产之后常继发子宫炎，如果子宫炎持续数月以上，将出现特殊的病变，此时子宫体略增大，子宫内膜因充血、水肿和组织增殖而显著肥厚，呈污红色，其中还可见弥漫性红色斑纹。肥厚的黏膜构成了波纹状皱褶，有时还可见局灶性坏死和溃疡。输卵管肿大，卵巢发炎，组织硬化，有时形成卵巢囊肿。乳腺的病变，常表现为间质性乳腺炎，严重的可继发乳腺的萎缩和硬化。

公羊患布鲁氏菌病时，可发生化脓坏死性睾丸和副睾炎。睾丸显著肿大，其被膜与外层浆膜粘连，切面见坏死病灶与化脓灶。慢性病例，除见实质萎缩外，间质中还出现淋巴细胞的浸润。阴茎可发生红肿，其黏膜可见小而硬的结节。

5. 诊断 本病的流行特点、临床症状和病理变化均无明显特征，只能作为初步诊断的参考。据此也无法查出不表现症状的隐性病例。因此，确诊本病有赖于细菌学、血清学和变态反应诊断。

6. 防制 在疫区病羊头数不多，且价值不大者，以淘汰屠宰为好，或高温处理后利用。防制本病主要是保护健康畜群，扑杀病羊。防制此病，应采取以下措施。

(1)加强检疫　为了保护健康畜群，防止布鲁氏菌病从外地侵入，尽量做到自繁自养，不从外地购买家畜。新购入的家畜，必须隔离观察1个月，并做2次检疫，确认健康后，方能合群。每年配种前，种公羊必须检疫，确认健康者方能参加配种。

本病常在地的家畜每年均需用凝集反应或变态反应定期进行2次检疫。

(2)定期免疫注射　在布鲁氏菌病流行地区，积极采取疫苗注射是最佳预防手段，发现大量病羊再接种为时已晚。每年都要定期预防注射，注射过菌苗的羊，不再进行检疫。常用的菌苗有以下几种。

①布鲁氏菌19号弱毒菌苗：仅用于山羊和绵羊。断奶后羊都可注射，不分年龄、妊娠，全群注射。严格操作程序，防止人员感染，最好是肌内注射。

②冻干布鲁氏菌羊5号弱毒菌苗：分气雾免疫法和注射法，适用于绵羊、山羊和鹿。配种前1～2个月接种为宜。孕畜不应接种。绵羊的免疫期为18个月，山羊的免疫期为1年。

③冻干布鲁氏菌猪2号弱毒菌苗：可采用注射法和饮水法。

(3)严格消毒　对病羊接触过的场地、用具、分泌物等，流产胎儿、胎衣、羊应妥善消毒处理。病羊的皮，需用3%～5%来苏儿浸泡24小时后再利用。乳汁煮沸消毒，粪便发酵处理。新出的季铵盐类及氯制剂类消毒药安全可靠，可广泛用于各类消毒。

此病目前尚无特效治疗方法，可用链霉素、土霉素、金霉素对症治疗。

破伤风

破伤风又称“强直症”，是由破伤风梭菌产生的外毒素所引起的一种创伤性、中毒性人兽共患传染病。病的特征是患病羊全身肌肉发生强直性痉挛，对外界刺激的反射兴奋性增高，牙关紧闭，瘤胃臌气，流涎。

1. 病原 破伤风梭菌为革兰氏染色阳性厌氧菌，具有周身鞭毛，能运动，无荚膜，形成芽孢。能产生毒性极强的外毒素，即痉挛毒素、溶血毒素和非痉挛性毒素。前者为引起羊发生破伤风征候群的特异嗜神经毒素，溶血毒素具有溶解红细胞使局部组织坏死作用，非痉挛性毒素可麻痹神经末梢，但毒素的耐热性很差，65℃、5 分钟即可破坏。芽孢的抵抗力极强，煮沸需 1～3 小时，3%甲醛 24 小时，5%石炭酸 15 小时，10%碘酊 10 分钟，105 千帕高压 15～20 分钟才能杀死。对干燥的抵抗力特别强，经 10 多年仍有生活力。

2. 流行病学 羊主要经去势的阴囊伤口感染破伤风梭菌。破伤风梭菌在厌氧环境下发育，产生毒素引起发病。本病以散发形式出现。

3. 症状及诊断 潜伏期 1～2 周，长的可达 40 天以上。病羊常见全身肌肉强直性痉挛，反刍停止，瘤胃臌气。首先发生于头颈部，渐渐四肢强直。病羊开口困难，采食和咀嚼障碍，重的牙关紧闭，吞咽困难，流涎。两耳竖立，不能活动。头颈伸直，不能转动。背腰僵硬，肚腹卷缩，尾根高举，四肢强直，张开站立，状如木马。运步困难，很难转弯或后退，病重的不能起立。呼吸浅表、增快，心悸亢进，排便迟滞，粪球干硬。体温一般正常，仅在濒死期体温升高至 42℃以上，无治愈希望。死亡常因严重脱水和心脏麻痹所致(图 8-1)。

4. 预防 预防本病首先要防止羊发生外伤，如有外伤应及时处理，对羊阉割或进行外科手术时，应严格消毒，以防污染，最好注射预防量抗破伤风血清 1 毫升。

5. 治疗 羊患破伤风会引起严重脱水和瘤胃功能紊乱，不建议治疗。

图 8-1　破 伤 风

李氏杆菌病

李氏杆菌病是一种散发性传染病，羊主要表现脑膜脑炎、败血症和妊娠畜流产。

1. 病原　病原为单核细胞增多症李氏杆菌，这是一种革兰氏阳性的小杆菌，一般消毒药都易使之灭活。

2. 流行病学　自然发病的家畜以绵羊、猪、家兔的报道较多，牛次之，马、犬、猫很少；本病为散发性，一般只有少数发病，但病死率很高。不同年龄的羊都可感染发病，以幼龄较易感，发病较急，妊娠母羊也较易感。

3. 症状　该病的潜伏期为 2～3 周。病初体温升高 1℃～2℃，不久降至正常。表现精神沉郁、呆立、轻热、流涎、流鼻液、流泪、咀嚼吞咽迟缓。脑膜脑炎发生于较大的羊，主要表现头颈一侧性麻痹，弯向对侧，或沿头的方向做圆圈运动，颈项僵硬，有的呈现角弓反张，呈昏迷状，卧地而死。病程短的 2～3 天，长的 1～3 周。妊娠母羊常发生流产，突然发生脑炎，病程短，病死率很高。

4. 诊断　病羊如表现特殊神经症状、妊娠羊流产、血液中单核细胞增多，可疑为本病。确诊必须用微生物学方法。诊断时应注意与表现神经症状的其他疾病(如脑包虫病、伪狂犬病)进行鉴别。

5. 防治 由于该病的发生往往与饲料霉变有关,因此,建议饲料中添加霉可吸等饲料脱霉剂和瘤胃调控剂,同时注意定期给羊舍铺垫沙土,保持羊圈干燥,定期消毒。链霉素、四环素、磺胺类药物对本菌较为敏感,用药要连续,注意护理。但多数治疗无效,不建议治疗。

传染性胸膜肺炎

传染性胸膜肺炎是一种接触性传染病,主要是高热、咳嗽、纤维蛋白渗出性肺炎和胸膜炎。

1. 病原 丝状支原体丝状亚种,在自然环境中存活力较强,经55℃～56℃加热40分钟即可死亡,1%克辽林5分钟、0.25%甲醛或0.5%石炭酸于48小时内都可将其杀死,青霉素和链霉素对其都没有抑制作用,用拜有利、四环素和泰乐菌素有一定疗效。

2. 流行病学 自然条件下,以3岁以下的羊发病为多;病羊为主要传染源,病羊肺组织以及胸腔渗出液中含有大量病原体,主要经呼吸道分泌物排菌。本病常呈地方性流行,主要通过空气飞沫经呼吸道传染,接触传染性强。阴雨连绵,寒冷潮湿,营养缺乏,羊群密集、拥挤等不良因素易诱发本病。

3. 症状 潜伏期一般4～10天,最长可达2周以上。

最急性病例:病初羊体温升高至41℃～42℃,呼吸困难,极度委顿,食欲废绝,痛苦鸣叫。12～36小时,病羊卧地不起,四肢直伸,呼吸极度困难,黏膜高度充血、发绀,目光呆滞,呻吟哀鸣,不久窒息死亡。病程一般4～5天,有的仅12～24小时。

急性病例:病初羊体温升高,食欲下降,精神不振,呆立懒动,接着出现短而湿的咳嗽,并伴有浆性鼻液;4～5天后,咳嗽变干性，鼻液变成脓性黏液并呈铁锈色，黏附于鼻孔和上唇，结成棕色痂垢。此时按压胸壁表现敏感，出现疼痛，高热稽留不退，食欲锐减，眼睑肿胀、流泪；呼吸困难，口半张开，流泡沫状唾液；头颈伸直，腰背拱起，腹肋紧缩，痛苦呻吟，妊娠母羊大批发生流产，最后病羊衰竭死亡。病期一般7～15天，少数可转为慢性。

4. 病理剖检　胸腔常见有淡黄色积液，暴露于空气后易于凝固；呈纤维素性肺炎，间或为两侧性肺炎，肺实质肝变，切面呈大理石样变化；胸膜增厚而粗糙，常与肋膜、心包膜发生粘连；支气管淋巴结、纵膈淋巴结肿大，切面多汁并有出血点；心包积液，心肌松弛、变软；肝脏、脾脏肿大，胆囊肿胀；肾脏肿大，被膜下可见小点出血。

5. 诊断　需要做病原分离鉴定。

6. 预防措施　坚持自繁自养，勿从疫区引进羊只。平时要加强饲养管理，注意环境卫生，避免寒冷潮湿和羊群过分拥挤。对从外地引进的羊要进行隔离观察，确认健康后方可混群。对病羊、可疑病羊要分群隔离和治疗；对被污染的羊舍、场地、病羊的尸体要进行彻底消毒和无害化处理。

本病流行区域坚持免疫接种，用羊传染性胸膜肺炎氢氧化铝灭活疫苗，半岁以下羊只皮下或肌内接种3毫升，半岁以上羊接种5毫升；羊群发病，及时进行封锁、隔离和治疗。

预防应急措施：全群饲料中添加土霉素或泰乐菌素，连喂5天。饮水中加入电解多维、阿莫西林或泰乐菌素、葡萄糖连饮5天。

7. 治疗　全群饲料内添加土霉素或泰乐菌素或加扶正败毒散拌料，连喂5天。处方1：对发病较重羊每千克羊体重用20％长效土霉素（德利先）注射液、30％氟苯尼考（泰诺康）或拜有利注射液各0.1毫升肌内注射，每天1次；对体温升高的病羊肌内注射安乃近，对食欲不佳的病羊肌内注射开胃灵。处方2：氟苯尼考注射液5毫升于颈部肌内注射。青霉素注射液160万单位、链霉素注射液100万单位、板蓝根注射液10毫升、地塞米松注射液5毫升，混合，于颈部分点肌内注射，每天2次，连用3天。

羊传染性脓疱(羊口疮)

该病由脓疱疮病毒引起，羔羊多发。主要表现为口唇等处皮肤和黏膜形成丘疹、脓疱、溃疡和结成疣状厚痂。

1. 病原 传染性脓疱疮病毒。该病毒对外界环境的抵抗力很强，干痂中的病毒在夏季日光下经1～2个月才被杀死，在地面上经过一个秋冬，仍具有传染性，但抵抗热的能力较弱，64℃、2分钟内可将其杀死。

2. 流行病学 本病只危害绵羊和山羊，且以3～6月龄的羔羊多发，常呈群发性流行；成年羊也可感染发病，但呈散发性流行；病羊和带毒羊为传染源，主要通过损伤的皮肤、黏膜感染；自然感染是由于引入病羊或带毒羊，或者利用被病羊污染的厩舍、牧场而引起。

3. 症 状

(1)*唇型* 病羊首先在口角、上唇或鼻镜上出现散在的小红斑，逐渐变为丘疹和小结节，继而成为水疱或脓疱，破溃后结成黄色或棕色的疣状硬痂(图8-2)；多数病羊经1～2周痂皮干燥，脱落而康复；严重病例，患部继续发生丘疹、水疱、脓疱、痂垢，并互相融合，波及整个口唇及眼睑和耳郭等部位，形成大面积龟裂、易出血的污秽痂垢；痂垢下伴以肉芽组织增生，整个嘴唇肿大外翻呈桑葚状隆起，影响采食，病羊日趋衰弱，多数继发细菌感染，体温升高。

(2)*蹄型* 通常于指间、蹄冠或系部皮肤上形成水疱、脓疱、溃疡。

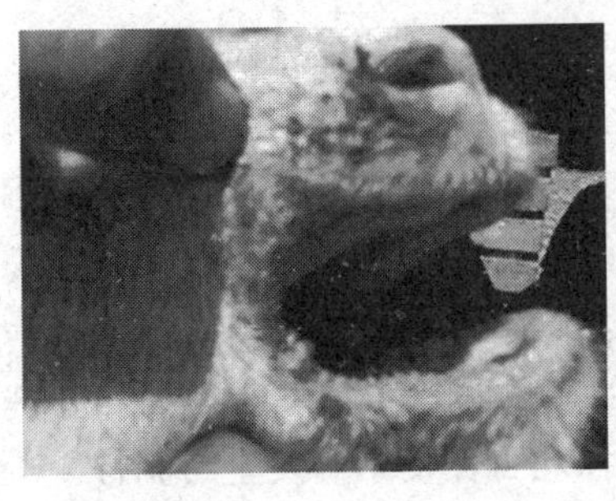
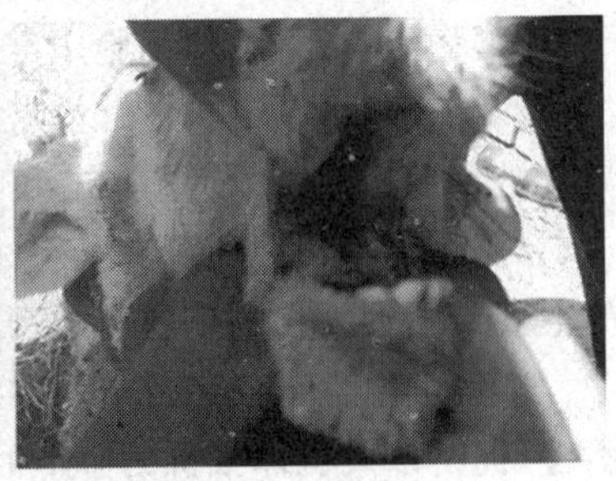

图 8-2　羊口疮(唇型)

(3)外阴型　病羊表现为阴道流出黏性或脓性分泌物,阴唇肿胀、溃疡,乳房和乳头皮肤发生脓疱、烂斑。公羊则表现为阴囊肿胀,皮肤上出现脓疱、溃疡。

4. 诊断　根据流行病学与临床症状初步诊断,确诊需要病原分离鉴定。

5. 预防　本病主要由创伤感染,因此,对购入的羊在预饲期要仔细检查,发现病羊立即隔离,治疗。对污染的羊舍、用具可用2%烧碱水或10%石灰水消毒,垫草烧毁。对健康羊立即注射疫苗进行预防。

6. 治疗　先用35℃的消毒液清洗或石蜡油浸泡结痂致使变软,再揭去痂片,洗净血污后涂上红霉素软膏,或者蜂胶外伤灵,或者2%紫药水、蜂蜜,每天1次。

羊　痘

痘是由痘病毒引起的一种急性、热性、接触性传染病。其特征为皮肤和黏膜发生丘疹和水疱。

1. 病原　痘病毒属于痘病毒科、脊椎羊痘病毒亚科。脊椎羊痘病毒分为4个属,各种羊的痘病毒分属于各个属。痘病毒为

DNA型病毒，在寄生的细胞中产生嗜碱性或嗜酸性包涵体。

2. 流行病学 绵羊、山羊易感染。绵羊痘常出现全身症状。病毒常存在于痘浆、痘疱上皮和黏膜分泌物内，常可随脱落的痂皮、分泌物污染周围环境和饲料、饮水等。健康羊常因吸入被污染的空气或通过损伤的皮肤黏膜而感染。

本病可发生于任何季节，但以春秋两季较常发。当饲养管理不善、拥挤以及机体抵抗力降低时，均可促使本病发生与流行。

3. 症状及诊断 潜伏期4～7天。根据临床表现可分为典型和非典型两种。

(1)典型症状 病初体温升高至40℃～42℃，精神沉郁，脉搏加快，呼吸促迫，眼、鼻有浆液性、黏液性或脓性分泌物。1～2天后，在无毛或少毛部位，如眼、唇、鼻、乳房、外生殖器、尾下面和腿内侧等处，出现圆形红斑(蔷薇疹)。经2～3天蔷薇疹发展至豌豆大，突出于皮肤表面成为苍白色坚实结节，2～3天后，由于白细胞渗入水疱内，液体浑浊形成脓疱。此时体温上升，全身症状加剧，如未感染其他病原菌，约3天脓疱内容物逐渐干涸，形成褐色或黑褐色痂皮；7天左右，痂皮脱落，遗留瘢痕而痊愈。病程为3～4周。多数病羊继发细菌感染，发生败血症死亡。

(2)非典型症状 病变发展到丘疹期而中止，即所谓顿挫型。或偶尔见痘疱内出血，使痘疱呈黑红色，称为“出血痘”或“黑痘”；继发感染坏死杆菌时，形成坏疽性溃疡，称为“坏疽痘”或“臭痘”，此即所谓恶性型，多以死亡告终，常见于营养不良、体质瘦弱的老、弱、孕、幼羊。

4. 防 治

(1)预防措施 加强饲养管理，勿从疫区引进羊和购入羊肉。做好进圈检查，发现病羊立即隔离和消毒。繁殖母羊每年注射羊痘苗1次，肥育羊进圈20天，使用羊痘鸡胚化弱毒疫苗，大小羊只一律尾部或股内侧皮内注射0.5毫升，4～6天产生免疫。

(2)治疗措施 本病目前尚无特殊治疗方法,主要在加强护理的基础上进行对症治疗。患病羊进行隔离饲养,对病变部位先用0.1%~0.2%高锰酸钾溶液冲洗,然后涂以3%龙胆紫、红霉素软膏,每日1次;每只羊肌内注射利巴韦林注射液2毫升、维生素C注射液5毫升,每日2次。对病情严重者,为防止继发感染,可配合肌内注射青霉素注射液160万~240万单位、硫酸链霉素注射液100万单位、安乃近注射液10毫升,一次肌内注射。口服磺胺类药物。

病毒唑(三氯唑核苷注射液)10毫克/毫升,1支,地塞米松注射液5毫克/毫升,2支,混合,肌内注射。局部用碘甘油或龙胆紫涂擦。一般用药2~3天。

口蹄疫

口蹄疫是由口蹄疫病毒引起羊的一种急性、热性、高度接触性传染病。特征为跛行、体温升高,口腔黏膜、蹄部和乳房皮肤发生水疱。

1. 病原 口蹄疫病毒属于微RNA病毒科、口疮病毒属。该病毒是目前已知最小的RNA病毒。病毒共分为A型、O型、C型、南非1型、南非2型、南非3型和亚洲型等7个主型。各型又分若干亚型,相互之间无交叉免疫性,但它们在发病症状和流行方面的表现是相同的。

口蹄疫病毒对外界的抵抗力很强,在自然情况下,含病毒组织和污染的饲料、用具、皮毛及土壤等,可保持数周至数月的传染性。低温不仅不使病毒减弱,反而能保持毒力。

在冰冻情况下,骨髓中的病毒能生存70天;血液中的病毒能保持毒力4~5个月;肉中的病毒能保存30~40天;粪中的病毒可存活156~168天。高温和阳光(紫外线)对病毒有毁灭作用,在直射阳光下，经 60 分钟即可死亡；加温 85℃、15 分钟，煮沸 3 分钟即可死亡。

病毒对酸、碱作用敏感，2％氢氧化钠、30％热草木灰液、2％甲醛溶液是良好的消毒药。

2. 流行病学 在自然情况下牛最易感，猪仅次于牛，羊再次之，人也有易感性。病羊和潜伏期的带毒羊是最危险的传染源。病毒主要存在于水疱皮和水疱液中；发热期存在于血液中；病羊的乳汁、尿液、口涎、眼泪和粪便中均含有病毒。病初，病羊可排出大量毒力很强的病毒，个别羊痊愈后，还可带毒 2～3 个月。

本病可通过直接接触和间接接触传染，主要通过消化道，其次为黏膜和损伤的皮肤，也能经呼吸道传染。由于口蹄疫是传染性最大、散播最快的疫病之一，它的发生虽无严格的季节性，但一般多在立秋、立春之前流行。在夏季本病可减缓和平息，显然是炎热的气候和强烈的日光暴晒，使散播在自然界中的病毒很快失去传染性；冬季流行速度不及春季，但由于气候寒冷、干燥，适于病毒长期存活，故疫情很难彻底扑灭。此外，易感家畜的大量集散和移动、家畜和人的机械带毒、污染畜产品和饲料的转运、交通运输工具和饲养用具的任意流动，以及防疫措施执行不严等因素，对本病的传播也起着促进作用。灰尘、鸟和风是远距离传播的主要因素，因此本病常发生大流行，被列为一类传染病。

3. 症状 开始时不易发觉，以后病羊出现跛脚、采食减少、精神不振、体温上升。少数羊，2～3 天后见口腔黏膜和蹄趾间发生水疱和疱疹，水疱主要发生于硬腭和舌面(图 8-3)。

4. 预防 口蹄疫流行区，坚持免疫接种。繁殖羊每年 9 月 15 日，10 月 1 日，12 月 20 日，同时注射口蹄疫 O 型、A 型、亚洲型疫苗。肥育羊进圈 20 天左右，同时注射口蹄疫三种疫苗。发生口蹄疫时，要严格实施封锁、隔离、消毒、扑杀等综合性措施，对病死羊要深埋，污染的场地等要彻底消毒。

图 8-3 口蹄疫

5. 治疗 为促使病羊早日痊愈，缩短病程，防止继发感染，减少损失，在疫区，要在严格隔离的条件下，及时对病羊进行治疗。可用0.5%普鲁卡因水溶液冲洗口腔，或用紫药水、蜂胶外伤灵涂抹，同时使用抗生素控制继发感染。除局部治疗外，还可补液强心，补充电解质多种维生素，注射抗病毒、抗生素等消炎止痛药物。

蓝舌病

蓝舌病是以昆虫为传染媒介的一种病毒性传染病。主要发生于绵羊，其临诊特征为发热，消瘦，口、鼻和胃黏膜的溃疡性炎症变化，因病羊舌呈蓝紫色而得名。

1. 病原 蓝舌病病毒属于呼肠孤病毒科的环状病毒属。是一种双股RNA病毒，已知本病毒有24种血清型，各型之间无交互免疫力。

2. 流行病学 绵羊易感，不分品种、性别和年龄，以1岁左右的绵羊最易感，哺乳羔羊有一定的抵抗力。主要由各种库蠓昆虫传播。

3. 症状 潜伏期为3～8天，病初体温升高达40.5℃～

41.5℃,稽留5～6天。表现厌食、委顿、流涎,口唇水肿延到面部和耳部,甚至颈部、腹部。口腔黏膜充血,后发绀,呈青紫色。在发热几天后,口腔连同唇、龈、颊、舌黏膜糜烂,致使吞咽困难;随着病情发展,在溃疡损伤部位渗出血液,唾液呈红色,口腔发臭。鼻流炎性、黏性分泌物,鼻孔周围结痂,引起呼吸困难和鼾声。有时蹄冠、蹄叶发生炎症,触之敏感,呈不同程度的跛行。病羊消瘦、衰弱,有的便秘或腹泻,有时腹泻带血,早期有白细胞减少症。病程一般为6～14天,发病率30%～40%,病死率2%～3%,有时可高达90%,患病不死的经10～15天症状消失,6～8周后蹄部也恢复。妊娠4～8周的母羊受感染时,其分娩的羔羊中约有20%发育缺陷,如脑积水。

4. 病变 口腔出现糜烂和深红色区,舌、齿龈、硬腭、颊黏膜和唇水肿。

5. 诊断 根据典型症状和病变可以做临床诊断,如发热、白细胞减少、口和唇肿胀和糜烂、跛行等。确诊可采取病料进行人工感染或鸡胚或乳鼠和乳仓鼠分离病毒。也可进行血清学诊断,方法有补体结合试验、中和试验、琼脂扩散试验、直接和间接荧光抗体技术、酶标记抗体法、核酸电泳分析与核酸探针检测等,其中以琼脂扩散试验较为常用。

羊蓝舌病与口蹄疫、水疱性口炎等有相似之处,应注意鉴别。

小反刍兽疫

小反刍兽疫(Peste des petits Ruminants PPR)是由副黏病毒科麻疹病毒引起的一种急性接触型传染性疾病,主要感染小反刍兽,特别是山羊和绵羊,野生动物偶尔感染,未见有人感染该病的报道。此病流行于非洲、阿拉伯半岛、大部分中东国家和南亚、西亚。该病为国际兽疫局规定的A类疾病,同时也是我国规定的一类动物疫病。

1. 病原简介 反刍兽疫是由小反刍兽疫病毒(Peste des petits ruminants virus,PPRV)引起的一种严重的传染病,主要感染小反刍动物,特别是山羊高度易感。

该病毒是副黏病毒科(Paramyxoviridae)麻疹病毒属(Morbolivirus)的成员,同属的其他成员还有牛瘟病毒(Rinderpest virus,RPV)、犬瘟热病毒(Canine distemper virus,CDV)、海豹瘟病毒(Porpoise distemper virus,PDV)等。PPRV 主要侵害淋巴组织及消化道上皮组织,以突然发热、眼鼻排出分泌物、口腔溃疡、呼吸失调、咳嗽、恶臭的腹泻和死亡为特征。本病 1942 年首次报告发生于西非的象牙海岸,1972 年正式确认病原为反刍兽疫,PPRV 有 4 个群,但只有 1 个血清型。该病于 1942 年首次在非洲的科特迪瓦发生,近几年该病在我国的周边国家频频发生,特别是 2013 年首次在我国西藏发现,现已严重威胁到我国小反刍动物的健康。

PPRV 粒子呈多形性,多为圆形或椭圆形,直径为 130～390 纳米,也有报道称其直径为 150～700 纳米,该病毒外被 8.5～14.5 纳米厚的囊膜,囊膜上有 8～15 纳米的纤突,纤突只含血凝素而无神经氨酸酶,但同时具有神经氨酸酶和血凝素活性;核衣壳总长约 1 000 纳米,呈螺旋对称,直径约 18 纳米,螺距 5～6 纳米,并且核衣壳缠绕成团。PPRV 基因组是不分节段的单股负链 RNA,RNA 链从 3′至 5′依次是 N-P-M-F-H-L 6 个基因,分别编码 6 种结构蛋白和 2 种非结构蛋白。对 2000 年从土耳其病羊中分离的野毒株 PPRV Tu/00 进行了全基因序列的的分析表明,基因组全长为 15 948 bp,编码 8 种蛋白。

病毒在体外存活时间不长,56℃,病毒于血、脾、淋巴腺内的半衰期为 5 分钟。70℃以上,迅速灭活。4℃下,pH 值 7.2～7.9,病毒稳定,半衰期 3.7 天,但如 pH 值高于 9.6 或低于 5.6,病毒迅速灭活。

病毒可在胎绵羊肾、胎羊及新生羊的睾丸细胞、Vero细胞上增殖,并产生细胞病变(CPE),形成合胞体。

2. 流行病学

(1)传染源 患病动物及其分泌物和排泄物,组织或被其污染的草料、用具和饮水等。

(2)传播途径 本病主要通过直接和间接接触传染或呼吸道飞沫传染,饮水也可以导致感染。病畜急性期自分泌物、排泄物及呼气等排出病毒,成为传染源。同地区的动物,以直接接触方式或经由咳嗽而行短距离飞沫传染,不同地区因以引入感染动物而扩散,故须管制感染区羊只及相关物品的移出。一般认为羊只恢复后不会成为慢性带病原者,但感染后潜伏期间,可能传播本病。

病毒发现于精液及胚胎,故可能会经人工授精或胚移植传染。

感染母羊发病前1天起至发病后45天期间,乳汁含病毒,故可经乳汁传染。目前尚缺乏冷冻羊肉或其他肉品的病毒存活资料,但因肉品的pH值下降,病毒不易存活,故经由肉品传播机率低。

病毒在体外不易存活,故各种病媒的传播机率低。病媒虫也不认为会传播本病。

(3)易感动物 山羊及绵羊是主要的感受性动物,山羊较绵羊感染性高且临床症状较严重。不同品种的山羊或同品种不同个体的感受性也不同,欧洲品系山羊较易感染。猪感染时,不发病也不排毒。牛以人工接种或接触感染,皆不发病,但产生抗体。红鹿及白尾鹿也会被感染发病,其余鹿种可能会被感染但不发病。本病也会感染野生动物如瞪羚、阿而卑斯山野生山羊或其他野生绵羊等,但通常为亚临床经过。

(4)发生与分布 目前,主要流行于非洲西部、中部和亚洲的部分地区。

(5)小反刍兽疫 潜伏期为4～5天,最长21天,《陆生动物卫生法典》规定为21天。如同其他动物传染病，首次入侵时，所有感受性羊群即大爆发本病，但一旦常在后，变为散发，随季节性羊羔的出生而病例增加。

3. 临床症状　PPR是小反刍兽的一种以发热，眼、鼻分泌物，口炎，腹泻，和肺炎为特征的急性病毒病，该病临床症状和牛瘟相似，但只有山羊和绵羊感染后才出现症状，感染牛则不出现临床症状，本病潜伏期多为4～6天，发病急，高热可达41℃以上，持续3～5天，病畜精神沉郁，食欲减退，体重下降，鼻镜干燥，口、鼻腔分泌物逐渐变成浓性黏液，如果病畜不死，这种症状可以持续14天。发热开始的4天内，口腔黏膜先是轻微充血及出现表面糜烂，大量流涎，小区坏死通常首发于牙床下方黏膜，其后坏死现象迅速向牙龈、硬腭、颊、口腔乳突、舌等黏膜蔓延。坏死组织脱落，出现不规则且浅的糜烂斑。部分羊的口腔病变者，2天内痊愈，这些羊可能恢复。后期出现带血水样腹泻，严重脱水，消瘦，妊娠羊可能流产。随之体温下降，因二次细菌性感染出现咳嗽、呼吸异常，发病率可达100%，病死率可达100%，一般不超过50%，幼年动物发病率和病死率都很高。超急性病例可能无病变，仅出现发烧及死亡。

4. 解剖症状　尸体剖解病变与牛瘟相似，患畜可见结膜炎、坏死性口炎等肉眼病变，在鼻甲、喉、气管等处有出血斑，严重病例可蔓延到硬腭及咽喉部。皱胃常出现病变，病变部常出现有规则、有轮廓的糜烂，创面红色、出血。而瘤胃、网胃、瓣胃很少出现病变，肠可见糜烂或出血，大肠内，盲肠、结肠结合处出现特征性线状出血或斑马样条纹，淋巴结肿大，脾脏出现坏死灶病变，原发性的支气管肺炎显示为病毒感染，具有诊断的意义。

5. 显微病变　主要病变与其他麻疹病毒属感染症相似。即出现多核巨细胞，肺最易看到；此外，可见嗜伊红性核内和/或细胞质内包涵体。

6. 诊断要点 根据临床症状、流行病学、剖解病变进行初步诊断，确诊需要进行实验室诊断。

(1)样品采集 以拭棒采取睫膜炎分泌物及鼻、口腔及直肠等拭子，以及剖检采取淋巴结、扁桃腺、脾、肺、大肠等组织块，以干冰或冰袋冷藏输送至实验室，如输送时间超过72小时，则病材先加以冷冻，以干冰冷冻输送。供病理切片组织则以10%中性甲醛液保存、输送。另采取抗凝血剂之全血，供病毒分离、血液学及血清学使用。

(2)鉴别诊断 小反刍兽疫诊断时，应注意与牛瘟、蓝舌病、口蹄疫、急性消化道感染症、羊痘做鉴别。

(3)实验室检测 必须在生物安全3级以上实验室进行。

7. 疫情处置 一旦发生本病，应按《中华人民共和国动物防疫法》规定，按照一类动物疫情处置方式扑灭疫情。

羊口蹄疫、羊痘、布鲁氏菌病免疫技术及免疫程序

免疫接种是疫病防控最重要的措施之一，成功的免疫措施不仅需要合格、有效的疫苗制品，还需要规范的接种操作和科学适用的免疫程序，更重要的是建立一套可追溯的免疫标志和档案管理制度。

疫苗选择

选择(有)由农业部正式批准文号并由正规兽药企业生产的疫苗，且各(绒毛)羊场应根据自身的实际情况合理地选用抗原匹配性最佳的疫苗。目前市售羊用口蹄疫、羊痘、布鲁氏菌病、羊梭菌病、大肠杆菌病口蹄疫疫苗有以下几种。

1. 口蹄疫疫苗

名称:口蹄疫O型—亚洲1型—A型三价灭活疫苗

主要成分与含量:O型口蹄疫牛源强毒(Mya/98株)、Asia1型牛源强毒(JS/2005株)、A型口蹄疫牛源强毒人工重组毒Re-HK/2009的细胞培养物经二乙烯亚胺(BEI)灭活,并经特殊工艺纯化、浓缩,加精制白油和乳化剂配制成的双相油乳剂二价灭活疫苗。每头份疫苗含O型口蹄疫病毒至少$6PD_{50}$、Asia1型口蹄疫病毒至少$6PD_{50}$、A型口蹄疫牛源强毒人工重组毒至少$6PD_{50}$。

标签上凡有"206"标记的疫苗系使用法国SEPPIC公司的Montanide ISA206佐剂配制的双相油乳剂疫苗。为乳白色或淡粉红色略带黏滞性的均匀乳状液,2℃～8℃保存,有效期1年。

作用与用途:用于预防O型、Asia1型口蹄疫和A型口蹄疫。注射后15日产生免疫力,免疫期6个月。

用法与用量:羊颈部深部肌内注射,羊每只1～2毫升。

2. 羊痘疫苗

名称:山羊痘细胞化弱毒冻干疫苗

主要成分与含量:本品系用山羊痘病毒(弱毒株)的细胞培养物经冻干后制成,每头份病毒含量不低于$10^{3.5}$ TCID50。

作用与用途:用于预防山羊痘及绵羊痘。接种后4～5日产生免疫力,免疫期12个月。

用法与用量:尾根内侧或股内侧皮内注射。按瓶签注明头份,用生理盐水(或注射用水)稀释为每头份0.5毫升。不论羊只大小,每只注射0.5毫升。

3. 布鲁氏菌疫苗　在布鲁氏菌病非疫区禁止使用疫苗免疫,应该直接通过检疫淘汰阳性羊进行控制和净化;只有在感染严重的疫区才使用疫苗进行控制,然后逐步通过检疫淘汰的方法逐步净化。目前羊常用的疫苗有:猪型2号弱毒苗、羊型5号弱毒苗及牛19号弱毒苗。

(1)冻干布鲁氏菌猪2号弱毒疫苗

注射免疫:用灭菌生理盐水将疫苗稀释成每毫升含50亿菌,肌内注射1毫升。

饮水免疫:大群羊饮水免疫前一天,必须断绝饮水。按每只羊饮服200亿菌计算,分2天饮服。每只羊饮服25～1000亿菌均安全有效。免疫期:山羊和猪1年,绵羊1.5年。须在配种前1～2个月进行免疫,3月龄以下的羔羊不能进行免疫。

(2)冻干羊布鲁氏菌羊5号弱毒疫苗　用于绵羊和山羊,免疫期为一年半。配种前1～2个月进行,妊娠羊禁用。

注射免疫:羊免疫时用生理盐水将菌稀释成含菌每毫升50亿菌,股内侧皮下注射,每只羊1毫升。

气雾免疫:圈舍内气雾免疫,用生理盐水将疫苗稀释成每毫升含100亿菌,装入喷雾器进行喷雾。羊群每立方米的空间50亿菌。将羊赶入室内,关闭门窗进行喷雾,使喷头与羊等高,均匀喷射。喷完后让羊只在室内停留20～ 30分钟。

(3)19号疫苗　用于预防牛和绵羊的布鲁氏菌病,有液体疫苗和冻干疫苗。

免疫剂量:绵羊的免疫量为300亿～400亿菌。用液体免疫时,皮下注射每只羊2.5毫升。用冻干疫苗免疫时,先按每瓶计算含活菌数,用生理盐水溶解和稀释成每毫升含菌120～160亿菌,然后按疫苗计量注射。绵羊在每年配种前1～2个月注射疫苗1次。妊娠期间严禁注射。免疫期为9～12个月。19号疫苗对猪无免疫效力,对山羊免疫效力不好,均不用。

. 免疫程序

疫苗注射应根据疫苗种类和羊群免疫抗体水平制订适宜的免疫程序,并严格按免疫程序实施免疫接种工作。针对口蹄疫、羊痘、布鲁氏杆菌病这几种主要的羊传染性疾病,其中口蹄疫、羊痘必须先通过免疫接种进行控制，然后再通过检测、淘汰感染动物进行消除。羊布鲁氏杆菌病由于其对人的危害严重，应该直接通过检疫淘汰阳性羊进行控制和净化，而不主张用疫苗进行免疫控制再消除。因此，主要针对口蹄疫、羊痘这两种病制订免疫程序进行控制，最终达到净化的目标。可根据突发事件和实际情况临时更改免疫程序。

1. 羊免疫程序 为了减轻羊场兽医的工作强度，避免反复刺激羊只，本程序将口蹄疫、羊痘一次免疫，具体程序如下。

(1)羔羊 出生后2个月首免(春羔大概在6月份左右)，颈部一侧肌内注射口蹄疫三价灭活苗0.5毫升/只，同时尾根内侧或股内侧皮内注射山羊痘细胞化弱毒冻干疫苗0.5毫升/只；在首免后间隔1个月再按上述剂量加强接种1次口蹄疫疫苗，以后每6个月按1毫升/只重复接种1次口蹄疫疫苗。

(2)生产母羊 母羊在分娩前2个月(产春羔母羊在2月中旬左右)颈部一侧肌内注射口蹄疫三价灭活苗1毫升/只，同时尾根内侧或股内侧皮内注射山羊痘细胞化弱毒冻干疫苗0.5毫升/只；以后每6个月重复接种1次口蹄疫疫苗。

(3)种公羊 每年2月中旬左右第一次免疫，颈部一侧肌内注射口蹄疫三价灭活苗1毫升/只，同时尾根内侧或股内侧皮内注射山羊痘细胞化弱毒冻干疫苗0.5毫升/只；以后每隔6个月按1毫升/只重复接种1次口蹄疫疫苗。

(4)补免措施 免疫后1个月，经检测，针对免疫抗体产生不佳的羊，用相应的疫苗进行补免。

(5)异地舍饲肥育羊免疫程序 移入本地经过2周的预饲期，健康羊注射口蹄疫三价苗，第15天再加强免疫1次。

2. 紧急免疫 在周边羊群或本场发生口蹄疫和羊痘疫情时，要对疫区、受威胁区域的全部羊只进行一次强化免疫。

免疫接种操作方法及注意事项

免疫前要严格做好接种用器具(如注射器、针头、镊子以及有关容器等)的消毒准备工作。

1. 注射器 使用兽用可定量的注射器,注意注射器定量卡是否松动。使用前用高压蒸汽灭菌或煮沸消毒法消毒至少15分钟。

2. 针头 使用9～12号针头,针头的消毒应采用高压蒸汽法进行。

3. 毛剪和镊子 使用前应高压蒸汽灭菌或煮沸消毒法消毒至少15分钟。

灭菌后的注射器与针头应放置于无菌盒内备用,也可使用一次性注射器和针头。

免疫接种工作须由兽医防疫人员或养殖场兽医人员执行;加强对养殖场兽医人员的技术培训,严格接种操作的细节要求。接种前应备有足够的碘酊棉球、注射器、针头、抗过敏药物以及免疫记录本等。坚持实行“一畜一针头”的接种规定。注射时应适当保定,严禁使用“飞针”注射。接种前将疫苗缓慢充分摇匀。疫苗在使用过程中应保存在保温箱内,注意防冻、防晒,油苗必须在2℃～8℃保存,切不可冻结。吸出的疫苗不可回注于瓶内,每瓶疫苗启用后,限当日用完,超过24小时则应废弃。

按照产品说明书中规定的剂量免疫;注射部位要准确,羊注射部位为颈部上1/3处,斜向后方向进针并与皮肤表面成45°角,疫苗要确保注入深层肌肉内,绒毛羊由于被毛密,注射部位应剪毛后再用碘酊或70%酒精棉擦净消毒;接种前应仔细定量,确保免疫剂量准确足量;吸取疫苗时应在疫苗瓶塞边缘插入1支进气针头,吸苗针头应从瓶塞中央进入并固定在瓶塞上专用于吸取疫苗,另安装注射针头用于疫苗接种,进气针头、吸苗针头和注射针头三者之间应严格分开使用,注射器严禁在疫苗瓶内排空气;在注射针头上覆盖棉球，将针筒排气溢出的疫苗液吸积于棉球上，并将其收集于专用瓶内集中处理，不能随处丢弃。

免疫应激反应的预防及处置

通常大多数羊在接种疫苗后不会出现明显的不良反应，而少数羊常常会出现一过性的精神沉郁，食欲下降，注射部位出现短时轻度炎性水肿等局部或全身性异常表现，这都是注苗后的正常反应。但有时会发生反应程度严重（如过敏反应，表现为缺氧、黏膜发绀、呼吸困难、口流涎沫、全身肌肉颤抖、出汗、呕吐、虚脱或惊厥等临床症状）或出现反应的动物数量较多的情况，原因通常是由于疫苗的质量低劣、注射剂量过大、操作错误、接种途径或使用对象不准等因素引起。此时需要采取一些预防和应急措施最大程度地减少注苗不良反应和损失的发生。

①接种前后 1 周内饲料中可适当添加小剂量的左旋咪唑、亚硒酸钠和维生素 E 等免疫增强剂类物质；不要使用肾上腺素类的激素药物或免疫抑制性药物（如链霉素、新霉素、卡那霉素、四环素、磺胺等）或抗病毒药物。

②在免疫接种前必须进行羊群健康状态、体质等生理状况的检查，病弱羊、妊娠羊可暂缓接种，其免疫严格按说明书要求进行及时补免。

③免疫接种最好选择在温度适宜、天气晴朗的时候进行，尽量避开阴雨天，夏季在早晚凉爽时进行，冬天在中午温暖时进行。

④免疫接种前应尽可能避免羊群剧烈活动（如长途运输、转群、采血等），防止羊群处于应激状态，在接种过程中采取必要措施以免过分驱赶或捕捉。

⑤免疫后须让羊群适当安静休息，同时配制 0.04％多维电解质水供其自由饮用，并密切观察是否出现异常反应，对持续表现高热的羊除了供给充足的多维电解质水之外，还需采取退热措施。

⑥应激反应的应急处理措施：

一般反应：个别羊注射疫苗后出现轻度精神委靡或不安，食欲减少和体温稍高等情况，一般不需要治疗，将其置于适宜环境下1～2天，症状即可自行减轻或消失，不必采取治疗措施。

急性反应：极个别羊注射疫苗后可能出现急性过敏反应，气喘、呼吸加快、眼结膜充血、发抖、皮肤发紫、口吐白沫、时常排粪、后肢不稳或倒地抽搐，如抢救不及时很可能死亡。一般需尽快肌内注射盐酸异丙嗪100毫克；肌内注射地塞米松磷酸钠10毫克（孕畜不用）；皮下注射0.1%盐酸肾上腺素1毫升。若发生过敏反应，羊体温超过40℃，可注射复方氨基吡林；若发生过敏反应的羊心脏衰竭、皮肤发绀，可注射安钠咖。注意保温，并给予充足、干净的饮水。

最急性反应：迅速皮下注射0.1%盐酸肾上腺素1毫升，20分钟后根据缓解程度，可重复同剂量再注射1次；肌内注射盐酸异丙嗪100毫克；肌内注射地塞米松磷酸钠10毫克（孕畜不用）。

动物标志与免疫档案

羊场应每季度提前向动物防疫主管部门申报养殖数以及所需的动物标志数量。

对羊实施免疫接种后须按照《畜禽标识和养殖档案管理办法》中的规定，建立免疫档案，加施牲畜标志。

免疫接种后应及时认真地填写免疫接种记录表，内容包括疫苗名称、接种日期、舍号、栏号、年龄、免疫头数、免疫剂量、疫苗信息（类别、生产厂家、有效期、批号等）以及接种人员，针对每一只羊建立规范性的免疫档案。

免疫注射后应进行免疫抗体水平的检测和免疫效果评价。

羊口蹄疫、羊痘、布鲁氏菌病监测技术

监测措施是疫病防控和流行病学调查的重要内容和手段之一，所有影响疫病发生与扩散的风险因素都属于疫情监测的范围。而羊口蹄疫、羊痘、布鲁氏菌病发生风险的监测内容主要是场区环境带毒检测、场区外环境的疫情调查、羊群过往活动情况、羊群带毒情况以及羊群免疫状况等。本章阐述了羊口蹄疫、羊痘、布鲁氏菌病、羊梭菌病监测的技术措施，适用于羊群感染监测、免疫抗体评价等。

监测范围

1. 牲畜　养殖场内所有易感家畜（如猪、牛、羊等）发病、带毒及抗体水平的检测。

2. 场区内环境　圈舍、饲料、饮用水等带毒监测。

3. 场区外环境　关注养殖场周边范围内的疫情动态，包括疫情调查，场区附近牲畜过往活动情况等等。

监测频率

1. 集中监测　每年1次，分春或秋季进行。春季集中监测在5月底前完成，秋季集中监测在11月底前完成。

2. 日常监测　由各养殖场根据生产实际情况随时自行进行，必要时结合当地传染病流行状况增加监测次数。一旦发现疑似病例，应紧急封锁疫点、控制发病动物及同群羊，并立即报告相关部门。

监测内容和方法

1. 临床检查　由饲养员负责每日例行的临床检查，即仔细观察羊群中是否有表现羊口蹄疫、羊痘、布鲁氏菌病临床典型症状的羊。一旦发现异常情况，应立即报告养殖场负责人和兽医诊疗室工作人员。

2. 实验室检测 由养殖场兽医诊疗室（若技术和装备条件允许）或其他专业的实验室实施，进行血清样品的抗体检测。

（1）口蹄疫检测

①免疫抗体检测：液相阻断酶联免疫吸附试验（LB-ELISA）用于口蹄疫免疫抗体水平的检测和评价，是 OIE 推荐的国际标准方法之一。根据口蹄疫的流行和免疫情况，有时需检测多个血清型的免疫抗体。

正向间接血凝试验（IHA）适用于口蹄疫免疫抗体水平的大规模普查。虽非国际标准方法，但因其操作简便、价廉，在基层兽医实验室仍有较大应用价值。

②感染状况检测：感染抗体检测即非结构蛋白酶联免疫吸附试验（NSP-ELISA）。用于口蹄疫感染抗体（即非结构蛋白的抗体）的检测，是 OIE 推荐的国际标准方法之一，其检测结果是判定牲畜是否感染口蹄疫的主要依据。

感染、带毒检测：对感染性抗体（即 NSP-ELISA）检测呈阳性的羊，抽取病原样品（一般为咽喉部分泌物）送相关实验室进行病毒检测。检测方法可采用 RT-PCR 或进行病毒分离试验。

（2）羊痘检测

①免疫抗体检测：细胞中和试验进行抗体检测，用于对免疫羊群血清抗体评价，是 OIE 推荐的国际标准方法之一。

②感染状况检测：羊痘具有明显可见的特征性症状，通常采用活体临床检查，在体表、尤其是口鼻、舌面、乳房及尾根等无毛处可见大小不等的痘疹，较为严重的有溃疡灶，即可确诊。对非典型羊痘病例及血清学调查，可采用细胞中和试验检测抗原或 PCR 方法进行确诊。

(3)布鲁氏菌病检测 由于该病不进行免疫预防,因此根据病原学检查、血清学检查进行诊断或感染状况检测。

①病原学检查:有抹片检查、分离培养及 PCR 检测 3 种方法,用于感染羊的确诊。

抹片检查取胎盘绒毛叶组织、流产胎儿胃液或阴道分泌物作抹片,用改良的齐尔—尼尔森石炭酸复红原液染色 10 分钟,用 0.5%醋酸溶液脱色 20 秒,冲洗后,用 1%美蓝复染 20 秒,镜检。布鲁氏菌染成红色,背景为蓝色。布鲁氏菌大部分在细胞内,集结成团,少数在细胞外。可初步诊断。

分离培养鉴定是进一步诊断布鲁氏菌病最可靠的方法,只要从病羊体内或排出物中发现病原体即可确诊。但由于患病动物身体状态、感染时期和发病过程等原因,往往不易检查出病原。因此,在进行分离培养时,应选择产后采集胎儿、产后排出物及病羊的网状内皮细胞等,用适宜培养基分离培养才能成功。细菌分离成功后再进行染色镜检、细菌生化试验及菌落与布鲁氏菌阳性血清凝集试验即可确诊。

PCR 检测方法操作简单,省时,检出率高,是目前广泛采用的方法。样品采集同病原分离培养方法,主要采集胎儿、产后排出物及病羊的网状内皮细胞等做为检测样品。

②血清学检查:平板凝集试验与试管凝集试验是临床上用于检测该病的常用方法,平板凝集试验简便易行,方便快捷,常用于样品的初步检测,但其检出阳性率较高,常有假阳性出现,因此对阳性者再用试管凝集试验复检,便可快速得出更加准确的结果。此方法适用于大规模筛查,经筛查阳性者进一步进行病原学检测确证。

样品采集

1. 采样原则 根据检验目的采集相应样品,采集的监测样品要有代表性,样品的采集、保存、送检运输要按照国家有关法规和行业技术标准进行。

2. 采样数量 样品采集总量应根据养殖场的实际养殖规模确定。基本原则是必须符合统计学要求,1 000 只以上的羊群按 5%比例采样,1 000 只以下按 10%采样,最少样本数 30 份。抽样检测阳性群,或净化工作阶段性验收时,需全部采样彻查。

3. 采样时间 为监测养殖场羊群血清抗体水平,评估疫苗免疫效果,应分别在注射疫苗前和注射疫苗后 30 天采集血清样品 1 次进行检测。

免疫效果的评价

羊群免疫抗体合格率≥70%时,表明群体的免疫水平达到要求。未达抗体合格标准的,应及时进行补免。

羊口蹄疫、羊痘、布鲁氏菌病控制、净化技术实施程序

对重要疫病的控制、最终净化是保障规模化养殖场生物安全、提高养殖效益的重要措施之一。对于羊口蹄疫、羊痘、布鲁氏菌病、羊梭菌病、大肠杆菌病来说,控制和净化方案主要包括管理、消毒、免疫、感染监测、隔离、淘汰阳性畜等技术环节。

加强饲养管理水平,严格执行各项规章制度

各羊场应该根据本场实际情况制定和完善管理制度并严格执行,各岗位人员须各司其职,严格遵守各项规章制度,管理人员应经常监督检查各项制度是否落实到位。在周边出现疫情时,所有人员应该坚守各自工作岗位,严格遵守各项规章制度,做好隔离措施,同时禁止任何闲杂人员进出场区,本场所有人员进入场区前均

应做好彻底消毒措施。

做好消毒工作

消毒包括日常预防性消毒和紧急消毒。预防性消毒一般选择高效、广谱的消毒剂，能对所有微生物起到有效杀灭作用；紧急消毒在周边动物或本场发生传染病时采取的措施，此时应根据病原种类选择对其有特异、高效杀灭作用的消毒方法或消毒剂。

1. 口蹄疫 对口蹄疫病毒来说，圈舍熏蒸可选择甲醛；各种环境消毒可选择0.5%过氧乙酸喷雾、2%～3%氢氧化钠溶液或10%～20%石灰乳喷洒，也可以选择市售的对口蹄疫病毒具有杀灭作用的消毒药，具体使用方法应严格按照说明书使用；带畜消毒可选择强力消毒灵；人员消毒可选择0.2%柠檬酸或新洁尔灭等溶液；水源消毒可选择漂白粉，每100千克水加1克漂白粉。但应该注意的是醇类消毒剂（如酒精、甲醇、异丙醇）对口蹄疫病毒无杀灭作用，季铵盐和酚类消毒剂对口蹄疫病毒杀灭效果差，不选用。

2. 羊痘 痘病毒是结构最为复杂的病毒，对冷及干燥有较强的抵抗力，冷冻干燥条件下可保存3年不失活。对热抵抗力不强，55℃ 20分钟或37℃ 24小时可失活。对酸敏感，在pH值3的环境下可逐渐失活，紫外线也可将其灭活。由于痘病毒为有囊膜病毒，对有机溶剂敏感，如醇类消毒剂（如酒精、甲醇、异丙醇）、氯仿等。根据痘病毒以上特点，通常选择甲醛熏蒸圈舍；各种环境消毒可选择0.5%过氧乙酸及其他酸性消毒剂喷雾；带畜消毒可选择强力消毒灵；人员消毒可选择碘溶液或新洁尔灭等溶液或紫外线照射；水源消毒可选择漂白粉，每100千克水加1克漂白粉。

3. 布鲁氏菌 布鲁氏菌和大肠杆菌均对外界环境抵抗力强，但对消毒剂比较敏感，多种消毒剂对其均有效。因此，羊痘或口蹄疫的消毒方法均可采用。

对全场所有羊只进行血清学或病原学检测，及时淘汰阳性动物

口蹄疫感染性抗体检测阳性或病原学检测阳性，应及时淘汰阳性动物；如果观察到疑似羊痘病羊应及时隔离，同时进行病原学检测，如果为阳性应及时淘汰；布鲁氏菌如果在非免疫羊群中检测到抗体阳性，应及时淘汰。

坚持自繁自养，商品羊整进整出

规模化羊场应该坚持自繁自养的原则，商品羊出栏时尽量整进整出；确实需要引种，引进的羊只需严格检疫，并在引进后隔离饲养观察 2 周以上，确证健康后方可混群。

按免疫程序进行疫苗接种

每个羊场应按本场实际情况制订免疫程序并严格执行，每次免疫后应进行免疫效果抽样检查，如果出现免疫失败，应及时补免；此外，在周边出现疫情时应加强免疫 1 次。

采用临床监测和实验室监测相结合的方式，准确、及时地进行免疫水平及疫情监测

羊场兽医应随时密切观察羊群健康状况，如果出现疑似病例时，应及时进行详细的临床检查和实验室检测，进行确诊；同时应该坚持 1 年 3 次或 1 年 2 次免疫抗体、感染抗体及病原学抽样检测，进行疫情预警和疫情监测。

制定合理的羊场疫病控制和净化标准

一年内未出现任何病例，1 年或 1.5 年内连续 2 次或 3 次免

疫抗体检测合格、感染监测为阴性,连续组织 3 次传染病风险评估结果为低风险甚至无风险,符合以上 3 个条件则定为该种疫病控制;如果连续 2 年未出现病例,连续 2 年抗体检测合格、感染监测为阴性,连续组织 3 次传染病风险评估结果为低风险甚至无风险,则定为该种疫病净化。

组织专家进行评估验收

对于实施某种疫病控制或净化的羊场,应该邀请相关专家到羊场进行实地评估验收,评估验收通过,才能确定为某种疫病控制或净化的羊场;如果不能通过,则应进行整改和强化控制净化措施,争取早日达到标准。

第九章 寄生虫病防治

一、寄生虫病概论

(一)寄生虫、宿主及其相互关系

1. 寄生虫、宿主及寄生虫病概念 在两种生物之间,一种生物以另一种生物体为居住条件,夺取其营养,并造成其不同程度的危害的现象,称为"寄生生活",过着这种寄生生活的动物称为"寄生虫"。被寄生虫寄生的人和动物称为寄生虫的"宿主"。由寄生虫所引起的疾病,称为"寄生虫病"。

2. 寄生虫的类型

(1)单宿主寄生虫与多宿主寄生虫 寄生虫只寄生于一个特定的宿主,不寄生于其他宿主,即对宿主有严格的特异性,称为"单宿主寄生虫",如虱等;有一些寄生虫的宿主范围广泛,可以寄生于多种宿主,称为"多宿主寄生虫",如肝片吸虫等。

(2)固需寄生虫与兼性寄生虫 有一些寄生虫已完全适应寄生生活,并依赖于寄生生活,不能离开宿主,称为"固需寄生虫",如旋毛虫等;有一些寄生虫还没有完全适应寄生生活,它可以营寄生生活,也可以营自由生活,称为"兼性寄生虫",如类圆线虫等。

(3)暂时性寄生虫与永久性寄生虫 凡是只在需求营养物质时,才与其宿主相接触,营暂短的寄生生活,待吸取营养物质后就离去,称为"暂时性寄生虫",如吸血昆虫类的蚊、虻等;而长期地并往往是终身居留于宿主体上营寄生生活的寄生虫,则称为"永久性寄生虫",如旋毛虫等。

(4)内寄生虫与外寄生虫　把那些寄生在宿主体内某些器官、组织的寄生虫，称为“内寄生虫”，如蛔虫等大多数蠕虫；而把那些暂时地或长久地寄生在其宿主的皮肤表面或皮内的寄生虫，称为“外寄生虫”，如虱、疥螨等。

3. 宿主的类型　有的寄生虫完成整个发育过程只需要1个宿主，有的需要2个或3个宿主，而且都是固定不变的。根据寄生虫发育特性和对寄生生活的适应性，将宿主分为以下类型。

(1)终末宿主　被寄生虫的成虫期或有性繁殖阶段所寄生的宿主，称为“终末宿主”，如羊为肝片吸虫的终末宿主。

(2)中间宿主　被寄生虫的幼虫期或无性繁殖阶段所寄生的宿主，称为“中间宿主”，如椎实螺为肝片吸虫的中间宿主。

(3)补充宿主(第二中间宿主)　有的寄生虫幼虫期有几个发育阶段，不同的发育阶段寄生于不同的宿主体内，所以中间宿主有1个以上，则早期幼虫寄生的宿主称第一中间宿主，而后期幼虫寄生的宿主称“补充宿主”(又称第二中间宿主)。如华支睾吸虫，其早期幼虫寄生于淡水螺，后期幼虫寄生于淡水鱼和虾，因此，淡水螺是华支睾吸虫的第一中间宿主，而淡水鱼和虾是补充宿主。

(4)保虫宿主　有的寄生虫因宿主范围广泛，可以寄生于多种宿主体内，但其中必有一部分是惯常寄生的宿主，还有一部分宿主虽也能寄生，但不惯常、不普通，则这部分宿主就称为该寄生虫的“保虫宿主”。如肝片吸虫惯常寄生的宿主是牛、羊等反刍动物。

(5)延续宿主(转换宿主)　有的寄生虫的感染性幼虫进入不适合发育的动物体内后，不发育、形态不改变，但仍能保持对宿主的感染力，这种动物就称为该寄生虫的“延续宿主”或“转换宿主”。如含有裂头蚴的蛙，被蛇、猪、人食下后，在全身各处仍发育为裂头蚴，则蛇、猪、人是裂头蚴的延续宿主或转换宿主。

4. 寄生虫与宿主的相互关系

(1)*寄生虫对宿主的危害* 寄生虫侵入宿主体内后，多数要经过一段或长或短的移行，最终到达其特定的寄生部位，发育成熟。寄生虫对宿主的危害一般是贯穿于移行和寄生的全部过程中的。其危害和影响主要有以下几个方面。

①机械性损害：寄生虫侵入宿主机体之后，在移行过程中和到达特定寄生部位后的机械性刺激，可使宿主的组织、脏器受到不同程度的损害，如创伤、发炎、出血、堵塞、挤压、萎缩、穿孔和破裂等。

②掠夺营养物质：寄生虫在宿主体内寄生时，常常以经口吞食或由体表吸收的方式，将宿主体内的各种营养物质变为虫体自身的营养，有的则直接吸取宿主的血液、淋巴液作为营养，从而造成宿主的营养不良、消瘦、贫血和抵抗力降低等。

③毒素的作用：寄生虫在生长发育过程中产生有毒的分泌物和代谢产物，易被宿主吸收，特别是对神经系统和血液循环系统的毒害作用较为严重。

④引入病原性微生物：寄生虫侵害宿主的同时，可能将某些病原性细菌、病毒和原生动物等带入宿主体内，使宿主遭受感染而发病。

(2)*宿主的防御适应能力* 寄生虫的致病作用，一方面不同程度地影响着宿主的生长发育和其他生命活动；但另一方面，宿主的抵抗性反应也影响着寄生虫的生长发育和存亡。

①宿主的防御适应能力：当宿主机体遭受寄生虫侵害时，局部组织表现出一系列应答性反应，即发炎、充血、白细胞游出，并对虫体进行吞噬、溶解，或形成包囊以至钙化。若宿主的防御适应能力较强，而寄生虫的发育、繁殖的数量不多，毒素作用也较弱时，虫体虽能生存，但宿主不呈现明显的临床症状，这种情况常称为“带虫现象”。

某些寄生虫，作为一种异体蛋白，能刺激宿主产生特异性抗体，从而对同种类虫体的再度感染产生免疫能力，表现为能够抑制虫体的发育并降低其繁殖能力，缩短其生命期限。寄生虫病的免疫，多半属于“带虫免疫”，就是说，这种免疫能力只有在虫体居留于宿主体内时才能产生，如果宿主体内的虫体被消灭，其免疫能力也随之减弱或消失。

②营养因素：宿主良好的营养状况有助于对抗寄生虫的侵袭及其毒害作用。

③年龄因素：许多种寄生虫在幼龄羊体内发育较快，而在成年羊体内则发育迟缓或不能发育，这是因为羊的防御适应能力随着年龄的增长而有所提高的缘故。

5. 外界环境因素与寄生虫的关系　寄生虫都在一定的外界环境中生存，各种环境因素必然对它们产生不同的影响。有些环境条件可能适宜于某种寄生虫的生存，而另一些环境条件则可能抑制其生命活动，甚至能将其杀灭。

外界环境条件及饲养管理情况，对羊的生理功能和抗病能力有很大影响。

（二）寄生虫病的流行规律

寄生虫病的传播和流行，必须具备传染源、传播途径和易感动物三个方面的条件，但还要受到自然因素和社会因素的影响和制约。

1. 寄生虫的生活史　寄生虫的生长、发育和繁殖的全部过程称为生活史。在羊体内寄生的各种寄生虫，常常是通过羊的血液、粪、尿及其他分泌物、排泄物，将寄生虫生活史的某一个阶段（如虫体、虫卵或幼虫）带到外界环境中，再经过一定的途径侵入到另一个宿主体内寄生，并不断地循环下去。

2. 寄生虫发生和流行条件

一是易感动物的存在。

二是传染源的存在。包括病羊、带虫者、保虫宿主、延续宿主等，在其体内有成虫、幼虫或虫卵，并要有一定的毒力和数量。

三是有相应的外界环境条件。包括温度、湿度、光线、土壤、植被、饲料、饮水、卫生条件、饲养管理，宿主的体质、年龄，中间宿主、保虫宿主存在等。

以上 3 个条件构成寄生虫病流行的锁链，三者缺一不可，打破任何一环，就能控制预防寄生虫病的发生和流行。

3. 寄生虫病的感染途径

(1)经口感染　主要通过饲料、饮水感染。

(2)经皮肤感染　感染性幼虫主动钻入宿主皮肤而感染；感染性幼虫借助吸血昆虫的吸血将病原体传播出去，如蜱吸血传播羊双芽巴贝斯虫，虻吸血传播羊锥虫病。

(3)接触感染　通过皮肤接触感染，如外寄生虫通过病羊和健畜的直接接触或通过病羊的用具、厩舍、畜栏、垫草等接触而感染；通过黏膜接触感染，主要是生殖道的寄生虫，如羊胎毛滴虫。

(4)胎盘感染　不多见，主要是母畜感染了寄生虫以后，其幼虫在宿主体内移行时，可以通过胎盘进入胎儿体内，使胎儿成为先天性感染，如蛔虫病、日本血吸虫病、先天性弓形虫病等。

(三)寄生虫病的诊断方法

1. 观察临床症状　羊患寄生虫病，一般表现消瘦、贫血、黄疸、水肿、营养不良、发育受阻和消化障碍等慢性、消耗性疾病的症状，虽不具有特异性，但可作为发现寄生病的参考。

2. 调查流行因素　调查寄生虫病的流行因素，了解发病情况，摸清寄生虫病的传播和流行动态，为确立诊断提供依据。

3. 尸体剖检　对患病羊进行死后剖检，观察其病理变化，寻找病原体，分析致病和死亡的原因，有助于正确诊断。

4. 实验室诊断

(1)粪便虫卵和幼虫的检查

①直接涂片法:吸取清洁常水或50%甘油水溶液,滴于载玻片上,用小棍挑取少许被检新鲜粪便,与水滴混匀,除去粪渣后,加盖玻片,镜检蠕虫、吸虫、绦虫、线虫、棘头虫的虫卵或球虫的卵囊等。

②饱和盐水浮集法:适用于绦虫和线虫的虫卵及球虫卵囊的检查。在一杯水内放少许粪便,加入10~20倍的饱和食盐溶液,边搅拌边用2层纱布或细网筛将粪水过滤到另一圆柱状玻璃杯内,静止20~30分钟后,用有柄的金属圈蘸取粪水液膜并抖落在载玻片上,加盖玻片镜检。

③反复洗涤沉淀法:适用于吸虫卵及棘头虫卵等的检查。取少许粪便,放在玻璃杯内,加10倍左右的清水,用玻棒充分搅匀,再用细网筛或纱布过滤到另一玻璃杯内,静置10~20分钟,将杯内的上层液吸去,再加清水,摇匀后,静置或离心,如此反复数次,待上层液透明时,弃去上层清液,吸取沉渣,做涂片镜检。

④幼虫检查法:适用于随粪便排出的幼虫(如肺线虫)或各组织器官中幼虫的检查。将固定在漏斗架上的漏斗下端接一根橡皮管,把橡皮管下端接在一离心管上。将粪便等被检物放在漏斗的筛网内,再把40℃的温水徐徐加至浸没粪便等物为止。静置1~3小时后,幼虫从粪便中游出,沉到管底。经离心沉淀后,镜检沉淀物寻找幼虫。

(2)螨虫检查　从患部刮取皮屑进行镜检。刮取皮屑时应选择病变和健康部交界处,先剪毛,然后用外科刀刮取皮屑,刮到皮肤微有出血痕迹为止。将刮取物收集到容器内(一般放入试管内),加10%氢氧化钠(钾)溶液至试管1/3处,加热煮到将开未开反复数次,静止20分钟,离心,取沉渣镜检。也可将病料置载玻片上,滴加几滴煤油,再用另一载玻片盖上,将二载玻片搓动,使皮屑粉粹透明,即可镜检。或将皮屑铺在黑纸上,微微加温,可见到螨虫在皮屑中爬动。

为了判断螨虫是否存活,可将螨虫放在油镜下观察,活虫体可见淋巴液在流动。

(3)蛲虫卵检查　蛲虫卵产在肛门周围及其附近的皮肤上,检查时刮取肛门周围及其皮肤上的污垢进行镜检。用一羊角药匙或边缘钝圆的小木铲蘸取50%甘油水溶液,然后轻轻地在肛门周围皱褶、尾根部、会阴部皮肤上刮取污垢,直接涂片法镜检。

(4)免疫学诊断　免疫学诊断是利用寄生虫和机体之间产生抗原—抗体的特异性反应所进行的,是寄生虫病生前诊断的重要辅助方法。目前常用的免疫学诊断方法主要有以下几种。

①皮内反应:用寄生虫的浸渍、提取物或囊液制成抗原,注射于动物皮下,过一定时间后,在注射部位出现边缘不整齐的丘疹,周围有红晕,表示阳性反应,这种反应在一定程度上有特异性,具有诊断意义。

②沉淀反应:是寄生虫抗原与机体血清中相应的抗体结合产生的沉淀反应。

③凝集反应:是寄生虫抗原与宿主机体内的相应抗体发生的凝集反应。

④免疫荧光抗体反应:是抗原用荧光素标记后与抗体反应,在荧光镜下观察抗原抗体荧光反应的一种技术。

(四)寄生虫病的防治措施

寄生虫病的防治措施包括以下几方面。

1. 体内驱虫　内服驱虫药。

2. 外界环境杀虫　目前推广的沼气发酵是杀灭病原体的有效方法之一。

3. 阻断传播途径

①牧场管理:轮牧是利用寄生虫的习性而设计的生物防治方法之一。

②杀灭某些中间宿主:许多软体动物,如螺蛳等是许多寄生虫的中间宿主,在流行病学上具有重要意义。

4. 提高羊自身抵抗力　全群给予全价饲料,使羊获得必需的氨基酸、维生素和矿物质;改善管理,减少应激因素,使动物能获得利于健康的环境。幼畜培育要精心。

二、寄生虫病防治

肝片吸虫

肝片吸虫寄生在羊的肝脏和胆管中,危害较大,当侵入肝脏时,引起肝组织损伤、肝肿大、急性肝炎和内出血;当侵入胆管时,引起慢性胆管炎、慢性肝炎和贫血。严重的常发生死亡。

1. 病原　肝片吸虫外观呈叶片状,好似柳树叶,从胆管取出时为淡红色,吸盘在虫的头部,透过体壁可见到树枝状的内脏器官。雌虫在胆管内产卵,随胆汁流入肠道,再随粪便排出体外。卵在适宜的环境条件下孵化发育成毛蚴。毛蚴出来后在水里游动,当遇到中间宿主螺蛳时,就进入螺蛳体内,再经过胞蚴、雷蚴、尾蚴3个阶段的发育,又回到水中,成为囊蚴,囊蚴被羊吞食后即受到感染。

2. 症状及诊断　急性病例病势猛,病羊突然倒毙,病初体温升高,精神沉郁,食欲减退或不食,腹胀,偶有腹泻,很快出现贫血,黏膜苍白,迅速死亡;慢性病例病羊逐渐消瘦,黏膜苍白,贫血,被毛粗乱易脱落,眼睑、颌下、胸腹下出现水肿,食欲减退,便秘与腹泻交替发生,病程逐渐严重恶化。

3. 预防 由于肝片吸虫幼虫发育要通过中间宿主螺蛳，所以避免羊到低洼潮湿的地方去放牧。可用硫酸铜或石灰灭螺，也可多养鸡鸭，用鸡、鸭灭螺。每年的秋冬季节对羊进行1次预防性驱虫。

4. 治疗 可用硫双二氯酚（别丁），每千克体重100毫克，加水摇匀后一次灌服；也可用硝氯酚，每千克体重3～4毫克，一次口服。

肺丝虫

本病由丝状网尾线虫寄生于羊气管和支气管内引起，可引起虫性肺炎，导致大群死亡。羔羊比成年羊易得病。

1. 病原 丝状网尾线虫呈线状，乳白色，成虫长30～110毫米。该虫发育不需要中间宿主，雌虫在羊气管和支气管内和雄虫交配后产卵，每个卵内有一个幼虫。当羊咳嗽时，可把虫卵咳到口腔内，少数虫卵随痰液咳出，多数虫卵随痰液吞进胃内，通过胃肠时，幼虫随粪便排出体外，在适宜的温度、湿度条件下发育、生长和蜕化，变成虫。

2. 症状 病羊表现精神不振，频繁咳嗽且强烈，呼吸困难，消瘦，四肢水肿，病羊因体弱而死亡。

3. 预防 加强饲养管理，增强体质。在流行区要每年春、秋各进行1次预防性驱虫。采用酚噻嗪，羔羊0.5克，成羊1克，混入饲料内服，隔日喂1次，共喂3次。粪便堆积发酵以杀死幼虫和虫卵。有条件的可转移到清洁和干净的牧区。

4. 治疗 可用左旋咪唑，每千克体重8毫克，一次口服。磷酸海群生每千克体重0.2毫克，一次口服。敌百虫每千克体重0.015克，配成10%的液体皮下注射。

钩　虫

钩虫寄生于羊的小肠，吸取宿主的营养，引起羊贫血、消瘦和死亡。

1. 病原　钩虫（又称仰口线虫）虫体乳白色，吸血后呈淡红色，虫长12～25毫米，头的尖端有口，口内有齿。雌虫在羊小肠内通过交配产卵，卵随粪便排出体外后，在适宜的环境下孵出幼虫，幼虫经2次蜕变成为有侵袭能力的幼虫。幼虫经口或皮肤侵入羊体内，吸附于肠壁，并用其锋利的切板和齿切，咬破肠黏膜引起出血，并被虫吸入体内，大肆夺取羊的营养。

2. 症状　病羊极度贫血和消瘦，下颌水肿，长期腹泻，大便带血，可引起羊大批死亡。

3. 防治　定期进行预防性驱虫。治疗可用四氯乙烯，按每千克体重0.1～0.2毫升口服；也可用左旋咪唑、噻苯咪唑和敌百虫等药物治疗，用法用量与治疗捻转胃虫病同。

捻转胃虫

捻转胃虫病是血矛线虫寄生于羊真胃引起的疾病，严重感染时可引起羊群大批死亡。

1. 病原　血矛线虫是一种纤细柔软淡红色的线虫，虫体长10～30毫米。雌虫由于白色的生殖器官和红色的肠管相互扭转形成两条似红白纱绞成的线段。雌虫在羊胃内产卵，卵随粪便排出体外，在适宜的温度、湿度条件下，经4～5天孵化发育成幼虫，羊吞食带有幼虫的草后，就会感染捻转胃虫病。

2. 症状　病羊贫血，消瘦，被毛粗乱，精神委靡，放牧时离群，严重时卧地不起。常见大便秘结，干硬的粪中带有黏液，下颌水肿。一般病程数月，最后消瘦而亡（图8-4）。

3. 防治　不要在低湿草地放牧，不放“露水草”，不饮小坑死

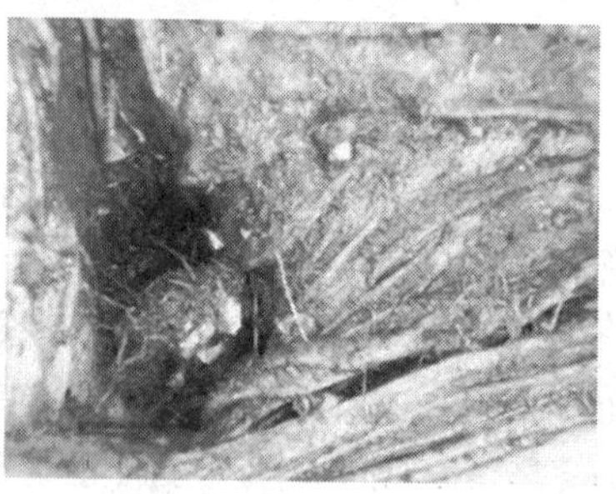

图 8-4 捻转胃虫

水，并尽可能地将粪便堆积发酵。要定期进行预防性驱虫。治疗可用左旋咪唑，每千克体重口服 8 毫克或注射 5～6 毫克；也可用噻苯咪唑每千克体重 50～100 毫克或甲苯咪唑每千克体重 10～15 毫克，一次性口服。用 5%～10%精制敌百虫溶液按每千克体重用药 100～200 毫克内服或灌肠，不仅疗效好，还能同时驱除多种内寄生虫。

螨 虫

该病是由疥螨和痒螨寄生在体表引起的慢性寄生性皮肤病，具有高度传染性，往往在短期内引起羊群严重感染，危害十分严重。

1. 病原 疥螨和痒螨。螨能在皮肤上不断穿孔，造成无数条暗沟，靠吸食皮肤细胞的汁液和淋巴液生活。螨在暗沟内排卵繁殖，从卵、幼虫、若虫到成虫仅需 2～3 周时间。

2. 症状 病羊主要表现为剧痒、皮肤增厚、脱毛和消瘦。病变开始主要发生于嘴唇、鼻子和耳根部，也有开始于腋下、乳房、阴囊及四肢弯曲面无毛或稀毛部的皮肤，严重时可波及全身。病初剧痒，皮肤充血、肥厚，继而发生丘疹、水疱和脓疱，以后形成痂皮。严重病例羊，体质消瘦，行走困难，食欲废绝，卧地不起，最后死亡

(图 8-5)。

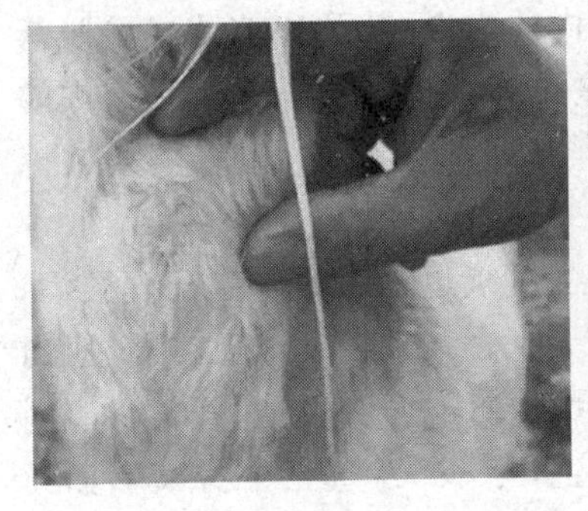
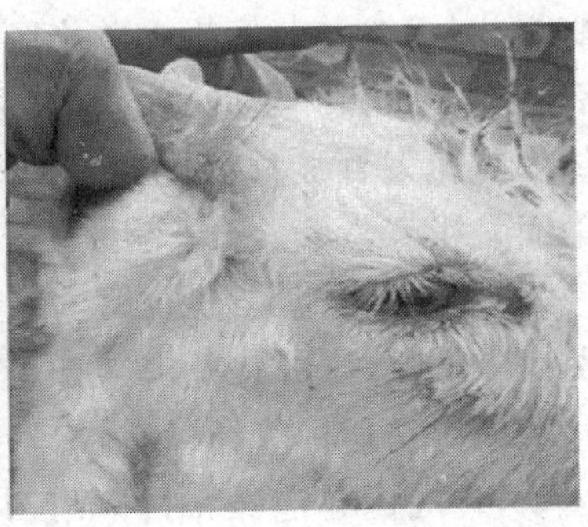

图 8-5　螨　虫

3. 预防　羊舍保持清洁干燥并定期消毒,杀灭周围环境中的螨;每年夏季对羊进行药浴,既治疗又预防。

4. 治疗　治疗前需剪去患部羊毛,用肥皂水洗去痂皮和污物,用水洗净后再涂药。注射和口服伊维菌素,按每千克体重50～100 微克;涂药治疗,适于病羊数量少、患部面积小的情况,每次涂药面积不得超过体表的 1/3,选用药物有克辽林、敌百虫等;药浴,药浴可在药浴池或桶内进行,药浴前让羊饮足水,以免药浴时误饮而中毒。适用于病羊较多但气候温暖的季节,可选用0.5%～1%敌百虫溶液,或用 0.05%蝇毒磷乳剂水溶液或0.05%辛硫磷乳油水溶液。

绦　虫

主要是莫尼茨绦虫,寄生在羊的小肠内,不仅影响羔羊生长发育,甚至引起死亡。

1. 病原　虫体呈带状,很像煮熟后的宽面条,虫长 1～6 米。虫体前端一般为乳白色,后端为淡黄色。虫体由许多节片连成,头节很小,上面有 4 个吸盘。头节后面是颈节,能不断增生节片，使虫体增长。莫尼茨绦虫的发育需要中间宿主地螨（外形与蜘蛛相似）参与。寄生在羊小肠内的成虫，其孕卵节片成熟脱落后随粪便排出。节片中含有大量虫卵，它们被螨吞食后，就在螨体内孵化发育成似囊尾蚴。当羊吃了带有螨的草后，就会被感染而发生绦虫病。

2. 症状 感染绦虫病的羊，食欲减退，饮水增多，出现腹泻、贫血和水肿，很快消瘦，羊毛粗乱无光。有时病羊出现转圈、肌肉痉挛或头向后仰等神经症状。后期，病羊仰头倒地，经常做咀嚼运动，口周围有泡沫，对外界反应几乎丧失，直至全身衰竭而死（图 8-6）。

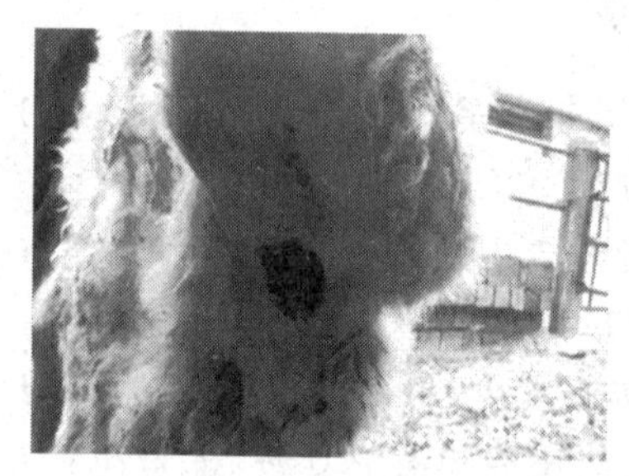

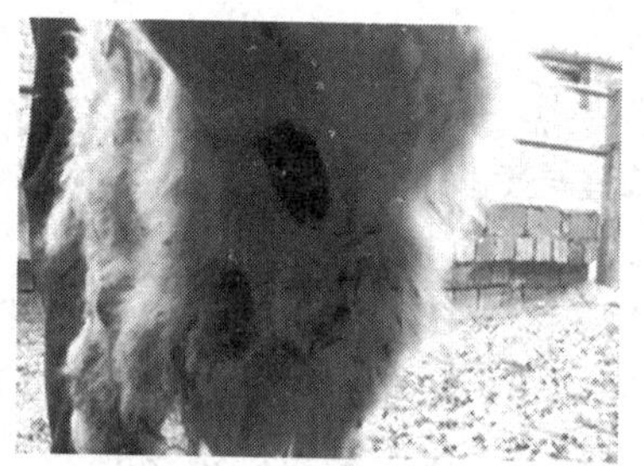

图 8-6 绦虫虫卵

3. 防治 预防以药物驱虫为主，一般在舍饲至放牧前对全羊群进行 1 次驱虫。治疗可用 1%硫酸铜溶液，按每千克体重 2 毫升的剂量灌服，硫酸铜溶液要现配现用，不能用金属器具盛装；也可用硫双二氯酚，每千克体重 100 毫克，加水溶解后灌服；或用驱绦灵（氯硝柳氨）每千克体重 50～75 毫克口服，效果都较好。伊维菌素按每千克体重 0.2 毫克，一次肌内注射，隔日重复 1 次。

羊鼻蝇蛆

羊鼻蝇蛆是羊鼻蝇的幼虫寄生于羊的鼻腔和鼻窦内引起的

炎症。

1. 病原　羊鼻蝇蛆。羊鼻蝇比苍蝇略大，出现在夏秋季节，午后炎热时最为活跃。雌蝇在飞翔时突然冲向羊鼻，将幼虫产在羊鼻孔内或鼻孔周围，然后又迅速飞走。幼虫近似一般蛆虫，最初个体很小呈淡白色，以后变为黄褐色。刚产下的幼虫活动能力很强，能迅速爬入鼻腔并向深部爬移，进入鼻窦、额窦和颅腔内，生长蜕变，成熟后又移向鼻孔，在羊打喷嚏时被喷出来，落地后钻进土壤内化为蛹，经1～2个月孵化成羊鼻蝇。

2. 症状　病羊表现摇头不安，打喷嚏，有时可喷出虫体，流浆性或脓性鼻液，严重时可因虫体堵塞鼻腔而引起呼吸困难。如幼虫进入颅腔，压迫脑部，可发生神经症状。

3. 治疗　可用2%敌百虫溶液鼻腔喷雾或冲洗鼻腔；皮下注射阿维菌素，每千克体重0.2毫克。

羊脑多头蚴

羊脑多头蚴病是由寄生于犬、狼的带科多头绦虫的幼虫——多头蚴，寄生于羊的脑部所引起的一种绦虫病，俗称脑包虫病。因能引起明显的转圈运动，故也称转圈病。

1. 病原　脑多头蚴病的病原体是多头绦虫，成虫在终末宿主犬、狼、狐狸的小肠内寄生。幼虫在羊、牛和骆驼等偶蹄类的脑内，有时也能在延髓或脊髓中发现，是严重危害羊的寄生虫病，常呈地方性流行。

寄生在终末宿主体内发育为成虫，其孕卵节片脱落后随宿主粪便排出体外，节片虫卵散布在牧场、羊舍、饲料、饮水中，被羊（中间宿主）吞食而进入胃肠道；虫卵在小肠内孵化成六钩蚴，经肠内消化作用，六钩蚴脱壳逸出，借小钩吸附于肠黏膜上，然后穿入肠壁静脉而随血流进入门脉系统，随血流到肺及肝脏中发育成包虫囊。由于颈动脉较粗，多头蚴常随血流至颅内，特别是在大脑动脉中分布。其中以大脑顶叶、额叶为最多，小脑、脑室与颅底较少。囊包为微白色半透明包膜，充满无色透明囊液，外观与脑脊液相似，容积50～200毫升不等。犬、狼、狐狸等肉食兽吞食了含有多头蚴的羊脑组织，多头蚴在终宿主的消化道中经消化液的作用，囊壁溶解，原头蚴附着在小肠壁上逐渐发育，经41～73天成熟，孕卵节片随粪便排出体外，多头蚴上的每个原头蚴均可发育成一条绦虫。多头绦虫在终宿主的小肠内可存活数年，任何季节都可以向外散布病原。

2. 症状 前期症状为急性型，后期症状为慢性型。前期症状不明显，后期当多头蚴发育到一定体积而压迫脑组织引起局部萎缩，形成囊腔、颅内压增高时才呈现一系列神经症状。主要临床症状是向寄生侧脑半球做转圈运动，视力降低，甚至消失。精神不振，食欲减退，体温、脉搏及呼吸无异常。

3. 诊断 转圈运动是判断羊脑多头蚴病的主要依据。

4. 防治 防止犬粪污染饲草及饮水，病羊尸体应深埋或焚烧，切勿随意弃置。对感染多头绦虫的犬应治疗或捕杀。已感染多头蚴的病羊可进行手术摘除，或将丙硫咪唑用生理盐水溶解，直接注射于病羊脑内。

第十章　营养代谢病防治

黄脂肪病

1. 病因　饲料中劣质不饱和脂肪酸添加过量，维生素 E 不足，铜添加过量；生产车间高温、高湿，致使饲料中的不饱和脂肪酸发生酸败；肥育期间不饲喂粗饲料，肥育时间过长，营养物质供给不平衡等。

2. 症状　多见于肥育羔羊，食欲好的羊更易发病。在肥育 70 天左右开始出现临床症状，表现为被毛蓬松、缺乏光泽，不爱活动、乏力、发呆，不吃草料，头抵水槽，反刍减少，粪便黏稠。体温 39.5℃～40℃，脉搏 100～120 次/分，呼吸 40～60 次/分。口腔、眼黏膜，肛门、阴门、腹下皮肤发黄，阴道黏膜苍白。部分病羊后肢麻痹，站立不稳，共济失调，治疗无效，最后昏迷而死。

3. 病理变化　屠宰时发现血液黏稠、发黑，凝固不良；体脂呈柠檬黄色，骨骼肌和心肌呈灰白变脆，松软不坚实，个别有异常腥味；肝脏呈黄褐色，轻度肿大，质脆；肾脏发黑，质软易碎，切面多汁，皮质部呈紫黑色，髓质呈黄色；淋巴结水肿，有出血点，胃肠黏膜充血。胆囊肿大，胆汁浓缩；肺脏呈土黄色；膀胱内尿液呈黑紫色或黄色，腹水呈黄色。

本病主要特征是脂肪组织明显发炎，发生广泛的纤维化；肝脏细胞、肾脏细胞、心脏细胞大量颗粒变性，脂肪变性及坏死等(图 10-1)。

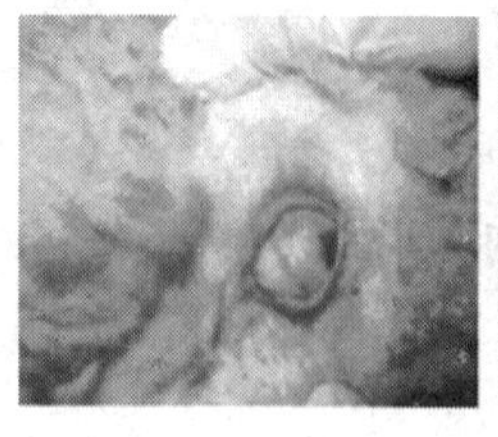
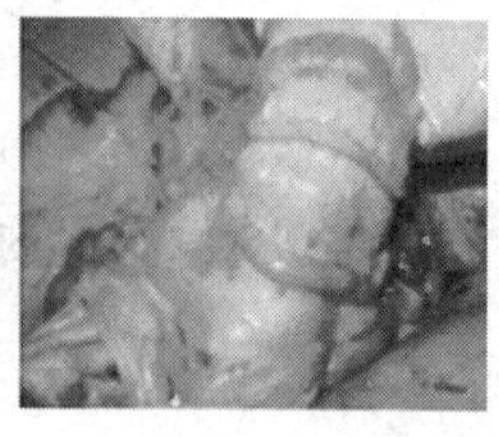
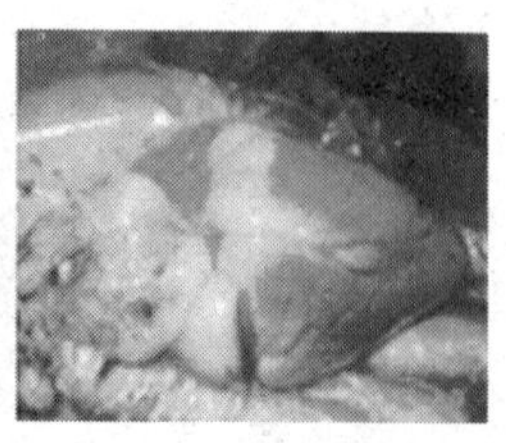

图 10-1 肥育羊黄脂肪病

4. 诊断 多数病羊不表现明显的临床症状,极少数表现食欲减退,发呆,可视黏膜黄染。血常规检查,红细胞总数增多,血红蛋白水平降低;白细胞总数降低,嗜中性白细胞增多。临床多数是在屠宰时发现。

5. 鉴别诊断 本病要与黄疸病进行鉴别诊断。黄脂肪病临床可见脂肪组织橙黄色,其他组织颜色正常。黄疸主要是由于胆红素生成过多或排出障碍,以至血中胆红素浓度增高,引起全身组织器官黄染,尤以关节囊滑液、组织液和皮肤发黄为甚。

检疫判定:宰前检疫一般只能发现黄脂肪病和黄疸的共同特征,可视黏膜、口腔黏膜和舌苔,一般都有黄染现象。

宰后检疫:黄脂肪病可见皮下及肾脏周围脂肪组织呈典型的柠檬黄色,肝脏呈土黄色,肌间脂肪着色程度较浅,其他组织均没有黄染现象,黄脂具有鱼腥臭味,多数情况下随放置时间的延长黄色逐渐减退。若黄脂肉除了脂肪组织染黄外,皮肤、黏膜、结膜、关节滑液、腹水、组织液、血管壁、肌腱等都有不同程度的黄染现象,同时脂肪松软不坚实、伴有异常腥味、外观差,且放置时间越长黄色越深,具有这种特征的黄脂认定为黄疸肉。

6. 预防措施 本病治疗无效,重点做好预防。

(1)提高饲料品质 减少饲料中不饱和脂肪酸,不添加劣质油脂,添加足量维生素 A、维生素 B_{12}、胆碱、蛋氨酸。预混料载体用脱脂油糠;增加维生素 E、硒和抗氧化剂的用量,每日添加维生素 E 800～1 000 毫克;减少鱼粉的用量或使用脱脂鱼粉;控制米糠和小麦麸的质量。

(2)加强饲料生产中品质控制　保持生产线良好的通风系统,定期监测常用原料中脂肪酸的氧化程度,特别是用量大、脂肪含量高的原料,杜绝使用氧化酸败的原料;严格饲料添加剂配方和生产工艺,如高铜的配方可使饲料中的油脂氧化酸败导致黄脂,加大了维生素 E 需要量,尤其在湿热的条件下更是如此。调制颗粒时在高温、高湿、高铜的参与下,这种黄脂变化会更为迅速。

(3)加强肥育饲养管理　不得随意改变饲料配方或浓缩料使用比例;肥育期间始终要饲喂粗饲料,确保瘤胃发挥功能;肥育后期尽量少喂米糠、玉米、豆饼、胡麻饼等;坚决不喂发霉玉米;使用陈玉米时,要测定脂肪酸价,同时可以添加抗氧化剂和霉菌毒素吸附剂霉可吸;不能添加动物油和泔水渣;可以添加胆碱及复合维生素促进肝脏代谢。

尿结石

尿结石是指在羊的肾盂、输尿管、尿道内生成或存留的,以碳酸钙、磷酸盐为主的盐类结晶所引起的泌尿器官发生炎症和阻塞,使羊排尿困难的疾病。该病以尿道结石多见,而肾盂结石、膀胱结石较少见,公羊多发,母羊较少发生。

1. 病　因

(1)营养因素　日粮不平衡,长期饲喂高蛋白质、高热能、钙磷比例失调日粮是主要致病因素。日粮谷物比例高的情况下会导致大量的磷进入到尿中。肥育过程中,饲喂含磷较高的棉籽饼、高粱、麦麸等极易发生尿结石。

大量采食三叶草、甜菜的上部都会形成尿结石。

黏蛋白质是形成结石的母体(前体),尿中黏蛋白浓度增加,也会形成尿结石。饲粮中的雌激素或生长促进剂(己烯雌酚或含有雌激素成分的豆科植物)、过量蛋白质,以及颗粒饲料均会增加尿中的黏蛋白浓度。

黏多糖通常也与结石的形成有关。饲喂棉籽饼、高粱等饲料,会导致黏多糖的增加。

维生素A缺乏会导致膀胱上皮细胞脱落,增加结石形成的概率。

(2)饮水量　饮水量不足时,尿的浓度增高,尿液中矿物质处于超饱和状态,脱水是各种结石发展的关键因素。

(3)阉割　由于尿道的长度和直径的原因,公羊尿结石更多。早龄阉割导致有关性激素缺乏,影响到阴茎和尿道的发育,尿道直径小,容易出现结石阻塞。

(4)限食饲养　如果采用舍饲饲喂1～2次/日,会引起饲喂后抗利尿激素的释放,使尿的排出暂时减少,从而增加尿的浓度,增加形成结石的风险。

(5)遗传　结石的发生也有遗传因素。易患病体质个体也可能发生尿结石。

2. 症状　尿结石形成于肾盂和膀胱,但阻塞常发生于尿道,膀胱结石在不影响排尿时,不显示症状,尿道结石多发生在公羊龟头部和"S"状曲部。如果结石不完全阻塞尿道,则可见排尿时间延长,尿频,尿量减少,呈断续或滴状流出,有时有尿排出;如果结石完全阻塞,尿道则仅见排尿动作而不见尿液排出,出现腹痛。羊出现厌食,尿频,滴尿,后肢屈曲叉开,拱背卷腹,频频举尾,尿道外触诊疼痛。如果结石在龟头部阻塞,可在局部摸到硬结物。膀胱高度膨大、紧张,尿液充盈,若不及时治疗,闭尿时间过长,则可导致膀胱破裂或引起尿毒症而死亡。

3. 诊断　观察临床症状,出现尿频、无尿、腹围增大、腹痛等现象,取尿液于显微镜观察,可见有脓细胞、肾上皮组织或血液即可确诊。

4. 预防 不能长期饲喂高蛋白质、高热能、高磷的精饲料，多喂富含维生素A的饲料；平时多喂多汁饲料和充足饮水，发病严重地区可以减少钙磷食盐、矿物质添加剂。

(1)调节钙磷比例 饲料中钙磷比例要达到2∶1，镁的含量少于0.2%，要适量添加钙。多使用长茎饲草可以增加唾液的分泌，使更多的磷随粪排出体外。

(2)增加饮水量 预防羊尿道结石的最重要手段是增加饮水量。饮水保证清洁卫生；夏季饮凉水、冬季饮温水；多设饮水点并经常更换饮水；增加盐的喂量，建议盐的用量为日采食干物质量的3%～5%或日粮的4%，可混合到饲料中，也可自由舔食，但不要加入水中，以免影响口感或发生食盐中毒。

(3)调整尿的pH值 草食家畜的尿偏碱性，不利于磷酸钙和碳酸钙结石的溶解，使用酸化剂对防止结石的发生是有益的。氯化铵的作用是降低尿的pH值，其添加量为干物质的1%或总饲粮的0.5%，或每千克体重40毫克。对于体重30千克的羔羊每只每日给予7～10克。添加食糖可促使羊饮水或掩盖氯化铵气味，但不能使用糖蜜，糖蜜含钾量高，会降低氯化铵的效果。氯化铵不宜长期饲喂。

除此之外，尽量避免在羔羊3月龄前进行阉割，采取自由采食的方式，增加饲料中维生素A添加量。

5. 治 疗

(1)药物治疗 对于发现及时、症状较轻的，饲喂大量饮水和液体饲料，同时投服利尿药及消炎药物(青霉素、链霉素、乌洛托品等)。有时膀胱穿刺也可作为药物治疗的辅助疗法。

(2)手术治疗 对于药物治疗效果不明显或完全阻塞尿道的羊只，可进行手术治疗。限制饮水，对膨大的膀胱进行穿刺，排出尿液，同时肌内注射阿托品5～10毫克，使尿道肌松弛，减轻疼痛，然后在相应的结石位置采用手术疗法，切开尿道取出结石。术后注射利尿药及抗菌消炎药物。

异食癖

异食癖是指由于环境、营养、内分泌和遗传等因素引起的舔食、啃咬异物为特征的一种顽固性味觉错乱的新陈代谢障碍性疾病。

1. 病因 本病的发病原因多种，一般认为由于营养和疾病等因素引起。饲料单一，钠、铜、钴、锰、铁、碘、磷等矿物质不足；长期喂给大量精料或酸性饲料过多，都可引起体内碱的消耗过多；某些维生素的缺乏，特别是B族维生素的缺乏，可导致体内代谢功能紊乱，诱发异食癖；患有佝偻病、软骨病、慢性消化不良、前胃疾病、某些寄生虫病等可成为异食的诱发因素。虽然这些疾病本身不可能引起异食癖，但可产生应激作用，加重异食癖症状。

2. 症状及诊断 乱吃杂物，如粪尿、污水、垫草、墙壁、饲槽、墙土、新垫土、砖瓦块、煤渣、破布、围栏、产后胎衣等。患羊易惊恐，对外界刺激敏感，以后则迟钝。患羊逐渐消瘦、贫血，常引起消化不良，食欲进一步恶化。在发病初期多便秘，其后腹泻便秘交替出现。妊娠母羊，可在任何价段发生流产。

3. 预防 必须在病原学诊断的基础上，有的放矢地改善饲养管理。根据羊的营养需要喂给全价配合饲料，发现异食癖时，适当增加矿物质和微量元素的添加量，喂料要定时、定量、定饲养员，不喂冰冻、霉败的饲料。饲喂青贮饲料的同时，加喂一些青干草。同时根据羊场的环境，合理安排羊群密度，搞好环境卫生。

选用优质饲料原料，如果日粮以玉米、豆粕为主，添加蛋氨酸以平衡氨基酸。适量添加食用盐，最好选用矿物质微量元素盐粉。还可添加调味、消食剂，如大蒜、白糖及调味剂等改善羊的异食癖。

避免寄生虫病发生。对寄生虫病进行流行病学调查，定期驱虫，一般要求每年春秋季节各驱虫1次，肥育羊进圈后分批次进行2次驱虫，以防寄生虫病诱发的异食癖。

4. 治疗　针对发病原因对症治疗，继发性疾病应从治疗原发病入手，最终根除异食癖。

羊缺乏钙可补充磷酸氢钙，并注射一些促钙吸收的药物，如1%维生素D_5 5毫升，也可内服鱼肝油10～30毫升；另外，保证日粮钙磷比例1.5～2∶1。缺乏碱的供给食盐、小苏打、人工盐等。

缺乏硒，可以肌内注射亚硒酸钠维生素E溶液，成年羊30～50毫升、羪羊5～8毫升，肌内注射；或肌内注射0.1%亚硒酸钠5～8毫升。缺乏铜，每只羊口服硫酸铜0.07～0.3克，或在日粮中添加铜，使硫酸铜的水平达到25～30微克/克，连喂2周。缺乏锰，每只羊口服硫酸锰2克或每吨饲料中添加硫酸锰200克。缺乏钴，可内服氯化钴0.005～0.04克或通过瘤胃投服钴丸或硒、铜、钴微量元素缓解丸，有良好的预防效果。

B族维生素、维生素D、维生素A缺乏时，调整日粮组成，供给富含B族维生素、维生素D、维生素A的饲草料，如夏季增喂青绿饲料，冬季提供优质干草和矿物性饲料，增加室外运动及阳光照射时间，或补给鱼肝油20～60毫升。

瘤胃环境的调节可用酵母片100片，生长素20克，胃蛋白酶15片，龙胆末50克，麦芽粉100克，石膏粉40克，滑石粉40克，多糖钙片40片，复合维生素B 20片，人工盐100克混合，一次内服。1日1剂，连用5天。也可以每只羊每日饲喂益康XP 5～10克。

中兽医辨证施治，调理脾胃。方剂1：枳壳25克、菖蒲25克、炙半夏20克、当归25克、泽泻25克、肉桂25克、炒白术25克、升麻25克、甘草15克、赤石脂25克、生姜30克。共为细末，分30只羊口服。方剂2：神曲60克、麦芽45克、山楂45克、厚朴30克、枳壳30克、陈皮30克、青皮20克、苍术30克、甘草15克，共为细末，分30只羊口服。

第十一章 普通病防治

前胃弛缓

前胃弛缓是由于前胃神经的兴奋性降低，收缩力减弱，前胃消化功能障碍，致使瘤胃内各物腐败和发酵，并伴有全身功能紊乱的一种疾病。临床特征为食欲减退，反刍、嗳气减少或停止，瘤胃蠕动音减弱或消失。

1. 病因 前胃弛缓多为其他疾病继发，原发性前胃弛缓很少发生。饲料过于单纯、日粮中矿物质元素和维生素缺乏，特别是缺钙，可引起低钙血症，影响到神经体液调节功能，成为前胃弛缓发生的主要因素之一。长途运输、瘤胃内存在异物、饲料突然变更、大量饲喂精料等应激因素使前胃功能紊乱，导致本病发生。长期使用大剂量磺胺类或广谱抗生素使瘤胃内菌群失调，也可引起前胃弛缓。

2. 症状与诊断 病羊食欲时好时坏，反刍无规律，嗳气减少，瘤胃蠕动音减弱、次数减少甚至无。便秘下痢有时相互交替，病羊日渐消瘦，皮肤干燥、无弹性，病情较长者，出现眼球下陷、脱水等，治疗不及时，导致心率衰竭而死亡。

3. 治疗 重点治疗原发病，同时制止瘤胃内容物发酵，改善瘤胃内环境，促进瘤胃微生物菌群恢复及瘤胃蠕动，防止脱水和酸中毒。

硫酸镁或人工盐 20～30 克，大黄酊 10 毫升，陈皮酊 10 毫升，姜酊 5 毫升，龙胆酊 10 毫升，加水 500 毫升，一次灌服。

甲基新斯的明 2 毫升，肌内注射。

严重病例，若出现脱水等须补液强心。糖盐水 500 毫升，10% 氯化钠 50 毫升，5%氯化钙 30 毫升，维生素 B_1 6 毫升，10%维生素 C 30 毫升，5%小苏打液 100 毫升，一次静脉注射，1 天 1 次。

瘤胃积食

1. 病因　瘤胃积食是由于采食大量难以消化的粗饲料或易膨胀饲料所致。临床特征为瘤胃内容物积滞，触诊坚实，腹围增大，消化功能障碍，伴有脱水和酸中毒。

2. 症状　采食数小时后出现症状。早期食欲、反刍、嗳气减少，腹围增大，病羊不安，呻吟，常回顾腹部。触诊瘤胃多坚实或呈生面团样。听诊瘤胃蠕动音弱，持续时间缩短，甚至消失，粪便少。体温正常，心率加快，呼吸急促。病至后期，当瘤胃内有毒物被吸收，病羊表现中枢抑制，四肢无力，震颤，卧地不起，伴发脱水，酸中毒而衰竭。

3. 诊断　根据病史及症状即可确诊。

4. 治疗　尽快排除瘤胃内容物，制止异常发酵，促进瘤胃运动和内环境恢复，防止脱水和酸中毒。

硫酸镁 50 克，小苏打 10 克，食母生 10 克，消气灵 10 毫升，大黄酊 10 毫升，陈皮酊 10 毫升，加水 500 毫升，一次口服，1 天 2 次。

或 5%碳酸氢钠注射液 100 毫升，25%葡萄糖注射液 200 毫升，复方氯化钠注射液 200 毫升，维生素 C 注射液 15 毫升，一次静脉注射。

或芒硝 30 克，大黄 12 克，厚朴 12 克，枳壳 9 克，香附子 9 克，陈皮 6 克，木香 3 克，水煎灌服。

瘤胃臌气

瘤胃臌气又名瘤胃气胀，主要是采食了大量易发酵饲料，瘤胃内异常发酵，产生的大量气体不能及时通过嗳气排出，导致气体在瘤胃积聚，使瘤胃体积增大的一种急性疾病。临床上以左肷部突出，腹部明显增大，呼吸困难，反刍、嗳气停止为特征。

1. 病因 一次性大量采食豆科植物或带露水青草，如豆苗、青苜蓿以及萝卜菜等多汁易胀饲料、霉变饲料。

2. 症状 大多采食后马上发病，最明显特点是腹部臌胀，尤其是左肷部高出脊背。触诊瘤胃壁紧张而有弹性，叩诊呈鼓音。病羊站立不安，回腹张望，呼吸困难，头颈伸直，张口伸舌，口中流出泡沫唾液，呼吸心率增快，体温正常，严重病例出现精神沉郁，站立不稳，卧地不起，终因窒息而死亡。

3. 治疗 排出瘤胃内气体，制止瘤胃内容物继续发酵，改善瘤胃内环境，轻泄，增强胃肠蠕动为原则。

瘤胃放气：在左肷部瘤胃隆起部位，剪毛消毒，用穿刺针垂直刺入瘤胃放气，待放气到一定程度，从穿刺针孔向瘤胃内注射消气灵 20 毫升，生理盐水 50 毫升。经胃管向瘤胃内投入消气灵 15 克，小苏打 10 克，硫酸镁 100 克，加水 500 毫升。

或鱼石脂 10 克，酒精 15 毫升，消气灵 10 毫升，加适量水，一次灌服。

或石蜡油 100 毫升，鱼石脂 10 克，小苏打 125 克，硫酸镁 50 克，加水 500 毫升，一次灌服。

或莱菔子 30 克、芒硝 20 克，滑石 10 克水煎，加食用油 30 毫升灌服。

严重病例，若出现脱水等，须补液强心。糖盐水 500 毫升，10％安钠加 10 毫升，维生素 B_1 6 毫升，10％维生素 C 20 毫升，5％

碳酸氢钠 100 毫升，一次静脉注射。

瘤胃酸中毒

1. 病因　瘤胃酸中毒主要是因过食富含碳水化合物的谷物饲料，在瘤胃内高度发酵产生大量乳酸后引起的急性代谢性酸中毒。表现为急性消化障碍，瘤胃胀满，精神抑郁，共济失调，卧地不起，神志昏迷，酸血症，脱水而亡。气候骤然变化，长途运输，组群等应激容易导致本病发生。

2. 症状　最急性病例，常在采食后无明显病症，于 1～3 小时突然死亡。病情轻的，表现神情恐惧，食欲、反刍减退，瘤胃蠕动减弱，肚腹胀满，粪便呈灰色、松软或腹泻。绝大多数病例都呈现急性瘤胃酸中毒综合征，表现为神情忧郁，目光无神，惊恐不安，步态不稳，食欲废绝，流涎，磨牙，虚嚼。瘤胃蠕动消失，内容物胀满、黏硬，腹泻，粪便呈淡灰色、酸奶味。呼吸每分钟 60～80 次，气喘。心跳疾速，每分钟可达 100 次以上。重剧病例，急剧恶化，心力衰竭，呈现循环虚脱状态。有时，狂暴不安，视觉障碍，做直奔或转圈运动。随着病情发展，后肢麻痹、瘫痪，卧地不起，头贴地昏睡。反复发作，最终陷入昏迷而死。

3. 诊断　根据病史、临床症状做出初步诊断。或瘤胃穿刺，瘤胃液 pH 值下降至 5.0 以下，血液 pH 值降至 7.0 以下，血清转氨酶显著增高，碱储降低，尿呈酸性反应等，进行综合分析与论证，即可做出正确诊断。

4. 防治　防止过食谷物饲料，日粮中加入 2%小苏打中和瘤胃酸度。治疗时，一是抑制产酸和酸中毒；二是应用抗组胺制剂，消除过敏反应；三是强心输液，调节电解质，维持循环血量；四是促进前胃蠕动，增强胃肠功能，排除有毒物质；五是保护肝脏，增强解毒功能；六是镇静安神，降低颅内压，防止脑水肿。

小苏打50克,加入500毫升水一次灌服。

5%小苏打液150毫升,25%糖盐水300毫升,10%安钠加注射液10毫升,维生素B_1注射液6毫升,10%维生素C注射液20毫升,氢化可的松注射液30毫升,一次静脉注射。

肠痉挛

肠痉挛是由于受某种刺激而引起肠壁平滑肌发生痉挛性收缩,并以明显的间歇性腹痛为特征的一种真性腹痛,是羊的一种常见疾病。

1. 病因 主要是受冷,如突然饮冷水、气温降低、出汗后淋雨或被冷风侵袭、寒夜露宿、雨淋雪袭等。饲喂冰霜冷冻、霉烂腐败及虫蛀不洁的饲料,以及肠道寄生虫等,也可引起本病。

2. 症状 常在采食及饮水后突然发病。腹痛呈间歇性,发作期病羊起卧不安,前肢刨地,后肢踢腹,回头顾腹,倒地不起,严重时全身出汗,呼吸加快。病羊腹围正常,肠蠕动音亢进,连绵不断,音响高朗,甚者于数步之外都可听到,有金属音。排便次数增多,粪便稀软,或粪球带水,附有黏液,有酸臭味。

3. 诊断 高朗连绵的肠音,松散稀软的粪便以及眼结膜颜色正常、口腔湿润、间歇性腹痛可做出肠痉挛的论证诊断。

4. 治疗 治则以解痉镇痛为主,辅以制酵清肠。

解痉镇痛:30%安乃近注射液10毫升,皮下或肌内注射,或者安痛定20毫升,肌内注射。

制酵清肠:鱼石脂10克,酒精15毫升,藿香正气水20毫升,一次灌服。当痉挛已被解除,腹痛消失之后,消化功能仍有障碍时,可用适量盐类缓泻,以清理肠道,如人工盐30克,加水适量,一次灌服。

胃肠炎

1. 病因　细菌、病毒、寄生虫、霉菌等可引起，如误食腐败的作物秸秆、糟粕、霜冻的块根饲料、霉烂变质的饲料、有毒饲料、腐蚀性和刺激性毒物(砷、铅、铜、汞、硝酸盐等)引起的。

2. 症状　轻度的胃肠炎呈卡他性，主要病症是消化不良和粪便带黏液。重病羊食欲消失，体温升高，剧烈腹痛和腹泻，稀便中常混有血液、脓液、假膜和组织条片。后期大便失禁或里急后重，脉搏变弱，常有间隙性腹痛，肌肉抖颤，痉挛而死(图 11-1)。

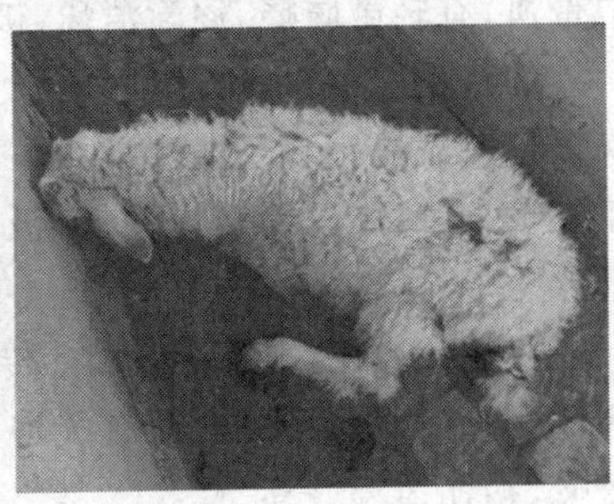

图 11-1　腹泻脱水

3. 治疗　治疗原则是抗菌消炎、缓泻止泻、补液，解除酸中毒。

次碳酸铋 4 克，食母生 4 克，磺胺脒 7 克，小苏打 4 克，一次灌服量，1 日 2 次，连用 3 天。

或 10%黄连素 10 毫升，或氟哌酸注射液 10 毫升，一次肌内注射，每天 2 次，连续 3 天。

严重脱水者，采用复方氯化钠注射液 250 毫升，氟哌酸针注射液 30 毫升，10%葡萄糖注射液 250 毫升，10%安钠加注射液 10 毫升，10%氯化钾注射液 10 毫升，10%维生素 C 注射液 30 毫升，一次静脉注射，或者右侧腹腔注射。

也可葛根 5 克,黄芩 3 克,黄柏 3 克,黄连 3 克,白头翁 5 克,金银花 5 克,连翘 5 克,研碎一次灌服。

羔羊腹泻

羔羊腹泻一般可分为消化性,细菌性腹泻和病毒性腹泻。

1. 症 状

消化性腹泻:羔羊表现消化不良,体质虚弱。多数是由于初乳温度偏低或过量、受寒,使羔羊不能完全消化,导致排便次数增加,粪便呈淡黄色或灰白色,最后水样或糊状,带有酸臭味,有的粪便中带血,有轻微腹痛,逐渐消瘦,被毛粗乱、无光泽。

细菌性腹泻:呈急性型,体温上升,厌食,剧烈腹泻,脱水严重。病羔迅速衰竭,呈败血症倒地死亡。少数病例粪便量少而黏稠,频频努责,肛门周围黏结粪便块,极度消瘦。皮肤先去弹性,体表感觉冰冷。

病毒性腹泻:突然发病,有传染性,2～3 天多数羔羊相继发病,粪便呈淡黄色水样,含有气泡及血丝。有的病羔流黏性鼻涕,咳嗽,初期体温升高。

2. 治疗 以消炎、抗菌、补液,解除自体中毒为原则。

氟哌酸粉 5 克,酵母片 5 克,小苏打 5 克,藿香正气水 5 毫升,一次口服,1 日 2 次,连服 3 天。

或 5%碳酸氢钠注射液 20 毫升,糖盐水 250 毫升,安痛定注射液 10 毫升,10%氯化钾注射液 5 毫升,20%磺胺嘧啶钠 30 毫升,一次静脉注射。

感 冒

感冒是由于气候骤变,受冷而引发的流清涕、流泪、呼吸加快、体表温度不均为特征的急性发热性疾病。以幼羊多发,多发生在早春、秋末气候骤变和温差大的季节。

1. 病因　多是受寒冷的突然刺激所致。如羊舍条件差，受贼风的袭击，外出雨淋风吹等。

2. 症状　体温升高至40℃以上，食欲减退直至废绝，精神沉郁、呆滞，耳尖发冷或发热，结膜充血、潮红，呼吸、心跳频率加快，伴有咳嗽，病情严重时，患体皮温不整、寒颤，反刍停止，常表现前胃弛缓。

3. 诊断　根据病史和临床症状诊断。

4. 治疗　防寒保温，清热解毒为原则。防治方法是加强羊群管理，防止受寒，避免风吹雨淋，及时治疗。

复方氨基比林注射液10毫升，氨苄青霉素注射液1克，一次肌内注射，每天2次，连用3天。

或柴胡注射液5毫升，苄星青霉素注射液5万单位/千克，一次肌内注射，每天2次，连用3天。

或荆芥3克，紫苏3克，薄荷3克，煎水灌服，每天2次。

肺　炎

1. 病因　常由于感冒没能及时治愈而继发，或由于非特异性细菌在患体抵抗力下降时，趁虚繁殖，且毒力加强，使患体上吸呼吸道发生病变。

2. 症状　病羊体温升高，心跳加快，咳嗽，呼吸困难，肺部听诊有干啰音或湿啰音，重者为捻发音，体温维持在40℃～41℃。

3. 诊断　全面了解病史，认真观察，与其他传染病相区别。凡是由于受冷且表现咳嗽，支气管啰音，呼吸困难，体温升高者，基本可诊断为本病。

4. 治疗　以消炎、去痰、止咳、平喘为原则。

复方氨基比林注射液10毫升，氨苄青霉素注射液1克，地塞米松注射液10毫克，一次肌内注射，每天2次，连用3天。

或甘草片10片，伤风止咳糖浆20毫升，一次口服。

母羊瘫痪症

1. 病因 母羊妊娠中期或末期，饲料不足，营养不良，缺乏蛋白质、维生素和矿物质等常引发本病。多羔母羊发生较多，常在临产前20天左右瘫痪。

2. 症状 病初精神不振，食欲减退，逐渐消瘦，羊毛粗乱，随后站立不稳，倒地不起。开始前躯尚能活动，能采食饲料，随着病情发展，后躯出现麻痹，头颈高举向后弯曲，有时出现四肢划动做游泳状，全身痉挛。病羊如能在病初安全产羔，一般能够恢复，如在病后期产羔，则大部分死亡。

3. 防治 妊娠后期满足营养需要是重要措施。特别是钙、磷等矿物质及维生素。瘫痪羊，静脉注射20％葡萄糖酸钙注射液200毫升，25％葡萄糖注射液200毫升，25％硫酸镁注射液30毫升，10％氯化钾注射液10毫升，每天1次，同时皮下注射维生素B_1注射液6毫升，维生素D注射液10毫升。

子宫脱出

1. 病因 体弱母羊难产，低血钙，低血糖，产后注射大量催产素等可引起子宫脱出。

2. 症状 子宫像一个梨样的肉袋脱出于阴道外，上有纽扣状的子宫阜，带有胎衣，先为深红色，后变为黄色，很快发生水肿，体积增大，如长时间脱出，会发生炎症、破裂和坏死。

3. 治疗 发生子宫脱出后，要立即设法送回体内。方法是先用3％明矾溶液或20％硫酸镁溶液淋洗脱出子宫，使其收缩，再把母羊后肢提高，将子宫体涂抹红霉素软膏，纱布包裹，从接近阴门部分开始向内纳还，待全部纳入后，再用手指伸入子宫内把所有的皱褶伸直，或用生理盐水注入子宫内，阴门采用水平扣状短时缝合2针。整复后，肌内注射氨苄青霉素1克，安痛定注射液10毫升，以防感染。同时采用瘫痪方剂静脉注射。

亚硝酸盐中毒

亚硝酸盐中毒是饲料中的硝酸盐转变为亚硝酸盐引起中毒。亚硝酸盐是一种血液毒和神经毒，神经毒主要表现为对血管舒缩神经有抑制作用，可使血管扩张、血压下降。血液毒主要表现为使血红蛋白氧化成高铁血红蛋白，这种高铁血红蛋白与氧结合得异常牢固，不易脱落，因而丧失供氧功能，致使组织缺氧。羊误食硝酸铵、硝酸钾等化学肥料，硝酸盐进入胃肠道也可转化成亚硝酸盐而引起中毒。

1. 诊断　急性中毒常在采食后半小时内突然发病。主要症状为发抖，痉挛，口吐白沫，呕吐，走路摇摆，歪斜或转圈，常伴发臌气。呼吸困难，心跳加速，血液呈棕褐色。体温正常或偏低，结膜充血、发绀，皮肤青紫色，特别是四肢蹄部皮肤。

2. 防治　迅速静脉注射2%美蓝水溶液，每千克体重用1毫升；或用5%甲苯胺蓝注射液，每千克体重2毫克。10%碳酸氢钠注射液100毫升，10%安钠咖注射液5毫升，25%葡萄糖注射液、生理盐水各100毫升，10%维生素C注射液30毫升，速尿注射液15毫升，一次静脉注射。

尿素中毒

尿素是羊体内蛋白质分解的最终产物，也可以作为肉羊的蛋白质补充料，饲喂不当或过量均会引起中毒。

1. 病因 尿素饲喂过量，尿素混合不均匀，饮尿素水，或肉羊偷食过量尿素往往引起尿素中毒。

2. 症状 羊采食尿素后20～30分钟即可发病。开始时表现不安，呻吟，肌肉震颤，步态踉跄，反复痉挛，同时呼吸困难，自口、鼻流出泡沫状液体，心搏动亢进，脉数增至100次/分以上。后期则出汗，瞳孔散大，肛门松弛。急性中毒病例仅1～2小时即窒息而死。如症状延长至1天左右，可能发生后躯不全麻痹(图11-2)。

图11-2 肥育羊尿素中毒

3. 治疗 早期可灌服大量的食醋或稀醋酸等弱酸类，以抑制瘤胃中酶的活力，并中和尿素的分解产物氨。成年羊食醋或1%冰醋酸溶液1升，糖100克和水1升灌服。硫代硫酸钠溶液静脉注射，作为解毒剂，同时对症地应用葡萄糖酸钙溶液、高渗葡萄糖溶液、强心利尿剂等药物。

敌百虫中毒

1. 病因 用敌百虫驱除羊体内外寄生虫时，由于用药剂量和给药方法不当，引起羊中毒。

2. 症状 一般在注射、清洗或口服敌百虫后0.5～1小时，病羊开始不安，来回走动，惊叫，转圈，口吐白沫，体温升高，以后转为迟钝,呻吟,肌肉和眼球震颤,呼吸急促,心跳加快,头向上弯,旋即倒地不起,四肢和头颈僵直,呼吸和心跳转缓死亡。

3. 治疗 发现病羊,立即用阿托品治疗。皮下注射阿托品10～50毫克或10%苯甲酸钠咖啡因注射液2～4毫升,0.5～1小时重复1次。紧接着用解磷定每只成年羊0.5～1克,用50%葡萄糖配成3%～5%溶液一次静脉注射。解磷定和阿托品交替使用,每隔1小时重复1次。同时可用25%葡萄糖注射液500毫升,苯甲酸钠咖啡因注射液5毫升,速尿注射液10毫升,维生素C注射液30毫升,氢化可的松注射液20毫升,一次静脉注射。

难 产

难产是指羊在分娩过程中发生困难,不能将胎儿顺利地由产道排出。

1. 病因 母羊发育未全,提早配种,骨盆和产道狭窄,加之胎儿过大,不能顺利产出;营养不良,运动不足,体质虚弱,老龄或患有全身性疾病的母羊引起子宫及腹壁收缩微弱及努责无力,胎儿难以产出;胎位不正,羊水破裂过早等。

2. 症状 羊的分娩期一般为2～4小时。孕羊发生阵痛,起卧不安,时有拱腰努责,回头顾腹,阴门肿胀,从阴门流出红黄色浆液,有时露出部分胎衣,有时可见胎儿蹄或头,但胎儿长时间不能产出。

3. 预防 不要过早配种,育成羊需公、母羊分开放牧。加强妊娠母羊的饲养管理。分娩前要做好接羔助产的各项准备工作,分娩时要由专人负责,发现异常及时助产。

4. 治疗 羊发生难产应及时助产,否则母仔不保。

保定及消毒:一般使母羊侧卧保定。助产器械需浸泡消毒,术者、助手的手及母羊的外阴处,用消毒液冲洗消毒。

胎儿、胎位检查：将手伸入阴道内检查胎儿姿势及胎位，胎儿是否死亡。若胎儿有吸吮动作、心跳，或四肢有收缩活动，表示胎儿仍存活。

助产方法：按不同的异常产位将其矫正，然后将胎儿拉出产道。多胎母羊，应将全部胎儿助产完毕，方可将母羊归群。对于阵缩及努责微弱者，可皮下注射垂体后叶素、麦角碱注射液1～2毫升。麦角制剂只限于子宫颈完全开张，胎势、胎位及胎向正常时使用。对于子宫颈扩张不全或子宫颈闭锁，胎儿不能产出，或骨骼变形，致使骨盆腔狭窄，胎儿不能正常通过产道者，可进行剖宫产，以保护母羊安全。对胎儿已经腐败，可采用皮下截肢术，又称复盖法进行接产。

精索炎

精索炎是羊常见的去势后并发症，是精索断端被感染后所引起的纤维素性—化脓性炎症。多与总鞘膜炎同时发生，常取慢性经过，最后形成精索瘘。

1. 诊断 病初数天精索断端肿胀，触诊疼痛，病畜体温升高，精神沉郁。一般在病后3～4天，由于渗出液浸入总鞘膜及阴囊壁，因而患侧阴囊肿大，继而向周围蔓延而引起包皮和腹下壁水肿。以后从伤口流出脓性渗出液，并在其中混有精索断端组织溶解碎片。由于精索断端及总鞘膜的结缔组织增生，可导致阴囊体积增大(图11-3)。

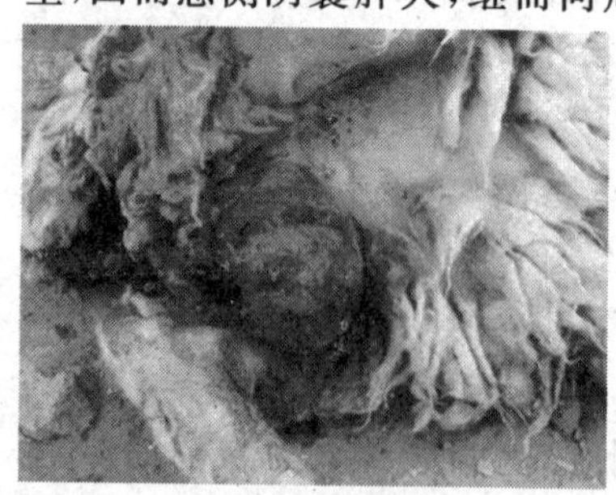

图11-3 精索炎

2. 防治 公羊去势要严格无菌技术，结扎精索血管，防止出血是根本。同时，阴囊内撒布消炎粉，伤口喷洒蜂胶外伤灵或5%碘酊。

关节及关节周围炎

关节炎是关节内膜的炎症。关节周围炎是在关节囊及韧带骶止部所发生的慢性纤维性和慢性骨化性炎症，但不损伤关节滑膜组织。此病多发生于腕关节、跗关节、系关节和冠关节。

1. 症状及诊断　羊患关节炎时，出现热痛、坚实性肿胀，关节粗大，关节活动范围变小，运动有疼痛。运动时关节不灵活，特别是在休息之后、运动开始时更为明显，继续运动一段时间后，此现象逐渐减轻或消失，久病可能因增生的结缔组织收缩，发生关节萎缩(图11-4)。

图11-4　关节炎

2. 治疗　用氨苄青霉素1克，蒸馏水10毫升，2%普鲁卡因注射液3毫升，在关节周围分点注射。

乳房炎

羊乳房炎是哺乳期羊最常见的一种疾病。

1. 病因　引起乳房炎的因素很多，主要是羊舍卫生差、消毒不严、违规操作，致使金黄色葡萄球菌或链球菌侵入引起。一些疾病，如结核杆菌病、放线菌病、口蹄疫以及子宫疾病等都可继发乳房炎。另外，母羊产羔后，因丧仔导致乳房充乳无法排出而肿胀发炎或因乳头创伤，细菌感染导致发炎。

图 11-5 乳房炎

2. 症状 表现为乳房突然出现红肿、热、痛、硬，乳汁非常稀薄或颜色异常，带有脓血等异物。

3. 治疗 羊舍保持清洁、干燥、通风、保温，经常消毒。对发炎的乳房每天挤奶数次，而且要挤净，并热敷。可用青霉素注射液 160 万单位，链霉素注射液 100 万单位，生理盐水 30 毫升，2%普鲁卡因注射液 5 毫升，溶解后乳房基底部注射，每天 2 次，连用 3 天，同时用 20%磺胺噻唑注射液 40 毫升，糖盐水 300 毫升，一次静脉注射，每天 1 次，连用 3 天。

下颌脓肿

1. 病因 由外伤感染，或芒刺损伤齿龈，诱发齿槽骨膜炎引起。

2. 症状 可见下颌骨部位肿胀，疼痛，穿刺流脓(图 11-6)。

3. 治疗 手术切开脓肿排出脓汁，用 3%过氧化氢和 0.1%高锰酸钾溶液冲洗，后用 2%碘酊棉球消毒。青霉素注射液 160 万单位，生理盐水 10 毫升，2%普鲁卡因注射液 3 毫升，在脓肿周围分点注射。

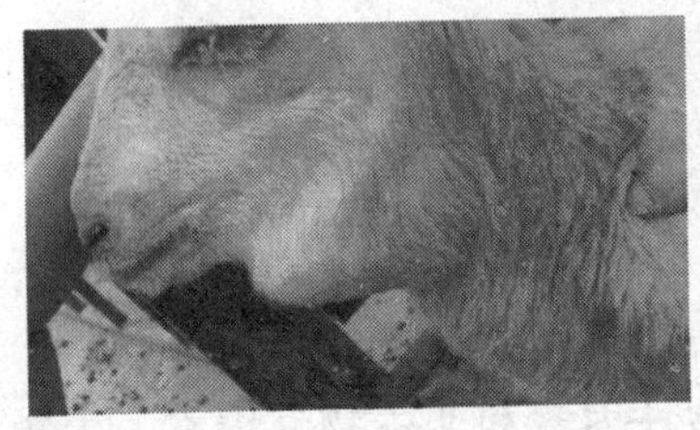
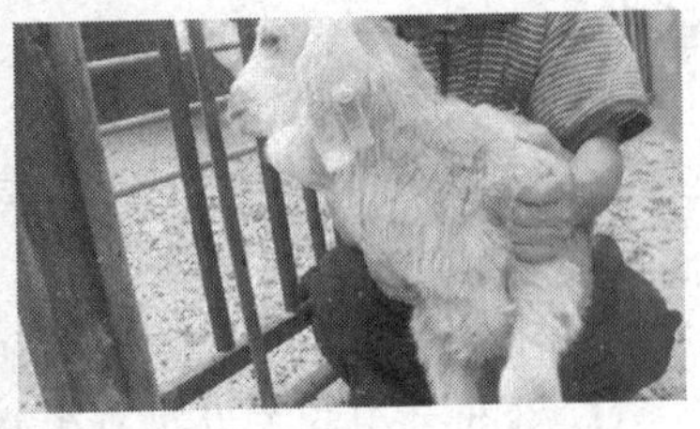

图 11-6　下颌脓肿

运输瘤胃应激综合征

运输瘤胃应激综合征是指在运输过程中所造成的瘤胃内环境失衡，菌群失调及神经体液调节紊乱，造成瘤胃消化功能紊乱综合征。

1. 症状　羊体温、脉搏、呼吸正常。主要表现为长期消化不良，采食量低下，不增重，个别羊衰竭死亡。

2. 防治　要养好羊，必须先养好瘤胃，养好瘤胃是指要调整好瘤胃微生物菌群，使得瘤胃微生物对纤维素和半纤维素等的降解处于最佳状态。引进的羊进场、分群之后，灌服微生态制剂和酶制剂。

微生态制剂含有瘤胃内的活菌，起到瘤胃微生物接种作用，迅速恢复瘤胃内细菌，纤毛虫的数量；含有酵母培养物促进瘤胃细菌，纤毛虫的繁殖、生长。是舍饲育肥准备期，瘤胃有病阶段最好的药物。

酶制剂主要有纤维素分解细菌、纤毛虫、乙酸菌、丁酸菌、丙酸菌、乳酸菌、酵母菌、芽孢杆菌。牛羊进食后瘤胃微生物的数量和种类是不断变化的，首先是需氧菌在瘤胃中大量繁殖并大量消耗氧气，然后便是厌氧菌（如纤维素分解细菌和纤毛虫、乳酸菌等）大量繁殖。

无名高热症

无名高热症是指不明原因，患病羊体温超过39.5℃以上。

1. 病因 引起羊发热有生物性因素和非生物性因素。生物性因素主要是细菌、病毒感染。临床上，很多发热症都很难及时查明其病原，发热会引起机体代谢分解加强，营养流失，酸中毒，毒血症、甚至败血症而死亡，往往采用傻瓜治疗法。

2. 治疗 轻度发热羊用氨苄青霉素1.0～2.5克＋安痛定10毫升，病毒灵10毫升，地塞米松10毫克，1次分3处肌肉注射，1天2次，连续3天，直至体温恢复到37.0℃～39.0℃。

高烧时间长，羊只体弱衰竭，站立不稳者用5%碳酸氢钠80毫升，糖盐水100毫升＋氨苄青霉素3.0克，糖盐水100毫升＋维生素C 20毫升＋氢化可的松30毫升，10%浓盐水30毫升，葡萄糖酸钙30毫升，依次静脉注射，1天1次，连续3天。

日光温室黄瓜过多雄花

嫁接黄瓜长出不定根

黄瓜弯曲瓜

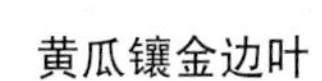

黄瓜镶金边叶

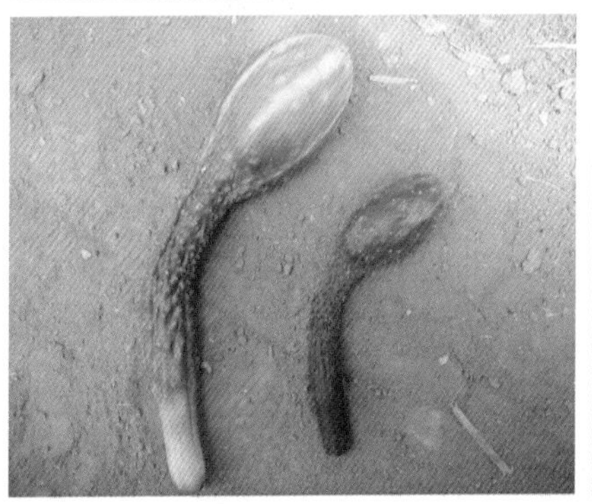

黄瓜大肚瓜

黄瓜连体瓜

番茄冻害

番茄叶片冻害症状

番茄叶片
低温症状

日光温室前端
番茄低温症状

番茄化肥烧苗

番茄桃形果（左）

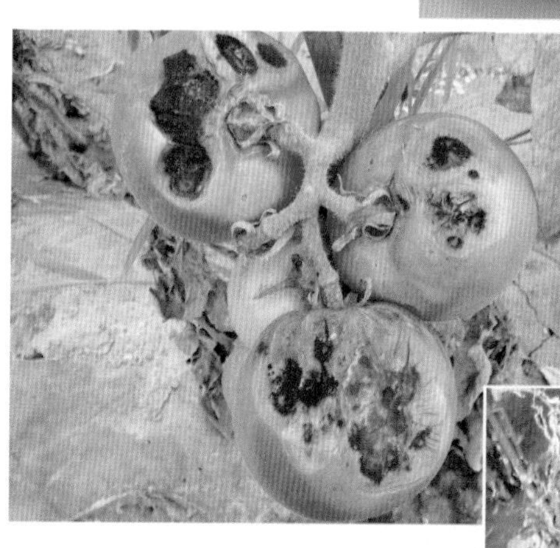
番茄日灼果后期
杂菌霉层

番茄环状裂果

番茄纵状裂果

番茄脐腐果

番茄腐烂果

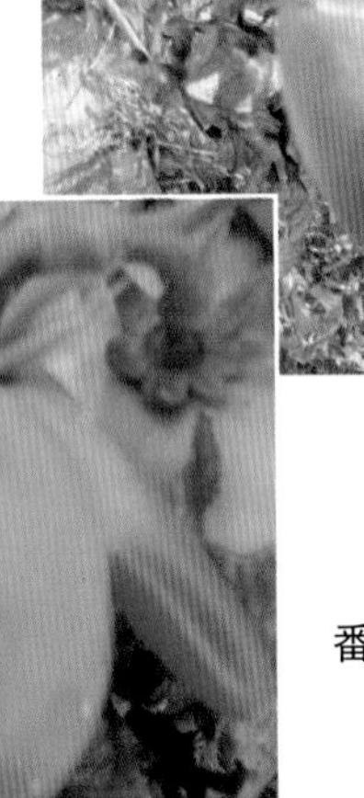

番茄畸形指状果

露地番茄菊形果

番茄空洞果外形

番茄空洞果
内部空洞

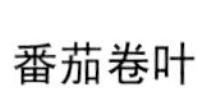
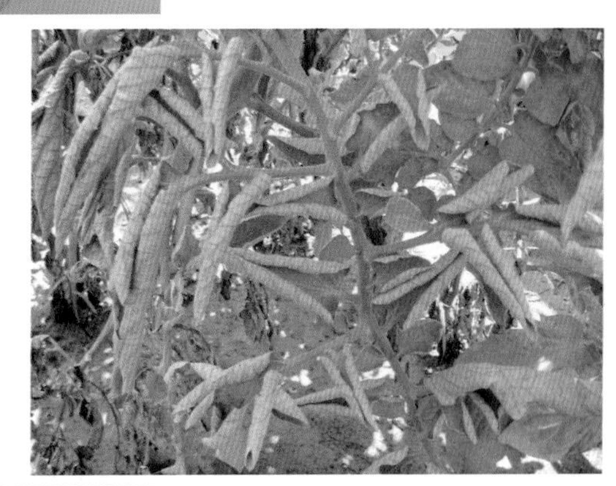

番茄卷叶

番茄叶片上
残留农药

露地茄子裂果

露地茄子裂果

双身茄

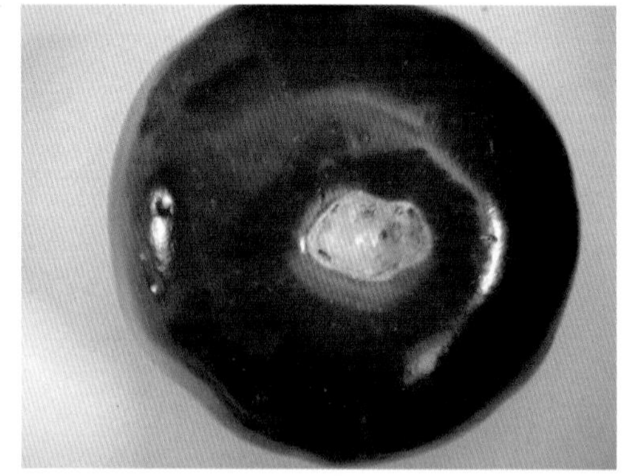

圆茄脐部
偏大症状

尖椒日灼果

甜椒日灼果

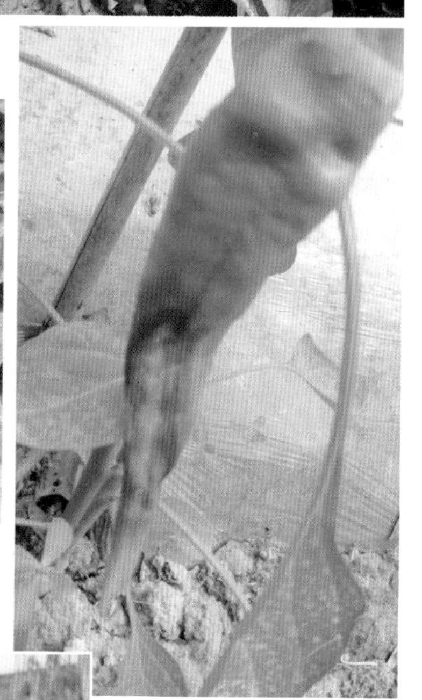

尖椒脐腐果

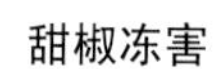

甜椒冻害

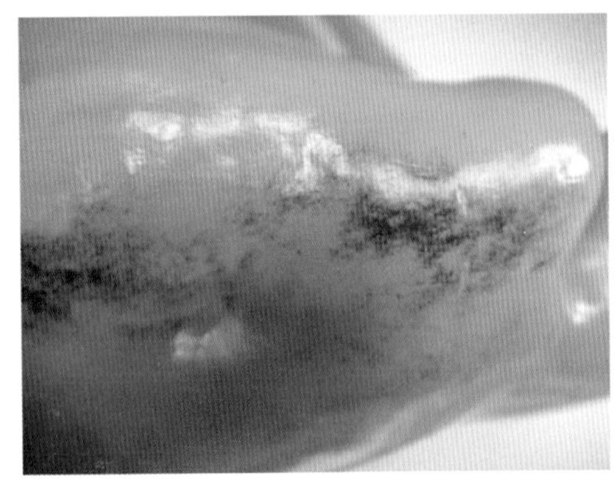

甜椒果实
低温症状

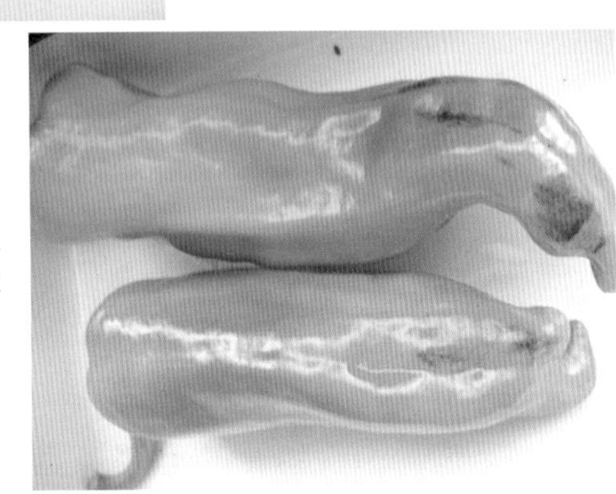

尖椒果实
低温症状

尖椒果实
低温症状

甜椒脐腐果

蔬菜生理病害疑症识别与防治

程伯瑛 编著

金 盾 出 版 社

内 容 提 要

本书由山西省农业科学院蔬菜研究所程伯瑛研究员编著。编著者以问答的形式介绍了环境因素对蔬菜生长发育的影响，蔬菜苗期生理病害疑症识别与防治，黄瓜、番茄、茄子、辣椒、菜豆、豇豆以及葱蒜类、白菜类蔬菜生理病害疑症识别与防治等内容。本书内容充实，技术先进实用，文字通俗易懂，图片准确，较好地反映了我国在蔬菜生理病害疑症识别与防治方面的研究与防治水平。可供广大菜农、农药经营者、基层农业技术人员以及农业院校相关专业师生阅读参考。

图书在版编目(CIP)数据

蔬菜生理病害疑症识别与防治/程伯瑛编著．-- 北京 ：金盾出版社，2011.1

ISBN 978-7-5082-6678-7

Ⅰ．①蔬… Ⅱ．①程… Ⅲ．①蔬菜—植物生理性病—植物病害—识别—问答②蔬菜—植物生理性病—植物病害—防治—问答 Ⅳ．①S436.3-44

中国版本图书馆 CIP 数据核字(2010)第 210173 号

金盾出版社出版、总发行

北京太平路 5 号(地铁万寿路站往南)

邮政编码：100036 电话：68214039 83219215

传真：68276683 网址：www.jdcbs.cn

封面印刷：北京蓝迪彩色印务有限公司

彩页正文印刷：北京金盾印刷厂

装订：永胜装订厂

各地新华书店经销

开本：850×1168 1/32 印张：10.5 彩页：8 字数：248 千字

2012 年 11 月第 1 版第 2 次印刷

印数：8 001～12 000 册 定价：18.00 元

前　　言

随着蔬菜种植面积的不断扩大，特别是保护地蔬菜栽培和反季节蔬菜栽培已成为农业种植产业结构调整的一个重要方面。特殊的生产环境条件和栽培技术的不成熟，使蔬菜生理病害(非侵染性病害)逐渐成为制约保护地蔬菜栽培和反季节蔬菜栽培发展的一个瓶颈问题。同时由于识别不清生理病害及疑症的症状表现，盲目使用农药的现象时有发生。从而一方面污染了环境，增加了商品菜上的农药残留量；另一方面又加大了菜农的资金投入，增加了生产成本。为此，笔者根据从事蔬菜植保科研工作30多年来积累的经验与资料，编写了《蔬菜生理病害疑症识别与防治》一书。全书内容大致可分为4部分：第一部分介绍了生理病害和疑症的定义、发生特点及基本诊断要点等一些基本概念；第二部分介绍了一些极端农业气候因素和一些不妥的管理措施及一些工业“三废”等均会导致产生不适宜蔬菜作物生长发育的环境条件，从而诱发的一些生理病害和疑症；第三部分归纳介绍了蔬菜作物从播种到出苗过程中一些常见生理病害和疑症；第四部分则分别介绍了黄瓜、番茄等主要蔬菜在生长发育过程中的主要生理病害疑症的识别与防治。为了便于阅读，本书采用问答的形式编写。以蔬菜生产过程中存在的问题为题，以症状识别、诱发因素、预防措施和补救措施为答案；同时为了文字紧凑、便于比较理解，又将某一类问题进行了归纳编写。全书力求内容充实、技术先进实用、文字通俗易懂、图片准确，较好地反映了我国在蔬菜生理病害疑症识别与防治等方面的生产实践经验和研究水平。可供广大菜农、农药经营者、基层农业技术人员、农业院校的师生参考使用。

我国幅员辽阔、生态条件多变，不同地区的蔬菜种植水平各异，每种蔬菜生理病害及疑症在各地出现的概率和名称不尽相同，难免有遗漏或弄混之处，有待于今后弥补或改进。在本书的编写过程中，参阅了数百位专家、学者的著作与论文，在此一并致以衷心的感谢。笔者由于水平有限，若有不妥和错误之处，恳请广大读者批评指正。

编 著 者

目　录

一、概　述

1. 什么是蔬菜病害？

蔬菜是可供人类佐餐的草本植物的总称。蔬菜作物在长期的自然演化和人为选育过程中，都形成了各自所固有的形态特征、生长发育阶段及生长习性等。因此，每一种蔬菜作物都需要有一个适宜的环境条件，使其能够圆满完成生长发育繁殖后代的过程。在蔬菜生长发育过程中，由于受到不良环境条件的影响或受到某种体型极小有害生物的为害，使蔬菜正常的生长发育遭到干扰或破坏，在植株的外观出现反常的表现甚至死亡，这种现象称为病害。蔬菜病害的发生和发展是有一定病理程序的(即一个由内到外的过程)，首先是蔬菜植株体内的新陈代谢作用的改变、即其生理和生化的改变，随后发展到细胞和组织的变化。最后由于蔬菜植物内部的生理功能和细胞组织的破坏不断加深，终于使蔬菜植株或其受害部位的外部及内部出现一系列不正常的复杂表现(或者可以说这些不正常的复杂表现是因某种因素造成的)，这些不正常的复杂表现称为症状。症状又可分为外部症状和内部症状。外部症状表现较明显，易被人们所察觉，故成为诊断病害的一个重要依据。有时也需要对植株进行解剖，检查其内部症状。为了更加准确地根据症状诊断病害的种类，进一步了解症状与病因之间的联系，又可把症状分为两部分。把蔬菜作物(寄主作物)发病后表现出的不正常状态，称为病状；而把病原寄生物在蔬菜作物上的特征性表现，称为病征。同时，要注意到病害与伤害及虫害是不同的。伤害是由于外部的机械力量所引起的，而且常是突然发生的，如用锄锄断幼苗、碰伤花朵或果实、折断茎叶等。虫害是因害虫在用(咀嚼式、或刮吸式、或刺吸式)口器取食蔬菜的组织或汁液时造成的,其本质上也是一种伤害。如咀嚼式口器能在蔬菜植株上形成明显的缺刻、空洞、蛀孔等,刮吸式口器能在蔬菜植株上形成明显的虫道、破损等,刺吸式口器能在蔬菜植株上形成明显的褪绿色小斑点等。虽然 蔬菜植株在受到虫害或伤害后也可造成植株的不正常生长表现、如黄化、萎蔫、畸形等,但这都没有病理程序,即在植株受到虫害或伤害时其本身生长发育没有出现异常,所以虫害或伤害不能称为病害。

2. 引发蔬菜病害的原因是什么?

根据造成蔬菜病害的原因,可大致分为以下两类。

(1)非侵(传)染性病害 由非生物性病因引起的病害称为非侵(传)染性病害,也叫生理病害。因蔬菜周围的环境条件(如温度、光照、水分、湿度、营养、空气等)中,有一方面或几方面不正常或存在有害物质(如工业"三废"、土壤盐渍化、有害气体等),或采取了不妥当的管理措施(如施用了未腐熟的有机肥、冬季通风过猛、连阴天后没采取"回苫"措施等),使蔬菜生长发育不正常,称这种现象为非侵(传)染性病害。其特点:①不是由体型极小有害生物为害引起的,不能互相传染、无侵染性。②在田间成片发生,相邻植株发病症状表现较一致。③不能使用化学药剂进行防治。④当环境条件恢复正常后,病状可以消失或植株恢复生长。⑤该病害是否发生,受环境条件、蔬菜作物等两方面因素决定,有一方面条件不具备,非侵(传)染性病害不易发生。⑥非侵(传)染性病害的症状表现只有病状,而无病征。

需要特别注意的是,近年来由于保护地蔬菜种植和反季节蔬菜种植的面积不断扩大,因种植蔬菜时的特殊生态环境条件、保护地的设施及结构先天不足、选用品种的抗逆性和抗病性不同、人为采取一些不妥当的管理措施(如仍沿用种植露地蔬菜或正常季节种植蔬菜的经验与技术、或盲目引入外地的蔬菜品种、保护地设施结构、种植技术,或盲目采取措施追求高产值、或缺乏应对自然灾害的能力与技术)等因素结合在一起,会使蔬菜作物生长发育过程出现更为复杂的反常表现,常给保护地蔬菜或反季节蔬菜的病因诊断和防治带来一定的困难和难度。在本书中所指的生理病害是指已经过大量研究、有较明确病因的蔬菜非侵(传)染性病害。而生理疑症是指蔬菜生长发育过程中出现的异常表现,可能有多种因素造成这种异常表现,并可采取多种措施预防的蔬菜非侵(传)染性病害、简称疑症。

(2)侵(传)染性病害　由体型极小的有害生物(真菌、细菌、病毒、线虫、寄生性种子植物等)危害蔬菜后造成的生长发育不正常,称这种现象为侵(传)染性病害。这些有害生物必须侵入植株体内,吸取蔬菜营养才能生存。这些有害生物被称为病原生物,简称病原物。其特点:①有侵染性,可以互相传染或长距离传染。②发病初期,在田间为点、片发生,相邻植株发病症状表现有明显差别。③可用化学药剂进行防治。④该病害是否发生,受病原物、蔬菜种类、环境条件等 3 方面因素决定,有一方面条件不具备,侵(传)染性病害不易发生。⑤其症状表现既有病状也有病征(病毒没有外部的病征表现)。

3. 蔬菜生理病害的病因有哪些?

不良环境条件的影响是诱发蔬菜生理病害(非侵染性病害)的病因,主要有以下几方面。

(1)营养条件不适宜　蔬菜作物在生长发育过程中需从周围环境(如土壤、大气)中,吸收各种各样的营养物质。营养物质充足、齐全,植株就生长发育得正常健壮,如缺乏某种营养元素或各种营养元素之间的比例不协调,都会直接影响植株的生长发育,甚至诱发病态。①缺素症。就是植株体内缺乏某种营养元素而表现出的生长不正常。缺素症可以通过补施所需的营养元素,使症状得到缓解或消除,使植株恢复正常生长。②中毒(过多)症。蔬菜作物体内某种营养元素含量过多后,也往往有其特征性的表现,称为中毒症。中毒症一般在短期内是无法解决的,因为目前还没有一种有效措施能使活体植株排除其体内的某种矿物质元素。

(2)温度条件不适宜 温度(包括露地和保护地)是确保蔬菜作物能正常生长发育的重要条件。在适宜的温度条件下,蔬菜作物生长发育正常,商品菜产量高、品质优。若温度高于适宜温度的上限值或低于适宜温度的下限值,蔬菜作物生长发育会受到抑制,造成不同程度的危害,甚至死亡。蔬菜作物有高温危害和低温危害,低温危害又包括冷害和冻害。

(3)水分条件不适宜 水分(包括土壤和空气中的水分)是确保蔬菜作物能正常生长发育的重要条件。蔬菜作物体内含有大量的水分,水参加蔬菜作物的各种生理及生化活动(特别是光合作用),根系不断吸收水分、叶片等通过蒸腾作用使水分大量散失,来完成水分循环。水分条件不适宜,可严重抑制蔬菜作物生长发育正常进行,甚至造成死亡。水分条件不适宜主要有土壤干旱、涝(渍)害、空气湿度过高或偏低、水分供应变化剧烈等因素。

(4)光照条件不适宜 光照是蔬菜作物生长发育的能量来源。蔬菜对光照的要求包括光照强度、光质(指白光、红光、黄光和蓝光等)和受光时间,只要其中有一项得不到满足,蔬菜作物正常生长发育就会受到抑制。光照条件不适宜主要有光照强度过高或偏低,接受光照时间不足或过长,光线中缺乏某种光谱射线(特别是在保护地内)等因素。

(5)土壤盐碱伤害 盐碱伤害是指土壤中可溶性盐类的含量超过蔬菜作物能耐受的极限值后,会抑制蔬菜作物正常生长发育,甚至造成死亡。

(6)工业"三废"和环境中存在的有毒物质 工业生产过程产

生的废水、废渣、废气若没有达到国家有关的排放标准就排放到环境中(特别是菜田附近),或环境中存在的有毒物质、如一些质量差或假冒的农业生产资料(塑膜、化肥等)中含有对蔬菜作物有害的物质或不能合理使用农药造成药害和管理措施不科学造成在土壤及密闭的环境中积累有害的物质等,都会抑制蔬菜作物正常生长发育,甚至造成死亡。

(7)自然灾害 可造成环境条件发生一系列不适宜蔬菜作物正常生长发育的变化,从而造成蔬菜作物生长发育不良、产量降低、品质变劣,甚至绝收。

(8)人为因素 主要是指在种植蔬菜作物过程中,采取了不妥当的管理措施(详细内容可见以下有关论述),造成了不适宜蔬菜作物正常生长发育的环境条件,或没有及时采取预防措施来避免环境条件变劣,或没有及时采取补救措施来改善已变劣的环境条件等,均可造成蔬菜作物生长发育不良、产量降低、品质下降,甚至绝收。

(9)遗传缺陷 蔬菜作物的自身遗传因素或先天性缺陷引起的遗传性病害,虽然不属于环境因素,但由于没有侵染性也可属于蔬菜生理病害。

4. 蔬菜生理病害可造成哪些病状?有什么特点?

常见的蔬菜生理病害可造成多种病状,大致分为以下几类。

(1)变色 是指蔬菜作物的受害部分细胞内的色素发生变化,但其细胞并没有死亡。变色主要发生在叶片上,可以是全株性的,也可以是局部性的。①花叶。叶片的叶肉部分呈现深浅绿色不均匀的斑驳、形状不规则,边缘不明显。②褪色(绿)。叶片呈现均匀褪绿,叶脉褪绿后形成明脉和叶肉褪绿。③黄化。叶片均匀褪绿,色泽变黄。④着色。是指蔬菜作物的某个器官表现出不正常的颜色。

(2)坏死 是蔬菜作物的细胞和组织的死亡。因受害部位不同而表现各种症状。①斑点。主要发生在叶片、茎秆、果实等部位。蔬菜的局部组织受害坏死,形成各种形状、大小、色泽不同的斑点或斑块,一般具有明显或不明显的边缘。②穿孔。叶片上病斑部分组织坏死脱落,形成孔洞状。③焦枯。主要发生在芽、叶片、花朵等器官上,早期出现的是斑点,后斑点增多、相互连接成片,使局部或全部组织或器官死亡。④腐烂。多发生在蔬菜作物的根、茎、果实等部位,受害部位部分细胞死亡、组织崩溃变质,进一步发展呈腐烂状。⑤猝倒。幼苗茎基部坏死、缢缩呈线状,造成幼苗倒伏。

(3)凋萎 是指蔬菜植物局部或全部因失水使其枝叶萎蔫下垂的一种现象,时间久了萎蔫下垂的枝叶也可死亡。

(4)畸形 蔬菜作物的受害部位细胞数目增多、细胞的体积增大,表现出促进性病变;或受害部位细胞数目减少、细胞的体积缩小,表现出抑制性病变。①卷叶。叶片两侧的叶缘向上或向下卷曲,病叶与健康叶片相比则较厚、较硬或较脆。②蕨叶。叶片的叶肉发育不良、甚至不发育。叶片呈线状或蕨叶状。③丛生。植株茎节缩短、叶腋丛生不定枝,枝叶密集丛生。④矮小或徒长。矮小是指植株茎节缩短,比正常植株呈低矮状。徒长是指植株茎节增长变细,比正常植株呈细高状。⑤变形。主要指果实及块根(茎)出现不规则形状。

(5)生长紊乱 指植株生长发育过程出现紊乱,如提前抽薹、落花、落果、落叶、化瓜、僵果、生长点消失等。

(6)注意事项 ①某种诱发非侵染性病害的病因,对不同生长阶段的同一种蔬菜作物,可诱发不同的症状表现。②多种造成非侵染性病害的病因,可结合在一起共同起作用,造成症状的复杂性。③在诱发非侵染性病害的某种病因消失后,造成的症状可逐渐缓解，但有时植株也无法恢复正常生长。④有时某种非侵染性病害的病因对幼苗造成的伤害，到成株期后或开花结果期，才能显示出异常症状。

5. 怎样诊断蔬菜生理病害？

(1)依据蔬菜生理病害的发生特点　蔬菜生理病害的病株在田间的分布，大多数是有一定规律性的，可依据其发生特点进行诊断。①发病的时间比较一致，没有出现由点到面的发展扩散过程。②在同一时间内出现和发病的部位大致相同，也就是说，在植株上病状主要集中在某一个部位出现，而不是分布在植株的各个部位。③有病状的病株发生得比较集中，在病株群体中不会存在大量没有病状的健株。④发病面积比较大而且较均匀，在田间病株不是以点、片的方式存在，没有中心病株。⑤在出现病状的部位没有病征。

(2)诊断步骤　①在蔬菜作物播种或定植后，就要定期查看幼苗（植株）生长发育的各个阶段是否处于正常株形范围内和观察记录环境条件是否适宜蔬菜生长。若发现田间有异常症状出现，就需做个标记（以便定期观察）或用数码相机拍照，并对全田进行查看，宜早不宜迟。②在田间调查要细致周到，由根、茎、叶、花、果等各个器官到整株，注意其颜色、形状和气味等是否有异常。调查由病株到病区、由病区到全田、由全田到邻田，要调查一定数量的植株和一定面积，注意地形、地貌、建筑物的影响。记录发病率和病情指数，以便分析病害的田间分布类型。③在田间进行病状观察时，可用放大镜仔细检查病变部位表面有无病征出现。必要时可采集病株的可疑部分（如叶片、果实、根部、茎秆等）用净水洗净其表面泥土，然后把可疑部分放入一个干净的塑料袋内保湿，把塑料袋放在温暖处（20℃～25℃），过 24～48 小时，再检查病变部位表面有无病征出现。④要注意温度、光照、水分等田间环境条件是否适宜蔬菜作物生长，采取的施肥、浇水、通风、喷药等农业管理措施是否符合操作要求，菜田周围是否存在工业“三废”等。⑤根据初步了解情况，采取针对性措施，排除非侵染性病害的病因，再观察一段时间植株的生长情况，以决定采取的措施是否妥当。⑥可进一步采取显微镜检查、取样进行化学分析，人工诱导发病等工作。

(3)注意事项 ①侵染性真菌病害的病征类型主要有以下几种。一是霉状物。易在叶片、茎秆、果实等部位的褪绿色组织表面出现霉状物，霉层的颜色、形状、结构、疏密程度等变化很大，分为霜霉、黑霉、灰霉、青霉、绿霉等。二是粉状物。在植株叶片、茎秆、果实等部位出现像面粉状物，有白粉、锈粉、黑粉等。在病部出现大小、形状、色泽、排列方式等各种不同的粉状物。三是绵(丝)状物。在病部出现白色的绵状物。②侵染性细菌病害的病征主要是脓状物，即在病部出现具有黏性、白色或黄色的液滴或液层，干涸后形成胶粒或胶膜。细菌病害常见的症状，大致可分为坏死和腐烂、萎蔫、畸形等3类。③侵染性病毒病害的症状，大致可分为叶片变色(花叶和黄叶)、畸形及枯斑等3类，多为全株性的慢性病害(多个部位全发病)。④侵染性线虫病害的主要症状是受害植株根部有大小不等的瘤状物。

二、环境因素对蔬菜生长发育的影响

6. 怎样避免蔬菜作物发生冷害?

(1)症状识别 冷害对蔬菜造成的危害大致可分为以下两种类型。

①延迟性冷害 由于环境温度降到蔬菜作物生长发育适温的下限温度之下,使蔬菜作物对土壤中水分及养分的吸收能力和光合同化能力大幅度下降,造成蔬菜作物生长发育滞缓,延长了生长发育期,幼苗不发新叶。定植后缓苗期过长,甚至(果实)不能正常成熟等。当冷害严重时,还可出现叶片颜色变为深绿色,或叶片颜色普遍变浅变黄、呈黄化状(因该症状与缺氮有些相似,易被误认为缺氮肥),或叶片颜色发红(因该症状与缺磷有些相似,易被误认为缺磷肥),或植株自上而下逐渐发生萎蔫(因该症状与缺水有些相似,易被误认为土壤中缺水)。

②障碍性冷害 由于温度降到蔬菜作物生长发育适温的下限温度之下,使蔬菜作物的花器受到损伤或开花结果过程受到干扰,出现无生长点苗、畸形花、畸形果、落花落果、花打顶、化瓜、早花、早抽薹等症状。或露地蔬菜叶片上出现大小不一的枯死斑,枯斑往往从叶尖或远离叶脉的部分开始颜色发浅;或仅叶肉部分变白。保护地持续低温引起的冷害有时会出现叶枯,表现为叶片边缘枯死,这种症状的出现往往是受害的晚期,遭受冷害的组织未能恢复所致。在生产中,延迟性冷害和障碍性冷害常并发危害,造成的损失更大。温度越低、低温持续的时间越长、降温越突然、降温幅度越大、植株越小,植株受害越严重,其受害症状各异。

(2)诱发因素

①*诱发原因* 在蔬菜作物生长发育期间,环境温度在较长一段时间内(包括气温和地温)虽高于0℃,但低于蔬菜作物生长发育适温的下限温度,该环境低温对蔬菜作物造成的危害称为冷害或称为寒害。在一天内或在一段时期内,环境低温持续的时间越长、环境低温越接近0℃,对蔬菜作物造成的危害越大。

②*冷害的种类* 从农业气象学的角度出发,可将冷害分为低温多雨型(又称为湿冷型)、低温干旱型(又称为晴冷型)、低温早霜型、纯粹低温型(由北方特强冷空气入侵造成的)等4种,前3种类型出现的概率较多,对蔬菜生产造成的危害较大。

③*易受冷害的蔬菜作物* 一般来说,喜温蔬菜(如番茄、茄子、辣椒、马铃薯、黄瓜、菜豆等)和耐热蔬菜(如冬瓜、南瓜、丝瓜、豇豆等)等易受冷害,这些蔬菜在幼苗期的花芽分化阶段和成株期的开花结果阶段,受到冷害时,造成的危害较大;半耐寒蔬菜(蚕豆、豌豆、莴苣、芹菜、白菜类、甘蓝类、萝卜、胡萝卜等)和耐寒蔬菜(韭菜、大葱、大蒜、菠菜等)不易受冷害,这些蔬菜一般在营养生长阶段(只长茎叶阶段)都能忍耐0℃以下的低温,但在苗期花芽分化阶段和开花结籽阶段易受到冷害。另外,在催芽时没有经过冷冻炼种,或在分苗前及定植前没有采取降温炼苗,或长势弱的植株,或徒长的植株,或位于(通)风口的植株,或位于边行的植株,或位于棚膜附近的植株,或分苗后及定植后即遇降温天时易受冷害。

④*易发生冷害的时期* 在秋、冬季及翌年春季,露地蔬菜和保护地蔬菜均易发生冷害。保温效果差的保护地蔬菜易发生冷害。

(3)露地蔬菜预防措施 要加强低温天气的预测预报工作,以便提前做好蔬菜的播种和定植等生产安排,避开低温时期;在低温来临前及时采取覆盖保温措施,如用塑料薄膜、无纺布、遮阳网等覆盖物进行浮面覆盖(用覆盖物直接覆盖在地面上或蔬菜植株上)或临时搭小、中拱(平)棚覆盖;也可用麦秸、稻草、玉米秸、茭白叶、草苫(帘)等物覆盖在菜苗上(每 667 米^2 一般覆盖草量为 100～200 千克)。同时,要根据气(地)温回升情况和蔬菜生长阶段,及时揭去覆盖物,以免影响蔬菜生长。

(4)保护地蔬菜预防措施 根据各地的地理纬度和气候条件及种植蔬菜的种类,选择适宜的位置修建结构合理、保温性能良好的保护地设施。在保护地蔬菜生长期内(特别是冬、春季育苗与栽培),可酌情采取挖防寒沟法,或多层草苫、纸被、保温被等物覆盖棚膜法,或棚内挂天幕法,或在北墙外、后坡上加厚法(用作物秸秆或培土等),或在进出门口及通风口挂物挡风法,或棚内再加搭小拱棚法,或地膜覆盖栽培法,或在植株上覆盖无纺布、塑膜、报纸等物法,或(在棚膜四周)围草帘、塑膜法,或(栽苗时)浇温水或膜下浇水或滴灌等多种保温措施;采用电热线温床育苗,或用有机酿热物增温法,或在苗床土表面上撒些黑色的草炭或黑色的粉煤灰(以增加营养土吸收太阳热的能力),或用烧煤炉火加温,或临时点蜡烛,或临时放烧红的蜂窝煤、煤球炉,或临时燃秸秆,或用电热器类(如白炽灯、电暖器、电热风器)等多种增温措施;同时,采取选用适宜无滴新棚膜,或每日清洁棚膜表面尘土雾滴,或挂反光幕法(或将北墙涂白),或铺反光地膜,或用人工光源补光,或合理密植、适度整枝打叶,或科学卷放草苫等增加光照措施。

根据当地气候条件和保护地设施条件,选择种植半耐寒蔬菜或耐寒蔬菜,或选用耐低温、耐弱光品种,或采用嫁接栽培法。要掌握所种蔬菜品种对温度的需求特性,采取多种措施来满足其对温度的要求。对不熟悉的品种最好先试种 1～2 年,再决定是否大面积种植。对果菜类蔬菜,播前可对种子进行冷冻炼种。在苗期应实行变温管理,一般在播种后要提高温度,在大部分幼苗出土后要将温度降下来,避免徒长;在分苗后再次升温,促进新根的生长;定植前再降温炼苗,以提高植株的抗寒性。也可使用植株抗寒剂处理种子或幼苗,以提高植株的耐寒性。

要避免分苗、定苗或浇水后即遇降温天或连阴雨天等。发生冷害后，要加强温、水、肥管理，酌情喷施叶面肥（见冻害），促进植株正常生长。每 667 米^2 保护地酌情用 45%百菌清烟剂 200～250 克或用 10%腐霉利烟剂 200～300 克，在傍晚密闭棚膜熏蒸，可防治灰霉病等。

(5)注意事项 一是每种蔬菜及不同的生长环境和不同的生长发育阶段，遇到温度下降幅度的不同和低温持续时间的不同，出现的冷害症状有所不同，采取的针对性防治措施也不同，可参照以后每种蔬菜中的有关内容。二是进入冷害易发期，种植者应每日观察记录菜地内气温（特别是后半夜的气温），以便及早采取防范措施。三是在低温期，中午也应注意通风。

7. 怎样避免蔬菜作物发生冻害？

(1)症状识别 蔬菜作物的萌芽种子、嫩芽、叶片、茎秆、果实（花球）、根（块茎）等部位均可受到冻害，受冻轻者长势衰弱、生长期延迟，受冻重者全株死亡。

①顶芽受冻 生长点或心叶呈水浸状溃疡或变色，顶芽冻死，生长停止，有的形成无头苗。

②叶片受冻 外叶变色，受害轻的叶片变白或呈薄纸状，受害重的似开水烫过；或受冻叶片边缘上卷，失绿，甚至发黄或发白，严重时干枯；或叶缘和叶尖出现水渍状斑块，叶组织变为褐色，严重时叶片萎蔫枯死。

③茎秆受冻 受冻部位初期常出现紫红色，严重时变黑枯死；或嫩茎皮层受冻分离。

④果实受冻 受冻果实变色，或果实呈水渍状、软化，果实失水皱缩，果面凹陷。

⑤花球受冻 花球中心最嫩的花对冻害最敏感，受冻后变褐色。死去的组织易于腐烂，有一种强烈难闻的气味。

⑥*根系受冻*　根系受到冻害时，生长停止，并逐渐变黄甚至死亡；或由于冻融交替进行，将根从土壤中推出而死。

⑦*萌芽种子受冻*　受冻的种子在土中基本烂掉，不能出苗。

⑧*块茎受冻*　地下块茎受冻后造成烂薯。

(2)诱发因素

①*诱发原因*　在蔬菜作物生长发育期间，遇到低于0℃以下的环境温度使蔬菜作物体内水分结冰，造成植物有机体结构和功能的基本单元细胞死亡，这种危害称为冻害。在一天内或在一段时期内，环境温度低于0℃以下的时间持续得越长或环境温度低于0℃以下的降温幅度越大，对蔬菜作物造成的危害越大。在0℃以下的低温来临前一段时期，若气温为逐渐下降，可提高植株的耐寒性，当温度降至0℃以下，冻害发生较轻；若气温突然降至0℃以下，冻害发生较重。冻害发生后，若气温缓慢上升为多云天或阴天、无刮风，冻害造成的危害较轻；若气温很快上升为晴天、刮大风，冻害造成的危害较重。

②*冻害的种类*　冬至以前发生的冻害称为初冬冻害，冬至到大寒发生的冻害称为严冬冻害，大寒以后发生的冻害称为晚冬(或初春)冻害。初冬冻害和晚冬(或初春)冻害对露地蔬菜生产造成的危害大，严冬冻害对保护地蔬菜生产造成的危害大。

③*易受冻害的蔬菜作物*　一般来说，蔬菜作物都可以受到冻害。若在同一低温(如－1℃)标准下，喜温蔬菜和耐热蔬菜易受冻害；半耐寒蔬菜和耐寒蔬菜，一般在营养生长阶段(只长茎叶阶段)都能忍耐0℃以下的低温(降温幅度也不能过大)，但在苗期花芽分化阶段和开花结籽阶段易受到冻害。

④*易发生冻害的时期*　露地蔬菜和保护地蔬菜均在晚秋、冬季及翌年早春易发生冻害。位于(通)风口的植株，或位于边行的植株，或位于棚膜附近的植株，或分苗初期及定植初期的幼苗，易受冻害。

(3)预防措施 一是可参照冷害预防措施内容。二是露地越冬蔬菜在定植前，需适当增施(半腐熟的)有机肥作基肥，氮、磷、钾肥要配合施用，不可偏施氮肥；定植时适当深栽，使菜苗根茎被土埋住，并合理密植；速效肥料要早施，促进苗壮，增强抗寒能力，到冬季要控制使用速效氮肥，防止植株因生长过旺而易受冻害，或在12月上旬的晴天，每667米^{2}用畜禽粪肥1 500千克左右施于垄间，用土混匀培在菜苗根部。三是在冻害来临前，露地蔬菜可适当浇1次防冻水。若冻后浇灌，一定要在最高气温达到2℃～3℃、土壤和菜苗已解冻时进行浇水；最高气温仍在0℃以下或仍会有冷空气南下，则不能浇水，否则浇水后会发生更严重的冻害。浇水量以当日能渗下为宜。四是保护地要避免刮大风吹破棚膜或降雪压垮棚架等事故的发生，以防蔬菜受冻。五是在冻害来临前，及时收获易受冻的蔬菜或快到收获期的蔬菜。六是叶面喷施防冻液和低温保护剂等，增加植株抗冻性。

(4)补救措施 当冻害发生后，可根据受害程度，对症采取应急措施，以减少损失。一是受冻害严重的露地菜田或保护地菜田，应抓紧天晴时机，清除田间冻死植株，翻耕菜田，待气温回暖后改种小白菜、生菜、芥菜、菠菜、茼蒿、菜心、空心菜、豌豆、早毛豆、早熟白扁豆、西葫芦等速生类蔬菜。二是对可上市的蔬菜，要及时抢收，整修后上市，防止因冻伤腐烂而造成更大的损失。三是对受损棚室应及时修复，清运棚室内积雪。四是对受冻较轻的蔬菜，受阳光照射后冻伤部分易失水干缩。所以，在太阳出来后，露地蔬菜应及时用黑色遮阳网等物全部遮盖或部分遮盖。而保护地则应采取用草苫等物覆盖，并适度打开通风口，过段时间再将通风口逐渐缩小关闭，让棚温缓缓上升，使受冻组织缓慢恢复后，再逐步减少遮盖。五是蔬菜受冻后，如果发现土壤湿度太小，这时可适当浇水，使水分达到耕层既可；或用喷雾器向地面或植株上喷水，以防地温继续下降或植株脱水。六是待天晴气温回暖后，摘除受冻叶、果、黄叶等，对果菜还需适当疏花疏果以减轻植株负担，及时中耕松土，增施薄施有机肥（最好是施用腐熟的稀粪水），也可叶面喷施0.5%～1%蔗（葡萄）糖溶液或0.2%～0.3%尿素溶液或0.1%～0.3%磷酸二氢钾溶液等，可单独喷施或混合喷施，促进受冻蔬菜恢复生长（也可在冻害来临前喷施）。七是酌情用百菌清、腐霉利烟剂熏蒸（见冷害条），或用1.8%爱多收水剂6 000倍液喷雾或灌根。八是防止蔬菜作物再次受冻。

(5)注意事项 一是进入冻害易发期，要密切注意各级气象台站（或有关单位）向公众发布的预警信息，提前采取防护措施。二是将上述蔗（葡萄）糖溶液与尿素溶液混合后施用，该混合液又称为糖尿液。

8. 怎样避免蔬菜作物发生霜冻(害)?

(1)症状识别 由于霜冻和冻害对蔬菜作物造成的危害无本质上的区别，故蔬菜作物地上部分受霜冻后出现的症状识别可参照冻害条。

(2)诱发因素

①诱发原因 在春、秋两季，当蔬菜作物体表温度降至0℃以下，空气中的水蒸气不形成水滴而直接结冰（该过程又称为凝华），形成白色固体（冰晶）凝集于蔬菜作物体表（或其他物体表面），称白色固体为霜。当蔬菜作物体表的霜融解时，要从蔬菜作物组织中吸收热量，导致发生冻害，这种现象称为霜冻（害）。形成霜冻的原因有4种：第一种由冷空气入侵形成的霜冻（称为平流霜冻或风霜）；第二种由于夜间天晴无云风静，地面热量散失过多形成的霜冻（称为辐射霜冻或晴霜、静霜）；第三种为前两种原因综合作用形成的霜冻（称为混合霜冻）；第四种由于在干旱地区降雨后、空气变干或植株上的水分被迅速蒸发时，使蔬菜作物植株冷却降到生物学受害温度以下而受到的霜冻（称为蒸发霜冻）。

②霜冻的种类　从农业气象学的角度出发，将霜冻分为轻霜冻（指农作物叶片受害，但对植株正常生长发育和产量没有显著影响的霜冻）和重霜冻（指农作物茎叶受害，对植株正常生长发育和产量都有显著影响的霜冻）；在气候学上将霜冻分为秋霜冻（又称为早霜冻）和春霜冻（又称为晚霜冻），其中秋季最早 1 次的霜冻又称为初霜冻、春季最晚 1 次的霜冻又称为终霜冻。

③易受霜冻的蔬菜作物　可参照冷害条和冻害条中有关内容。

④易发生霜冻的时期　露地蔬菜和大、小拱棚类保护地蔬菜均在秋、春两季易发生霜冻。

(3)防治方法

①熏烟法　在霜冻发生前，在露地田间或塑料大（小）棚周围熏烟。熏烟时要注意 3 点：一是烟火点应适当密些（在上风方向可多设几个烟火点），使烟幕能基本覆盖菜田；二是点燃时间要适当（凌晨 2～3 时），直至日出前仍有烟幕笼罩在地面，这样效果最好；三是宜用湿秸秆，以烟为主不宜有明火。

②喷水法　在霜冻发生前（凌晨 2～3 时），用喷雾器对植株表面或小拱棚塑膜表面喷水，可连喷 2～3 次到清晨。

③浇水法　在霜冻发生前，给菜地浇水，可与喷水法同时采用。

④覆盖法　可参照冷害条中有关内容，可有效防止辐射霜冻的危害，遇到重霜冻时，需采用多层薄膜覆盖或大棚内套小棚覆盖。

⑤风障法　在菜畦北面用农作物秸秆或薄膜做成 1.2～1.5 米高的挡风屏障，每隔 2～3 畦设 1 道，可有效防止平流霜冻的危害。

⑥喷药法　叶面喷洒 500 毫克/升硫酸链霉素溶液（可减少植株上的冰核细菌数量），或用 27%高脂膜水乳剂 80～100 倍液喷

洒植株。

⑦洗霜法　万一遭霜冻，在太阳出来以前，浇水或喷清水洗霜，可减轻作物霜冻危害。

⑧遮光法　植株受冻后，在日出后采取遮光措施，以防植株受冻部分脱水干枯。

(4)注意事项　一是进入霜冻易发期，要密切注意各级气象台站(或有关单位)向公众发布的预警信息，提前采取防护措施。二是可酌情采用多种措施配合防霜冻。三是发生霜冻后的补救措施参照冻害条中有关内容。四是出现霜冻时，可以有霜也可无霜；反之，出现霜时，可以有霜冻也可无霜冻。霜冻的概念必须与农作物联系起来。

9. 怎样避免蔬菜作物发生风害?

(1)症状识别　风对蔬菜作物造成的危害，依据其风速(指单位时间内空气的行程)和风级(指风对地面或水面物体影响程度定出的等级)大小及性质不同而异，风速(级)越大、危害也越大。不同性质的风，造成的危害也不同。常见的危害症状有以下几类。

①损伤　风速过大可以造成蔬菜折叶断枝、落花落果，或植株倒伏，或根部受损，甚至将植株连根拔出。

②掩埋或风蚀　大风吹起(或带来)的沙土把播下的种子或幼苗掩埋；大风把土壤吹走，造成播下的种子外露或者是菜苗根部裸露。

③保护地设施受损　大风造成保护地棚膜破损，棚架倒塌。

④植株脱水　干热风或寒潮，可加强植株体内的水分蒸发，造成植株的嫩梢、叶片、花粉等失水干枯。

⑤叶斑　在叶片上出现大小不一的白色枯死斑，或黑色斑点。

⑥降温　寒潮来临，可造成冷害、或冻害、或霜害，产生的症状识别可参照有关内容。

(2)诱发因素

①诱发原因　风是跟地面大致平行的流动着的空气，是由于各地大气压分布不均匀造成的。风速可分为十三级，当风速大于五级(10.8 米/秒)就能对蔬菜生产造成危害。

②风的种类　根据风速及性质，常见的风有以下几种。台风又称为热带气旋、飓风，是一种猛烈的热带大风暴，风速常达十级以上(24.4 米/秒)，可造成蔬菜损伤、保护地设施受损等症状。龙卷风是一种强烈的、小范围的空气涡旋，由雷暴云底伸展至地面的漏斗状云(龙卷)产生的强烈旋风，其中心附近的风速可达100～200 米/秒，可造成蔬菜损伤、保护地设施受损等症状。干热风又称为干风、热风、干旱风、火南风、南洋风，是一种高温(≥30℃)、低湿(相对湿度＜30%，或＜60%)、并伴有一定的风速(5 米/秒左右)的风(各地指标数值略有不同)，可造成蔬菜植株脱水症状。寒潮又称为寒流，就是北方冷空气大规模地向南移动，其移动速度为每小时几万米，是一种刮偏北大风的灾害性天气。我国气象部门规定：冷空气侵入造成的降温，一天内达到 10℃以上、而且最低气温在 5℃以下，则称此次冷空气爆发过程为一次寒潮过程，可造成大范围急剧降温、保护地设施受损、植株脱水等症状。盐风，在沿海一些地区，刮风时夹带着海水微粒，对蔬菜叶片具有腐蚀作用，造成黑色斑点。冷风吹苗(又称为闪苗)，由于保护地通风时内、外温差过大或通风口开得过大，使外界冷空气直吹温暖的植株，导致叶片组织受害，出现大小不一的白色枯死斑(距通风口近的植株受害重)。

③易受风害的蔬菜作物　在风害到达的地域范围内，各种蔬菜都可受害。

④易发生风害的时期　台风每年夏、秋两季在我国东南沿海各省、自治区易发生。龙卷风每年 6～8 月份在江苏省都有发生，但发生的地点及具体时间没有明显规律。干热风每年 5～9 月份

在河北、山东、河南、山西、陕西、内蒙古、甘肃、新疆、湖北、湖南、浙江、安徽、四川、贵州和云南等省、自治区易发生。寒潮一般多发生在秋末、冬季及初春时节。影响我国的寒潮大致有3条路线:第一条是西路,强冷空气进入新疆,沿河西走廊,到华北、中原,直到华南甚至西南地区,这是影响我国时间最早、次数最多的一条路线;第二条是中路,强冷空气从内蒙古自治区,进入华北直到东南沿海地区;第三条是东路,冷空气有时经过我国东北,有时经过日本海、朝鲜半岛,侵入我国东部沿海一带,沿这条路线南下的寒潮势力一般都不很强,次数也不算多。在秋末、冬季、初春时节,保护地内易发生冷风吹苗。

(3)防治方法

①**种植防护林** 防护林可降低风速,其防护范围一般约为林高的25倍。

②**培土护根** 给茄果类等蔬菜根部培土,防止倒伏。

③**收获蔬菜** 大风(台风、龙卷风、寒潮)来临前,及时收获快成熟的蔬菜。

④**修建合格保护地** 采用水泥或钢铁制作的保护地棚架,严格按照设计标准和施工要求修建保护地设施。棚架表面要光滑无刺。选用新棚膜和新压膜线,适当缩短压膜线的间距,并适当间隔使用铁丝作压膜线,采用地锚(深50厘米、上有铁丝头拧成圆圈露在地表)和12号铁丝(将各个地锚上的铁丝圆圈串起来拧紧,每根压膜线都可拧在12号铁丝上)固定压膜线。接地的棚膜边缘应埋入土中压实压平。

⑤**加固棚架** 大风来临前要修补好棚膜上的破损处、关闭通风口和棚门、拉紧压膜线、用草苫覆盖棚膜,再用拉绳等物固定好草苫,并留人看守。对育苗小拱棚采用临时加固措施。

⑥**防火** 用电或煤火加温的保护地,要防电线短路或炉火引发火灾。

⑦积极自救　大风(台风、龙卷风)过后,视受灾轻重,分别采取措施自救,以减少损失。对受灾重的菜田,可清理植株残体,及时补种作物;对受灾轻的菜田,排除积水,清除田间杂物,洗净植株上的泥浆,适当追施速效肥料,喷洒防病药剂,促进植株恢复生长。同时修复垮塌保护地棚架。

⑧防干热风　在育苗期间遇干热风,育苗拱棚要覆盖遮阳网并背风向通风,也可立风障挡风。蔬菜定植后,采取措施,促进根系发育、早封垄,也可与玉米间作。进入干热风发生期后,适当增加浇水次数或浇水量。浇水以井水为好,宜傍晚浇水或喷水,也可在中午时分喷灌或喷水。或叶面喷施0.2%磷酸二氢钾溶液。可采用遮阳网或防虫网覆盖栽培,也可在中午前后用遮阳网覆盖植株。

⑨防冷害、或冻害、或霜害　可参照有关内容。

⑩防冷风吹苗　一是在寒冷季节,当外界气温达0℃以上时,可将(种植喜温蔬菜)日光温室顶风口扒开15～20厘米,通风约30分钟闭风;到中午时分棚温超过30℃～32℃,再扒开顶风口通风。当棚温降至25℃左右闭风,当棚温再升至30℃左右即通风,可反复几次,使下午棚温维持在25℃左右。(半)耐寒蔬菜对棚温的要求低5℃左右。大棚通风时,先放顶风口、再放东边腰风口、后放西边腰风口,下午闭风口时,先东、再西、后顶;同时要注意风向,先放下风头、后放上风头,上风头风口小开、下风头风口大开。用小拱棚育苗要注意风向,并根据幼苗长势,正确选择通风口的位置。如通顶风(外界气温不高时,在拱棚顶部开风口通风),或顺着风向通风(外界气温升高时,通顶风不能很好控温时,可在背风一侧,支起薄膜通风),或逆着风向通风(外界气温升高时而风力不大,可在迎风一侧,支起薄膜通风),或通对流风(外界气温较高而幼苗健壮,可在没有大风时在拱棚两侧各开通风口,北侧1米处、南侧2米处,支起薄膜通风),或大通风(在定植前,白天晴朗无风

时，把薄膜全部揭开），或通夜风（当夜温高于最低生长适温后，可夜间揭膜通风）。其他季节，根据天气变化和蔬菜生长需求，调整通风口的大小和位置。二是可在通风口内侧，挂一块塑膜避免冷风直吹幼苗（或植株）。三是需掌握循序渐进的原则，逐步加大通风口和延长通风时间，使幼苗（或植株）有一个适应过程。在通风过程中，若发现幼苗（叶）初有萎蔫，就应停止通风，使叶片恢复正常。

(4)注意事项 一是进入台风、龙卷风、干热风、寒潮等易发期，要密切注意各级气象台站（或有关单位）向公众发布的预警信息，提前做好防护措施。二是根据风害的种类，选用适宜的预防措施。

10. 怎样避免蔬菜作物发生雪害？

(1)症状识别 降雪危害症状主要有以下几种。

①压垮棚架 积雪过厚或融化的雪水能润湿草苫或纸被等物时，均可增加保护地棚架的负载，导致棚架被压垮。

②阻挡蔬菜见光 棚膜上的积雪或连续数日白天在棚膜上覆盖草苫等物，均可阻挡阳光进入棚室内。蔬菜作物不能进行光合作用，根系的吸水能力下降，造成叶片黄化甚至脱落、抗性降低。

③冻害 露地蔬菜或被压垮棚舍的保护地内蔬菜，降雪融化后造成气温下降会发生冻害（特别是幼苗）。冻害症状可参照冻害条中有关内容。

④增加湿度 融化的雪水流入保护地（露地）内，造成湿度增加、地温下降，不利于蔬菜生长。

⑤强光照闪苗 雪后骤然转晴时，蔬菜植株（特别是幼苗）突然接受强光照射，因过快失水造成叶片萎蔫下垂、重者枯死，这种现象称为“闪苗”或“闪秧”。

(2)诱发因素

①诱发原因　雪是气温降至0℃以下时，空气层中的水蒸气凝结成的白色结晶体并降落到地面。降雪量越大、连续降雪天数越多对蔬菜生产造成的危害就越大。

②降雪量分级　当12小时内降雪量<1毫米(折合为融化后的雨水量，下同)或24小时内降雪量<2.5毫米的降雪过程为小雪；当12小时内降雪量为1～3毫米或24小时内降雪量为2.5～5毫米或积雪深度达3厘米的降雪过程为中雪；当12小时内降雪量为3～6毫米或24小时内降雪量为5～10毫米或积雪深度达5厘米的降雪过程为大雪；当12小时内降雪量>6毫米或24小时内降雪量>10毫米或积雪深度达8厘米的降雪过程为暴雪。据测算，当积雪厚度为20厘米左右时，每平方米雪重可达20千克，每667米^{2}大棚的棚顶雪压重可达13吨以上。

③易受雪害的蔬菜作物　在雪害到达的地域范围内，各种蔬菜都可受害。

④易发生雪害的时期　在秋、冬季及翌年春季，露地蔬菜(特别是南方冬季温暖地区)和保护地蔬菜均易发生雪害。

(3)露地蔬菜防治方法　一是在降雪前，及时收获快成熟的蔬菜。二是用无纺布、塑膜、草苫等物覆盖蔬菜，或搭小拱棚后覆盖蔬菜。三是被雪埋住的蔬菜，要尽快把蔬菜从积雪中清理出，进行整理，去掉冻伤的部分，上市出售。或适当晾晒降湿后，根据蔬菜种类分别贮存。

(4)保护地蔬菜防治方法

①防积雪压垮棚架　若气象预报降雪量较大时，尤要注意棚架不够结实的保护地(如竹木结构的棚架，或钢质棚架的强度不够，或棚架之间的间距偏大，或日光温室棚架的后支撑点在土墙上等)，可在保护地内的棚架下，临时支撑一些木棍等物作支柱，以增强棚架的负载能力。草苫上或棚膜上的积雪量较大时，须随时(包

括夜间)清除积雪,以减轻棚架的负载量。

②避免雪水浸湿草苫　在降雪天应将草苫放下。为避免雪水浸湿草苫,在降雪前用旧棚膜将草苫包住缝好,或在放下草苫后在草苫上再覆盖一层旧棚膜并压牢,既可增加草苫的保温性能又便于清除积雪。

③清除积雪　要及时清除保护地周围的积雪,避免雪水流入保护地内。

④采取科学见光措施　在白天无降雪时,应将草苫卷起一半或全部卷起,让植株见光,只要棚温不下降,尽量延长见光时间。若不能卷起草苫时,可在棚内挂几盏电灯,每日早、晚各补光 2～3 小时。若日光温室一连几天没有揭开草苫,当雪停天晴后,需采取“回苫”措施,即在上午 9 时左右揭开草苫,一旦发现植株顶端嫩叶略有下垂(萎蔫)时,应将草苫等物放下遮光,待植株嫩叶恢复正常后,再将草苫等物卷起见光,1 天可卷放草苫等物数次,过几天后,再转入正常卷放草苫;若植株顶端嫩叶萎蔫严重时,可适当往植株上喷些温水(水温与棚温相近),以防叶片脱水干枯。若拱棚类蔬菜栽培遇此情况,也需采取遮光和喷水措施。

⑤采取应对低温弱光照管理措施　在降雪天,要注意以下几点。一是不浇水(若土壤干旱必须浇水时,用水壶点浇温水,不能浇冷水),不喷药。二是棚温应比晴天时低 3℃～5℃,并保持一定的昼夜温差(10℃左右);若一连几天没有揭开草苫时,夜温不可偏高(特别是在加温温室内),以防植株过度消耗自身养分,而导致衰弱。三是及时摘除果菜类蔬菜上达到商品标准的果实,以减轻植株的营养负担。四是用烟剂熏蒸和喷施叶面肥,可参照冻害条中有关内容。五是防止降温受冻。俗话说“下雪不冷,化雪冷”。当雪停天晴后,保护地内要注意采取保温措施或增温措施。可参照冷害条中的有关内容。

(5)注意事项　一是进入雪害易发期,要密切注意各级气象台站（或有关单位）向公众发布的预警信息，提前做好防护措施。二是降雪天常伴随着冷害、冻害出现，防治方法可参照冷害、冻害条中的有关内容。

11. 怎样避免蔬菜作物发生雨害？

(1)症状识别 降雨的危害症状主要有以下几种。

①强降雨危害 由于雨点击打引起土粒粉碎，造成土壤板结。较为常见的是在菜用大豆（毛豆）或荠菜、苋菜等小粒型种子播后遇雨，导致出苗困难，严重时甚至发生烂籽。雨水冲刷表层土壤，造成水土流失、根系裸露（通称露根），待到太阳暴晒时，根系就会死亡，甚至引起死苗。雨点打击叶片，造成叶片细胞表皮损伤，出现水浸状斑块、后形成白色枯斑。雨水把土壤中的速效养分冲走，造成土壤中养分亏缺。大量雨水可造成田间积水。

②热雷雨危害 热雷雨造成土壤板结，使土壤中有害气体排不出去、导致根部缺氧，或造成种子不易出土。雨滴溅起的泥土，污染近地面叶片，影响光合作用和引起灼伤。热雷雨过后，天气很快转晴，田间湿热空气可破坏植株正常的生理功能，造成蔬菜幼苗成片死亡或引起落花、落果、落叶等。田间高湿易诱发多种蔬菜病害，俗称“扑了”。

③连阴雨危害 连阴雨天可造成土壤养分流失和田间积水。连阴雨天田间（露地或保护地）光照弱、气温和地温降低，造成烂种，蔬菜长势变弱、叶片变黄变小、根系发育不好或腐烂，或出现死苗，或植株出现徒长，或出现授粉不良、落花、落果、落叶，或果实变小，甚至出现畸形瓜果等。连阴雨造成田间（露地或保护地）湿度急剧增高，杂草丛生，易使蔬菜病虫害大发生。雨水可浸湿日光温室土筑的后墙使其塌落，造成温室拱架塌落；或淋湿草苫及后屋顶上的秸秆，使温室棚架负荷加重，造成棚架折断；或雨水淋入或灌入保护地内，加大棚室内湿度。连阴雨天后骤晴，田间光照强烈、

温度急剧升高，易造成植株叶片缺水萎蔫或卷曲或落花、落果、落叶（强光照闪苗）。

(2)诱发因素

①诱发原因　空气中的水蒸气上升到天空中遇冷凝结成云，再遇冷聚集成大水点落下来就是雨。

②降雨量分级　12 小时内降水量＜5 毫米或 24 小时内降水量＜10 毫米的降雨过程为小雨；12 小时内降水量 5～15 毫米 或 24 小时内降水量 10～25 毫米的降雨过程为中雨；12 小时内降水量 15～30 毫米或 24 小时内降水量 25～50 毫米的降雨过程为大雨；凡 24 小时内降水量超过 50 毫米的降雨过程统称为暴雨，根据暴雨的强度又可分为暴雨、大暴雨、特大暴雨 3 种；12 小时内降水量 30～70 毫米或 24 小时内降水量 50～100 毫米的降雨过程为暴雨；12 小时内降水量 70～140 毫米或 24 小时内降水量 100～250 毫米的降雨过程为大暴雨；12 小时内降水量＞140 毫米或 24 小时内降水量＞250 毫米的降雨过程为特大暴雨。连阴雨害是指在农事关键季节出现的持续 3～5 天以上的阴雨，造成严重农业损失的农业气象现象。

③易受雨害的蔬菜作物　在强降雨和热雷雨到达的地域范围内，各种露地蔬菜都可受害。连阴雨对处于幼苗期和开花结果期的蔬菜危害较大。

④易发生雨害的时期　在夏、秋两季多发生强降雨天，在夏季午后多发生热雷雨天，在春季、秋季多发生连阴雨天。

(3)强降雨防治方法　一是育苗地应在地势较高处修建，整平畦面、四周挖好排水沟。易遭暴雨地区宜选沙壤土育苗。对露地苗床，可用长 2～3 厘米的麦秸掺土后覆盖苗床面，防止“翻根”。或播种后用作物秸秆、或用塑膜、或用遮阳网等覆盖畦面，以保全苗。有条件时可在苗床上搭高 0.8～1 米的防雨棚遮雨。对直播蔬菜可采取分期播种（每隔 3～5 天播 1 次）并适当增加播种量。

播种后种子未出土时遇暴雨，雨后在苗床上适当浅中耕，防止土壤表面板结；应采用高畦栽培并整平畦面，或利用短畦、窄畦栽培。二是采用明沟排水措施，即北方菜地要修建排水毛沟(可与灌水毛渠相连接)，而南方菜地需修建有厢沟(畦沟)、腰沟、围沟等三沟配套的排水系统，排水毛沟和腰沟的沟底要比畦面低 4～8 厘米。当土壤深层有多余积水，宜采用深沟明渠排水。在强降雨来临前，及时疏通排水系统(沟)。三是有条件时可采用大、中、小棚上覆盖遮阳网(防虫网)栽培技术或防雨棚栽培技术或生贵式移动大棚(由山西省长子县李生贵发明的一种便于移动的大棚)栽培技术，以降低雨滴对植株和地面土壤的冲击力，防止雨水灌(淋)入保护地内。四是雨前，及时收获快成熟蔬菜。雨后及时排水、用清水洗去植株表面泥土、扶苗培土，中耕除草松土、酌情追肥，或采取相应的其他农业管理措施(根据受害情况而定)，并注意喷药防治病虫害。

(4)热雷雨防治方法 采用"涝浇园"措施，即雨后用井水或冷水塘水浇地，边浇边排，送氧降温洗泥土。采用喷灌效果更好，浇后及时中耕。其余防治方法可参照强降雨的防治方法。

(5)连阴雨防治方法 一是在夏、秋季育苗，可参照强降雨防治方法中的育苗方法。在冬、春季育苗要及时采取保温和增温措施，只要停止降雨，就应让幼苗见光；若苗床土过湿，可在苗床土上撒一层干细土、或草木灰、或稻壳降湿。二是对露地蔬菜，可参照强降雨防治方法中的措施。若遇连阴无雨天，在天放晴前，可适当浇 1 次水；或天晴后发现植株出现萎蔫时，可往植株上喷水，以防植株脱水。对保护地蔬菜，在降雨前，用旧塑膜覆盖草苫及(日光温室)土质的后坡或后墙，挖好或疏通排水沟(防止雨水流入保护地内)，关闭通风口(雨停则打开通风口)；在白天降雨时，酌情(视外界气温高、低而定)卷起草苫或放下草苫(也用塑膜覆盖)；被雨水湿透的草苫、纸被等物，及时晾晒干，避免损坏。在连阴雨天时，只要天气条件允许，每日应尽量揭开草苫见光，或把草苫底部卷起见光，并注意通风，积极采取增加光照措施（可参照冷害防治方法中增加光照的措施）。其他可参照雪害条中保护地蔬菜防治方法中的科学见光措施、“回苦”措施和应对低温弱光照管理措施等。若拱棚类蔬菜栽培遇此情况，也需采取遮光和喷水措施。

(6)注意事项 一是进入易发生各类雨害时期，要密切注意各级气象台站（或有关单位）向公众发布的预警信息，提前做好防护措施。二是强降雨天有时会伴随着刮大风天，需注意采取防风措施。强降雨天可造成涝害，可参照涝害条中的防治方法。

12. 怎样避免蔬菜作物发生雹害？

(1)症状识别 冰雹造成的危害症状是冰雹从空中降落时砸到蔬菜植株的茎叶和果实上，使茎叶破损、折断，果实破损、脱落，甚至可砸坏保护地设施（如棚膜）。

(2)诱发因素

①诱发原因 冰雹是从发展强盛的积雨云（又称为冰雹云）中降落下来的大大小小的冰块或冰球。

②冰雹分级 多数冰雹直径不超过0.5厘米，累计降雹时间不超过10分钟，地面积雹的厚度不超过2厘米，为轻雹；多数冰雹直径0.5～2厘米，累计降雹时间10～30分钟，地面积雹的厚度2～5厘米，为中雹；多数冰雹直径2厘米以上，累计降雹时间30分钟以上，地面积雹的厚度5厘米以上，为重雹。

③易受雹害的蔬菜作物 一般来说，降雹强度大、持续时间长、冰雹粒大，对蔬菜作物造成的危害就大；反之，危害轻。在雹害发生的地域范围内，各种露地蔬菜都可受害。但在同一次雹害中，高秆大叶蔬菜较矮秆小叶蔬菜受害重，蔬菜的地上部分比地下部分受害重，快成熟蔬菜比幼苗期蔬菜受害重，露地蔬菜比保护地蔬菜受害重。

④易发生雹害的时期 我国除广东、广西、湖南（平原）、湖北

(平原)、福建、江西(平原)等省、自治区冰雹较少外,每年各地都会受到不同程度的雹灾,尤其是北方的山区及丘陵地区冰雹多、受害重。每年4～9月份为雹害易发生期,多出现在每日午后到傍晚时分。

(3)防治方法 一是用防雹火箭进行人工消雹。二是在雹害来临前,及时收获快成熟蔬菜,或用遮阳网、或防虫网、或草席等物覆盖蔬菜(幼苗)。三是遭受雹灾后,一般应根据受害蔬菜种类、受害程度及受害时期,采取不同措施恢复蔬菜生产。幼苗受害,可根据农事要求及节令,重新育苗或换种其他蔬菜。茄果类蔬菜再生能力较强,若植株受冰雹危害程度较轻,可适当修剪植株后,追施速效氮肥、中耕松土,并喷药防病,促其早发新枝叶,较快恢复结果;若植株受害程度较重,则应酌情换茬,改种1茬速生蔬菜。豆类蔬菜再生能力弱,而其适宜播期较长,宜清茬后重新播种。瓜类蔬菜叶面积较大、受冰雹危害较大,而其生长期长,育苗期也长,故受害后除黄瓜外一般应改种其他蔬菜。速生叶类蔬菜由于生长期短,受灾后15天内即可再补种1季。葱蒜类蔬菜再生分株力强,叶片垂直而小,一般受冰雹的影响不大。被冰雹砸破的棚膜,应迅速修补或盖上新棚膜。

(4)注意事项 进入雹害易发期,要密切注意各级气象台站(或有关单位)向公众发布的预警信息,提前做好防护措施。

13. 怎样避免蔬菜作物发生涝(渍)害及高湿危害?

(1)症状识别 土壤水分过多或空气中湿度较高时,都会给蔬菜作物造成危害。主要危害症状有以下几方面。

①造成土壤中缺氧 在土壤中水少则氧气多,水多则氧气少,土壤水分过多必然造成氧气缺乏。土壤水分越多,造成的危害越重;温度低时受害轻,温度高时则受害重。轻者造成根系分布浅、

发根差(如在梅雨季节菜地表面会布满白色的根);重则造成烂籽、不出苗,烂根,大片死苗(株)。

②造成根系功能降低　蔬菜根系缺氧时,呼吸作用受抑制,使根系的吸收能力大大降低,造成土壤中有肥、有水不能吸收。发生“生理饥饿”和“生理干旱”(植株萎蔫),或植株倒伏。

③产生有害物质　土壤中长期水多氧缺,造成嫌气微生物非常活跃,产生的有害物质(如硫化氢、乳酸、乙烯、氨等)会直接毒害根部。

④造成土壤中肥料流失　肥料会随地面水的外流而流失,随地下水的下渗而渗漏,尤其速效氮肥因嫌气微生物的活动还原为氨或氮而损失。

⑤晒死根系　因流水或雨水冲刷,使表层土壤流失,根系裸露(翻根或露根)。天气放晴后,在太阳暴晒下,裸露的根系会被晒死。

⑥诱发病虫害　土壤水分过多,蔬菜植株组织柔嫩、抗性降低,易受有害生物的侵害;而田间空气中相对湿度过高时(达100%),会使蔬菜病害大发生,不利于开花结果。在保护地内高湿高温易使植株徒长,又易诱发沤根,造成植株死亡。高湿时非无滴棚膜内表面密布水滴,降低棚膜的透光率。水滴若滴落在蔬菜叶片上,可使叶片腐烂。

(2)诱发因素

①诱发原因　由于持续降雨或强降雨,暴发山洪或河水泛滥,淹没农田;或在地势低洼、地形闭塞的地区,雨水不能迅速宣泄而造成农田积水;或土壤水分过度饱和,使蔬菜作物正常的生长发育受到抑制,最终导致产量下降以至失收的农业气象现象称为涝害。把地面淹水称为涝害,而把土壤中充满水分而没有淹没畦面称为渍害。当空气中湿度过高时,会使蔬菜作物正常的生长发育受到干扰,称为高湿危害。露地在连阴雨天时

易出现空气湿度过高天气。在保护地内空气湿度过高则由于扣棚膜前降雨雪过多，土地太湿；或棚室地下水位较高；或棚室内浇水量（畦灌或沟灌）过大或浇水次数过多，通风不及时；或浇水后遇连阴雨天；或在阴雨天、下午或傍晚浇水；或棚室内气温下降（夜间棚室内空气湿度较高，最大值常在揭开草苫后十几分钟内）等因素造成。

②涝害种类　有因春季连阴雨造成的春涝，夏季有各地雨季造成的夏涝，秋季有连阴雨或台风造成的秋涝。

③易受涝害（高湿危害）的蔬菜作物　除水生蔬菜外，大部分蔬菜作物被水淹一日至数日就可造成严重伤害。对空气湿度的要求：茄果类、豆类（豌豆、蚕豆除外）、葱蒜类、胡萝卜、南瓜等蔬菜为45％～65％，白菜类、茎菜类、马铃薯、豌豆、蚕豆、根菜类（胡萝卜除外）等蔬菜为75％～80％，黄瓜、绿叶菜类、水生蔬菜等为85％～95％。

④易发生涝害（高湿危害）的时期　在南方易发生春涝，夏涝则依据各地雨季特点而发生，秋涝在南方或北方易发生。保护地则在春、秋、冬季易出现高湿危害。

(3)露地涝害防治方法　在排水不良的地块上可酌情种植水生蔬菜或耐涝能力强的蔬菜（如蕹菜、芹菜、菜用大豆、芋艿、丝瓜等）。若大部分植株已受涝害而死，宜及早排除田间积水并清茬，改种其他作物。对受涝排水后仍能生长的蔬菜（如茄子、辣椒等）可适当剪除植株部分过密的枝叶，中耕及培土；对瓜类蔬菜可去除根部黄叶和老叶，适当中耕、培土、压蔓；对豆类、叶菜类，可用清水冲洗净叶片上的泥土，中耕及培土。如遇高温暴晒天气，可在早、晚喷清水降低温度或用遮阳网短期覆盖，以减轻危害。及时追肥浇水，喷药防治病虫害。其他措施可参照强降雨防治方法。

(4)保护地高湿危害防治方法　一是保护地应建在背风、向阳、地势高燥的地方。若在地下水位高的地块修建保护地，可在保护地周围挖沟排水。二是在扣棚膜前，若遇秋季或春季雨水(降雪)过多时，要预先用旧薄膜盖在地面上，以防雨水渗入地下。或清扫地面上的积雪，晾晒数日后再扣棚膜。三是采用膜下浇水技术。根据天气情况、土壤湿度、蔬菜生长阶段及植株长势，适时适量地浇水，不能大水漫灌。浇水宜在晴天上午10时后进行并配合通风排湿，不能在下午、阴雨雪天浇水；应注意天气预报，避免浇水后遇连阴雨雪天、降温天。有条件时可采用滴灌。四是由于棚室内气温升高1℃空气相对湿度就下降3%～5%，应根据蔬菜的适温要求，积极采取保温、增温和增加光照的措施(可参照冷害防治措施中有关内容)，防止棚室内温度下降。五是酌情在蔬菜作物垄(行)间铺些麦秸、稻草或采用地面全覆盖地膜。宜用飘浮粉剂或烟剂防治病虫害。喷雾宜在晴天上午进行，并结合通风排湿。六是当土壤湿度较高时，应控制浇水，或上午卷起地膜晾晒地面、下午盖好地膜，及时中耕松土，通风排湿，降低土壤湿度。七是把大豆磨成细粉，每平方米棚膜用大豆粉7.5～10克，对水150毫升，浸泡2小时后，用细纱布过滤去渣，用喷雾器对准棚膜下的雾滴喷洒滤液，可在15～20天内减少棚膜下雾滴的形成。也可用抹布蘸上大豆粉抹擦棚膜下的雾滴。八是先将温室前沿通风口以下的无滴膜换成有滴膜(宽1～2米)，然后沿前柱挂一条地膜帘，其上部距棚膜留30厘米空间，其下部落地用土封严，可防覆盖无滴膜的温室内产生雾，过了严冬，再撤去地膜。

(5)注意事项 进入涝害易发期，要密切注意各级气象台站(或有关单位)向公众发布的预警信息，提前做好防护措施。

14. 怎样避免蔬菜作物发生旱害(灾)?

(1)症状识别 土壤干旱给蔬菜作物造成的主要危害症状有以下几方面。

①**出苗发苗困难** 播种后不能顺利发芽出苗，甚至播下的种

子变质不能出苗；或移栽的蔬菜幼苗缓苗期长、根系不发达、叶片变黄，或成活率低。

②生长滞缓，产量下降　在缺水情况下，蔬菜植株的生长发育会受到抑制，大量出现落花、落果、落荚、化瓜等症状。甚至植株死亡，造成严重减产。

③品质变劣　缺水使蔬菜作物丧失鲜嫩多汁的组织，造成后壁(角)组织发达、粗纤维增多，或果实变小变劣等。

④诱发某些病虫害　如病毒病、白粉病、脐腐病、日灼病、红蜘蛛、蚜虫等病虫害盛发。

(2)诱发因素

①诱发原因　旱害是指长期持续无雨，又无灌溉和地下水补充，蔬菜作物正常生长发育所需的水分和从土壤中能够吸收的水分不相适应、即水分短缺，使蔬菜作物正常生长发育受到抑制，最终导致产量下降以至失收的农业气象现象称为旱害。旱害可分为土壤干旱(指在长期无雨或少雨的情况下，土壤中含有的有效水分差不多消耗殆尽，使蔬菜作物生长发育得不到正常水分供应时的情况)和大气干旱(指空气极度干燥，加之高温，有时还伴有一定风力的情况)两种干旱类型，通常讲的干旱，一般均指土壤干旱。

②旱害种类　小旱的连续无降雨天数，春季达16～30天、夏季16～25天、秋季和冬季31～50天；中旱的连续无降雨天数，春季达31～45天、夏季26～35天、秋季和冬季51～70天；大旱的连续无降雨天数，春季达46～60天、夏季36～45天、秋季和冬季71～90天；特大旱的连续无降雨天数，春季达61天以上、夏季46天以上、秋季和冬季91天以上。

③易受旱害的蔬菜作物　绝大部分蔬菜都不耐旱，相比之下胡萝卜、豇豆、甘蓝等较耐旱。

④易发生旱害的时期　春旱的特点是空气的温度虽然不太高，但湿度却较低，常伴有使土壤变干的冷风，在华北、西北及东北

地区常发生。夏旱又称为伏旱。其特点是太阳辐射强烈、温度高湿度低，蒸发蒸腾极为强烈，在长江流域易发生。秋旱的特点与夏旱类似。在华南、华中、华北地区易发生，但长江以南地区秋旱更易发生。冬旱的特点是降水稀少，多刮西北风，低温低湿，气温日差增大，对华南地区有影响。

(3)防治方法 一是易发生旱情的地区，可种植较耐旱蔬菜或选种耐旱品种。二是在苗床中浇足底水后播种；或充分浇水然后整地，趁墒播种，覆土后覆盖地膜（出苗后立即除去）；或在早晨或晚上往苗床中浇水，借墒播种，即开穴点播育苗，第一穴播后暂不覆土，在挖第二穴时，将挖出的湿土作为第一穴的覆土。三是采用地膜覆盖蔬菜栽培技术，或采用遮阳网（防虫网）覆盖蔬菜栽培技术。四是采用浇水、喷灌多种灌溉技术，及时补充土壤水分；高温季节宜在傍晚浇水。在浇水后或降雨后，及时浅中耕。五是在地面覆盖麦秸、稻草等作物秸秆。六是营造农田防护林。七是注意防治病虫害。

(4)注意事项 进入易发生旱害时期，要密切注意各级气象台站（或有关单位）向公众发布的预警信息，提前做好防护措施。干热风也是一种大气干旱现象。

15. 怎样避免蔬菜作物发生光害?

(1)症状识别 由日光照射过强而引起的危害症状主要有以下 3 种。

①**叶斑** 顶部叶片易受害，初期受害部位的绿色组织褪色，后形成多个不规则形白色小斑块或叶片呈漂白状，但只是受害部位变白死亡。严重的半个叶及整个叶片变白干枯、或叶黄枯或叶缘枯焦，受害叶片一般不脱落。

②**果斑** 主要发生于茄果类、瓜类蔬菜的果实上，初期果实向阳面受害处表皮呈灰白色或黄褐色革质状，表面变薄、皱缩凹陷，

组织坏死、发硬，好像被开水烫过一样；后期在潮湿条件下，受害部位受腐生菌侵染，可长出灰黑色霉层而腐烂、又称为日灼病。

③叶片萎蔫　在阳光照射下，植株顶部萎蔫下垂，重者枯死。

(2)诱发因素

①诱发日灼病原因　主要是较强的太阳光在较长时间内直接照射到果实上或叶片上(伴有高温环境)，使局部组织温度很快上升，水分蒸发量急增(为降温)。或由于水分供应不及时，使果实或叶片的向阳面处温度过高而被灼伤出现了叶斑和果斑。或因果实上有露水珠或(棚膜上滴下的)水滴，太阳照射后露水珠(或水滴)聚光发热，灼伤果皮。或土壤水分不足，过于炎热的中午或午后，雨后骤晴都可导致果面温度过高。或土质黏重、土壤积水，根系发育不好，造成植株水分供应不足。或果实开始膨大时，钙元素不足也会导致果皮耐光性下降。或栽植过稀，或发苗不好，或因种种原因造成落叶和死苗过多，均易发生日灼病。日灼病的发生也与品种有关。

②诱发叶片萎蔫的原因　在阳光照射下，根部吸水能力不能满足叶片蒸发水分的需求，造成叶片脱水萎蔫。诱发叶片萎蔫的原因有三个：一是土壤干旱(旱害)；二是根系吸水功能下降，造成的因素有土壤水分过多(涝害)、或露地连阴雨天后遇骤晴天、或连续数日保护地白天覆盖草苫等物后遇骤晴天、或保护地内温度过高；三是病虫危害根系。

③易受光害的蔬菜作物　茄果类和瓜类蔬菜易受到日灼病危害，所有蔬菜都可出现叶片萎蔫症状。土壤干旱、叶片稀少(遮不住果实)、根系吸水能力失调，加剧该病发生。

④易发生光害的时期　露地栽培在7～8月份、保护地栽培在4～6月份，易发生日灼病。在蔬菜生长发育期内都可发生叶片萎蔫症状。

(3)日灼病防治方法　一是选择耐热品种，根据品种特性、土壤肥力、灌溉条件等，选定合适的株、行距，以便进入结果期后叶片可以遮住果实。二是采取地膜或小拱棚覆盖栽培，加强水肥管理，促进植株根深叶茂，在高温季节到来之前封垄。三是可与玉米或豇豆等高秆作物合理间作，利用高秆为蔬菜作物遮光。四是在露地可选用遮阳网(防虫网)覆盖栽培，或在菜地上搭建简易棚架、上面稀疏覆盖树枝或作物秸秆遮光(遮花荫措施)，或(生贵式)移动式大棚。五是在结果期遇高温天气，可适当增加浇水次数或浇水量，可在傍晚或清晨浇水，以井水为好。六是适期喷洒增强植株耐热性的药剂。七是在保护地棚膜上覆盖保温被或遮阳网、涂泥浆等遮光，并注意通风。八是及时采取多种措施防治病虫害，避免叶片受损或脱落或根部受害。

(4)叶片萎蔫的防治方法 针对引发叶片萎蔫的原因，可参照旱害、涝害、雪害、雨害等各条中有关早、晚浇水，使用遮阳网，“回苫”措施等内容。

(5)注意事项 其他症状和防治措施可参照每种蔬菜的日灼病中有关内容。

16. 怎样避免蔬菜作物发生热害?

(1)症状识别 热害(又称为高温危害、高温障害，高温包括气温和地温)对蔬菜作物造成的危害主要有以下几类。①造成出苗困难。②在(番茄)幼苗出土后或定植后，由于地温偏高，造成幼苗倒伏或定植苗严重萎蔫。③植株叶片呈萎蔫状或水浸状，叶脉间由绿色转为灰白色后变为黄色，发育期显著缩短。④茎变细而节间距变长，或(喜凉叶菜的)短缩茎伸长。⑤芽鳞片焦灼，分生组织变褐，丧失萌芽抽枝或膨大开花能力。⑥花瓣和花药枯萎失水，造成雄性不育；或子房萎缩、柱头枯焦，失去正常的受精能力，使花序和子房异常脱落；或花球发育异常。⑦果实发育不良和畸形，提前发生脱落。⑧根系萎缩或停止生长，丧失在土壤中延伸和吸收水分和养分的能力，根的颜色由乳白色变为干褐色。

(2)诱发因素 ①诱发原因。当环境温度(特别是地温)连续多天超过蔬菜生长发育适温条件后，使其正常的生长发育受到抑制，最终导致产量下降以至失收的现象，称为热害。②易受热害的蔬菜作物。各种蔬菜作物都可受到热害。③易发生热害的时期。露地在高温季节易发生热害，保护地内在晚春或初秋易发生热害。

(3)防治方法 ①选择地势较高(海拔每升高 100 米，气温下降 0.6℃)、水源丰富处种植蔬菜。②加强蔬菜生长环境温度的观测与记录，以便及早采取防范措施。③育苗时用寒冷纱、或遮阳网等覆盖苗床，也可在苗床上搭棚，棚上覆旧薄膜、或无纺布、或竹帘、或苇帘等物(在定植前 3～5 天，也需逐步撤去覆盖物炼苗)。可在中午高温时给苗床和叶面喷洒清水，或在早、晚适量浇水，每次浇水后(在叶面无水迹后)可在苗床内撒一层干细土。④露地蔬菜除可参照日灼病防治措施外，还可采取地面覆盖稻草等作物秸秆或黑色地膜。⑤对保护地蔬菜，一是要多开通风口加大通风量，必要时可加放腰风、底风，或整夜通风或在日光温室北墙上开通风口；二是在棚膜上覆盖遮阳网、草苫、保温被等物遮光，或在棚膜上均匀喷水、然后撒一层细土(雨后需重新撒土)；三是适时浇水，浇水后可在地面覆盖麦秸、稻草、草苫等。四是用清水喷洒叶面。五是在夏、秋季定植幼苗后，由于幼苗茎叶无法对地面遮荫，可在铺设的(白色)地膜上撒上一层土或铺上秸秆等，防止地面温度过高。

(4)注意事项 ①进入高温易发期，要密切注意各级气象台站(或有关单位)向公众发布的预警信息，提前做好防护措施。②热害常伴有旱害、光害、风害等灾害发生，防治方法可参照有关各条。③其他症状和防治措施可参照每种蔬菜热害症状中的有关内容。

17. 怎样避免蔬菜作物出现施用有机肥不当造成的危害?

(1)症状识别 蔬菜常施用的有机肥有人粪尿、畜禽粪尿、饼肥、厩肥、堆肥及其他有机物制成的肥料等,若施用不当,可对蔬菜作物(特别是保护地内)造成以下几类危害。

①植株生长不良 植株长势较弱,后期植株易出现脱肥早衰症或出现缺素症。

②造成烧根、萎蔫、叶斑等症状 幼苗根尖发黄,须根少而短,不发新根,但不烂根。地上茎叶生长缓慢,矮小发硬。不发棵,形成小老苗。叶色暗绿、无光泽,顶叶皱缩。或幼苗植株的叶尖、叶缘产生水浸状斑,病斑处逐渐萎蔫变黑枯死。叶色淡,植株根系发育不良,幼苗生长缓慢。重者整个叶片似热水烫状,逐渐萎蔫枯死。根变褐色,逐渐呈沤根状死亡。成株期植株的叶尖、叶缘产生水浸状斑,叶色淡、出现浅绿和绿色相间的花叶,叶片自下而上萎蔫,叶尖及叶缘呈干灼状,嫩叶上有星状分布的斑点。根系发育不良,植株弱小、生长缓慢。或造成烂种、烂芽,或幼苗生长不良,植株矮小,叶片黄化,似缺氮肥症状;或成株期植株的叶片自上而下变黄似缺素症状,但其地下根不变褐腐烂;或叶片上出现白色斑块症状。

③污染土壤 会导致土壤盐渍化,或土壤中硝态氮积累,或被重金属污染。

④污染蔬菜 可造成蔬菜硝酸盐、重金属元素、病原微生物等含量超标。

⑤诱发病虫害 造成一些蔬菜病虫害发生。

(2)诱发因素

①施用有机肥量不足 土壤中有机质的含量是衡量土壤肥力高低的重要指标,一般要求菜田土中有机质含量不低于2%～3%

(或20～30克/千克土壤)、高质量菜田土中有机质含量可达5%(或50克/千克土壤)。在一些由粮田改种蔬菜的田地中或将表土层推起筑墙的保护地中，有机质含量达不到上述要求，在这些土壤中若施用有机肥量不足就会导致植株生长不良。

②*施用了没有腐熟的有机肥* 一是有机肥在由微生物发酵腐熟过程中，微生物与蔬菜根系争水、争肥；二是在发酵腐熟过程中产生的有机酸、热量和局部高浓度的铵盐，使蔬菜发生烧根，造成失水萎蔫；三是在发酵腐熟过程中会释放出一些有害气体如氨气、二氧化氮、二氧化硫、硫化氢等，使叶片出现白色叶斑或造成烂根；四是没有腐熟的有机肥中含有大量的病原菌，又吸引灰地种蝇(产卵)、紫跳虫等害虫。

③*过量施入有机肥* 对含氮量较高的有机肥，或被有害重金属元素、病原微生物污染的(城市垃圾或污泥)有机肥，或含有各种饲料添加剂的(畜、禽粪类)有机肥等过量施用会导致土壤和蔬菜被污染。

(3)防治方法 对各类有机肥一定要充分腐熟后再施用，施到田间的有机肥要及时翻入土中或用土覆盖。对配制育苗土用的(特别是从畜禽养殖场拉回)有机肥，腐熟后需堆放6个月以上再施用。若施用半腐熟的有机肥，应与蔬菜根系保持一定距离。若在保护地内施用了没有腐熟的有机肥作基肥(特别是干鸡粪)，应注意以下几点。一是定植时幼苗根系不要接触生粪；二是不要用地膜把地面全覆盖住；三是要保持较高的地温，酌情浇1～2次水，适期锄地并注意通风，以减轻危害。要避免施用有害重金属元素或病原微生物等有害物含量较高的有机肥。

实行测土施肥，培肥土壤。根据土地面积、土壤肥力、蔬菜种类及产量、生长期长短等因素，确定总施肥量。选择适宜的有机肥施用量，以补充土壤中的有机质含量。如使土壤中有机质含量达到3%～4%(或30～40克/千克土壤)，可连年施用优质有机肥作基肥，基肥（含磷肥）量一般占总施入肥量的50%～60%，在667米² 面积上，露地用厩肥3～4吨、温室用厩肥4～5吨。在土壤有机质含量达到上述标准后，则根据土壤有机质的年矿化率来补充有机肥用量。根据各种有机肥的养分含量、性质特点，合理配合施用，不宜长期单一施用一种有机肥。有机肥可与磷肥配合施用，有机肥可与生物肥搭配施用。秸秆类有机肥可配施适量的氮素化肥，人粪尿可与粗的有机肥及磷、钾肥配合施用，可在羊粪中加入猪牛粪混合施用。一般来说，有机肥需配合翻地作基肥施用。若在蔬菜作物生长期内追施速效性有机肥，应开沟条施或挖坑穴施、及时覆土。

利用保护地设施的休闲期，加速有机肥的腐熟。可在保护地内放置几口大缸，把饼肥或人粪尿放入缸中，加水沤制，待腐熟后（发泡起白沫）施用。可在保护地内挖一个深30～50厘米的坑（其大小根据有机肥量多少而定），在坑内铺上一层旧塑膜（无破损处），把有机肥堆放在塑膜上，使有机肥的含水量达到相对含水量的60%～70%，其地面上的高度为圆坑直径的1/2以上，堆放好后用塑膜覆盖密闭，在15℃以上时人粪尿及畜禽粪尿需用14～21天、厩肥需用28～42天，即可沤制好。用鸡粪100千克，混入肥土和杂肥2 000千克，再加水混合配成硬泥状，沤制15～16天就可使用；或用鸡粪1 000千克与碳酸氢铵50千克混合搅拌均匀后，用3～5厘米厚的稀泥封好发酵，一般15～16天后即可施用（能将鸡粪中的蛴螬杀死）；或将铡碎的玉米秸平摊，其厚度20厘米左右，然后向上泼撒鲜鸡粪，待鸡粪不向玉米秸渗漏时，在其上再次摊放玉米秸20厘米厚，并泼撒鸡粪，如此反复进行3～4次。当粪堆高达80～100厘米时，用塑料薄膜封闭严密发酵，过20～30天后即可施用。

若育苗期发生烧根症状，采取补浇温水（20℃），适时松土，并加强通风；或提前分苗等措施。若（露地或保护地）在定植后发生烧根症状，注意地面不能全覆盖地膜，要保持较高的地温，酌情浇水1～2次，适期锄地，加强通风。

(4)注意事项 一是鸡粪中含氮(N)量达1.63%、含磷(P_2O_5)量1.54%、含钾(K_2O)量0.85%，其氮素以尿酸的形态存在，尿酸微溶于水，所以鸡粪必须腐熟后施用，不能施用生鸡粪。没有腐熟的干鸡粪施用到土壤中后15～40天，是易发生烧根期。用以鸡粪为主的有机肥作基肥时，对番茄、豆类等蔬菜不宜超过(干)500千克，对黄瓜、茄子、辣椒等蔬菜不宜超过(干)1 000千克；若在配制育苗土时施用腐熟鸡粪，其用量应不超过育苗土中用肥量的1/3。二是对有害气体、土壤盐渍化、缺素症、蔬菜硝酸盐和有害重金属元素含量超标等的防治方法可参照以下有关内容。

18. 怎样避免蔬菜作物出现施用化肥不当造成的危害？

(1)症状识别 由工厂合成生产的化学肥料，是一种浓缩的提纯养分，本身虽不是有毒物质，但都是由各种不同的盐类组成，若施用不当，会对蔬菜作物(特别是保护地内)造成以下几类危害。

①烧根(又称为烧苗)现象 见上所述。

②植株生长不良 出现徒长，或落花、落果，或发生缺乏某种营养元素病害，或影响光合作用的正常进行，或抗病性及抗虫性下降，或蔬菜品质及耐贮性下降，或(出现氯离子害时)叶色变黄叶型变小、植株变矮、果实畸形，甚至死亡。

③污染环境 造成土壤酸化、土壤结构被破坏、土壤盐渍化，或土壤中硝酸盐含量过高，或水体富营养化，或大气中氮和氮氧化物含量增加，或形成有害气体(造成保护地内蔬菜叶片上出现白色斑块症状)等一系列环境问题。

④灼伤叶斑 被害叶片主侧脉间的叶肉组织出现点状或条状不规则黄白色、灰白色至白色病斑，并相互融合成斑块，严重时叶

面一片枯白，不能食用。

⑤硝酸盐污染　某些蔬菜从土壤中吸收过量的硝酸盐，造成蔬菜商品中硝酸盐含量超标（硝酸盐在人体内可转化成亚硝酸盐，亚硝酸盐与胺类物质结合形成亚硝胺，而亚硝胺是强致癌物质之一）。

(2)诱发因素

①长期过量而单纯施用化学肥料　一些残留的酸根离子（如硫酸根）会逐渐使土壤酸化；施入土壤中的铵离子量增加，可代换土壤团粒结构中的钙离子、镁离子等，使土壤胶体分散，土地板结；造成（保护地）土壤中盐类成分含量不断增加而发生盐渍化或硝酸盐含量过高；或因土壤溶液中的盐类浓度（局部）过高，蔬菜根就不能从土壤溶液中吸水，反使植株体内的水分倒流到土壤溶液中，就导致植株烧根。

②化学肥料流失　在土壤中未被植株吸收的氮素、磷素肥料，随着雨水、灌溉水等进入环境水体，造成江河湖泊及地下水中氮、磷的含量增加，使水体富营养化；或氮肥直接挥发或被土壤中的嫌气微生物转化成氮气和氮氧化物，进入大气。

③偏施氮素化肥　土壤中氮素肥料含量过高，造成土壤中养分比例失调，使蔬菜植株营养不平衡，造成植株生长不良或硝酸盐污染。

④施用方法不对　施用化肥距根部过近或过量，易造成烧根（在沙质土壤或有机质含量低的土壤上易发生肥害）。在保护地内施化肥后没有及时覆土或浇水，或施用了易挥发的化肥（碳酸氢铵），易造成气害。在往叶面喷洒化肥（如硫酸铵、尿素、过磷酸钙、磷酸二氢钾、氯化钾、硝酸钾）溶液时配制浓度偏高，或未等化肥完全溶解就喷淋、或在夏季高温时段（午后 1～2 时）喷淋，均可引起叶面灼伤，以顶部嫩叶受害尤为严重。

⑤施用化肥种类不对　在一些绿叶菜上施用硝态氮肥，造成

硝酸盐污染；或在温度较低时（15℃以下），施用了尿素，易造成植株体内铵态氮过量，造成蔬菜生长不良；或施用了氯化铵（钾），造成忌氯蔬菜（番茄、辣椒、马铃薯、白菜、莴笋、苋菜等）生长不良或死亡。

(3)防治方法

①*采用测土配方施肥技术* 确定总施肥量。根据施肥要求，合理施用有机肥和磷肥作基肥（可参照施用有机肥不当造成的危害），科学施用氮素化肥作追肥、并配合施钾肥，或施用复合肥，要避免长期施用同一种化肥；以速效性氮肥和钾肥为主，施肥量占总施肥量的 40%～50%。一般在蔬菜的各个营养临界期前分次施入。

②*选用化肥* 根据蔬菜品种特性及生长阶段，选择适宜的化肥种类。如在绿叶菜上不施用硝态氮肥，在温度较低时不施用尿素，在忌氯蔬菜上或保护地内不施用氯化铵（钾）等。

③*控制氮素化肥用量* 一般来说，每 667 米^2 碳酸氢铵用量不超过 30 千克，硫酸铵用量不超过 20 千克，尿素用量不超过 10 千克，硝酸铵用量不超过 15 千克。所以需要准确称量化肥或正确配制叶面肥浓度。

④*改善化肥施用技术* 施化肥要均匀，避免局部过量；要距根部保持一定距离开沟或挖坑施化肥；施化肥后及时覆土或浇水或在降雨前施化肥（降大雨前不宜施肥），在保护地内不施用易挥发的化肥（碳酸氢铵），避免在气温高时喷洒叶面肥等。

(4)注意事项 一是在一些由天然磷矿石制成的磷肥中含有有害重金属元素镉，过量施用易造成蔬菜重金属污染。二是对有害气体、土壤盐渍化、土壤酸化、缺素症、蔬菜硝酸盐和有害重金属元素含量超标等的防治方法可参照后面有关问题的相关内容。

19. 怎样避免蔬菜作物发生有害气体危害?

(1)症状识别 在以下的有害气体中,二氧化硫、氟化氢、氯气、光化学烟雾等还可对露地蔬菜造成危害,其受害程度与污染源距离远近有密切关系,越近受害越重。

①氨气 保护地内氨气浓度达到5毫克/升时,蔬菜作物就会出现受害症状。最先受害的是生命力旺盛叶片的叶缘及部分心叶。叶缘组织先变褐色、后成白色,严重时枯死。黄瓜、番茄、辣椒、小白菜等对氨气反应较敏感,茄子反应迟钝些;保护地内氨气浓度达到40毫克/升时,几乎所有的蔬菜都要受到严重危害甚至枯死。

②二氧化氮气体(曾称为亚硝酸气体) 保护地内二氧化氮气体浓度达到2毫克/升时,蔬菜作物就会出现受害症状,轻则叶片上出现白斑,重则叶脉也变白。近地面叶片受害较重。番茄、茄子、黄瓜、芹菜、莴苣等蔬菜对二氧化氮气体较敏感。

③一氧化碳 保护地内一氧化碳浓度达到2~3毫克/升时,受害叶片背面出现褐色斑点、表面黄化、开始褪色,叶表面的叶脉组织先变成水渍状、后变白变黄,最后变成不规则坏死斑;或很快出现白色斑点,褐色坏死组织。

④二氧化硫 保护地内二氧化硫危害蔬菜的典型症状是在叶肉上出现界限分明的点状或块状伤斑。对二氧化硫敏感的蔬菜有辣椒、菠菜、油菜等,对二氧化硫抗性较强的蔬菜有甘蓝、芹菜等,介于两者之间的蔬菜有黄瓜、番茄、茄子、菜豆等。保护地内二氧化硫浓度达0.2微升/升时敏感蔬菜3~4天出现受害状,达到1微升/升时部分蔬菜4~5小时出现明显的受害状,达到10微升/升~20微升/升时大部分蔬菜受害,甚至死亡。可使受害叶片的叶脉间出现许多不规则形褐色斑点,严重时叶片黄化脱落,浓度高时全株死亡。当二氧化硫气体溶于水时形成亚硫酸,亚硫酸破坏

叶片的叶绿素，出现菱形或圆形白色“烟斑”，逐渐枯萎脱落。在露地空气中二氧化硫浓度达到 0.5 微升/升时，蔬菜就可受害。在叶片上出现灰白色斑或黄白色斑的有萝卜、白菜、菠菜、青菜、番茄等，出现浅黄色斑、或浅土黄色斑、或黄绿色斑的有葱、辣椒、豇豆、豌豆、洋葱、韭菜、油菜、菜豆、黄瓜、西葫芦等，出现褐色斑的有茄子、马铃薯、胡萝卜、南瓜等，出现黑斑的有蚕豆。叶片受害重时，叶肉部分可全部变黄枯萎，留下叶脉的网状骨架，最后死亡。

⑤硫化氢　保护地内硫化氢浓度达到 0.2 毫克/升时，蔬菜作物就会出现受害症状，叶面出现褐色斑点、叶缘卷曲，严重时早脱落。

⑥乙烯　保护地内乙烯浓度达到 0.05 毫克/升以上时，受害植株出现矮化、顶端生长停滞，侧枝生长加强。叶片下垂皱缩，失绿变黄、变白而脱落。花果畸形。

⑦氯气　保护地内氯气浓度达到 0.1 毫克/升以上时，受害叶片上出现褪绿色伤斑。严重时全叶漂白，枯萎脱落。在露地空气中氯气浓度达到 0.5 毫克/升时，蔬菜就可受害，在叶缘和叶脉间组织出现界限不明显的白色、浅黄色的不规则伤斑，后全叶漂白、枯干死亡，以老叶为重，田间可见白茫茫一片，在潮湿季节受害较重(氯气遇水气可形成盐酸)。对氯气敏感的蔬菜有大白菜、洋葱、萝卜等，对氯气抗性较强的蔬菜有茄子、甘蓝、韭菜等，介于两者之间的蔬菜有黄瓜、番茄、辣椒、马铃薯等。

⑧棚膜增塑剂等　保护地内的棚膜增塑剂等在水滴中的含量达到 10～20 毫克/升时，水滴经雾化后，在通过根部或叶面吸收后，便会产生严重的毒害作用，使受害叶片出现失绿黄化、变白、干枯、皱缩。

⑨氟化氢　保护地内氟化氢浓度达到 10 毫克/升时，受害叶的叶尖和叶缘出现白褐色小斑点、呈环带状分布，后扩展至全叶，造成叶片坏死、枯萎脱落；露地蔬菜受害后，受害叶片多在叶尖或

叶缘出现黄褐色或深褐色坏死斑点，数小时后受害叶片由绿色变成黄褐色，全株凋萎，以嫩、壮叶受害重。

⑩光化学烟雾　保护地内的光化学烟雾主要成分为臭氧和硝酸过氧化乙酰。植株受到臭氧的损害，开始时表皮褪色、呈蜡质状，经过一段时间后色素发生变化，叶片上出现红褐色斑点；硝酸过氧化乙酰初使叶片背面呈银灰色，48～72 小时后变为古铜色。影响植物的生长，降低植物对病虫害的抵抗力。对光化学烟雾敏感的蔬菜有莴苣、菜豆、番茄、芥菜、芹菜等，对光化学烟雾抗性较强的蔬菜有萝卜、洋葱、黄瓜、甘蓝等，介于两者之间的蔬菜有胡萝卜、菠菜、大豆等。

(2)诱发因素　施用了没有腐熟的鸡粪、猪牛厩肥、饼肥、人粪尿等，或过量施用了碳酸氢铵、硫酸铵、硝酸铵、尿素等化肥，或施用这些化肥太浅，或撒施于地表，或施化肥后浇水不及时，都会产生氨气和二氧化氮气体。在温室内施用腐熟鸡粪或发酵饼肥时可产生氨气，但没有用塑膜密封肥料而使氨气逸散到棚室内。多在追肥 3～4 天后出现氨气危害症状。多在施肥 10～15 天后出现二氧化氮气体危害症状。土壤呈酸性、温度较低，易积累二氧化氮气体。当天气转晴骤然升温时也易出现二氧化氮气体危害。大量施用硫酸铵或硫酸钾或没有腐熟的饼肥、鸡粪等，也会产生二氧化硫气体，遇水后又形成亚硫酸；施入土壤中硫酸铵或硫酸钾，在水淹或土壤中缺氧时，则会产生硫化氢，低洼地发生重。

棚室加温煤炭在燃烧过程中，由于燃烧不完全，或烟道不畅而倒烟，或使用了劣质煤，或炉体设计不合理，或安装粗糙，均会产生大量一氧化碳和二氧化硫。塑料棚膜中的各种添加剂，在阳光照射下，可形成一些有毒物质乙烯、氯气等，挥发到棚室空间内或溶于棚膜下的水滴中。在一些化工、建材、冶炼工厂排出的工业废气中，含有氯气、氟化氢、二氧化硫等。由汽车、工厂等污染源排入大气的碳氢化合物和氮氧化物等一次污染物，在阳光的作用下发生化学反应，又生成臭氧、硝酸过氧化乙酰、醛、酮、酸等二次污染物，这些污染物的混合物所形成的淡蓝色烟雾污染现象叫做光化学烟雾。光化学烟雾主要发生在阳光强烈的夏、秋季节，可随气流飘移数百千米进行危害，在较大城市周围发生较重。

(3)防治方法　一是保护地每天应及时通风，排除有害气体。在低温季节或降雨雪天，也必须抓住时机通风。每天早晨通风前(特别是在追肥后)，用 pH 试纸测定棚膜下露水的酸碱度(pH 值)。若 pH 值呈碱性，表明已有氨气产生；若 pH 值在 5.5 以下，水滴呈酸性，表明二氧化氮气体过多，须加强通风。二是保护地施用完全腐熟的有机肥，不能施用氨水、碳酸氢铵等化肥。用尿素、硫酸铵等化肥作部分基肥时，要与过磷酸钙混合后沟施或施入后翻耕；用尿素、硫酸铵、硫酸钾等作追肥时，切不能与碱性肥料混用。追肥要做到少施勤施，施肥深度应在 15 厘米以下，并盖土和及时浇水。保持适宜的地温。三是棚室内种植蔬菜时不宜堆沤有机肥。棚室内使用的棚膜和地膜，需选用优质无毒的聚乙烯膜或聚氯乙烯膜，不可使用再生膜。加温炉体和烟道设计要合理，安装要密闭，选用优质低硫煤，加强管理，安全加温，防止倒烟(特别是在刮风天)。蔬菜田应远离各类工业污染区，并在菜田周围适当种植防护林。四是植株出现中毒症状时，应找出原因，采取浇水、施肥、松土等措施，促使受害植株恢复生长。还可采取针对性措施，避免危害进一步加深。如受到二氧化硫危害，及时喷洒 1%～2% 石灰水或 0.5%合成洗涤剂溶液等；如受到氨气危害，可在叶片的背面喷洒 1%食醋溶液；如受到二氧化氮危害，可立即往地面撒些生石灰并浇水。

20. 怎样避免出现土壤盐渍化危害?

(1)症状识别　土壤盐渍化是指易溶性盐分在土壤表层积累的现象或过程，也称盐碱化。盐渍化会使蔬菜作物根部吸水困难，给生长发育造成障碍。表现为种子播种后出苗缓慢、出苗率低，或出苗后逐渐死亡。植株生长矮小，生长停滞。根系生长受抑制，根尖及新根呈褐色，严重时整个根系发黑腐烂、失去活力。叶色呈深绿色、有闪光感，严重时叶色变褐，或叶缘有波浪状枯黄色瘢痕、下位叶片反卷或下垂，或叶片卷曲缺绿，叶尖枯黄卷曲。重者植株中午凋萎，早晚可恢复，受害严重时茎叶枯死。还可造成植株缺乏某种微量元素(如钙)。在突出地表的土块表面还会出现一层白色物质。当土壤全盐含量＜0.1%时，对作物生长影响较小；当土壤全盐含量为0.1%～0.3%时，番茄、黄瓜、茄子、辣椒生长受阻，且产品商品性差；当土壤全含盐量＞0.3%时，绝大多数蔬菜不能正常生长。

(2)诱发因素 ①保护地蔬菜施入的化学肥料较多(特别是偏施硝酸铵等)，施用量大大超过吸收量，有些不能利用的成分残留并积累于土壤中。同时保护地内不受降雨影响，而且多用小水浇灌，使积累于土壤中的肥料成分不被淋失。②保护地内温度高，土壤水分蒸发量大，致使土壤深层的盐分借毛细管作用上升到表土积聚。③在含盐量较高的土地上修建保护地，或用含盐量较高的水浇地。④蔬菜根系分布浅，易受盐害。⑤保护地内为沙质土壤，不施用有机肥，种植不耐盐的蔬菜等。⑥种植蔬菜年限越久，危害越重。

(3)防治方法 ①坚持施用优质腐熟有机肥，不偏施化肥。在初发生盐害的保护地内，可施用半腐熟的秸秆类有机肥。②根据土壤养分状况及所种蔬菜的需肥特性，确定施肥量、施肥方式、肥料种类；避免多年施用同一种化肥，可选用尿素、磷酸二铵、复合肥等；化肥应沟施或穴施，覆土后浇水。在高温季节，适当控制追肥量。③在当地降雨量较多的季节，揭去保护地上的棚膜，任雨水淋洗土壤中的盐分；或在保护地外挖深1米以上的排水沟、在保护地内起田埂，每667米^{2}浇水130米^3，使土壤中的盐分随水排走。降雨和浇水可配合进行。④在保护地休闲期，种一茬不施肥的玉米。⑤每年可深翻土地2次以上，深度为20～30厘米。⑥当土壤中盐分含量较高时，可在土壤干旱时，把5厘米左右深的表土层（该层积累的盐分较多）铲除，运到保护地外，同时用肥沃低盐的客土补充。⑦可种植耐盐性较强的番茄、茄子、芹菜、莴苣、甘蓝、菠菜等蔬菜。适当增加浇水次数。⑧地面可覆盖地膜、稻草、麦秸等物，减少水分蒸发；加强中耕松土，切断土壤毛细管作用。⑨发生盐害地，不宜使用氯化铵、硝酸钠等肥料

21. 怎样避免出现土壤酸化危害？

(1)症状识别 土壤酸化是指土壤酸性增加，变为强酸性或极强酸性的一种自然现象（当pH值6.5～7.5为中性、pH值6～6.5为弱酸性、pH值5.5～6为酸性、pH值4.5～5.5为强酸性、pH值＜4.5为极强酸性）。大多数蔬菜作物在pH值6.5～6.8的土壤中生长发育良好。当土壤酸化后，可对蔬菜作物造成以下几种危害。①诱发病害。适宜某些土传病原菌的存活与增殖，使青枯病、根肿病、黄萎病等增多。②阻碍根系吸收营养。土壤中氢离子浓度增大，使根系不易吸收其他养分（磷、钙、镁）离子。③铵、铝、锰、铁中毒。土壤中铵离子及铝、锰、铁等金属离子的浓度大大增加，易被植株大量吸收而导致中毒。④破坏土壤功能。土壤结构被破坏，土壤板结，物理性状变差，使土壤微生物的氨化作用和硝化作用能力下降，土壤矿物营养元素加速流失，导致土壤贫瘠化，蔬菜作物生长发育不良、抗逆性下降、品质变劣。

(2)诱发因素

①土壤中的钙、镁离子消耗过度 由于菜地土壤水分的淋溶作用和蔬菜作物的吸收作用，导致土壤中钙、镁等碱性离子过度消耗，致使土壤中酸性离子增加。

②施用酸性肥料 过量或长期施用硫酸铵（钾）、氯化铵（钾）、

过磷酸钙等酸性肥料，使土壤耕层中酸根积累严重。

③连茬种植　蔬菜作物根系分泌的有机酸的连年累积。

④施肥比例失调　在总施肥量中，氮、磷、钾肥占的比例过大，而钙、镁等中微量元素投入相对不足。

⑤土壤中有机质含量偏低　偏施化学肥料，不施或少施有机肥。

⑥其他因素　降酸雨。

(3)防治方法　①采用测土配方施肥技术，适量施有机肥料(可参照施用有机肥不当造成的危害有关内容)，合理施用化学肥料(可参照施用化肥不当造成的危害有关内容)，注意施用中、微量元素肥料。②根据蔬菜种类，合理轮换施用碱性肥料(硝酸钙、硝酸钠、氰氨基钙、钙镁磷肥、钢渣磷肥、草木灰等)和酸性肥料，或施用中性肥料(硝酸铵、碳酸氢铵、磷酸铵、硝酸钾等)。③一般来说，酸性土壤应选用碱性肥料，碱性土壤应选用酸性肥料。④施生石灰改良酸性土壤：将生石灰粉碎，过细筛，于播种或定植、播种前，将生石灰和有机肥分别撒施于田块，然后耕耙土地；每667米^{2}施用生石灰量如下(按调节15厘米深耕层土壤计)：pH值<5时用200千克，pH值为5～5.5时用生石灰130千克，pH值为5.5～5.9时用生石灰65千克，pH值为6～6.5时用生石灰30千克。⑤酌情施用钢厂的钢渣、氮肥厂的造气渣，发电厂的粉煤灰等物，不仅能中和酸度，提高土壤pH值，还可提供钙、镁、硅等营养元素。

(4)注意事项　①本书中提到的碱(酸)性肥料包含化学碱(酸)性肥料和生理碱(酸)性肥料。②可用比色法测定土壤的酸碱性(pH值)。先从化学试剂商店购买一本石蕊试纸，在一块耕地的四个角和中间各取一点土壤、并搅拌均匀，放入干净的玻璃杯中，按土∶水＝1∶2的比例加入凉开水，充分搅拌后待土沉淀后，从试纸本上撕下一条试纸，将试纸条的一端放入上清液内，过1～

2 秒钟后取出试纸条，将试纸条浸湿处的颜色与试纸本上的标准色板相比较（在 30 秒内），找到与浸湿处的颜色相近的色板，色板下的数字即为 pH 值。石蕊试纸本要存放在背光干燥处。

22. 怎样避免出现蔬菜作物缺素症？

（1）症状识别　蔬菜作物需要从土壤中吸收的营养元素主要有（大量元素）氮、磷、钾，（中量元素）钙、镁、硫，（微量元素）硼、锌、铁、铜、锰、钼等。在蔬菜的生长发育过程中，由于种种因素使植株体内严重缺乏某种营养元素后，干扰正常的生长发育，使根、茎、叶、花、果实等部位出现特殊的病态，造成蔬菜品质变劣和产量下降，这种现象称为缺素症。由于每种蔬菜的缺素症表现各异，可在有关蔬菜中论述。

（2）诱发因素

①根系吸收功能降低　栽培管理措施跟不上，使根系发育不正常，吸收的养分不能满足植株需求；根系受到伤害（如病虫危害、烧根、有害气体危害、突浇冷水、沤根等）后，吸收养分能力减弱；蔬菜根系因（涝害或大水漫灌、地面全用地膜覆盖等）缺氧，而导致活力下降；蔬菜根系受低温障害，吸收养分受阻。

②土壤条件差　不同类型的土壤中微量元素的种类及含量均不同，可能造成某种营养元素过多或缺少（如在北方石灰性土壤中磷、钙元素容易被固定）；土壤贫瘠，缺乏某些营养元素；土壤中有机质含量低，营养元素易流失：土壤板结，根系发育不良；土壤酸碱度不适宜，不是偏碱就是偏酸，如在碱性条件下硼、锌、锰、铜、铁等的有效性差，在酸性土壤上易出现缺钼症状；土壤盐渍化。

③施肥不当　施用有机肥不足或质量不高，化肥施用量偏大，微量元素缺乏；不注意平衡施肥，致使土壤的一些元素之间发生拮抗作用（如氮肥多会影响根系对钾肥的吸收）等。

④土壤水分供应不均衡　土壤干旱，造成土壤中微量元素不

能被植株吸收。浇水或降雨过多，造成土壤某些养分流失。

⑤连年重茬　连年种植单一种（类）蔬菜作物，造成某些养分过剩或缺乏。

(3)防治方法

①改良土壤　针对土壤中存在的问题，积极采取措施（见上有关内容）改良土壤，使其达到无公害菜田土的标准（无污染熟土层厚30厘米左右、土壤pH值6.5～6.8、有机质含量达20～30克/千克土壤、土壤中总孔隙度达55%、各类养分齐全）。

②注意采取养护根系的管理措施　如采用营养钵育苗或穴盘育苗，或电热线温床育苗，及时分（间）苗、防徒长，培育无病虫壮苗；采取适期定植、注意蹲苗、晚覆膜、深（浅）划锄，防病治虫，促根深扎。

③采用测土施肥技术　根据蔬菜种类，合理施用有机肥与化肥，使土壤中的养分保持动态平衡。当蔬菜植株出现缺素症时，为救急可根据缺什么补什么的原则，合理配制叶面肥喷施。施用含有铜、锰、锌等元素的农药，也可起到补充营养素的作用。

④保持适宜的土壤水分　根据蔬菜种类和生长阶段及环境条件，注意适量浇水或排涝（渍），在低温季节浇温水（防地温下降），以保持根系活力。

⑤合理轮作　如深根蔬菜与浅根蔬菜轮作，需氮肥较多的叶菜类与需磷、钾肥较多的根菜类或果菜类轮作。

(4)注意事项　当蔬菜植株出现缺素症时，首先要看土壤温度、水分、酸碱度、含盐量等条件是否适宜根系发育，其次看根系发育是否良好、色泽是否正常，找出原因再采取相应的措施。对每种蔬菜的缺素症的防治方法，可在有关蔬菜中论述。

23. 怎样避免蔬菜作物硝酸盐污染？

(1)症状识别　氮是维持蔬菜作物正常生长发育的主要物质

之一。蔬菜作物从土壤中吸收(含氮的)硝酸盐,在体内经过一系列的化学反应后被植株利用。而蔬菜作物是一种天然易富集硝酸盐的植物食品,在某些新鲜蔬菜中硝酸盐含量可高达数千毫克/千克,对植物本身无害。当土壤中硝酸盐浓度>1 500 毫克/千克时,(番茄)植株的株高、茎粗、坐果数、果实品质、叶绿素含量等明显下降,叶片凸起皱褶。硝酸盐在人体内可转化成亚硝酸盐,亚硝酸盐可造成人体(或动物)中毒或致癌,而人体内 80%以上的硝酸盐来自蔬菜。

(2)诱发因素 ①过量施肥(特别是氮素化肥)造成土壤中硝酸盐含量过高,保护地土壤中的硝酸盐含量高于露地。②种植易富集硝酸盐的蔬菜。每种蔬菜富集硝酸盐的能力不同,平均值如下:根菜类(1 643 毫克/千克)>薯蓣类(1 503 毫克/千克)>绿叶菜类(1 426 毫克/千克)>白菜类(1 296 毫克/千克)>葱蒜类(597 毫克/千克)>豆类(383 毫克/千克)>瓜类(311 毫克/千克)>茄果类(155 毫克/千克)>多年生菜类(93 毫克/千克)>香菇(38 毫克/千克),其中以茼蒿、油菜、芹菜、绿萝卜、菠菜等含量高。硝酸盐含量较高的蔬菜部位:根菜类是肥大根的尖端,叶菜类则外叶含量高于内叶、叶柄含量高于叶片,果菜类是果实的果梗部。③土壤中缺水、缺钾肥,植株生长期(特别是收获前期)缺光照等,易使蔬菜体内硝酸盐含量增加。④用含氮量高的污水灌溉。

(3)防治方法 ①根据土壤肥力(或硝酸盐含量)高低,合理施用有机肥和氮肥(见前文)。②在硝酸盐含量过高的土壤上,不宜使用氮肥或种植易富集硝酸盐的蔬菜。③选种低富集硝酸盐的品种,选用尿素、硫酸铵、碳酸氢铵等氮素化肥,在蔬菜收获前 20~30 天应停止施用(硝态)氮肥。④在蔬菜生长期内,适时适量增施钾肥,均衡浇水避免干旱。保护地还需采取增加光照措施。⑤在蔬菜苗期或蕾期,适当喷施 0.01%~0.1%钼酸铵溶液 1~2 次。⑥避免用含氮量高的污水灌溉菜地。⑦慎食硝酸盐含量较高的蔬菜部位，或将蔬菜用开水焯一下后或煮熟后再食。

(4)注意事项 ①根菜类中不包括胡萝卜。②成人(60千克体重)每日食用蔬菜中硝酸盐含量不宜超过432毫克/千克(鲜菜)。

24. 怎样避免蔬菜作物发生二氧化碳缺乏症或过多症？

(1)症状识别 葡萄糖是蔬菜作物生长发育的基础营养物质。叶片从空气中吸收二氧化碳和根部吸取水，通过光合作用合成葡萄糖(光合养分)。露地蔬菜作物一般不会缺乏二氧化碳。由于保护地是一个较密闭的环境，空气中二氧化碳不足或过多，均会给蔬菜作物造成伤害。①不足症。植株光合作用受抑制，根系发育不良长势差，开花晚，雌花小不发育，花果脱落多；叶色暗淡无光、叶低平、与主枝垂直或下垂，叶面出现斑点或凹凸不平或黄枯腐烂，植株加快老化。若在远离通风口处的植株出现上述症状，而在通风口附近的数棵植株长势正常，可为二氧化碳不足症。②过多症。会使叶片中的氮、磷、钾、钙、镁等元素含量降低，叶片减少气孔开张度、降低水分蒸腾，致使叶温升高，叶片萎缩、黄化脱落，或(番茄)卷叶变形、呈凋萎状态，或(黄瓜)叶片明显增厚老化。

(2)诱发因素 ①冬、春低温季节保护地通风量不足，使空气中二氧化碳浓度低于100毫克/升，易发生不足症。②当进行二氧化碳施肥时，空气中二氧化碳浓度超过2 200毫克/升以上，易发生过多症。

(3)防治方法 ①保护地内适量施用有机肥，并保持适宜的地温和土壤湿度。②加强保护地通风管理，以补充二氧化碳。③进行二氧化碳施肥时，其浓度晴天保持在1 000～1 500毫克/升、阴天为800～1 000毫克/升；若能根据蔬菜种类、生长阶段、天气条件等，适量进行二氧化碳施肥则更好。

(4)注意事项 ①一般来说，在保护地内夜间至翌日早晨空气中二氧化碳浓度较高，植株见光后二氧化碳浓度开始降低，9时至18时浓度最低。②植株长势衰弱时，不宜进行二氧化碳施肥，否则易加速叶片老化。

25. 怎样避免蔬菜作物发生连作障害?

(1)症状识别 在同一块土地上连续数年种植同一种蔬菜作物或是同科蔬菜作物后，即使在正常的栽培管理条件下，也会出现生长变弱、产量降低、品质下降，甚至不能继续种植的现象，这种现象就是连作障害。其他症状表现还有以下几类。①病虫危害严重。特别是一些白绢病类、枯黄萎病类、青枯类、软腐类、线虫类等土传病害加剧。②土壤理化性状变劣。土壤有机物逐年被矿化，有机质含量降低，土壤团粒结构破坏；土壤中各种营养元素平衡比例被破坏，过剩和缺乏差距加大，出现缺素症；土壤发生盐渍化或酸化。③土壤生态结构被破坏。土壤中有益微生物(如硝化菌、铵化菌等)受到抑制数量减少，有害微生物的数量增加。

(2)诱发因素 ①蔬菜作物在生长或腐烂过程，分泌(或产生)的某些化学物质连年积累，对自身或环境中的其他植物及微生物起抑制作用，或破坏土壤团粒结构。②蔬菜作物的高产量及高复种指数，使土壤没有恢复的时间。③施肥不当和连茬种植，造成土壤中养分元素之间不平衡。④保护地栽培条件下土壤的干湿交替不明显，造成土壤长期处于厌气环境，一些好气性的微生物生长受到抑制，破坏了微生物种群结构。⑤有些病原菌其危害的蔬菜种类较多，而土壤中的病残体和病原菌不易被清除，一些病原菌可通过各种途径(如流水、土壤、种子、没有腐熟的有机肥、农事操作等)污染土壤；长期不科学地施用化学农药，使一些病菌害虫产生了抗药性。

(3)防治方法 ①合理轮作。对露地蔬菜可酌情实行水旱轮作或粮菜轮作;保护地蔬菜可在不同的科(类)蔬菜之间实行轮作。②嫁接育苗。在瓜类或茄果类蔬菜上,利用抗性强的砧木进行嫁接育苗,可增强蔬菜作物的抗病性、抗寒性及耐热、耐湿、吸肥等能力,进而提高产量。③合理施用有机肥和化肥。可参照上文。④对症改良土壤。对土壤盐渍化或酸化的改良措施可参照上文。⑤处理土壤。酌情采用氨基化钙、棉隆等药剂处理土壤,或用秸秆发酵处理土壤,以灭除土壤中的有害生物。⑥防治缺素症。可参照上文。⑦使用生物制剂或种绿肥。酌情选用防治土壤连作障害的生物制剂或种绿肥,以促进蔬菜根际有益微生物繁殖,抑制有害微生物生长。⑧加强田间管理措施。如深耕晒垡、深沟高畦栽培,覆盖地膜,合理密植,小水勤浇,适量增施微量元素,加强通风,全面清理病残体(含根茬)等。

(4)注意事项 蔬菜地发生连作障害后,只靠一项技术还不能解决问题,需要根据实际情况采用多项技术,综合解决问题。

26. 怎样避免蔬菜作物发生农药危害?

(1)症状识别 因农药使用不当,给蔬菜作物造成的危害可分为以下两类。①药害。农药造成的各类有害损伤,使蔬菜作物不能正常生长发育,这些有害损伤称为药害。常出现的损伤有种子不发芽或不能出土,或幼苗叶片变白干枯坏死(以叶缘、叶尖为重)、扭曲停止生长,重者死亡。或植株叶片变色发黄,或萎蔫下垂,或出现白斑、锈斑、褐斑、焦枯、卷曲畸形等。或根系发育不良,落叶、落花、落果,植株生长缓慢,开花结果延迟。蔬菜的风味和商品性降低。重者可造成枯死。可分为急性型药害(在施药后数小时至数天内出现有害损伤)和慢性型药害(在施药后较长时间出现有害损伤)。②蔬菜上农药残留量超标。是指在农药使用后的一段时间内,没有被分解而残留于蔬菜体内的农药量超过国家规定的农药残留量标准。食用农药残留量超标的蔬菜后就会对食用者身体健康造成危害，严重时会造成身体不适、呕吐、腹泻甚至导致死亡的严重后果。植物生长调节剂造成的药害，可见有关蔬菜。

(2)诱发因素 ①错用了农药，或使用了伪劣假冒农药。②单位面积上的用药量超过了农药(标签上)使用说明中规定的用药量，或单位面积上的稀释用水量少于农药(标签上)使用说明中规定的用水量。③施药前没有清洗施药器械。没有按照施药技术要求进行操作，或随意增加施药次数。④在不适宜施药的蔬菜生育阶段及不适宜的施药天气条件进行施药。⑤保护地内的用药次数过多(与露地蔬菜相比)，加之无雨水冲刷农药，使植株(特别是叶片)上农药残留量较大。⑥在农药安全间隔期内采收蔬菜。⑦其他意外事故。

(3)预防措施 ①在使用(购买)农药前，一定要仔细查看农药标签上的使用说明，对症用(购)药。避免使用伪劣假冒农药。在施药前后都要清洗一遍施药器械并检修。在田间施药时，要做好标记，以防重喷或漏喷。②对于新药或自己没有使用过的农药，或从技术资料上(包括本书)查到的农药使用方法，都应先进行小面积的农药试验，取得经验后，再大面积使用。③要严格按照农药产品标签上的使用要求，或在有经验的农技人员的指导下，准确称(量)农药，科学稀释配制农药，以正确的施药技术均匀施药。不过量施用农药或减少稀释对水量(应用河水、塘水、雨水等)，不随意增加施药次数，不随意混用农药。④在蔬菜作物苗期、花期施药，及对幼嫩部位施药，或对某种农药敏感的蔬菜施药，都要小心用药，以防敏感部位受药过多。⑤当气温超过30℃、或强烈阳光照射时、或空气中相对湿度低于50%时、或风速超过微风(大于5米/秒)时(最好在无风时喷洒除草剂)、或在雨天、或在植株上有露水时，不能施药。⑥在使用配制好的植物生长调节剂药液时，要防止药液中的水分蒸发，避免出现使用浓度加大的现象。⑦在蔬菜作物上，不能使用国家禁用农药。⑧注意所用农药的安全间隔期。

施药后，不在安全间隔期内采收蔬菜。

(4)补救措施 ①在苗床内发生药害，可用分苗的方式来减轻药害。②若不慎发生急性型药害，可喷清水冲洗植株表面。保护地注意通风。③叶面喷施1%糖液，及时追施速效肥料(尿素等)，中耕松土，保持适宜的昼、夜温度，促进根系发育。④根据引起药害的农药特性，对症喷洒解症药剂。⑤发生严重药害时，可酌情换茬。⑥对食用蔬菜，可采取用水浸泡、开水烫焯、削皮、多次洗涤等方法，清除残留农药。

(5)注意事项 ①注意药害症状与生理病害症状的区别。药害症状表现类型和出现部位较一致，出现的时间较统一，只在施药地块出现症状；而生理病害症状表现类型和出现部位常不一致，常会有病株和无病株混杂在一起，常是由点到面扩展。②过量施用农药会对环境造成污染。

27. 怎样避免蔬菜作物发生地膜危害？

(1)症状识别 在蔬菜生产中，采用地膜覆盖栽培是一项重要的技术措施。若使用不当，会造成以下两类危害。①生长障碍。地膜覆盖栽培可出现幼苗萎蔫或死亡，植株徒长、倒伏或早衰等症状。②地膜残留。残膜能妨碍种子的发芽、生长，阻碍植株根系下扎，影响根系对水分和养分的吸收，阻断土壤水分运动，造成缺苗断垄或植株长势弱，导致大幅度减产。

(2)诱发因素 ①幼苗萎蔫或死亡。由于覆膜质量差，或定植孔处覆土不严，或在幼苗基部培土太少，中午高温时地膜下热气从孔隙处喷出，灼伤幼苗。土壤中水分不足或浇水不足，造成幼苗干旱缺水。施用了没有腐熟的有机肥或碳酸氢铵等化肥作基肥(特别是穴施或条施)，遇土壤较干旱和高温时，造成肥害烧根。在采用改良式或深穴式地膜覆盖栽培，幼苗出土后未能及时破膜引苗，加上土壤干旱，在中午膜下易出现高温烤苗。幼苗本身质量差，加上定植不得法，在覆膜后死亡。②植株徒长。基肥施用量过大（尤以氮素化肥为主时）、浇水量过大，或追肥过早，或雨季提前，或种植中晚熟品种，或种植密度过大等。③植株倒伏。栽苗过浅，又没有培土，使根系多集中于表土层。栽苗后没有很好蹲苗，垂直根生长差而水平根发达（覆盖地膜就易使根系分布区上移）。植株地上部分生长过于旺盛，头重脚轻。出现这些长势，加上搭架不牢，遇大风雨即倒伏。④植株早衰。土壤中缺肥干旱，造成植株脱肥缺水；连年覆盖和重茬，造成根系发育不好；进入高温季节后植株尚未封垄，造成地温偏高期过长。这些因素均可造成植株早衰。⑤每次使用地膜后，总有一些地膜因种种原因残留在土壤中，这些地膜不能腐烂分解，越积越多，就会造成菜田地膜残留污染。

(3)防治方法 ①选择种植经济效益高的果菜类蔬菜，培育适龄无病虫壮苗，定植前降温炼苗，带药定植。②根据土壤肥力和蔬菜种类，施足腐熟有机肥作基肥，并配合施入磷、钾肥。③深耕细耙土壤，按行距做畦。使畦面土粒细碎平整，畦面中央略高、呈“龟背”状；在铺膜前喷除草剂（根据蔬菜种类和杂草类型进行选择），每667米^{2}用除草剂量一般比露地用量减少1/3，按照规定的操作方法施用；地膜的宽度应等于或大于畦面的宽度，可在畦边开一条小沟，覆膜时边铺边将膜边放入小沟内并压土，把膜拉紧顺畦面铺平铺正，使地膜紧贴畦面，四周用土压实，防止透气。④覆盖地膜5～7天后定植，先按株距要求在地膜上开定植穴口，定植穴口要尽量开小些，挖坑深些栽苗，封土（用不含除草剂的土）浇水，地膜开口处要用土压好，每667米^{2}栽苗量比露地栽苗量减少10%。对点播或穴播的瓜类或豆类蔬菜，可先播种后盖膜。若有死苗，及时补栽（种）。⑤对先播种后盖膜的蔬菜作物，要及时破膜引苗，地膜开口处要用土压好，防止烂苗。根据蔬菜种类，注意控水蹲苗，中耕松土，及时插架引蔓。⑥根据蔬菜种类，适时浇水追肥。进入中后期，注意浇水，使水分向覆膜畦内渗透，以防受旱；在雨季，要及时疏通排水沟，以防降雨后田间积水。根据植株长势适当追肥和喷施叶面肥(用0.1%～0.5%尿素或磷酸二氢钾溶液)，以防早衰。结合浇水或降雨追肥，要少量勤施以防烧根。⑦经常检查定植穴口和地膜，发现定植穴口边有孔隙或地膜裂口，应及时培土和修补。若有杂草把地膜顶起来，应在晴天中午踩平杂草顶起的地膜，使杂草枯死；对于定植穴口或地膜裂口处长出的杂草，应及时拔掉并用土把口封好。⑧在高温季节前，应使植株封垄。注意整枝打杈绑蔓。⑨蔬菜拉秧后，采取多种措施及时清除田间的残膜。

(4)注意事项 有条件时可选用易降解的地膜。

28. 怎样避免酸雨污染蔬菜作物？

(1)症状识别 酸雨的pH值越低、降酸雨的次数越多，对环境造成的危害就越大。酸雨对蔬菜作物造成的危害可分为以下两类。①造成土壤酸化。pH值为3的酸雨使中性和酸性土壤在5年后酸化，pH值为4的酸雨需10年以上使土壤酸化。土壤酸化的危害见前文。以南方受害较重。②作物损伤。pH值为4.2的酸雨，对敏感作物的生理生化活动造成明显影响；pH值<3.5的酸雨，可在植株上造成伤害。第一种危害是造成种子发芽率降低。pH值为4时，对发芽影响不大；pH值为3.5时，对番茄、韭菜、香葱、茼蒿、雪里蕻、甘蓝、菜豆、黄瓜、冬瓜等产生显著影响；pH值为3时，对菠菜产生显著影响；pH值为2时，对辣椒、乌塌菜、青菜、扁豆等产生显著影响。第二种危害是损伤表皮及组织结构，初在叶面产生散生微小的坏死斑、其直径小于1毫米(此时叶片上已有无数个肉眼见不到的细小伤斑)；随着降酸雨次数增加，伤斑直径可达2毫米(由无数个细小伤斑连接而成)；叶片损伤严重时，叶缘破碎、枯焦(黄)卷曲，叶面萎缩和叶片下垂。在同一种酸性条件下，不同的蔬菜叶片反应不同(即对酸雨的耐受性不同)。一般伤斑出现在雨滴滞留的凹陷区，在干湿交替的环境中更为显著。酸

雨对嫩叶的伤害比对老叶的伤害重。第三种危害是造成叶片中的钾、钠、钙、镁等元素淋失。第四种危害是造成叶绿素的合成受阻、呼吸作用加大、消耗加大,使气孔开闭度减小、蒸腾作用下降。第五种危害是造成植株长势衰弱,产量降低。

(2)诱发因素 ①酸雨的成因。(烧煤产生的)二氧化硫、三氧化硫及(各种机动车排放的尾气中的)氮氧化物在大气中与雨、雪等形成硫酸和硝酸,随雨、雪等降到地面。通常把酸碱度(pH 值)低于 5.6 的酸性降水称为酸雨。②易受酸雨危害的蔬菜。不同品种的蔬菜对酸雨的敏感程度不同,pH 值为 3.5 时,对酸雨敏感的蔬菜有番茄、芹菜、豇豆、黄瓜等,其产量可下降 20%;对酸雨中等敏感的蔬菜有莴苣(生菜)、菜豆(四季豆)、辣椒等,其产量下降 10%~20%;对酸雨抗性较强的蔬菜有甜(青)椒、甘蓝、小白菜、菠菜、胡萝卜、萝卜、花椰菜(花菜)等,其产量下降低于 10%。③酸雨的范围。1972 年贵州、湖南等省初降酸雨,后在四川、贵州、广东、广西、湖南、湖北、江西、浙江、江苏等省、自治区和青岛、太原市等部分地区均降过酸雨。

(3)防治方法 ①开展综合治理,以减少酸雨形成物的排放。②对土壤酸化的防治方法可参照前文中有关内容。③选种对酸雨抗性较强的蔬菜。④使用稀土微肥,用于种子处理和苗期喷施。⑤酌情采用防雨棚种植蔬菜。

(4)注意事项 ①正常雨水的 pH 值为 5.6,超过这个标准为非正常雨水、即为酸雨。②酸雨的危害症状表现多为模拟试验结果。

29. 怎样避免污水浇灌危害蔬菜作物?

(1)症状识别 在一些地区由于缺水,不得不使用未经处理的工业污水和生活污水浇灌菜地。污水中的有害物成分非常复杂,对蔬菜作物造成的危害主要有以下两类。①直接损伤。污水中的有害物，直接造成蔬菜作物生长不良、产量下降，甚至死亡；或直接黏附污染蔬菜作物，造成蔬菜品质下降。②蔬菜中有害物含量超过国家标准。污水中的有害物可通过2条途径，使蔬菜中的有害物含量超过国家标准。一是溶于水中的有害物，可由蔬菜根系吸收；二是有害物残留在土壤中，再被蔬菜作物吸收，最终危害人体健康。

(2)诱发因素 ①使用未经处理的工业污水浇灌菜地，这些污水中主要有害物质有碱、酸、盐类、表面活性剂、石油类、酚类(苯酚和甲酚)、氰化物类、氟化物类、苯及苯系物(芳烃)类、致癌化合物、有害重金属元素(如砷、铅、镉、汞、铬、钒、钴、镍、钡等)及铜、锌、铁、锰等元素等，污染蔬菜和土壤。②使用未经处理的生活污水浇灌菜地，这些污水中主要有害物质有氮、磷、盐类、有机物、洗涤剂、有害微生物等，污染蔬菜和土壤。

(3)防治方法 ①菜田浇地用水，要符合国家《农田灌溉水质标准》(GB 5084—92)。不用未经处理的工业污水和生活污水浇灌菜地。②对可用于浇灌的污水，要加强对水质的监测。③已被污染的菜田，不宜继续种植蔬菜。

(4)注意事项 ①要避免发生菜田浇地用水被污染的事故。②在某些菜田土壤中，有些有害元素的本底值(指土壤中自然原有的含量)就较高。③某些蔬菜作物对土壤中的某些元素具有富集作用(指从土壤中过量吸收某种元素积累在体内)。

30. 怎样避免粉尘危害蔬菜作物?

(1)症状识别 污染空气的有害物质除气体外(可见前文)，还有大量的固体的或液体的细微颗粒成分、统称为粉尘。粉尘对蔬菜作物的危害主要分为以下两类。①煤烟粉尘危害。空气中的煤烟粉尘沉降在蔬菜作物上，在叶片、茎秆、花朵、果实等部位造成众多的灰黑色污斑。叶片被污染后，阻挡光合作用和呼吸作用正常进行,出现坏死叶斑,造成品质下降、减产或死亡。幼果被污染后,造成被污染部分果皮粗糙、组织木栓化、纤维增多,商品价值下降;成熟果被污染后,易造成腐烂。煤烟粉尘层层夹在叶球内,使甘蓝、大白菜等包心蔬菜失去食用价值。飘浮在空气中的煤烟粉尘和沉降在保护地塑膜上的煤烟粉尘,均能阻挡太阳光,影响植株生长。②金属和非金属飘尘。空气中还有许多有害的金属和非金属飘尘(其种类见上),通过各种方式降落下来,污染蔬菜、水源和土壤等,造成蔬菜中毒、生长不良和蔬菜中有害物含量超过国家标准。

(2)诱发因素 ①煤烟粉尘是由以燃烧煤炭为动力来源的工矿企业和千家万户的炉灶通过烟囱排放到大气中的废弃物(也含有有害金属元素),以污染源为中心周围几十公顷的耕地或处于下风向的蔬菜作物都会受到污染。②在许多工厂生产过程中,可产生多种直径小于10微米的金属或非金属颗粒排入大气后能长时间飘浮在空气里,故称为"飘尘",易被气流带到较远的地区,人们用眼看不见这些(非)金属颗粒。

(3)防治方法 ①应选择远离工矿企业、公路等污染源的地区种植蔬菜。②开展综合治理,以减少粉尘的排放。被粉尘污染的地区不宜种植蔬菜。③选用没有被有害重金属元素污染的有机肥和磷肥。④查明菜田土中有害重金属元素的种类及含量,已被重金属元素严重污染的菜地不宜再种植蔬菜。⑤对轻度污染菜地,可通过施用优质有机肥来吸附固定重金属元素,或在酸性土壤上施生石灰来降低重金属元素活性。⑥不宜种植小白菜、苋菜、蕹菜、荠菜、茼蒿、芫荽、菠菜等叶菜及萝卜、南瓜等对重金属元素具有高富集能力的蔬菜。可种植番茄、辣椒、黄瓜、豇豆、菜用大豆等果菜。⑦选种对重金属元素低富集能力的品种。如黄芯48、阳春结球、阳春等大白菜品种对土壤中的镉、铅等吸收能力较低。⑧应把田间的老叶、根茬等物(含有重金属元素)清理干净,运到菜田外择地挖坑深埋，不宜用于沤肥或饲喂畜禽。

(4)注意事项 酸雨和粉尘的复合污染，能加重对蔬菜作物的危害。

三、蔬菜苗期生理病害疑症识别与防治

31. 怎样避免蔬菜种子发热？

(1)症状识别 蔬菜种子在贮存期间发热，会造成种子霉烂，影响种子的生活力，降低种子的发芽率。

(2)诱发因素 ①蔬菜种子在贮存期间含水量较高。②贮存环境湿度较高，造成种子吸湿返潮。③种子贮存前温度较高，与贮存环境温度差距较大。④种子发热，有利于种子上微生物的繁殖，使发热更加剧。⑤贮存环境通风条件差，或没有及时翻动晾晒种子。

(3)防治方法 ①种子含水量越低，越不宜发热。在种子贮存前(特别对后熟期长的种子)，应充分晾晒，使其含水量低于安全贮存标准后，才能入库贮存；要求含水量低于8%的蔬菜有(大)白菜、甘蓝、花椰菜、芥菜类、萝卜、莴笋、番茄、辣(甜)椒、黄瓜等，要求含水量低于9%的蔬菜有茄子、南瓜、芹菜、芫荽等，要求含水量低于10%的蔬菜有胡萝卜、大葱、韭菜、洋葱、茼蒿、茴香等，要求含水量低于11%的蔬菜有菠菜，要求含水量低于12%的蔬菜有苋菜、长豇豆、菜豆、豌豆等，要求含水量低于13%的蔬菜有蕹菜。②在暴晒种子后，应摊晾开，充分降温，再入库贮存。③选择适宜的贮存方式。一是将收获的蔬菜种子带荚或整枝捆扎成把，挂在阴凉通风处，用时采摘脱粒。二是把蔬菜种子放在牛皮纸袋或布口袋中（千万不能用塑料袋包装），放在干燥通风处，用时取出。三是把种子晾干后，用纱布袋或布袋盛装，把布袋吊放于通风、阴凉的屋顶下。四是选择封闭性较好的陶制坛罐，洗净晾干，内垫少量生石灰，其上面铺一层纸，然后把种子倒在里边，并在坛中盖个石灰包。此方法可存放2～3年。五是对大量蔬菜种子用麻袋、编织袋、布袋等盛装，在通风干燥库房内地面上用砖头或者圆木等物垫高30厘米以上，在其上摆放种子袋并离墙壁30厘米左右，要求贮存环境温度为10℃～20℃、空气相对湿度为50%～65%。种子要远离农药、化肥、火炉等。④由于种种原因没有充分晾晒的，在入库后应进行强烈通风，使种子含水量下降。⑤在种子贮存期间，加强对种子温度和含水量检查，发现异常应及时对症采取措施。要加强病、虫、鼠的防治，确保种子质量与安全。

(4)注意事项 蔬菜种子其他的贮存标准可见国家有关规定。

32. 怎样避免蔬菜种子发霉？

(1)症状识别 蔬菜种子在催芽期间发霉，会造成种子霉烂，降低种子的发芽率，严重时可造成催芽失败(扣盆)。

(2)诱发因素 ①蔬菜种子质量不高，或破籽多或种子在贮存期已发霉。②种子及催芽的用具(棉纱布、盆、毛巾等)或基质(如沙土、锯末、稻壳等)没有进行严格灭菌处理。③在催芽期间，没有按时用洁净的温水淘洗种子，造成催芽种子表面的黏液过多。④催芽的种子数量偏大，造成处于中心位置的种子缺氧气。⑤催芽期过长。

(3)防治方法 ①选用籽粒饱满、无破损、成熟好、发芽率和发芽势高的新种子；选购袋装种子时，要注意种子袋上的标志是否符合国家有关标准，并保留发票、种子袋及少量种子。在催芽前，先在阳光下晒种数天，拣去破籽、瘪籽等。②用温水(汤)浸种或用药液浸种(见后)进行种子灭菌处理。③用干净无菌的用具或基质进行催芽，或先用开水对催芽用具烫煮后再使用。根据基质的种类选择适宜的方法灭菌后再使用。④种子数量偏多时，可分装成多个小种子包，放在一起催芽。⑤为防催芽期过长可采取以下措施：一是在浸种时要让种子吸足水，比较准确的方法是用种子吸入的水量相当于浸种前干种子重量的多少来确定。茄果类种子的吸入水量相当于浸种前干种子重量的70%～75%，瓜类种子的吸入的水量相当于浸种前干种子重量的50%～60%，菜豆种子的吸入的水量相当于浸种前干种子重量的104%。二是在盆底放几根秫秸，将种子包摆放在秫秸上，再用湿毛巾覆盖种子包。三是保持适宜的催芽温度，茄果类和瓜类为25℃～30℃、甘蓝类和菜豆为20℃～25℃、耐寒叶菜类为15℃～25℃。四是在催芽期间，每日按时用洁净的温水（水温与催芽温度相近）淘洗种子1～2次，洗去种子表面的黏液，然后控去多余的水分后再催芽。⑥对冬瓜、苦瓜、瓠瓜等种子，在播种前7天用湿沙拌种，放在潮湿而低温条件下，再在28℃～30℃温度下催芽。⑦若用基质催芽时，要注意控制基质内的水分，以防湿度过高。

(4)注意事项 ①在催芽过程中，要细查看，拣出已有霉斑的种子。②若种子包内有较多的霉斑，该包种子不能用于播种；若用基质催芽时，长出的霉层太多，则应更换基质并重新播种。③在催芽期间，要注意苗床安全，以防出现意外事故，而不能适期播种。若因天气条件（遇阴雨天、雨水浇湿苗床等）不能按时播种，要逐渐降低催芽温度避免种子萌芽过长，降温幅度要适当、避免坏种。

33. 怎样避免蔬菜种子不出苗？

(1)症状识别 蔬菜种子在播种后长时间不出苗或出苗很少。

(2)诱发因素 ①种子在播种前已丧失了发芽能力（没有做发芽试验而播种）。或种子虽能发芽但感染病原菌，浸种催芽时没有经过消毒或消毒不严格，播种后病原菌危害种子而影响出苗。或因种子本身结构特点而出苗困难。②温水浸种时水温偏高将种子烫伤。或用药液浸种后没有用清水洗净种皮上残留的药液，用药剂拌种或用药液浸种时药剂用量过高等造成药害。③播种苗床内地温长期过低或过高，或苗床土内水分过多，或苗床土缺水干旱使种子发芽受到影响。或苗床土干旱使已出芽的种子由于缺水而导致幼芽变黄、萎缩、干枯等(又称为“吊干芽”)。特别是高温与缺水或低温与水分过多两类环境条件,对种子造成的危害较大。④由于苗床土内施肥不当(如施用化肥或有机肥过量,或施用没有腐熟的有机肥),造成种子(烧芽)不能出苗。⑤因育苗用的土壤或水中混入有害物(如除草剂),造成种子不能出苗。⑥用药剂处理苗床土时,药剂用量过高。⑦播种后覆土过厚、出苗困难,或因降雨造成土壤板结而不能出苗,或种子被老鼠扒出吃掉。

(3)预防措施 要根据种植蔬菜种类、苗龄大小、栽培条件等,确定适宜的播种育苗期。需采取多种措施,以培育适龄无病虫壮苗。

苗床应设在地势较高、排水条件良好、地下水位较低、背风向阳处,或在保护地内做苗床。在冬、春季育苗要搞好防寒保温措施(如电热线温床育苗等),在夏、秋育苗要搞好排水渠和遮阳防雨棚。要配制以下两种苗床土。

配方一:用翻晒过的无病菜园土 5 份,完全腐熟的厩肥(最好用马粪)4 份,河沙 1 份,配制苗床土。每 100 千克苗床土再添加 0.1 千克硫酸钾和 0.1～0.2 千克过磷酸钙。

配方二:用无病菜园土或粮地土 4 份,腐熟厩肥或草炭 6 份(供播种用苗床土)或无病菜园土或粮地土 4 份,腐熟厩肥或草炭 5 份,河沙或细炉渣 1 份(供分苗用苗床土)。土、肥要搅拌均匀。

苗床土药剂处理。根据病害种类选用药剂,每平方米用适量药剂,与 4～15 千克过筛干细土混匀(用土量多少与种子大小有关),制成药土;播种前在苗床内铺好苗床土(约 10 厘米厚),耙平后轻踩 1 遍再耙平。然后浇底水(水温与地温相近),从一端先浇,要一次浇好,不可反复来回浇。水深为 3～4 厘米(1 厘米深水可湿润床土 3 厘米左右)。待水渗下后(水量以湿润床土 10 厘米深为宜),先用药土的 1/3 撒在苗床上,播种后再用药土的 2/3 覆盖在种子上。也可用营养钵(将苗床土装入容器中,土面略低于容器口)护根育苗或用穴盘育苗。

务必提前做种子发芽率测定,以便在播种前做到心中有数。可用保温瓶做发芽测定,在保温瓶的瓶塞上打1个小孔,将温度计插入小孔内,瓶内装小半瓶温水,把浸种结束的种子用纱布包好,吊在瓶内空间,在发芽期间,每天注意察看瓶内温度并用温水淘洗种子;酌情处理种子,以防种子带菌。若用温汤浸种,水温高低和浸种时间长短,与种子种类和种子带病害种类有关。浸种期间用小木棍不断搅拌,到时间后捞出种子放入凉水中冷却。若用药液浸种,要准确配制药液浓度,到时间后捞出种子用清水冲洗3次后催芽。若药剂拌种,要准确称量药剂和种子,将药剂、种子拌均匀。采用正确的方法催芽(见上)。可酌情采用变温炼种或低温炼种,可提高茄果类、瓜类、喜凉蔬菜等幼苗的耐寒能力。有些蔬菜种子(在高温季节)直接播种后不能发芽或发芽困难,如胡萝卜、菠菜、芹菜、落葵(木耳菜)、莴笋、大蒜、马铃薯等须采取一定的处理方法后才能发芽(见有关蔬菜)。播种最好在冷尾暖头的晴天上午进行。茄果类、叶菜类、花菜类等蔬菜播种时,先往种子内掺少量干净细沙,撒种于苗床上,再用细铁丝等物将种子拨匀,立即覆土0.7～1厘米厚。瓜类、豆类等蔬菜播种时,在苗床上按10厘米见方划格,将种子平放在方格中央,立即覆土1.5(瓜类)～3(豆类)厘米厚。播种完后,可在苗床上覆盖塑料薄膜或搭小拱棚。

根据幼苗的种类和不同生长阶段调节苗床内的温、湿度。在播种后至出苗前阶段,主要是保温保湿。喜温蔬菜适宜出土地温为20℃～30℃,50%以上幼苗出土需5～10天;耐寒蔬菜出土适宜地温为16℃～20℃,50%以上幼苗出土需6～10天。一般不浇水。若苗床土太干,可喷淋25℃温水;若苗床土太湿,需揭去塑料薄膜。在大部分幼苗开始拱土时,可往苗床内撒一层0.3～0.5厘米厚的干细土。在出苗至分苗前阶段,有50%的幼苗出土后需揭去塑料薄膜，使幼苗见光，并逐步降低苗床内的温度。幼苗出齐后，(待叶面无露水时)再往苗床内撒一层0.3～0.5厘米厚的干细土。番茄：白天22℃～26℃、地温20℃～23℃，夜间13℃～14℃、地温18℃～20℃；茄子和辣椒：白天20℃～25℃，夜间10℃～15℃，地温15℃；瓜类：白天20℃～25℃，夜间13℃～17℃，地温15℃；叶菜类、花菜类、茎菜类等蔬菜：白天18℃～22℃，夜间10℃～12℃。在分苗至定植前阶段：番茄和茄子在第一片真叶展开时(1叶1心)，辣椒在第二片真叶展开时(2叶1心)，瓜类从破心至第一片真叶展开时，叶菜类在第二片和第三片真叶展开时，进行分苗。分苗前3～4天逐步降温，分苗前2～3天浇1次水，以利起苗。最好在冷尾暖头的晴天上午进行分苗，可分苗于畦中(要先晒畦数日以提高地温)，分苗用苗床土应稍压实、整平，开沟摆苗，浇温水(20℃～30℃)，水渗下后覆土封沟。分苗苗距：辣椒(双株)、番茄、茄子等不小于8厘米见方，叶菜类、花菜类等不小于6厘米见方，也可将幼苗移栽到直径8～10厘米的营养钵或纸袋中。在栽苗期间，光照强时可用草苫等物覆盖在栽好的幼苗上遮荫，防阳光直晒幼苗。分苗后苗床上可搭小拱棚或密闭棚膜保温，白天25℃～28℃，夜间：番茄和黄瓜为15℃～18℃、茄子和辣椒为17℃～18℃、叶菜类为15℃～16℃。地温为20℃左右。缓苗期不浇水，缓苗后适当通风降温。茄果类蔬菜幼苗则进入花芽分化期，夜温不能低于13℃并保持10℃左右的昼夜温差，地温不能低于15℃。

其他管理措施：积极采取多种措施，以减轻灾害性天气造成的危害。在低温季节，要保持塑(棚)膜表面清洁，并采取增加光照的措施。适时适量通风，要防止冷风闪苗；在高温季节要采取遮光、防雨、防高温的措施。防止幼苗徒长或幼苗老化，以培育适龄壮苗。注意防危害幼苗的病、虫、鼠等。在定植前7～15天，切坨或倒苗，应逐步通风降温炼苗，做到带药定植。

(4)补救措施 播种后经过一定时间后不见出苗，应扒开苗床土查看种子。若种子的种胚已变黄或腐烂或霉变，或幼芽干枯，或幼芽消失，需重新播种或换苗床土后播种。并要找出原因，对症采取相应整改措施。若幼芽仍是白色、没有干缩或消失，或剥开种皮观察种胚（由胚芽、胚茎、胚根组成）仍是白色新鲜的，说明种子并没死亡，只要找出原因，对症采取相应措施都能出苗。如果地温过低，应把播种箱或育苗钵（盘）搬到温度高的地方（有电热线的苗床上或烟道上）。若在苗床畦中育苗，应采取增温保温措施（可参照低温危害条）。如果苗床内温度过高，注意通风降温或适当遮光降温。如果床土过湿时，应控制浇水，适当（用粗铁丝做成的小锄）划锄畦面，注意增加光照和通风排湿，并用干燥的草炭或炉灰渣或蛭石或干细土或草木灰等，撒在床面上。如果床土过干，用喷壶浇25℃温水，不要使床土板结；畦面有裂缝，应用湿润细土填补。如果播种后覆土过厚，可适当切去一层覆土或适当补施液肥、提高温度和喷水，以促种芽生长。如果播种后因降雨造成土壤板结，若幼芽尚未顶土，可在（早晨）土壤潮湿时，轻轻将板结土层锄碎；若幼芽已顶土，可适量喷水，保持土层呈潮湿状以助幼芽出土。

(5)注意事项 ①发芽率是指在规定的天数内种子的发芽数占供试种子总数的百分比。如100粒供试种子有90粒发芽，则发芽率为90%。利用发芽率计算单位面积上的用种量。发芽势是指在规定的天数内（测定发芽势的规定的天数比测定发芽率的规定的天数少），供试种子的发芽率占供试种子总数的百分比，表示供试种子的发芽速度和整齐度，其数值越大发芽势越强。②在配制苗床土时，若选择菜园土或粮地土的酸性过大，造成苗床土过酸，会使幼苗缩小、停止生长，严重时生长点变态、顶芽凹陷、包在叶中；若选择菜园土或粮地土的碱性过大，造成苗床土过碱，会使幼叶似病毒病症状，大叶边缘呈镶金边状甚至全叶黄化。③生理苗龄是指幼苗生长和发育的程度。如有几片叶、现蕾情况、苗干重等，一般简称为苗龄。日历苗龄是指育苗天数，也就是从播种至定植的天数。壮苗指标是将生理苗龄和日历苗龄有机地结合在一起的一种表示方法。

34. 怎样避免蔬菜种子出苗不齐？

(1)症状识别 蔬菜种子播种后出苗不齐，使管理难度加大。较常见的出苗不齐分以下两种情况。①早出苗和晚出苗时间前后相差较大。早出幼苗已破心；晚出幼苗刚出土，有的甚至种子才发芽。②苗床内幼苗稠稀分布不均匀，多的地方幼苗密集，有的地方无苗。

(2)诱发因素 ①造成出苗时间前后相差较大的主要原因有两类。一是由于种子成熟度不一致，或种子饱满度差异大，或种子新旧混杂，或贮存过程部分种子受潮等，一般表现为苗床上幼苗生长稀疏；二是由于种子催芽前吸水不足，或在催芽过程中水分、温度、空气等条件不适合，造成萌芽不齐。②造成幼苗稠稀分布不均匀的主要原因有二：一是由于播种技术和苗床管理技术粗糙，如播种不均匀、苗床内干湿不均、苗床内温度不均、播种后覆土厚薄不均、苗床内畦面高低不平整、苗床内渗入雨水等；二是由于苗床土中掺入的化肥拌得不均匀，或因局部病、虫、鼠等的危害。

(3)防治方法 ①可参照种子发霉和种子不出苗中的有关内容。②要整平播种畦面(整地不熟练者可用一个接近装满清水的饮料瓶，将其平放在畦面，借助瓶内气泡的走向找平)；育苗畦的长宽要适宜(宽 1～1.7 米)，播种畦过宽或过长均不利于均匀浇水；要提高浇水的质量，播种畦较长时应采取分段浇水法。③浇水后，若发现播种畦面有积水处，应在积水处撒一些苗床土找平；待水渗下后，可在畦面上均匀撒盖一层苗床土(或细沙)，待土(沙)洇湿后再播种。④播种后，找几根直径与覆土厚度相同的木棍(竹竿)，平放在播种畦面上，利用筛子筛土的方法来覆土。当畦面上的木棍

(竹竿)被土覆盖后依稀可见时,取出木棍(竹竿),再用苗床土将小沟填平即可。⑤借助分苗移栽,将幼苗按大小分别栽在一起。

(4)注意事项 在靠近苗床地四周的地方播种,这些地方的种子一般出苗迟(特别是阳畦的南边)。

35. 怎样避免蔬菜种子戴帽出土?

(1)症状识别 戴帽出土幼苗是指幼苗出土时种皮夹在子叶上没有脱掉,而子叶戴着种皮出土的现象。幼苗子叶因种皮夹住不能展开,影响幼苗的光合作用和生长。

(2)诱发因素 ①由于播下的种子种粒瘪小,或超过贮存期的陈旧种子、成熟度差的种子,或苗床内温度低出苗时间过长等,造成其出土能力下降。②播种后覆土太薄或覆土太干,使种皮干燥发硬。③在幼苗出土时,揭塑膜过早或在中午时揭去塑膜。④将瓜类种子直立播入土中。⑤种子受到病原菌危害。

(3)防治方法 ①对选种、浸种、播种等,可参照种子发霉、种子不出苗和出苗不齐中的有关内容。②在幼苗顶土时,若发现幼苗有戴帽出土的现象,可在苗床内撒一层湿润的细土或在早上用喷壶往苗床内喷些温水。③在早上(喷水后)种皮尚软时,人工轻轻将种皮挑掉。

(4)注意事项 在人工挑掉种皮时,动作要轻,以防损伤子叶。

36. 怎样避免蔬菜幼苗瘦弱?

(1)症状识别 幼苗出土后,长势较瘦弱、茎叶柔嫩,有时幼苗软化而折倒。

(2)诱发因素 ①由于播下的种子种粒瘪小,或苗床内温度低出苗时间过长等,造成种子内的营养物质不能满足幼苗生长的需求。②播种后覆土过厚或覆土土质过于黏重,种子在出土过程消耗的营养物质过多。

(3)防治方法 ①对选种、苗床土配制、播种后覆土等,可参照种子发霉、种子不出苗和出苗不齐中的有关内容。②在冬春季地温较低时育苗,宜采用电热线温床育苗、或采用酿热物温床等育苗,以提高地温,加快出苗。③借助分苗,改善幼苗生长环境,促发壮苗。④对于过于瘦弱的幼苗,宜淘汰不用,重新播种育苗。

(4)注意事项 幼苗染病后,也可造成幼苗瘦弱,注意区别。

37. 怎样避免蔬菜幼苗根部不往下扎?

(1)症状识别 蔬菜幼苗根部不往下扎,大致分为两种类型。一是幼苗出土后,新生根不往土层下扎,有时在土层表面可见乳白色根。二是幼苗栽到分苗床后,迟迟不能扎根生长,重者造成死苗。

(2)诱发因素 ①由于播种后覆土太浅,或苗床内地温偏低,或苗床土下层湿度过高,或苗床土下层过于坚实,均可造成幼苗新根不往土层下扎。②由于分苗前,没有晒分苗畦,现分苗现做分苗畦,地温没有提上来;或分苗时浇水过多,或雨水漏进床内,或分苗苗床上覆盖的玻璃或薄膜漏风,或分苗后即遇连阴雨雪等降温天,均可造成分苗苗床内地温过低,不利于幼苗扎根。

(3)防治方法 ①对苗床土配制、浇水、播种后覆土、温度管理等,可参照种子发霉、种子不出苗和出苗不齐中的有关内容。若发现幼苗新生根不往土层下扎,可对症采取及时覆土,或提高地温,或松土并配合通风降湿等措施,以改善幼苗生长条件。②对于分苗前后的管理措施,可参照种子不出苗中的有关内容。若发现分苗后根不往土层下扎,可对症在分苗苗床内采取划锄、增加光照,加强夜间保温覆盖,或往苗床内撒一层干细土、注意通风降湿。

(4)注意事项 幼苗根部染病后,也可造成幼苗不发根,注意区别。

38. 怎样避免蔬菜幼苗出现寒根和沤根?

(1)症状识别 ①寒根。幼苗根系停止生长,无根毛发生,但根系没有腐烂、仍为白色,只是幼苗矮小,叶片发黄、萎蔫;若时间过久,幼苗会因缺乏营养、水分而死。②沤根。幼苗根部根皮成锈(黄)褐色腐烂,长期不发新根,主根和须根上无根毛,造成幼苗叶片变黄,病苗在阳光下萎蔫或叶片干枯脱落,重者逐渐萎蔫而死,轻轻一提沤根苗即从苗床上被拔起,但茎部无病变。可造成幼苗成片死亡。

(2)诱发因素 ①寒根。由于苗床内地温低于根毛生长的最低温度,造成根毛不生长。②沤根。苗床期的幼苗在遇连阴雨雪天、气温下降天不能通风排湿;或浇水过多、雨水灌入苗床内,造成苗床内长期高湿而温度较低(低于12℃)、光照不足时;或分苗后浇水过多,再遇连阴雨雪天、气温下降天;或苗床土土质黏重、低洼地、排水不良地、过量施用了没有腐熟的有机肥等,均易发生沤根。几乎所有的蔬菜幼苗都能发生沤根。其中在早春采用培育地苗的方式育苗时,瓜类、茄果类蔬菜幼苗易发生沤根。

(3)防治方法 ①对苗床土配制、浇水、播种后覆土、分苗、温度管理等,可参照种子发霉、种子不出苗和出苗不齐中的有关内容。最有效的方法就是在冬、春季地温较低时育苗,宜采用电热线温床或酿热物温床等育苗,以保持适宜的地温(根据蔬菜种类而定);分苗后(或定植后)采取多种保温措施,以缩短缓苗期,早发苗。其次要看天适量浇水,注意通风及防雨水(融化雪水)灌入苗床(或保护地)内。②发现沤(寒)根出现时,及时松土(在苗床内可用粗铁丝做成的小锄)、增加光照、提高地温、通风降湿,或往苗床内撒一层干细土或草木灰降湿,促发新根。

(4)注意事项 若苗床内湿度高、地温低,持续时间长,寒根就会发展成沤根。

39. 怎样避免蔬菜幼苗出现烧根?

(1)症状识别 ①幼苗发生烧根时,根系发干、呈黄色或铁锈色,须根少而短,不发新根,但根部不腐烂;幼苗茎叶生长缓慢、矮小脆硬,叶色暗绿、无光泽,部分子叶和真叶的叶缘抽缩。严重时造成大片幼苗死亡或全部死亡。②其他症状可参照施用有机肥不当造成的危害中的有关内容。

(2)诱发因素 苗床内施用了过多的有机肥或化肥,或使用的有机肥中各种饲料添加剂含量过高,或施用没有腐熟的有机肥等。或肥土没有拌均匀,或土壤干旱等,均可损伤了幼根。

(3)防治方法 ①对苗床土配制、浇水、播种后覆土、分苗、温度管理等,可参照种子不出苗和出苗不齐中的有关内容。②若发现烧根,可参照施用有机肥不当造成的危害中的有关内容。

(4)注意事项 避免使用盐碱土配制苗床土。

40. 怎样避免蔬菜幼苗出现徒长苗?

(1)症状识别 徒长苗又称为疯长。从幼苗出土至幼苗真叶有2～3片展开时(小苗期)和幼苗定植前的15～20天时,是蔬菜育苗期最易发生徒长的两个阶段。①徒长症状。在幼苗出土后,徒长幼苗有两种类型:一是幼苗嫩茎(下胚轴)生长过长(通常嫩茎长度大于子叶开展度的)苗,称为高脚苗;二是子叶以下嫩茎发育正常,而子叶至真叶间的嫩茎长的细长纤弱,称为高脖苗。在幼苗定植前的15～20天时发生徒长,幼苗则表现为茎细弱、呈黄绿色,节间增长,叶片松软且薄,叶色淡黄,根系细弱。②徒长危害。徒长幼苗组织柔嫩,根系发育不好(根小及根条数少),茎、叶易折伤。徒长幼苗的抗热性、抗低温冻害性、抗病性等降低。在苗床内或定植到田间后易跌倒。定植后缓苗慢,成活率降低,不利于早熟高产。果菜类徒长幼苗的花芽分化迟且不正常,花芽数量减少,花瓣为深黄色，花大且不正常、易落花，易产生畸形果、化瓜等，而且同一花序内的各个花朵的开花期间隔时间较长。

(2)诱发因素 ①单位面积上播种量过大，造成出苗过密拥挤而徒长。②出苗后没有及时揭去覆盖在苗床上的塑膜，造成苗床内温度偏高(特别是夜温偏高)而徒长。③育苗土中氮肥用量过多、苗床内湿度偏高、光照不足等，均可造成徒长。④没有及时间苗或分苗(假植)或倒坨而徒长。⑤在定植前，外界温度已升高，幼苗生长速度加快、叶片互相遮荫，此时分苗床内温度和湿度偏高，幼苗易徒长。⑥因种种原因浇水过多而徒长。⑦在夏、秋季采用遮阳网或无纺布覆盖育苗时，若长期密闭覆盖造成苗床内光照太弱，也易造成幼苗徒长。

(3)防治方法 ①对播种后覆土、分苗、温度管理等，可参照种子不出苗中的有关内容。②为防出现徒长，在幼苗出土后应着重调控苗床内温、湿度，保持适宜的昼夜温差，适时间苗、分苗，让幼苗多见光(特别是阴天)，注意通风；在定植前，结合外界气温变化，尽量延长光照时间，逐渐减少夜间的保温覆盖物，要防止雨水灌入苗床内。③若发现小苗期幼苗有徒长迹象，即降低苗床内温度(特别是夜温)，并给苗床内撒一层干细土，防幼苗跌倒。在分苗时，可把徒长幼苗埋得深些。若发现定植前幼苗有徒长迹象，可降低苗床内温度，往根部培土，但不能采取过分控水的方法抑制徒长。可试用50%矮壮素水剂2 000～3 000倍液，喷洒在幼苗上或浇在苗床土上，每平方米苗床上喷洒1升药液，10天后即可见效。④用遮阳网或无纺布覆盖育苗时，当幼苗出齐后，在晴天上午8～9时盖好、下午4时以后揭开，夜间不覆盖；在阴天时，白天及夜间均不覆盖；在降雨天，小雨不覆盖大雨覆盖，特别是连续数日降大雨，要在降雨暂停时揭开覆盖。在定植前3～5天，逐步撤去覆盖物炼苗。

(4)注意事项 用穴盘或营养钵或苗床等育(分)苗都可发生

幼苗徒长现象。

41. 怎样避免蔬菜幼苗出现老化苗?

(1)症状识别 老化幼苗又被称为"僵苗"、"僵化苗"、"老头苗"、"小老苗"等。指幼苗出土后,生长发育迟缓,展叶慢,苗株瘦弱,节间缩短、茎秆短而细硬;叶片小,子叶和真叶变黄,新叶为灰绿色,叶片增厚、皱缩,叶缘下卷,迟迟不长新叶,或叶片小而厚、呈深暗绿色,幼苗脆硬而无弹性;根少而小,根系呈黄褐衰弱甚至褐变,不易发新根;定植后缓苗慢,花芽分化不正常,容易落花落果或出现花打顶现象。

(2)诱发因素 造成幼苗老化的原因有以下几个:①苗床土缺水过干。②苗床内温度偏低。③苗床土土质黏重,或配制苗床土用的有机肥没有充分腐熟,或配制苗床土时用肥量过多,或苗床土中缺少肥料。④育苗期较长,过度蹲苗。⑤根系受到伤害,如寒根、烧根等。

(3)防治方法 ①对苗床土配制、浇水、播种后覆土、出苗后温度管理等,可参照种子不出苗和出苗不齐中的有关内容。②在育苗期,应合理调控育苗的温、湿、光等环境条件,使苗龄不可过长。育苗时应控温不缺水。定植前幼苗降温锻炼时不能缺水,保持土壤湿润。发现土壤缺水时必须适量喷(浇)温水,以防土壤中缺水过多。③若发现幼苗老化时,找出诱发原因,对症采取补救措施。还可用10～30毫克/升赤霉素药液喷洒幼苗,一般7天后幼苗就会逐渐恢复正常。④若育苗期缺肥,可用0.2%磷酸二氢钾溶液,在晴天上午喷洒幼苗。⑤对已严重老化的幼苗应淘汰不用。

(4)注意事项 采用营养钵育苗时,由于钵体的阻断使幼苗根系不能从土壤中吸取水分,若不及时浇水,易造成营养钵内苗床土过干而育成老化苗。

42. 蔬菜幼苗期还有哪些异常症状？怎样防治？

在蔬菜育苗过程，幼苗的抗逆性较差，若遇到一些特殊的环境条件，还会出现其他异常症状。

(1)无生长点幼苗

①症状识别　幼苗出土后仅有2片叶子、而2片叶子中间无生长点(幼芽)，其比正常苗子叶肥大且绿；或长出一片畸形真叶后再不长出叶片，这种幼苗又称为“老公苗”、“瞎顶苗”。

②诱发因素　品种本身种性退化。或种子本身发育不全，或种子存放年代过久，或被地下害虫咬掉生长点，或因染病使生长点死亡，或施肥喷药浓度过大、生长点被“烧死”。或幼芽分化期，因养分和水分供应不足，导致生长点的细胞停止分裂，形成无生长点苗。

③防治措施　发现无生长点幼苗，即可间拔掉，对症分析后采取相应的补救措施。若是种子本身问题，无生长点幼苗在苗床内分布比较均匀，再无其他症状出现，可根据无生长点幼苗的数量多少来采取对策。数量少，可加强苗床管理，促发壮苗；数量多，则换另一批健壮种子重新播种。若是病、虫危害，无生长点幼苗在苗床内多是点、片分布，并伴有其他症状出现。如子叶上出现缺刻、嫩茎被咬(伤)断等症状为虫害，可选用杀虫剂配制成药液灌根；如子叶或嫩茎上出现变色病斑等症状为病害，可选用杀菌剂配制成药液灌根或配制成药土撒于苗床内，并注意通风降湿。若是肥害(伴有根部症状，见前)或药害(伴有子叶上出现白斑或边缘变白等症状)，可适量浇(喷)清水，降低肥(药)浓度。若是营养和水分供应不足，则幼苗长势瘦弱、叶色呈浅绿色或黄绿色，可喷施叶面肥促壮苗，并借助分苗，将幼苗移栽至营养和水分等条件较好的苗床内。

(2)无 头 苗

①症状识别　在一夜间,刚出土的幼苗仅剩嫩茎,子叶、嫩芽全没了。

②诱发因素　这是因鼠类或蟋蟀类咬食所致。

③防治措施　若是鼠类为害,可在苗床(田)边地垄处摆放毒饵盒(将可乐饮料瓶两端剪开),将毒鼠饵剂或饵料放在毒饵盒内,若发现死鼠,须深埋。若以前就有鼠害,可在播种前放置毒饵盒。若是蟋蟀类为害(在夜间灯光下可发现),用敌百虫和炒香的麦麸、菜叶、米糠等制成毒饵,在傍晚撒于田间。

(3)幼苗跌倒

①症状识别　指直立生长的幼苗跌倒,而不能正常生长。幼苗跌倒又称为倒苗。

②诱发因素　因徒长造成幼苗生长瘦弱,茎叶柔嫩而跌倒;用遮阳网等覆盖育苗,因遮荫过久后突然揭网,而使幼苗不能承受强光照射而跌倒。因晴天中午,强光照射在土壤上,造成地表温度过高,使嫩茎脱水而跌倒。因病害(猝倒病、疫病、枯萎病等)危害而跌倒。

③防治措施　因徒长而跌倒或因遮荫过久而跌倒,其防治方法可参照徒长苗中有关内容。因强光照而跌倒,可在中午强光照时用遮阳网等物适当遮荫,并保持土壤湿润、注意通风降温。因病害危害而跌倒,可选用杀菌剂配制成药液灌根或配制成药土撒于苗床内,并注意通风降湿。

(4)风吹伤苗

①症状识别　在通风之后,幼苗叶片突然发生失水萎蔫,叶缘上卷,叶片局部或全部变白坏死干枯,重者整株萎蔫死亡。

②诱发因素　由于通风口开得过大或突然通风,造成冷风直吹幼苗和苗床内温度急剧下降,使叶片失水过多而受到损伤。

③防治措施　给苗床通风时要选准适宜通风口位置(可参照

风害中有关内容)，按照通风口由小到大、温度逐渐下降的原则，循序渐进地通风。在低温季节严禁通扫地风和过堂风。若发生风吹伤苗后，要采取保温遮光措施，加强水肥管理，促进幼苗恢复生长。

(5)闪　苗

①*症状识别*　在数日连阴雨(雪)天后遇骤晴天，揭去覆盖物后(苗床期或刚定植的)幼苗突然见强光照，造成叶片向上卷曲、失水枯萎，重者幼苗大片萎蔫倒伏死亡。

②*诱发因素*　由于覆盖保温，幼苗数日不能见光，叶片和根系的功能大大下降，突遇强光照和温度升高，使叶片失水萎蔫，重者倒伏死亡。幼苗越小、受害越重。雨水灌入苗床内的幼苗、定植后没有过缓苗期的幼苗，阴雨(雪)天来临前刚浇水和追施氮肥的幼苗，易受害。

③*防治措施*　冬、春季在农事操作前要密切注意天气变化预报，尽量避免在播种、分苗、定植、浇水、追肥后遇连阴雨(雪)天。在连阴雨(雪)天期间，加强保护地保温增光措施，可参照冷害、雨害、雪害等各条中有关内容。遇骤晴天，要采取间隔一定时间卷放草苫等，避免幼苗见光时间过久而萎蔫，待幼苗恢复正常生长后再按常规操作卷放草苫等覆盖物。若发生闪苗后，视受害严重程度，酌情采取对策。受害较轻，要采取保温遮光措施，加强水肥管理，促进幼苗恢复生长；受害较重，及时育苗补栽。

(6)分苗后死苗

①*症状识别*　分苗后，出现幼苗不能缓苗而死亡的现象。

②*诱发因素*　由于分苗床地温偏低，幼苗在较长时间内不能发新根生长而死苗；或幼苗根系发育不好，分苗后很难缓苗成活；或在分苗过程中损坏了幼苗根茎，分苗后幼苗不能吸水而死亡；或在分苗时，起苗和栽苗中间隔的时间过长、或待栽的幼苗暴露在阳光下，以至幼苗失水过多而萎蔫，栽苗后虽浇足水，但也不能恢复生长；或分苗过晚，幼苗长得又很大，根部不带土坨则难以成活；或

肥料烧根;或分苗后遇连阴雨雪天、大风降温天。

③防治措施　分苗前后的操作步骤,可参照种子不出苗中的有关内容。要用小铲起苗,避免过多伤害根系。轻拿轻放幼苗,避免伤害嫩茎。要随起苗随栽苗。在运苗过程中,宜用湿布遮光,以防幼苗失水过多。结合起苗进行选苗,淘汰根系少的、折断的、有病的、畸形的幼苗。若发现缓苗期过长,应及时分析找出原因,采取措施。

(7)变 色 苗

①症状识别　幼苗在生长中后期,叶片上突然出现白色或褐色或黄色等斑点(块),轻者停止生长,重者整株死亡。

②诱发因素　这是因为施肥、加温、覆盖塑膜等不当及环境污染等产生的有害气体,造成棚室内有害气体浓度超过了蔬菜幼苗能耐受浓度的上限,使幼苗受到损伤;或因用农药不当造成的药害。

③防治措施　对症分析,找出原因后积极采取补救措施。其他措施可参照有害气体和药害中的有关内容。

(8)受灾苗　蔬菜幼苗的抗逆性较低,在冬、春季育苗易受到大风降温天、降雪天、连阴雨天、连阴雨雪天后骤晴天等灾害性天气条件的影响。而在夏、秋季育苗易受到干热风天、高温天、强光照天、热雷雨天、强降雨天等灾害性天气条件的影响,会给幼苗造成不利影响而出现一些异常症状。受灾苗的症状识别、预防措施和补救措施,可见前文有关内容。

四、黄瓜生理病害疑症识别与防治

43. 黄瓜的基本形态特征和对环境条件的要求是什么?

(1)形态特征 ①黄瓜根系分布在表土层25厘米深度范围内,以10厘米内最为密集。而侧根横向伸展,集中在30～50厘米的半径内。根系不耐低温,好气、喜肥但耐肥能力差,喜湿怕涝又怕旱。在栽培管理中,要注意采取促根发育、护根防病虫措施。②黄瓜茎蔓为攀缘性蔓生茎,四棱或五棱,中空生有刚毛,一般茎粗0.6～1.2厘米,节长5～10厘米。早熟春黄瓜的茎较短而侧枝少,中晚熟夏黄瓜和秋黄瓜的茎较长而侧枝较多。在栽培管理中,要及时搭架、吊蔓或落蔓,打侧枝、打卷须或打顶,有助于植株正常生长。③黄瓜叶片分子叶和真叶两种类型。子叶(刚出土的两片叶)肥大绿色深,且平展形状好,保护好子叶对促进花芽的形成、分化及培育壮苗至关重要。真叶为五角心脏形,叶缘有缺刻,呈深绿色或黄绿色,表皮生有毛刺,单叶面积一般在400厘米^{2}左右。叶片负责制造供茎叶生长和瓜条膨大所需的光合养分(碳水化合物)。进入结瓜期后,要采取防病保叶的措施,保护好瓜条上、下两片叶尤为重要。④黄瓜花朵一般分为雌花(有小瓜的花)和雄花(宜摘除),在同株的叶腋处着生,花瓣黄色,虫媒花。通常在早晨5时至6时30分开放,盛花时间为1～1.5小时。⑤黄瓜瓜条呈棒状或长棒状,通常在开花后8～18天成熟可采收。

(2)对环境条件的要求 ①黄瓜生长发育的最适温度,白天为25℃～30℃、夜间为10℃～18℃,保持一定的昼夜温差为宜。当温度达到35℃时,叶片合成的养分和植株本身呼吸消耗掉的养分处于平衡状态;当温度超过 40℃时,就会引起落花、化瓜、出现畸形瓜等生育障碍;当温度降至 8℃以下时,生长发育就会受到影响;当温度降至 1℃以下时,植株就会受冻。根系生长发育的最适温度为 20℃～25℃。当地温低于 12℃或高于 30℃时,根系停止生长。在光照增强、棚室内二氧化碳浓度增高、湿度加大等因素的影响下,生长发育适温会有所提高。②华北系黄瓜(另一种类型为华南系黄瓜)中的大多数品种,每天保证 8～11 小时的光照,就能正常生长发育。适宜的光照强度为 4 万～5 万勒,光饱和点为 5.5 万勒,光补偿点为 0.1 万～0.2 万勒。每日光照时数过多或偏少、光照强度过强或偏弱,均会给黄瓜生长发育造成不利影响。黄瓜叶片全天合成的养分,其中 60%～70%在中午前完成、余下的在下午完成,所以在日光温室栽培中,上午应适时早卷草苫。③适宜黄瓜生长发育的土壤相对湿度为 85%～90%、空气相对湿度为 70%～90%。若空气相对湿度偏高且持续时间较长时,易诱发病害;在土壤相对湿度过高时,若温度偏高易引起徒长,若温度偏低又易引起沤根等。④黄瓜叶片进行光合作用时,空气中二氧化碳浓度为 1 000 毫克/升为宜。另外,空气中若有有害气体,会对叶片造成损伤。所以,在保护地黄瓜栽培中,需加强通风或进行二氧化碳施肥。⑤在富含有机质、透气性好、pH 值为 6.5、含氧量为 2%以上、保水保肥性好的壤土,适宜黄瓜生长。

44. 怎样识别黄瓜的新旧种子?

随着黄瓜种子贮存年限的延长或贮存条件的变劣,种子会逐渐衰老、发芽率下降甚至丧失。在生产中要避免使用旧种子。在购种时,可借助感官(眼、口、手等)来初步判断新旧种子。

(1)新种子 种子表面有光泽、呈乳白色或白色,剥开种皮种仁为白色或黄绿色。富含油分,有香味,口咬有涩味。种子顶端的毛刺较尖。把手插入种子袋内,手上往往挂有种子。

(2)旧种子 种子表面没有光泽，常有黄斑或呈灰白色。剥开种皮，种仁为深黄色。口嚼有油味，种子顶端的毛刺钝而脆，把手插入种子袋内，种子往往不能挂在手上。

45. 什么是黄瓜壮苗标准?

(1)发芽期 播后3～4天，两片子叶呈75°角展开；5～6天时两片子叶呈一条直线状(水平状)展开。两片子叶肥大、边缘稍微上翘、略呈匙状，下胚轴(茎)长3～4厘米。

(2)幼苗期 叶片平展，大小适中且较厚。叶色绿有光泽，叶缘缺刻深，叶脉粗，叶柄较短，与茎的夹角约为45°，秧苗健壮。

(3)定植期 ①露地春黄瓜育苗，要求苗龄35～40天(从播种至定植的天数)。株高10厘米左右，茎粗壮。有3～4片叶，叶片肥厚，叶色呈深绿色，叶片大小适中。须根多，呈白色而粗壮。无病虫害。②露地夏、秋黄瓜育苗，大棚秋延后黄瓜育苗和日光温室秋冬茬黄瓜育苗等，要求苗龄15～20天。幼苗为2叶1心。③大棚春提早黄瓜育苗，若种密刺系统黄瓜，苗龄50～60天，株高15～20厘米，茎粗0.5厘米以上，有5～6片真叶，50%以上的植株已现花蕾；若种津杂1号和津杂2号，苗龄40～45天，有4～5片真叶。④日光温室早春茬黄瓜育苗，苗龄35～45天，株高10～15厘米，茎粗(第三节茎粗达0.5厘米以上)，节间长3厘米左右，有3～5片真叶，叶绿而厚。主根粗壮，侧根不少于40条，根毛多。⑤日光温室冬春茬嫁接黄瓜育苗，苗龄30～35天，株高10～14厘米，有3叶1心。

46. 造成黄瓜子叶生长异常的原因是什么?

当环境条件不适宜时，幼苗子叶的形态、颜色就会出现异常变化。因此，要加强对出土后幼苗子叶的观察，对症采取管理措施，调节环境条件，促进幼苗正常生长。①子叶出土后不见变绿，仍为黄色。这是苗床内光照不足造成的。应采取增加光照的措施，或拆除阻挡阳光的物件，以改善苗床内的光照条件。②子叶大而薄、呈浅绿色，或子叶向斜上方伸展。这是苗床内温度高、湿度大造成的。应采取逐渐通风、缓慢降温的措施，使苗床内温、湿度恢复到正常水平。③子叶小而色暗。这是苗床内水分不足造成的。可在晴天上午适量喷淋温水来补水。④子叶先端下垂，颜色深绿无光泽。或子叶小而平伸。这是苗床内低温缺水造成的。应及时采取增温补水措施。⑤子叶边缘下卷，呈反匙状。这是表明苗床内的低温已严重阻碍幼苗生长，需尽快采取增温、增光照的措施，促幼苗恢复正常生长。⑥子叶边缘出现焦边。这是说明苗床内已有有害气体产生。需加强通风，排除有害气体，并找出原因，对症采取措施排除。⑦子叶边缘向上卷、并失绿变为白色。这是苗床内通风过快或突然降温造成的。应科学通风，加强苗床保温管理，适当喷施叶面肥。⑧子叶焦枯、根系变黄腐烂。这是苗床内地温低、湿度大造成的。应采取提高地温、降低湿度的措施。⑨子叶变薄、先端黄萎，重者可造成部分根系腐烂。这是苗床内光照不足，水分偏多造成的。应采取增加光照、适当中耕通风排湿等措施。⑩子叶尖端干燥枯黄。这是苗床内缺水或苗床土中肥料过量造成的。应采取适量补水或分苗。⑪子叶一大一小或子叶在同一侧。这是种子本身不充实造成的。可酌情拔掉。⑫子叶上出现褪绿枯斑或圆形斑。这是病害造成的。应及时拔掉病苗，装袋运到苗床外深埋，并对症采取药剂防治措施。⑬螨害为害幼苗时，可导致生长点枯死，不发新叶，只剩下 2 片子叶，但子叶长得异常肥大，又称为“公黄瓜”。应采取防治螨害措施。

47. 黄瓜幼苗根部为什么呈锈褐色而无新根？

(1)症状识别　该症状是沤根，又称为抽扦、烂根。其他症状识别可参照沤根条。在子叶期出现沤根，子叶即枯焦；在某片真叶期发生沤根，这片真叶就会枯焦。因此从地上部瓜苗表现可以判断发生沤根的时间和原因。

(2)诱发因素 可参照沤根条。

(3)防治方法 采用电热线温床育苗，将苗床温度控制在16℃左右、一般不宜低于12℃。其他措施可参照沤根条。

(4)注意事项 要加强育苗期的地温(用地温计)监测，以便及早采取措施防范。

48. 苗床内水分不适时黄瓜幼苗会有哪些异常表现？

(1)水分过多 幼苗子叶变薄，真叶大而薄，叶色呈浅绿色，新生叶在早晨有发黄现象。叶缘有吐水(水珠)现象，叶片和茎之间的夹角变小，刺毛柔软。在管理上应采取控制浇水、通风排湿等措施。

(2)水分不足 幼苗叶片小而厚、不发达，往往有皱缩现象。叶色呈墨绿色，叶片平伸或下垂。刺毛硬，植株生长慢。或幼苗出现的叶片萎蔫现象在傍晚也不能消除。新叶比老叶的叶色深，不扩展。在管理上应采取适当补浇(温)水的措施。

49. 引起黄瓜幼苗形态异常的原因是什么？

当黄瓜幼苗在生长过程中，其形态若出现异常表现，说明环境条件已变劣，需及时对症采取补救措施，促使幼苗恢复正常生长。①当夜温保持在15℃左右时，黄瓜主茎和叶柄间的夹角为45°角左右，这是正常表现。当夜温过高时，主茎和叶柄之间的夹角增大，叶柄偏向下方，而且叶柄长、叶片大；当夜温偏低时，主茎和叶柄之间的夹角变小，叶柄朝上、叶柄短，叶片小而厚，新叶生长缓慢。可观察主茎与叶柄之间的夹角大小，将夜温调控在适宜的范围内。②幼茎弯曲向上生长，节间短，叶柄和茎的夹角大，叶片小，叶色深绿。这是苗床内氮肥多而光照不足造成的。要采取增加光照的措施，不宜再追施氮肥。③幼苗的茎偏细，叶片薄而叶色淡，生长点叶片小，并低于生长点附近的叶片。这是苗床内光照不足造成的。要采取增加光照的措施。④子叶小而扭曲并下垂，叶缘呈黄色暗线；或子叶脱落，其他真叶从下向上逐渐干枯脱落，只剩下少数顶部新叶。这是地温偏低造成的。要采取加强夜间保温、增光照，提高地温等措施。⑤幼苗子叶小而向后翻，叶皱，叶面积小，严重时子叶边缘呈白色上卷。根呈锈色，无新根。这是苗床内低湿造成的。⑥幼苗叶片呈墨绿色不舒展，叶缘枯黄。根呈锈色。这是土壤低温多湿造成的。⑦幼苗叶片萎蔫、呈水浸状，黄绿色，有白斑，严重时叶尖干枯。这是骤然低温“闪苗”造成的。⑧真叶皱缩、而且有缺刻，叶片不完全。这是叶芽分化时遇到低温所致。⑨主茎细长而直立生长。叶色淡，叶柄不太长，叶柄与茎蔓之间的夹角小。这是肥料不足造成的。应采取适量追肥或喷施叶面肥等措施。要注意，如果是幼苗徒长，幼苗的节间和叶柄均会变长。⑩幼苗叶色变黄。在苗床中光照条件相对好的位置上，幼苗的黄叶少或没有黄叶；而在光照条件差的位置上，幼苗的黄叶相对多一些。这是光照不足引起的黄叶。可采取增加光照或调整幼苗位置等措施补救。⑪幼苗叶色变黄，但茎蔓较细弱，黄叶在苗床内分布较均匀。这是肥料不足引起的叶片变黄，或是土壤缺氧(床土紧实或水分过多)造成的黄叶。可采取追肥措施或松土、控水措施。⑫黄瓜幼叶皱缩，叶色变黄，出现“荷兰芹菜状”畸形叶。这是土壤偏酸或施用了大量没有腐熟的有机肥造成的。⑬幼苗叶色变黄，伴有叶片大、节间长，植株形状呈倒三角形等异常表现。这是幼苗徒长引起的叶片变黄，可采取降温、降湿等控制徒长的措施。⑭幼苗节间长。叶柄长，叶色变黄，叶片大而薄，叶色浅绿，早晨叶缘有水珠。生长点黄化。这是夜间高温、多湿造成的。

50. 黄瓜幼苗叶片为什么会部分或全部枯死？

当苗床内环境条件不适宜时，幼苗叶片会萎蔫干枯，其茎部一般无明显得异常症状。不同原因造成的叶片枯死症状略有不同，须仔细辨别后对症采取补救措施，改善环境条件，适时喷施叶面肥，以促进幼苗恢复正常生长。

(1)高温 若苗床内温度超过适温上限，叶片会因失水过快而萎蔫，叶片变成黄白色干枯状。连续数日遇晴天，在苗床内光照充足或通风不及时的情况下易发生。因此，需加强苗床内的温度观察，加强通风降温，必要时可往幼苗上喷些温水或暂时用遮阳网覆盖，以防叶片脱水干枯。

(2)冷风吹伤苗 又称为“闪苗”。苗床内温度偏高时突然通风，风口过大、风量过猛或顶风通风，会使又干又冷的风直吹到温暖的叶片上。叶片很快呈水渍状萎蔫，进而失绿，叶缘受害较重，形成白斑或干尖，重者全叶枯死；或苗床内温度较低时，若通风过快、过猛，会使叶片受冻脱水，进而干枯。多在通风口附近出现“闪苗”。距通风口较远的幼苗症状较轻或无症状。因此，在通风时，要背着风向通风，而不能顶着风向通风；当苗床内温度接近适温上限时，就要开始通风，不要等到苗床内温度过高后再通风；通风时，要从小到大，逐渐放开风口，不能突然把风口开得过大；也可在风口内侧挂一块塑膜，以防冷风直吹幼苗。

(3)缺水 幼苗水分供应不足，加上苗床内温度过高、空气过干易造成叶片萎蔫干枯。在囤苗至定植前易发生。因此，囤苗期要加强观察，发现苗床内温度高、当幼苗的叶片初有萎蔫时，可适量喷些温水，促幼苗恢复正常。

(4)冻害 当苗床内温度突然下降、幼苗不能耐受时，叶片会受冻变白或青枯，重者冻死。当降温天气来临前，要做好苗床的保温措施。幼苗受冻后,不要让苗床迅速升温见光,应在遮光条件下,使苗床内温度缓慢上升。必要时可往幼苗上喷些清水,以防幼苗脱水而死。

(5)有害气体 因管理不善,苗床内可产生多种有害气体危害幼苗,造成枯死斑块。可采取加强通风措施。其他措施可参照有害气体中的有关内容。

(6)药害 用药不当,也可使幼苗上出现坏死叶斑。可酌情采取喷清水等措施。其他措施可参照农药危害中的有关内容。

51. 小环棚早黄瓜叶片上为什么出现白色斑点?

(1)症状识别 植株叶片上初期出现白色斑点。重者整张叶片发白,数天后斑块枯黄。称之为风伤苗("闪苗")。使植株生长缓慢,落花、阴果(幼瓜条难以充实、膨大缓慢)。

(2)诱发因素 在早熟春黄瓜生长期,平时不注意通风,棚内温、湿度过高,植株生长过分旺盛,叶色浅、叶型大,叶柄长,节间稀(长),植株长得嫩弱,缺少低温锻炼,若突遇高温、光照过强、风速过大时,或在中午高温时大通风,造成叶片水分蒸发过度,使叶片脱水萎蔫。重者成为风伤苗。

(3)防治方法 ①加强棚内小气候管理,白天温度为25℃~30℃、夜温不低于为12℃。②要看天、看地、看苗,合理通风。从柔嫩小苗起,通风从小到大,逐步锻炼,每日上午9时至下午4时为通风时间。遇天气好、气温高、土壤湿度过大、苗大,通风宜大些。③若已发生风伤苗,需加强水肥管理,促苗恢复正常生长。但不要喷药。

(4)注意事项 ①其他类型保护地培育的黄瓜幼苗,也可出现类似的风伤苗症状。②其他措施可参照风害中的有关内容。

52. 露地黄瓜幼苗定植后为什么会有萎蔫死苗现象?

(1)热气灼苗　定植穴周围覆土不严,在晴天中午,地膜下的热气从定植穴周围的地膜缝隙中喷出,灼伤幼苗茎基部,轻者为土传病害侵染幼苗创造机会,重者使幼苗萎蔫而死。因此,在栽苗后或放苗出膜后,要把地膜孔周围的缝隙用土盖严。在植株没有封垄前,特别是浇水后或降雨后,要经常检查定植穴周围封土是否脱落,及时用土封好定植穴周围的地膜缝隙。

(2)干旱缺水　土壤墒情差,或定植水浇得不足、或缓苗水水量不够没有渗入小高畦内、或地膜边压土不严而跑墒等,均可造成地膜下高温干旱的小气候环境,使幼苗缺水萎蔫死亡。但要注意,土壤中虽缺水,夜间降温时,地膜下空气中的水分会凝结在地膜内侧形成“假湿”现象。当发现幼苗缺水时,及时局部或全部浇 1 次水。

(3)肥料烧根　施用了没有腐熟的有机肥,或施用了过量化肥、或施肥太集中、或施肥距幼苗根部过近,均可造成肥料烧根死苗现象。因此,不能施用没有腐熟的有机肥和碳酸氢铵作基肥。施肥要均匀,肥料与幼根要保持一定距离,以防发生烧根。若发现烧根后可浇 1 次水,减轻烧根。

(4)虫害和霜冻　虫害(根茎部有咬伤处)和霜冻也可造成幼苗死亡。

53. 云南黑籽南瓜为什么发芽率低?怎样能提高发芽率?

(1)发芽率低的原因　①使用了存放过久而失去生活力的云南黑籽南瓜种子。②云南黑籽南瓜种子的收获期一般在每年 10

月份以后，当年种子的发芽率仅为40%左右。若使用了新种子，发芽率就偏低。③浸种后没有经过晾种就直接催芽，或晾种时间过长。

(2)提高发芽率的措施 ①应先进行发芽率测定，了解种子的质量。不要使用发芽率低的种子。②在生产中应使用前1年的种子。③浸种后再晾种18小时，发芽率可提高至80%左右。④若时间允许可干籽播种，也可在浸种后不经过催芽就播种。⑤若必须使用当年收获的种子，可用0.3%过氧化氢(双氧水)溶液浸种8小时，然后再晾种18小时，发芽率可达80%以上。

54. 黄瓜(采用靠接法)嫁接育苗过程中会出现哪些异常表现?

(1)黑籽南瓜种子出芽(苗)时间不一致 在催芽过程中，把出芽长0.4～0.5厘米的种子拣出来，放在温度为3℃～5℃的屋内，发芽种子应下铺上盖干净的湿布。对正在催芽的种子，应每隔4～6个小时拣出芽种子1次。为避免夜间因拣芽不及时而造成幼芽生长过长，可把夜温降至20℃～23℃。待存够一批出芽种子后再播种，这样做可避免将来出苗不一致、也便于嫁接。若催芽时间超过5天，种子仍不发芽，则不能使用此种子。

(2)嫁接时黑籽南瓜的下胚轴偏低或过高 黑籽南瓜下胚轴偏低，嫁接时形成的伤口易与土层接触，会使土壤中的枯萎病病原菌从伤口处侵染黄瓜；黑籽南瓜下胚轴过高，南瓜幼苗茎内的髓腔过大，不利于嫁接操作，也不利于嫁接苗成活。因此，黑籽南瓜幼苗出土后，应保持较高的夜温，保证有充足的水分，促使下胚轴长至6～7厘米高。在嫁接前2天，使气温再降低2℃～3℃，并降低湿度，以促下胚轴进行增粗生长，便于嫁接。

(3)嫁接苗萎蔫 ①在嫁接过程中幼苗发生萎蔫的原因有二：一是没有提前给苗床内浇足水，使幼苗本身缺水萎蔫；二是在嫁接过程中，棚室内光照过强，空气湿度较低，使幼苗失水太快而萎蔫。因此，在嫁接前2～3天，要用喷壶把准备嫁接的幼苗浇透，冲洗掉幼苗上的脏物，并使幼苗吸足水。应在上午10时以前或下午4时以后进行嫁接，或中午在棚膜上覆盖草苫等物后进行嫁接。嫁接时要求气温为20℃～24℃，空气相对湿度达80%以上。切记不可在中午光照强时嫁接。②在嫁接完后幼苗发生萎蔫的原因有二：一是没有把嫁接苗放到潮湿的环境中，造成黄瓜叶片脱水；二是搭建小拱棚后棚内的光照仍旧过强，加上伤口处没有长好，使黄瓜苗缺水萎蔫。因此，嫁接完后要立刻把嫁接好的幼苗摆放到湿度较高的地方，并浇足水；搭好小拱棚后，可在棚膜上加盖草苫或黑色遮阳网等物遮光。③嫁接苗通风见光过快、过猛，也可造成嫁接苗萎蔫。嫁接苗需在遮光3天后开始逐渐通风见光，通风口从小到大，通风量由少到多；每日逐步减少覆盖时间(可在早、晚先卷起覆盖物)，光照由弱到强，使小拱棚内的嫁接苗对光照、通风等有一个适应过程，然后再转入正常管理。

(4)幼苗或嫁接伤口处腐烂 ①在嫁接前幼苗就已是病株，或在嫁接过程伤口处受到病原菌侵染、或幼苗上有脏物、或嫁接环境不卫生、或刀片和手不干净、或栽苗后浇水时小拱棚上的露水进入嫁接伤口处、或小拱棚内湿度过高、通风降湿的时间过迟等，这些原因均可造成幼苗或嫁接伤口处腐烂。②在嫁接前要定期仔细检查苗床，发现可疑病株应及早拔除，装袋运到棚室外烧掉或深埋，并喷药灭菌。幼苗上的脏物要用水冲洗干净，并在嫁接的前1天给幼苗喷洒100～150毫克/升硫酸链霉素·土霉素(新植霉素)溶液。可用75%酒精溶液、或0.5%高锰酸钾溶液、或开水，对刀片消毒灭菌。嫁接时，环境、用具等要保持干净卫生，给地面洒水除尘，操作动作要快且准确。给嫁接苗浇水时要小心，小拱棚内湿度不可过高，以防伤口处进水。可给嫁接苗喷洒75%百菌清可湿性粉剂800倍液，或50%多菌灵可湿性粉剂800倍液，以防染病。

从嫁接后3天起,就要逐渐对嫁接苗采取见光、通风降湿等措施。

(5)嫁接伤口愈合不好 伤口愈合不好的原因有砧木(云南黑籽南瓜)苗龄偏大或过小,或切口处长度不够。也可能是深度不够,使接口处愈合面小、不牢固。或伤口处被水、土等脏物污染,不易愈合。或切口过长,与砧木的髓腔相同,接穗(黄瓜)长出的不定根进入云南黑籽南瓜的髓腔,使接口处不能很好地愈合。或砧木和接穗处对合不平,产生了错位。或用嫁接夹子没有夹好嫁接伤口处,或嫁接后遇连阴雨雪天等。嫁接伤口愈合不好,也易导致嫁接苗萎蔫死亡。因此,要在适宜的苗龄范围内嫁接。若使用云南黑籽南瓜大龄幼苗作砧木时,砧木上的接口深度不宜超过茎粗的1/4。要按照操作技术要求,掌握切口的角度和深度。在嫁接操作时,手、刀片、幼苗等均要干净无水无土,刀片经灭菌处理后需待刀片上无水迹后(可多备几个刀片)再切伤口。嫁接时,砧木和接穗的切口边缘要对齐,起码要有一个边对齐,再用嫁接夹子夹好。对已使用多年的嫁接夹子,应先检查,淘汰失去功能的夹子(如夹力不够)。选择连续数日为晴天时,进行嫁接育苗。

(6)嫁接伤口处长出新芽新根 对嫁接后砧木上长出的侧芽和接穗上长出的不定根,都应及时切除,否则会影响嫁接效果和降低嫁接苗的成活率。

(7)嫁接后的僵小苗 在温度适宜、水分供应充足的条件下,嫁接幼苗不长也不死,称为僵小苗。因种种原因造成嫁接苗的嫁接伤口处愈合质量差(见嫁接伤口愈合不好),或砧木上的两片子叶过早受到损伤,使砧木根系发育不好,或嫁接部位偏低等,易使嫁接苗形成僵小苗。因此,要加强对嫁接操作者的技术培训,以提高嫁接质量。培育砧木过程中,要注意保护好子叶。嫁接过程中,要避免损伤子叶。对2片子叶已受到损伤及根系发育不好的砧木,可淘汰不用。在接穗幼苗子叶下方1.2厘米处向上做切口,在砧木子叶下方0.5厘米处向下做切口,为嫁接适宜位置。对嫁接后15天不生长和生长很慢的嫁接苗，应拔掉不用，这种僵小苗定植后也长不好。

(8)嫁接伤口处膨大 这是因为嫁接切口处没有长好，使上下养分输送受阻，结果导致切口处膨大鼓起。因此，要选用新刀片、刀口变钝时要及时更换刀片。只有刀口锋利，才能使切口处平整。切伤口时，动作要快要稳，尽量做到一次成形，刀口处不要起伏不平。切口技术不熟练时，最好先找些幼苗进行嫁接练习，待技术动作熟练后再进行嫁接操作，以便于伤口愈合，形成上下贯通的输导组织。

(9)嫁接伤口处上粗下细或上细下粗 在选择砧木和接穗时，要尽量选择嫩茎粗细相近、长势差不多的幼苗进行嫁接。

(10)嫁接苗感染枯萎病 黄瓜种子带枯萎病病原菌却没有进行灭菌处理，或黄瓜育苗床土中带有枯萎病病原菌、或接口处距离地面较近、或黄瓜根没有彻底断开、或黄瓜接穗上又长出不定根扎入土壤中、或刀片和夹子等带有枯萎病病原菌等，均可增加黄瓜被侵染的概率。因此，对黄瓜种子，育苗床土、刀片、夹子等均要进行灭菌处理，并正确进行嫁接操作与管理，尽量避免被枯萎病病原菌侵染。

(11)嫁接苗根系腐烂 砧木(南瓜)根系呈黄褐色腐烂，这是沤根症状。是由于地温长期处于5℃左右，土壤湿度又偏高或土质黏重造成的。要注意施用腐熟有机肥。保持地温不低于13℃，适量浇水。若发现沤根，要及时采取保温或增温、降低土壤湿度等措施。

(12)嫁接苗定植时注意要点 嫁接苗根系强大(与自根苗相比)，在定植时要注意以下几点：①深翻地，按行距(可适当加宽行距)开沟施足腐熟有机肥作基肥，并配施一定量的微量元素肥料，浇水造足底墒。②选优质壮苗定植，埋土深度应在嫁接伤口以下。③定植后适当蹲苗，在幼苗定植后15天再覆盖地膜。④注意采取保温措施。⑤可适当提前追肥。

55. 为什么黄瓜幼苗顶端会出现花蕾聚集的现象？

(1)症状识别 该症状又称为花打顶、顶头花、瓜打顶。黄瓜幼苗各节节间短缩、植株矮小，叶面不平而叶色呈深绿色，茎顶端的生长点消失，而密生小瓜纽或出现雌、雄花相间的花簇，植株生长处于停滞状态，此现象称为(第一类)“花打顶”。或在生长点周围大量丛生雌花而自封顶，或成为只有老叶而无新叶的雌花封顶株，称为(第二类)“雌花打顶”。或植株纤细，叶色淡黄、叶片小而薄，生长缓慢，节间缩短，在生长点周围大量丛生雄花而自封顶，称为(第三类)“雄花打顶”。这些都是老化苗，会导致结瓜晚，产量下降。

(2)诱发因素

①诱发第一类“花打顶”的因素 A. 施用没有腐熟的有机肥，或单一施用氮素化肥或磷肥过量、或局部施肥不均匀、或追肥过量等，田间持水量低于22%、或土壤相对湿度在65%以下，造成烧根。B. 因各种因素造成土壤干旱缺水，或过分控水蹲苗、或浇水不均匀等，造成根系吸水困难。C. 当夜温在较长时期内低于10℃，造成植株生长发育紊乱。D. 土壤含水量过高(田间持水量高于25%或土壤相对湿度在75%以上)，而地温在较长时期内低于10℃，造成沤根。E. 在育苗或定植过程中造成根系受伤。F. 因各种因素造成根系发育不好，使根系吸水能力下降。

②诱发第二类“雌花打顶”的因素 A. 在早春育苗时播种过早，地温低，造成苗龄延长。为控制幼苗生长而过度蹲苗，加上地温较长时间偏低(低于10℃)，土壤湿度大，可加剧“雌花打顶”苗的出现。B. 为使早春黄瓜早结瓜、瓜码密，在幼苗有1～4片真叶时，使用了浓度较高的乙烯利药液，或在土壤较干旱时使用了乙烯

利药液，可加剧只有老叶而无新叶的“雌花打顶”苗的出现。

③诱发第三类“雄花打顶”的因素　在育苗后期，棚温过高而降温困难，采用控水蹲苗的方法过久造成“雄花打顶”。

(3)预防措施　①要根据种植条件、品种特性等，来确定播种期，以培育适龄壮苗。②要施用腐熟的有机肥配制苗床土或作基肥。如用60%的有机肥与40%的过筛大田土混匀制成苗床土，每立方米苗床土再加入过磷酸钙1.5千克、草木灰2千克、50%多菌灵可湿性粉剂80～100克，混匀堆好并盖塑膜密闭，3天后揭膜散去药味后用于嫁接育苗。可采用营养钵育苗。定植前，每667米^{2}施基肥5 000～10 000千克(可根据黄瓜生育期长短来定施肥量)，2/3撒施、1/3施入定植沟内，要施均匀。③要浇好浇匀苗床水、定植水，水温不能低于地温。在烟道或在反光幕附近的幼苗可多浇些水。④白天为25℃～30℃、夜间为13℃～15℃，每天8小时光照。⑤定植前的低温炼苗应逐渐进行，不能控制过度。若不能按正常苗龄定植时，可将苗床内温度调控在适温下限附近，但不能缺水。⑥在冬春茬育苗和早春茬育苗时(此期每日的光照时数和昼夜温差已能满足雌花形成的条件)，不宜使用乙烯利药液促生雌花；在秋冬茬选用早熟品种时，也要慎用乙烯利药液。

(4)补救措施　若出现花打顶苗，可根据诱发因素来采取以下措施。①保温浇水。采取白天增加光照和加强夜间保温的措施，将夜温调控在适温范围内；若土壤干旱缺水，可适量补浇些温水。②控水降湿。当地温低而湿度高时，应控制浇水，及时倒苗坨或中耕或扒沟晒土，适度通风，提温降湿促根发育。③摘花喷药。对出现花打顶的植株，可适量摘掉一些雌花和雄花，并用15～20毫克/升赤霉素溶液喷洒植株1～2次。加强田间管理，促幼苗生长侧枝。④可用5毫克/升萘乙酸溶液与1.8%爱多收水剂3 000倍液混配后灌根，促发新根。⑤对“雄花打顶”的幼苗，可疏掉雄花，适当浇水，加大通风量降温，叶面喷洒0.3%磷酸二氢钾溶液，促生侧枝和雌花。⑥对花打顶严重的幼苗可淘汰不用。

(5)注意事项 ①有时候在温室黄瓜定植初期，植株顶部节间很短，各节聚集在一起，但其顶端仍有微小的生长点（需仔细观察辨别），浇过缓苗水后，可恢复正常生长。该症状虽与花打顶症状很相似，但不宜采取疏去雌花的措施来处理植株。②苗龄越长，越易发生花打顶症状；育苗后期蹲苗时间越长，花打顶症状发生得越重。③在育苗期，每天日照时数超过 11 小时，方可使用乙烯利促生雌花。

56. 冬春茬黄瓜的正常株形是什么样？

(1)初花期 从幼苗定植至根瓜坐住为初花期。植株约有 12 片叶，株高 1 米左右，砧木和接穗的子叶均完整无损。茎较粗，色深绿，棱角分明，节间短而均匀，刚毛发达。心叶舒展，龙头中各小叶的比例适中。叶柄长度不超过节间长度的 2 倍。叶片较小，叶缘缺刻较多、先端尖，叶片形状与幼苗期相似。雌花花瓣大，色鲜黄。正在膨大的瓜条表面刺瘤饱满有光泽。

(2)结瓜(果)期 从根瓜坐住至拉秧为结瓜（果）期。茎蔓节长 8～10 厘米，均匀一致，第十节向上每节平均长度不超过 10 厘米。叶柄长度为节间长度的 1.5～2 倍，叶柄与茎的夹角约为 45°角。叶面积为 350～400 厘米^2，叶片平展，叶色深绿，缺刻深，叶片较厚先端尖，叶柄与叶片的夹角约为 90°角。

57. 造成黄瓜龙头生长异常的原因是什么？

黄瓜植株的顶端（生长点）称为龙头。其舒展为正常。从侧面看呈花蕾状，并被两片嫩叶包围着。当环境条件变劣，会导致龙头形态（包括植株的其他部位）发生异常变化。不同原因造成的龙头生长异常症状略有不同。在保护地黄瓜生长期，加强对龙头生长形态的观察，发现异常后为避免异常症状进一步恶化，须仔细辨别后分析原因，对症采取措施，促进植株正常生长。①若龙头部位的小叶、卷须、雌花等紧缩在一起呈拳头状，说明温度低、水分少。若龙头部位过分松散。说明温度高、水分多。②若龙头散开，花蕾凸出呈开花状。说明夜温和地温均低，肥料不足或受到病虫危害。③若龙头龟缩，说明根系特别弱或受到严重损伤。④若花蕾的生长发育受到抑制而隐埋，说明施肥过多。⑤若龙头停止生长老叶局部有白斑、后变褐死亡。说明夜温在较长时间内处于5℃左右。⑥若龙头变小，小瓜纽顶在龙头上方，卷须出现弯曲，花瓣小而色淡。说明缺水。⑦若龙头抱合，叶片萎蔫，叶缘向下翻卷、质地变脆，叶片上有白斑。说明温度高、缺水。⑧若植株下部叶基本正常，但上部叶片变小、茎变细，最上部的第一片展开叶向前弯曲，生长点变小萎缩，结瓜位置上移或不上移。说明植株生长势衰弱。⑨若植株定植后生长缓慢或不长，叶片少而小，生长点处萎缩、重者生长点消失。说明定植时栽种过深，或浇水不当所致(如浇水过迟或过早，或浇水量不足，或水温低而水量大等)。⑩定植后植株叶片小，结瓜位置上移，生长点处萎缩变小。重者花打顶。说明土壤中氮、磷浓度过大而缺水，或植株营养不良。⑪若龙头及侧枝的顶端枯死，嫩叶卷曲而死。说明可能是缺硼。⑫若龙头部位生长点消失，可能因低温冻害，或植株极度缺乏营养、或螨害、或病害所致。大棚春黄瓜若采收根瓜过迟，也易导致生长点消失。⑬冬春茬黄瓜在成株期(有20片叶左右)，植株的龙头有时会出现以下3类生长异常症状，均因低温加之栽培管理措施不当所致。第一种是植株中下部叶片有徒长现象，上部茎变细，叶片变小，卷须很弱，龙头出现弯曲呈燕麦状。第二种是“花打顶”。第三种是封顶(秃尖)。

58. 造成黄瓜植株生长点消失的原因是什么？

(1)症状识别 从植株育苗期至成株期的生长过程，发生在主茎上的生长点自然消失的现象，又称为“没头”等。

(2)诱发因素 诱发生长点消失的原因较多，每种原因都会伴随着一些相关的症状供识别。①寒流降温：在3～4月份因遇寒流，突然降温，拱棚或温室春黄瓜苗受低温冻害后会使生长点失去分生能力，形成无头苗。②低温：在2～4月份日光温室冬春茬黄瓜，因地温过低，使根系吸收功能受抑制；或前半夜温度低于15℃，使生长点得不到(在叶片中制造的)养分，时间一久使生长点逐渐退化，最终消失。在连茬棚内土壤中缺乏养料，发生重。③生长失调：植株营养(茎叶)生长过度衰弱而生殖(结瓜)生长过于旺盛，造成生长点消失，还伴随有植株生长缓慢、叶片较小等症状。④螨害：螨可为害幼苗或成株期苗，造成无头苗。还伴随有顶端叶片变小、变硬，叶背呈灰褐色、具有油渍状光泽，叶缘下垂等症状。⑤病害：如黑星病。还伴随有叶片、瓜条等处的病斑。⑥缺硼：植株缺硼严重时，生长点萎缩死亡，还伴随有侧芽大量发生，叶片褪绿变成紫色等症状。

(3)预防措施 ①选用耐低温耐弱光品种。苗期要保持适宜的昼夜温度和光照时数，定植前降温炼苗，培育壮苗。②对拱棚春黄瓜栽培。注意天气预报，避免定植后或浇水后即遇寒流天。定植缓苗后注意通风，降温期间在中午天气好时也需短时间通风。在寒流来临时，注意采取保温措施，如设立风障、大小双棚覆盖等。天气转晴后，酌情采取遮光覆盖。及时采收根瓜。③对日光温室冬春茬黄瓜栽培。定植缓苗后要控水蹲苗。在低温寡照季节要采取低温管理措施(白天23℃～25℃，前半夜15℃以上、后半夜8℃～12℃，适当控制浇水追肥次数和减少结瓜数量)，以保植株安全过冬。进入2～4月份后，根据天气预报及室内温度观测，做好保温工作，保持适宜的地温和夜温，并及时追肥浇水。④在扣棚膜前，全面清除田间的残株落叶等，培育无螨苗，适时适量浇水，以防螨害。⑤对症采取防治措施防治黑星病等。⑥防治缺硼的措施，可参照黄瓜缺素症中有关内容。

(4)补救措施　①对无头苗，可摘掉植株部分(或全部)叶片，或部分(或全部)小瓜条，再加强保温和水肥管理，促生侧枝。②浇灌促进生根的药剂，如5毫克/升的萘乙酸溶液。③对病害或螨害，对症选用药剂防治。

59. 怎样避免(成株期)黄瓜出现"花打顶"症状?

(1)症状识别　黄瓜龙头部位生长点逐渐萎缩，小叶片密集紧聚，各叶腋出现的小瓜纽集中在顶端，顶端也可能出现雌雄相间的花簇，称为"花打顶"。

(2)诱发因素　①土壤过分干旱，或根系发育不好。②施用了没有腐熟的有机肥，或过量施用化肥、或单一施用化肥。③在育苗期或定植以后，在较长时期内夜温低于10℃，而每日的光照时数又不超过8小时，形成的雌花花芽数量过多。④选用了雌性系配制的品种或雌花节率高(结瓜多)的品种。⑤在冬(早)春茬黄瓜育苗时，盲目使用乙烯利，形成了过量的雌花花芽数。⑥为抑制植株节间伸长，使用了矮壮素，过度抑制了植株(营养)生长。

(3)预防措施　①选用长春密刺、新泰密刺、山东密刺等优种。②从育苗期到结瓜初期，每日要采取措施将夜温控制在12℃左右，并有10℃～15℃的昼夜温差和8小时的光照时数。③不要盲目使用乙烯利、矮壮素等植物生长调节剂。④要施用完全腐熟的有机肥作基肥，适量随水追施化肥。⑤要用温水浇好定植水、缓苗水(以防地温下降)。进入结瓜期后不可缺水，保持地面见干见湿，但不能大水漫灌。特别要注意不同位置地块的干湿状况，浇水量应有所区别。⑥进入结瓜期后每日实行变温管理，白天温度控制在25℃～30℃、前半夜为18℃～17℃、后半夜为12℃左右，看天酌情上午早卷草苫见光。

(4)补救措施 ①若因缺水或施肥不当，可浇1次水。适时中耕松土，并注意通风。以后适时浇水追(氮)肥，促进植株正常生长。②若夜温或地温偏低，可采取增加夜间保温覆盖或加温、清洁棚膜、悬挂反光幕、揭地膜晒土等措施，提高温度。③及早采摘长成的瓜条。若小瓜纽(雌花)多时，要适当摘除部分小瓜纽。若植株长势弱，应摘除全部小瓜纽。④可喷洒500毫克/升赤霉素溶液。温度低则使用浓度可高些，温度高则使用浓度可低些。对雌花多的品种，使用浓度可高些，但溶液浓度不能超过1 000毫克/升。

60. 怎样避免(成株期)黄瓜出现“封顶”症状？

(1)症状识别 黄瓜龙头部位只有1片心叶或有1～3个雌雄花蕾，生长点萎缩(肉眼看不见)；或在生长点处憋出个疙瘩，其下3～5节，节长2～2.5厘米，并长出2～5个侧枝，侧枝上节长6～8厘米，称之为封顶(秃尖)。

(2)诱发因素 ①(冬春茬)播种育苗时间过早。②选用了成节性(结瓜性)好的品种，但没有很好地控水蹲苗和实行变温管理，根系发育差，遇到暖冬又过早地浇水追肥、促进结瓜。但由于遇到“倒春寒”，保护地内光照不足、地温偏低，导致植株生长衰弱，轻者植株龙头出现燕麦状弯曲症状或“花打顶”症状，重者则出现“封顶”症状。③保护地内气温、地温偏高，但光照不足。④因地温偏低或土壤干旱等因素，造成须根死亡。

(3)预防措施 ①选用耐低温耐弱光的密刺系统(见上)、津春

3号、津杂2号等优种。②一般在11月中旬前后播种育苗。特别是早熟品种不宜早播种。③定植后要适期控水蹲苗和每日实行变温管理(见上),待根瓜坐住后再浇水追肥。④根据天气预报,做好保温工作。

(4)补救措施 ①加强观察,一旦发现植株龙头出现燕麦状弯曲症状或“花打顶”症状后,就应积极采取对策(见上),促使植株恢复正常生长。②对已出现“封顶”症状植株,可利用侧枝结瓜。

61. 造成黄瓜卷须生长异常的原因是什么?

正常植株的新生卷须粗壮,伸展成直立状,与茎蔓呈约45°角,色浅绿,有弹性易折断,嘴嚼卷须有甜感。当环境条件变劣时,卷须会出现生长异常,可对症采取管理措施,改善保护地环境条件。①当卷须呈弧形下垂,折断卷须时稍有抵抗感,说明土壤中(不缺肥而)缺水或根系的吸水功能下降(但土壤中不缺水)。此外,在主枝摘心后,畦面呈半干燥状态,或因轻度的(土壤)浓度障碍,使根受伤,也产生类似症状。②当卷须尖端打卷,说明植株生长衰弱或老化。③当卷须细而短、呈头发丝状,说明植株缺乏营养。④当卷须尖端发黄,说明植株体内含糖量下降、易感染霜霉病。⑤当卷须直立生长但与茎蔓的夹角过小,说明环境中温度高、水分足。⑥当一节内出现几个卷须或只有卷须而无叶片,说明棚室内温度过低。

62. 造成黄瓜茎蔓生长异常的原因是什么?

黄瓜茎蔓是养分和水分的输送通道,与环境条件和植株长势有密切关系,可对症采取管理措施,改善保护地环境条件。①成株期茎蔓粗(直径)以1.2厘米左右为宜。茎蔓过粗,可能是植株营养生长过旺。而茎蔓过细,是植株生长衰弱的表现。②若节间细长,说明环境中温度高、水分足。③若节间短,说明环境中温度低,水分少，或植株已老化。④若茎蔓上有水浸状的点或斑，说明植株可能易染病。

63. 什么是黄瓜泡泡病？怎样防治？

(1)症状识别 初在叶片上产生直径5毫米左右的鼓泡，多产生在叶片正面，少数发生在叶背面。致叶片凹凸不平(呈癞蛤蟆皮状)，凹陷处呈白毯状，但未见附生物。叶正面产生的泡顶部位，初呈褪绿色，后变黄至灰黄色。有时泡泡顶部出现水浸状斑点(生理充水)。

(2)诱发因素 该症状主要发生在保护地内，其发生与气温低、光照少及品种有关。①黄瓜定植早，生长前期气温低，处于缓慢生长状态。遇有阴雨天气持续时间长，光照严重不足后天气突然转晴，温度迅速升高，浇大水。②在阴天低温时浇水减少。③黄瓜品种间对低温、少光照不适应。④种种原因造成根系受伤，功能下降。均易发生该病。

(3)预防措施 ①根据当地气候及棚室条件，选用抗低温、耐寡日照和弱光的早熟品种。培育适龄壮苗。对发病率高的品种要注意更换。②选用无滴膜，要注意清除棚膜上灰尘。必要时可人工补光。③注意采用护根措施。早春浇水宜少，严禁大水漫灌。④每日实行变温管理(见上)。地温保持在15℃～18℃。⑤酌情采用二氧化碳施肥技术。⑥每667米^{2}用惠满丰多元复合液体活性肥料320毫升，对水稀释为500倍液，每隔5～7天喷1次，共喷2～3次。⑦要避免不合理的用药，特别是含有植物生长调节剂的药剂。

(4)注意事项 特别是在有生理充水时，应注意与细菌性病害相区别。

64. 什么是黄瓜黄化叶？怎样防治？

(1)症状识别 棚室冬、春栽培的黄瓜，从采瓜期开始，植株的上位和中位叶片急剧黄化。叶片黄化初期，早晨观察叶背面呈水渍状，中午气温升高后水渍症状消失，几天后水渍状部位逐渐黄化，直至除叶脉外全叶黄化。

(2)诱发因素 主要原因如下：①棚室内地温和气温低，氮素肥料不足，光照不好，导致根系发育受阻。②土壤溶液浓度偏高。③夜温偏高、水分大。④生长前期多水多肥，后遇3～4天连阴天。⑤叶片中氮、钙、镁、锰等元素不足，但碳素元素又高于正常值，造成营养元素之间失衡等，均易造成叶片黄化。在低温条件下，生长势弱的品种易发病。

(3)预防措施 ①采用测土配方施肥技术，施用充分腐熟的有机肥，加强水肥管理，减少化肥施用量。②在低温期不浇水。③采取措施，保持适宜的气温和地温。

(4)补救措施 ①尽量提高棚温，每日清洁棚膜上的灰尘等物。②每667米^{2}用惠满丰液肥320毫升，对水稀释为500倍液后喷雾，隔7天喷1次，连喷2～3次。

(5)注意事项 应注意与以下2种情况相区别：①植株缺氮肥时造成的下位叶变黄。②保护地内温度偏低时，植株下位叶变黄，逐渐脱落，植株生长缓慢。

65. 什么是黄瓜焦边叶？怎样防治？

(1)症状识别 该症状又称为枯边叶、镶金边叶等，以中位叶片居多。发病叶初在部分叶缘及整个叶缘发生黄褐色干边，干边深达叶内2～4毫米，严重时引起叶缘干枯或卷曲。

(2)诱发因素 棚室栽培黄瓜易发生焦边叶的因素有3个：①棚室处在高温、高湿条件下突然通风，致使叶片失水过急过多。

②土壤中盐分含量过高，造成的盐害。③喷洒农药时，浓度过量或药液过多，聚集在叶缘造成药害。

(3)预防措施 ①棚室通风，要适时适量。棚内外温差大时，不要突然通风，以防风害。其他措施可参照风害中有关内容。②采用配方施肥技术，施用腐熟的有机肥，适时适量随水追肥。要提倡施用复合肥料，注意少施硫酸铵等化肥。③对盐分含量高的土壤，采取的措施可参照土壤盐渍化中有关内容。④要做到科学合理用药，不要轻易加大(药液的有效)浓度。喷雾时叶面湿润状而不下流即可，尽可能采用小孔径喷片，以利于喷雾均匀。其他措施可参照农药危害中有关内容。

(4)注意事项 应注意与以下几种情况相区别：①由风害造成的焦边叶症状，距通风口越近症状越重。②由盐害造成的焦边叶症状，叶肉组织一般不坏死，并伴有叶色深绿、上位叶变小或呈降落伞状等症状。③由药害造成的焦边叶症状，初期为叶边缘乌绿色、干枯后变褐。④细菌性缘枯病的病叶初期也表现为焦边叶，但严重时病斑可向内扩展，形成大型V形黄褐斑。

66. 什么是黄瓜花斑叶？怎样防治？

(1)症状识别 该症状又称为虎斑叶，主要危害叶片。初仅叶脉间的叶肉褪绿变黄，出现深浅不一的花斑。后花斑中的浅色部分逐渐变黄，叶表面凹凸不平，突起部位呈黄褐色、后整叶变黄。随病叶变硬，致使叶缘四周下垂，区别于一般叶片黄化。出现这种症状的植株，其根系发育也不好。

(2)诱发因素 ①白天在黄瓜叶片中合成的光合产物(葡萄糖)，其中75%在前半夜间输送到生长点、瓜条、根系等部位。在15℃～20℃范围内，温度越高输送速度越快；反之输送速度减慢。当前半夜气温长期低于15℃，造成光合产物在叶片中积累过度，引起叶片生长不平衡而老化。②棚室温度低于15℃，不仅影响根系发育，也会引起输送受抑制。③缺乏钙、硼等元素，也能影响光合产物在植株中的运转和积累，引起花斑叶。

(3)预防措施 ①地温达到15℃时定植，以利于根系发育。②采用配方施肥技术，施用复合肥料，增施腐熟有机肥和施用钙、硼、镁等微量元素。③浇水要均匀，不宜过分控水。④每日实行变温管理(见上)。地温保持在15℃～18℃。⑤适时摘心，适当摘除下位叶(底叶)。⑥慎用含铜杀菌剂。⑦出现花斑叶后，采取措施，维持适宜夜温。

(4)注意事项 当夜温过高时，植株本身对养料的消耗增多。因此，实行变温管理时，前半夜不宜超过20℃、后半夜不宜超过15℃。

67. 什么是黄瓜叶烧病？怎样防治？

(1)症状识别 该症状在棚室内发生较多，一般是接近或接触到棚膜的叶片易发病。发病前或发病初期病部的叶绿素明显减少，在叶面上出现白色小斑块，形状呈不规则形或多角形。扩大后为白色至黄白色斑块，后变成黄色枯死。轻的仅叶缘烧焦，重的造成半片叶乃至全叶烧伤。病部在正常情况下没有病症(如霉层)，后期可能着生腐生菌。

(2)诱发因素 叶烧病是高温引起的生理性病害。当空气相对湿度低于80%时，遇到40℃左右的高温，易产生高温伤害，尤其是在强光照的情况下危害更严重。采用高温闷棚措施控制霜霉病时，处理不当极易烧伤叶片。

(3)预防措施 ①做好棚室的通风管理，避免长时间出现35℃以上高温。②当光照过强，或棚室内外的温差过大、不便通风降温，或经过通风仍不能降到所需的温度时，可采用覆盖遮阳网等方法降温。③棚室内的温度过高、空气湿度过低时，还可少量洒水或喷冷水雾进行降温、增湿。④适时放蔓，使龙头与棚膜保持一定距离。

(4)注意事项 黄瓜对高温的耐力较强,土壤水分充足、特别是空气湿度高时,温度达到 42℃～45℃,短时间内也不会对叶片造成大的伤害。故高温闷棚时要严格掌握温度和时间,以龙头处的气温为 45℃、维持 2 小时安全有效。采取高温闷棚的前 1 天晚上一定要浇足水。在龙头接触棚膜时要弯下(或放下)龙头。

68. 什么是保护地黄瓜叶片日照萎蔫症? 怎样防治?

(1)症状识别 由于遇到连续降雪天(或连阴天)时,棚室内光照较弱(特别是全天覆盖草苫等物保温)。当天气突然转晴后(或即卷起草苫),使黄瓜(苗期和成株期)植株见光,在中午出现叶片向上卷曲、急性萎蔫症状,重者则叶片呈绿色、逐渐干死,不能恢复。

(2)诱发因素 保护地内较长时间光照不足、温度偏低,造成植株根系的生理活动降低;突然转晴后,保护地内光照增强,温度很快升高,空气湿度下降,叶片水分蒸发量加大,而根系的吸水能力不能满足叶片水分蒸发的需求,故造成叶片急性脱水萎蔫。

(3)预防措施 遇到连续降雪天(或连阴天)时,可采取如下措施。①科学见光。②采取应对低温弱光照管理措施(均见前)。

(4)补救措施 ①若连阴天后突然转晴或一连几天没有揭开草苫,当雪停天晴后可采取“回苫”措施。若保护地没有覆盖草苫,可用遮阳网等物遮光。过 4～5 小时后,再转入正常卷放草苫。②酌情用百菌清烟剂或腐霉利烟剂熏蒸。③喷施叶面肥(均见前)。

69. 什么是黄瓜生理性萎蔫? 怎样防治?

(1)症状识别 黄瓜生理性萎蔫是指全株萎蔫,又称为水拖。

在采收初期至盛果期，植株生长发育一直正常。有时晴天中午，突然出现急性萎蔫枯萎症状，到夜间又恢复正常。这样反复多日后，植株不再恢复原状而枯死。从植株外表看不出异常，茎部导管和根也无病变。

(2)诱发因素 ①主要是在低洼瓜田，雨后积水或大水漫灌后土壤中含水量过高，使根部长时间浸在水中，造成根部缺氧窒息。或土壤在嫌气条件下，产生有毒物质，使根部中毒也可产生萎蔫。北方露地秋瓜田易发生此病。②保护地幼苗定植后，没有很好蹲苗，前期浇水过勤和施氮肥过多，造成根系发育不好。③保护地1～4月份后，通风降温不及时，也易发生此病。④采用嫁接栽培时，砧木与接穗之间的亲和性差或嫁接质量差等易发病。

(3)预防措施 ①选用耐热品种。②选用高燥或排水良好、土壤肥沃的地块种黄瓜。雨后及时排水，严禁大水漫灌。③低洼瓜田可采用明沟排水措施(见前)。④幼苗定植后，注意蹲苗，促发根系。⑤在晴天湿度低、风大时，要适当增加浇水量。⑥及时中耕。⑦保护地(特别是采用聚氯乙烯无滴膜作棚膜的)，在进入1～4月份后，注意采取通风、覆盖遮阳网等措施，将白天棚温控制在25℃～30℃。⑧选好嫁接用的砧木和接穗，提高嫁接质量。

(4)补救措施 ①注意养护根系，如灌生根药剂或冲施腐殖酸、微生物类肥料等。②阴后突晴，露地可采取“遮花荫”措施及保护地采取“回苦”措施。③光照强烈时，可以叶面喷洒清水等，缓解萎蔫状况。

70. 什么是黄瓜叶片急性凋萎？怎样防治？

(1)症状识别 指在短时间内，黄瓜整株叶片突然萎蔫，失去结瓜能力，重者全株死亡。

(2)诱发因素 在炎热夏季，中午和下午地表温度常达40℃，这时通过根系吸收水分及瓜叶蒸发水分，不断地调节黄瓜植株的体温，以维持正常代谢。如在高温干燥的炎热中午突然降暴雨后转晴时，造成瓜叶水分蒸发作用受阻，加上气温、地温又高，使植株体温失常、代谢紊乱，引起整株叶片突然萎蔫。

(3)预防措施 可参照黄瓜生理性萎蔫条中有关内容。

(4)补救措施 采用“涝浇园”措施（见前）。

71. 造成黄瓜叶片生长异常的原因是什么？

有时环境条件不适宜时，虽不能给植株造成严重损害，但也能使叶片等生长异常。可对症采取相应的管理措施，以改善保护地环境条件，促进植株正常生长。①若植株叶片大而圆、缺刻变浅，叶柄长，与茎蔓的夹角变小、而与叶片的夹角增大。说明夜温高（特别是后半夜），土壤中水分足，氮肥多或光照不足。②若叶片下垂呈暗绿色，叶柄短，与茎蔓的夹角增大，而与叶片的夹角变小。说明夜温低，土壤中缺水。③若一侧叶片正常，而另一侧叶片干枯。说明地下相应的根系已受损伤，如烧根、机械损伤等。④若顶部心叶烂边或干枯。说明地温低，土壤湿度高已引起沤根。⑤若中下部叶片正常，但上部嫩叶边缘上卷、呈萎蔫状。说明夜温较高，且通风过早或过猛。⑥若早晨卷起草苫后在叶背面出现不规则或多角形水浸状斑或叶缘似水浸状，太阳出来后经过通风排湿，叶片上的水浸状斑即可消失。说明地温较高，土壤湿度大，而空气湿度也偏高。⑦若叶片不大，薄而发黄。说明缺肥。⑧若叶片色泽发黑、过夜不变色，龙头又小。说明缺水。⑨若嫁接苗的叶色深浅不一致、呈花斑状，把叶片对光看，从叶背透视则较清楚。在花斑中叶色浅的部分会逐渐变黄、并向外扩展变黄。说明嫁接伤口处愈合差，根系老化。⑩若叶面皱缩、凹凸不平，叶色深绿，但凸起的部位变黄干枯，逐渐整片叶变黄、变硬。说明前半夜夜温偏低已有较长时间。⑪若叶片过早地出现变硬、变脆，或叶面凹凸不平等老化现象。说明夜间温度偏低，或在低温条件下多次使用碳酸氢铵(叶色呈深绿色),或因药害等。⑫若植株叶片的中央部分凸起,边缘翻转向后呈降落伞状,以中位叶症状较明显。说明保护地内温度(气温和地温)偏低,或缺水,或通风不力等。⑬冬、春季在保护地内定植后,植株叶片由下向上逐渐干枯脱落,有的只留下植株上部1～2片绿叶,称为“生理性干枯”。说明低温已造成根系受伤,在定植时浇地的水温偏低或浇水后遇连阴雨雪天或降温天,易发生此现象。可采取提高温度,用萘乙酸加爱多收混合液灌根(见前),酌情每667米^{2}随水追施10千克硝酸铵等措施。⑭当温室棚膜被大风吹破,寒风直吹叶片,叶片上即出现镀铝样的银白色,叶片也随之凋萎。⑮若夜温在15℃以上,叶片呈水平状张开;若夜温在15℃以下,叶片叶尖下垂,周缘起皱纹。在低温下发育的叶片,缺刻深、叶身长,呈枫树叶状。⑯幼苗定植后不久,上部叶片皱缩呈瓢状,叶片向上竖起,生长受到抑制。严重时叶缘呈浅绿色,叶片逐渐萎缩进而干枯坏死。说明喷药浓度偏高或喷叶面肥过量。可浇水,提高温度,适量喷洒赤霉素,促正常生长。⑰叶片质脆而易碎,叶色深绿,叶片皱缩不舒展,有时叶面上出现不规则的瘤状突起。瓜条生长缓慢,易出现畸形瓜。说明地温低,或一次性施肥过多,造成根系受损,新根又难于形成。合理施用基肥,分期追施化肥。出现此症状后,可采取措施提高地温,适当浇水。

72. 什么是正常雌花?怎样可形成正常雌花?

(1)雌花的种类

①正常雌花　在健壮植株上发育成的雌花,子房(小瓜条)较长而下垂、长度达到4厘米以上。花瓣大,呈现黄色。花的大小也在4厘米左右,向下开放。这样的雌花结出的瓜条长而直,瓜条前端略尖。

②弱势雌花　在较弱植株上发育成的雌花,横向开放,子房

较小而弯曲。结出的瓜条短，前端钝圆。在更弱植株上发育成的雌花较小，有时向上开放，这种雌花所结的瓜容易出现尖头瓜、大头瓜、蜂腰瓜等。

③畸形雌花　在高温、干燥、偏施氮肥的条件下，易出现花芽分化异常，形成畸形雌花，从而形成双体瓜、带叶瓜、带卷须瓜等畸形瓜。若畸形雌花多，说明品种已退化。

(2)形成正常雌花的时期　①在黄瓜幼苗期就开始花芽分化。花芽分化初期具有两性型，也就是说，花芽可分化成雌花，也可分化成雄花。②一般在黄瓜播种 10 天后，第一片真叶展开时，其生长点内的叶芽已分化 12 节(肉眼不可见)，但花芽性型未定；当第二片真叶展开时，叶芽已分化 14～16 节，同时第三至第五节花的性型已决定；到第七片叶展开时，26 节叶芽已分化，花芽分化至 23 节时，16 节花芽性型已定。而早熟品种发芽后 12 天，第一片真叶展开时，主枝已分化出 7 节，在 3～4 节开始花芽分化。发芽后 40 天，具有 6 片真叶时已分化出 30 节，24 节开始分化出花芽，已有 10～14 个雌花花芽。

(3)形成正常雌花的环境条件　①温度。一般黄瓜品种都是依靠低温促进雌花分化(即长成雌花)，以夜温影响最大。对保护地品种，白天 25℃～30℃、夜间 13℃～15℃，对雌花分化最有利。在此条件下，形成的雌花多，出现雌花的节位低。若夜间温度高，形成的雌花少而雄花多，出现雌花的节位高。②光照。每天 8 小时的光照时数，对雌花分化最有利。若每天光照时数少于 8 小时，虽形成的雌花多，但难于长成壮苗，也易给结瓜期造成许多生理病害(如花打顶、化瓜等)。若每天光照时数超过 11 小时，形成的雄花多。③水分。土壤和空气中湿度大有利于雌花分化。④植株体内的激素含量(注：由人工合成的激素，则称为植物生长调节剂)。植株体内的乙烯含量多，增加雌花；若赤霉素含量多，增加雄花。使用乙烯利(可在植株体内释放出乙烯)有促进雌花分化的作用。

⑤空气中二氧化碳含量高有利于雌花形成。⑥苗期施氮肥多，易形成雄花。

73. 造成黄瓜开花、结瓜位置生长异常的原因是什么？

健壮的黄瓜植株，在采根瓜时，根瓜距龙头的距离为1.2～1.4米。随着结瓜数量的增加，即将采收的瓜条距龙头约70厘米。而盛开的雌花距龙头约50厘米，其上有4～5片叶。若结瓜位置生长异常，就需对症采取措施，改善环境条件。①若采瓜的位置距龙头太远，开花节位距龙头超过50厘米。说明夜温高、光照不足，造成植株徒长、节间增长。②若采瓜的位置距龙头太近，开花节位距龙头仅有20～30厘米或开花到顶。说明夜温和地温低，肥料不足，有病虫危害。或因土壤中水分和肥料过多，造成根系功能失调。或因植株结瓜过多而采收不及时等植株发生老化。③若小瓜条多、但生长缓慢，雄花簇生。说明追肥浇水早而充足，植株营养生长过旺。④若小瓜条多，但植株长势弱。说明在育苗期夜温可能偏低，每日光照时数不超过8小时。⑤植株雄花多或雌花的节位上移。这是夜温高、缺水、植株体内营养失调造成的。应采取适当措施降低夜温，保持一定的昼夜温差，每日增加光照时数（维持在8小时）。并适量浇水，以促进雌花形成。⑥若植株上隔1节或几节才有1个瓜条，叶片直径达20厘米且厚，叶色墨绿。茎粗超过1.2厘米，节间长8～12厘米，卷须粗壮，甚至有化瓜、尖嘴瓜、蜂腰瓜出现。说明施氮肥过多，植株营养生长过旺。或在苗期没有采取大温差育苗和定植缓苗后没有控水蹲苗等。出现该症状后，可采取以下措施补救：一是（在30天内）控制单一氮素化肥的施用，每667米^{2}追施磷酸二铵或硝酸磷肥40千克，过4～5天后再追施20～30千克；二是采取措施适当降低白天棚温和缩短光照时数，如上午适当晚卷草苫、下午早盖草苫；三是喷洒5～10毫克/升烯效唑溶液。一般10～15天可恢复正常。⑦瓜码密、但瓜胎小而上举,下部的幼瓜也相继化掉。叶片多偏小且呈花叶皱缩状。说明该品种不适宜在在温室内栽培。

74. 黄瓜植株为什么会有花无瓜?怎样避免?

(1)症状识别 黄瓜植株出现有花无瓜的现象可分为以下两类情况:①植株上开的雄花多而雌花少。②植株上开的雌花多,但坐不住瓜(化瓜)。

(2)诱发因素 ①在夏、秋季育苗或在春季育苗偏迟,此时气温高、昼夜温差小,每日光照时数超过11小时,则易形成雄花。②春季在加温温室内育苗,若夜间加温使昼夜温差变小,或人为补光增加了每日光照时数,均不利于形成雌花。③坐不住瓜的原因可参照化瓜条。

(3)预防措施 ①选用对温度、光照等环境条件适应性强的品种。②加强育苗期管理,采取多种措施,调节出适宜雌花形成的环境条件(可参照怎样可形成正常雌花中有关内容)。③在不利于雌花形成的季节或条件下育苗时,幼苗期可在下午3时以后喷洒乙烯利溶液,以叶面布满液滴而不下滴为好,促生雌花。第一种方法是在幼苗的第一至第二片真叶展开时,喷100毫克/升乙烯利溶液(即40%乙烯利水剂4 000倍液);在幼苗的第三至第四片真叶展开时,喷200毫克/升乙烯利溶液。第二种方法是在幼苗的第一片真叶展开时,喷60毫克/升乙烯利溶液;在第三片真叶展开时,喷100毫克/升乙烯利溶液;在第五片真叶展开时,喷150毫克/升乙烯利溶液(配制方法:在5升水中,分别加入40%乙烯利水剂0.8毫升、1.2毫升、1.8毫升,其浓度分别为60毫克/升、100毫克/升、150毫克/升)。④坐不住瓜的防治措施可参照化瓜条。

(4)注意事项 ①一定要准确称量40%乙烯利水剂。②对雌性强(结瓜多)的品种,可在7片真叶时使用乙烯利促生雌花。③加强栽培管理,促发壮苗。

75. 什么是化瓜?怎样避免发生化瓜?

(1)症状识别 所谓化瓜,就是黄瓜雌花开败后,小瓜条不继续生长膨大,其前端变黄而萎蔫,最后脱落。

(2)诱发因素 ①选用的品种不对(如选用了单性结瓜能力弱的品种)。②在低温季节,苗床内温度偏低、每日光照时数少于8小时,形成了较多的雌花。③进入结瓜期后,在较长时期内白天温度低于20℃、夜间低于10℃,或连续多日夜温在18℃以上(特别是后半夜)、或遇高温开花授粉受阻、或不能及时追肥浇水、或土壤含水量忽高忽低、或浇地水温偏低等。④由于种种原因,保护地内长期光照不足。⑤种植过密,植株徒长,或整枝打侧枝不及时、或(每节)结的小瓜条过多。⑥摘瓜过迟(特别是在结瓜初期),造成养分缺乏,出现"跳节"现象(不少节上有小瓜而化瓜,不能节节有瓜)。⑦保护地栽培时,不能根据天气条件变化,来调节植株上的小瓜数量。⑧因病虫危害及药害等。

(3)预防措施 ①在冬、春季栽培黄瓜,宜选用耐低温、耐弱光的优种。适期育苗。②保护地栽培(包括育苗)要注意采取保温、增光照的措施,把昼、夜温度调控在适宜范围内,并使黄瓜植株上午多见光。③进入结瓜期后及时追肥(均衡)浇水,不能用水温偏低的水浇地。酌情采用二氧化碳施肥技术。在遇连阴天时,可叶面喷洒糖尿液。④采取措施避免植株徒长,及时采收长成的瓜条(特别是根瓜),及时摘除卷须、雄花、侧枝等。⑤在保护地栽培时,要看天和植株长势,来调节植株上的小瓜数量。若天气晴好,植株就可结瓜多一些;若遇阴雨寡照降温天,就需适量摘除小瓜条,保植株。⑥在雌花开花后1~2天,可用100~500毫克/升赤霉素溶液喷花。⑦用雄花给雌花人工授粉。⑧注意防病治虫,合理用药。

(4)补救措施 ①发现出现大量化瓜迹象时，即分析找出原因，对症采取措施。②在上午露水干后，摘除已化瓜的小瓜条，装袋运到田外深埋。

(5)注意事项 ①土壤含水量在23%～25%为宜。②若植株生长过旺，可用手将雌花节位上的那段茎捏劈。③在低温寡照天，有少量化瓜是正常现象。④注意区别感染灰霉病的幼瓜，幼瓜残花上或前端有灰霉或放入塑料袋内保湿后出现灰霉，即为灰霉病病瓜。

76. 黄瓜瓜条为什么会形成僵瓜？

(1)症状识别 僵瓜基部较粗，顶端尖细，呈圆锥状。一般瓜条长5～10厘米、粗(直径)1厘米时，就停止生长膨大。

(2)诱发因素 ①幼苗定植后，蹲苗时间短，过早浇水追肥，使幼苗生长过于旺盛。②追肥浇水过多，使植株茎叶生长过于旺盛，反而抑制了瓜条的生长。

(3)预防措施 ①浇缓苗水后要控水蹲苗，待到根瓜的瓜把变黑时再浇水追肥。②进入结瓜期后，适时适量浇水追肥，避免植株茎叶生长过于旺盛。③在保护地内栽培，要注意采取增加光照的措施，并将昼夜温度调控在适宜范围内。

(4)补救措施 ①摘掉僵瓜。②对症采取补救措施，改善环境条件。

77. 黄瓜瓜条为什么会变短？

(1)症状识别 黄瓜瓜条变短主要分以下两种类型。①短形瓜，指瓜条长度变短、横径增粗，整个瓜条呈短粗状。在用南瓜作砧木嫁接的黄瓜上易发生，又称为南瓜型黄瓜。②瓜条的形状像香瓜一样的瓜蛋，又称为瓜佬。

(2)诱发因素 ①嫁接育苗时，嫁接伤口部分愈合差，定植后没有很好地蹲苗。或低节位上的雌花发育不完全，或土壤盐渍化，或使用多效唑时浓度偏高。均可诱发短形瓜。②黄瓜花在发育过程中形成了同时具有雄蕊和雌蕊的完全花，就会结出瓜佬。

(3)预防长成短形瓜的措施 ①嫁接操作者要熟练掌握嫁接技术，按嫁接要求操作，以保证嫁接伤口处愈合良好。②嫁接苗定植时，要按照其特点（见前），保证定植质量，适时控水蹲苗，促进根系深扎。③及早摘除植株第五节以下的侧枝和雌花。④对土壤盐渍化，可参照土壤盐渍化危害中有关措施，降低土壤中盐分含量。⑤在使用多效唑时，要准确配制药液浓度。

(4)预防长成瓜佬形的措施 ①在育苗时，要注意环境条件调控，以保持适宜的昼、夜温度及每日光照时数，促进雌花正常发育。②在苗期，酌情喷洒0.1%～0.2%磷酸二氢钾溶液。③及早摘除瓜佬。

(5)注意事项 当温室内通风不及时或遇高温时，也可形成圆球状的瓜条。

78. 黄瓜瓜条为什么会有苦味？

(1)症状识别 在瓜柄处的外表皮出现苦味，重者整个瓜条因苦味重而不能食用。一般幼嫩瓜条易出现苦味，随幼瓜条的成熟而逐渐减少；同一瓜条近瓜柄部分的苦味浓，而瓜顶端部分苦味淡或无苦味。

(2)诱发因素 黄瓜的苦味是由一种叫苦瓜（味）素的物质引起的。产生苦瓜素的原因可分为3类：①黄瓜本身的遗传因素。瓜条中的苦瓜素与瓜条的成熟度和部位等有关，叶色深绿的品种苦味瓜多。在侧枝和弱枝上，易结出苦味瓜。②不良的环境条件易造成苦瓜素的形成和积累。如土壤中氮素过多或不足，低温光照不足，地温低于13℃或气温高于30℃，植株生长衰弱或过旺，土壤干旱缺水，病虫害发生重等。③农事操作过程损伤根系。露地黄瓜在早期低温时,而温室黄瓜在5～6月份时,均易结出苦味瓜。

(3)预防措施 ①选种津杂2号、4号,津春3号,津优2号,津研4号,长春密刺,山东密刺等无苦味优种。②根据黄瓜生长阶段,酌情采取多种措施,将保护地内温度(地温和气温)控制在适宜黄瓜生长的范围内。③根据生产季节不同,采取增加光照的措施或覆盖遮阳网遮光措施。④采用测土配方施肥技术,不偏施氮肥。适当密植。⑤适度蹲苗,进入结瓜期后不可缺水。⑥在播种、分苗、定植、中耕、追肥等农事操作过程,要避免伤根。⑦在结瓜后期,可采取降温、适量浇水,叶面喷洒0.3%磷酸二氢钾溶液,浇灌促生根系的药剂,以延缓植株衰老。

(4)补救措施 可将苦味瓜放在清水中浸泡1夜,可减轻苦味。

79. 怎样纠正黄瓜弯曲瓜条?

(1)症状识别 在正常情况下黄瓜的瓜条基本上是长直形的,当瓜条弯曲程度达到75°以上时称为弯曲瓜或曲形瓜。依瓜条弯曲程度不同,又有弓形瓜(瓜条弯曲似弓状)、钩子瓜或C形瓜(瓜条弯曲呈半圆以上)之称。重者可呈环状。

(2)诱发因素 ①嫩瓜条在膨大过程中受到支架、吊绳、茎蔓、叶柄、地面等物的阻碍,形成弯曲瓜条。②行距窄而茎叶过密,或植株郁闭而通风不良、或植株老化、或植株瘦弱、或摘叶过多、或叶片染病、或光照不足、或通风不足,或水肥供应不足等,造成植株体内水分及光和产物不足,易形成弯曲瓜条。如土壤干旱和缺少肥料而形成的钩子瓜。③瓜条多或瓜条长的品种,易形成弯曲瓜条。④单株结瓜太密,而叶面积不够,会使部分缺乏营养供应的瓜条生长失衡而弯曲。⑤施肥时各营养元素之间不均衡,造成植株茎叶(营养)生长过旺,抑制了结瓜(生殖)生长,也可形成弯曲瓜条。⑥结瓜前期水分供应正常,结瓜后期水分供应不足,或昼夜温差过大或过小、或温度过高、或地温偏低等。⑦在瓜条长 5～10 厘米时，易发生弯曲；同一节的 2 个雌花，后结的瓜条比先结的瓜条易弯曲。

(3)预防措施 ①采用测土配方施肥技术，做到均衡施肥。进入采瓜期要适时追肥浇水，促进植株正常生长。②保护地栽培要注意采取增加光照、保持昼夜适温的措施。③在绑蔓或吊蔓过程中要尽量使小瓜条避开支架等阻碍物。④采取各种措施，保护好叶片，适度打叶。⑤把小瓜条附近的卷须、雄花、侧枝、过多的雌花等打掉。⑥适期采收长成瓜条。⑦对生长期较长的植株(如日光温室冬春茬)，在主茎长度超过 2 米以上时可酌情采取落蔓措施(在浇水前 3～10 天的晴天中午进行落蔓，龙头距地面高度为 0.5～1 米，即将采收的瓜条不接触地面或植株最下叶片距地面 15 厘米为宜，过 2～3 天后浇水追肥)。或从主茎基部 7 节处剪断，促生侧蔓结瓜(每株留 1～2 枝侧蔓，见瓜后将其余侧蔓摘心)。

(4)补救措施 ①用 30 毫克/升赤霉素溶液涂抹在弯曲瓜条的内侧，几天后即可恢复正常。②在浇水前，用一根牙签或与火柴棒长短相近、其一端尖细的干净木棍或竹签，扎在生有弯曲瓜条的茎蔓上，过几天瓜条伸直后再将牙签或木棍拔出，黄瓜仍能正常生长。③选长 7～8 厘米的弯曲瓜条，用干净的小刀在弯曲瓜条的外侧(凸面处)，每隔 2～3 厘米横割一刀，刀口深约 0.3 厘米，刀口长度不超过瓜条圆周长的一半，数日后瓜条伸直刀口也可愈合。刀口数量可根据瓜条弯曲程度而定。小刀可用高锰酸钾溶液消毒灭菌。④在小瓜条刚长成时，用一根长 30 厘米、直径 4 厘米的中空聚乙烯塑料管，套在瓜条上，强制瓜条垂直生长。⑤在弯曲瓜长成的中早期(瓜条长 10～15 厘米)，在绳的一端绑上一块重 40～50 克的石头或砖块，将绳另一端吊在弯曲瓜条的末端，过 7 天左右可将弯曲瓜条吊直。⑥在日光温室春提前栽培或秋延后栽培中，当瓜条长 5～10 厘米时，用长 30 厘米、直径 5～7 厘米、厚 3 毫米的透明塑料钢丝管，管的一端打有小孔，从有小孔的一端套入瓜条，用细绳从小孔穿过，固定在支架上；或用长 30 厘米、直径5～7 厘米聚乙烯塑料袋，袋口宜小不宜大，下端留一透气口，用嘴将袋口吹开，用袋套住瓜条，固定袋口，再拉平袋体。用管效果比袋好。

80. 怎样避免黄瓜产生溜肩瓜或肩形瓜?

(1)症状识别 ①溜肩瓜又称为瘦肩瓜。指接近瓜梗部分的瓜把子较细，距瓜刺部位的长度拉长而形成溜肩状瓜条。②肩形瓜的瓜顶部分呈酒瓶状。

(2)诱发因素 ①白刺系统品种比黑刺系统品种易发生。②在植株摘心后易发生，在侧枝上结的瓜条比在主蔓上结的瓜条易发生。③在植株营养不足、长势弱或(氮素)肥料供应充足而植株长势过旺时，均易发生。④在冬、春季低温条件下栽培黄瓜时，植株对钙的吸收受阻(特别是在幼苗期)也易发生。⑤夜温低时易发生。

(3)预防措施 ①选种适宜品种，如冬、春季栽培宜选用耐低温、耐弱光品种。②根据品种特性，协调好田间水肥供应，避免水肥过量或少肥缺水。③在施基肥时，可加入水溶性钙肥(硝酸钙等)。④保护地栽培进入结瓜期后，要采取多种措施增光保温，保持适宜的昼、夜温度。

81. 怎样避免黄瓜产生起霜瓜?

(1)症状识别 起霜瓜瓜条表面上有一层白粉状物(为一种蜡状物)，把瓜条放入水中白粉状物也不脱落，用手轻揉擦白粉状物方可脱落，但瓜条上无光泽。

(2)诱发因素 ①在黄瓜生长后期，遇高温干旱时易发生。②在耕层薄地、或在沙土地、或在土壤瘠薄地长期种黄瓜，易发生。③在夜间气温和地温高、而白天光照不足(连阴天)时，易发生。

④植株衰老、根系老化、生理功能下降时，易发生。

(3)预防措施 ①若是土壤瘠薄、性质差，还需对症坚持进行土壤改良。②适量增施腐熟有机肥并深翻地、适期控水蹲苗，促进根系发育。③加强结瓜期的追肥浇水，以避免植株提前衰老。④采取多种措施，把棚温调节在适宜范围内。

(4)注意事项 在植株正常生长情况下不会发生起霜瓜。

82. 黄瓜为什么会裂瓜？

(1)症状识别 黄瓜瓜条呈现纵向开裂，大部分是从尾端开始开裂。

(2)诱发因素 ①在低温天气里，果肉生长速度大于果皮生长速度，易裂果；或是外界温度变化剧烈，易导致裂瓜。②在土壤长期缺水后忽然浇水、或突降大雨、或叶面上喷施农药和营养液时，近乎僵化的瓜条突然得到水分后易裂瓜。③对黄瓜根部管理比较粗放，喷洒细胞分裂素或者大量施用复合肥后，导致根系发育不良易裂瓜。

(3)预防措施 ①适量增施腐熟有机肥并深翻地，适期控水蹲苗，促进根系发育。②根据植株生长阶段，看天科学浇水，防止土壤水分过干或过湿。进入结瓜期后，适时适量浇水追肥，严禁大水漫灌。③采取多种措施，把棚温调节在适宜范围内，避免温度高低变化过大。

(4)补救措施 发现裂果时，可叶面喷洒0.1%硝酸钙溶液或0.3%氯化钙溶液，以缓解危害。

83. 怎样避免黄瓜产生尖头瓜？

(1)症状识别 尖头瓜又称为尖嘴瓜、小头瓜。是一种肩部瓜把子粗大、瓜条前(尖)端变细、呈胡萝卜状(尖嘴状)的畸形瓜。

(2)诱发因素 ①瓜条先(前)端的种子没有发育好。②在瓜条生长膨大过程，遇到连续高温干旱天气。③水肥供应不足，特别是缺乏氮肥，使植株生长衰弱。④植株徒长（疯长）。⑤在生长后期，植株根系的吸收能力衰退。⑥在瓜条发育过程中没有长到应有的长度；或先端没有膨大，瓜条就停止膨大。⑦在单性结瓜能力差的品种中易发生。⑧土壤盐渍化。

(3)预防措施 ①选用单性结瓜能力强（不经授粉也可结瓜）的品种。②施足基肥，定植缓苗后要控水蹲苗。进入结瓜期后，要适时浇水追肥，促进植株根系和茎叶正常生长。③保护地栽培，采取多种措施，把温度调控在适宜范围内。④注意改良土壤盐害。

(4)补救措施 早摘畸形瓜。对症采取措施，改善环境条件。

84. 怎样避免黄瓜产生大头瓜？

(1)症状识别 大头瓜又称为大肚瓜。即瓜条先端（接近花朵脱落的部位）极度膨大，而瓜条中间部分变细的畸形瓜，

(2)诱发因素 ①由于雌花受粉不完全，只有受粉的先端膨大。②由于施肥和浇水不平衡而造成的。如前期施肥不足，植株生长衰弱；或到瓜条发育后期，施肥和浇水突然增多。③在冬季栽培和抑制栽培条件下，营养不足。均易发生大头瓜。

(3)预防措施 ①要在保护地的通风口、进出门口等处悬挂尼龙防虫网，防止传粉昆虫进入保护地内。并注意改善光照条件。②要注意防病。保护好叶片，及时整枝。但不要打叶过狠，以保证有足够的养分供瓜条膨大。③进入结瓜期后要适时浇水追肥，做到均衡供应，防止植株老化。④叶面喷施0.1%磷酸二氢钾溶液。

(4)补救措施 早摘畸形瓜。对症采取措施，改善环境条件。

85. 怎样避免黄瓜产生蜂腰瓜？

(1)症状识别 蜂腰瓜又称为细腰瓜。即瓜条两端膨大中间有一处或几处变细，其变细处如蜂腰状的一种畸形瓜。其果梗部

分呈溜肩状，变细处中空易折断。往往变成褐色。

(2)诱发因素 ①花芽分化不良。②雌花受粉不完全，瓜条中部的种子没有发育。③连续多天遇到高温缺水环境，植株生长势减弱。④遇到高温、高湿环境，植株生长过旺。⑤缺水和缺肥，植株生长衰弱。或水、肥供应时好时坏。⑥缺少钾肥或微量元素硼。

(3)预防措施 ①选择优质黄瓜种子，加强苗期管理，培养壮苗。②施足腐熟有机肥作基肥，酌情加入硼肥。③定植后要浇1次缓苗水，缓苗水要浇足、浇透。进入结瓜期后，要适时浇水追肥，做到均衡供应，并每667米^{2}酌情追施磷酸二氢钾10千克，以促进植株正常生长，避免生长过旺或衰弱。④采取多种措施，将保护地内温度调控在适宜范围内。

(4)补救措施 早摘畸形瓜。对症采取措施，改善环境条件。

86. 怎样避免温室水果型黄瓜产生畸形瓜？

(1)症状识别 水果型黄瓜在生产中常出现尖嘴瓜、大肚瓜、细腰瓜、弯瓜、短瓜等畸形瓜(有关畸形瓜形状描述可参照上述)。

(2)诱发因素 ①有些品种易产生畸形瓜。②在结瓜期，连续3～4天遇到阴雨天，或光照过于强烈，均易发生畸形瓜。③若昼夜温差小于2℃，或夜温高于昼温时，易出现细腰瓜。若昼夜温差偏大，如白天温度长时间达到30℃、而上半夜低于16℃，易产生小黄瓜；昼夜温差偏大时间久了，则易产生畸形瓜。每年5月份以后，如温度长时间高于30℃，易产生尖嘴瓜、大肚瓜、弯瓜等畸形瓜。④若空气湿度过低，易产生小黄瓜；若空气湿度过高又遇低温，易产生大肚瓜。⑤植株根系发育不良，或养分供应不足、或温室内二氧化碳浓度偏低，均易发生畸形瓜。⑥嫁接育苗质量差，或单株上挂果偏多、或低节位的瓜和回头瓜、或有病虫危害等，均易发生畸形瓜。

(3)预防措施 ①尽量避开在夏季高温季节种植。在温室内种植，宜选用戴多星、夏多星、普林托等无限生长类型品种。②可选用黑籽南瓜、南砧1号、新土佐南瓜等作砧木。若采用靠接法嫁接，接穗比砧木早播种3～4天，提高嫁接质量。③选用质地疏松、电导率(EC值)较低、不含有害物质的基质；选用优质肥料，采用配方施肥技术。根据植株生长阶段，用精确供应营养液的形式补充养分。在冬季晴天的上午9时至下午2时，采用二氧化碳施肥技术，使室内二氧化碳浓度不低于700毫克/升。④在晴天，白天温度为26℃～30℃、前半夜为18℃～20℃、后半夜为15℃～16℃；在阴雨天，白天温度为22℃～24℃、前半夜为16℃～17℃、后半夜为14℃～15℃。⑤在温室内空气相对湿度以75%～85%为宜。在夏、秋季，可采用保留健康叶片、遮荫、屋顶喷淋等措施来增加湿度；在冬季，可采用提高室温、适当开启通风系统等措施来降低湿度。⑥加强栽培管理，可从第六节开始留瓜，每节1瓜，若植株长势偏弱或遇连续阴雨天，可适当推迟留瓜。单株上正在开花的小瓜和即将采收的瓜条总数不超过10条。不宜留回头瓜。⑦在遇阴雨天时，需用高压钠灯补光。在遇强光照天时，可用遮阳网覆盖。遇高温天时，应采取内外遮荫、启动屋顶喷淋或湿帘系统、开足通风系统等措施降温。⑧注意及早防治蚜虫、霜霉病等病虫害。

(4)注意事项 水果型黄瓜，即欧洲鲜食类短果型黄瓜，又被称为迷你型小黄瓜、微型黄瓜等。是适合保护地栽培的小型鲜食黄瓜品种，瓜条呈上下比较均匀的圆棒状。与普通黄瓜相比，具有瓜型短小无刺、结瓜多、口感清香脆嫩、风味浓郁、易清洗等特点。

87. 怎样防止黄瓜植株徒长？

(1)症状识别 黄瓜植株在定植以后出现茎叶生长繁茂，茎蔓纤细、节间伸长，叶片薄而且色淡、组织柔嫩，根系小，雌花节位升高，开花节位距离植株顶部(龙头)超过50厘米，易化瓜，很少结瓜。这是植株徒长的表现。

(2)诱发因素 ①在育苗期形成的雌花少或雌花节位高，按正常苗管理。②种植过密。③定植后，没有很好地控水蹲苗。④由于种种原因，植株上的第一批雌花没有坐住瓜。⑤棚室内温度高(特别是夜温过高)，昼夜温差小，光照不足，施氮肥过多，浇水量偏大。

(3)预防措施 ①做好苗期温度及光照等条件调控，促进幼苗花芽正常分化。定植前降温炼苗。②采用测土配方施肥技术，在总施肥量的范围内合理分配基肥和追肥的比例，科学施用氮、磷、钾肥。根据品种特性、土壤肥力等，适度密植。③定植时，要浇好定植水和浇足缓苗水。缓苗后，适当中耕数次，控水蹲苗，待根下扎后覆盖地膜。根瓜坐住后(根瓜长 10 厘米、瓜柄变为深绿色或黑色)，再浇水追肥。④进入结瓜期后，加强温度观测，采用变温管理措施，以保持每日适宜的昼夜温差及光照时数。⑤在摘瓜前浇水。冬、春季栽培在晴天上午浇水，结瓜初期可 10～15 天浇 1 次水，结瓜盛期可 5～7 天浇 1 次水。夏、秋季栽培，前期可 5～6 天在早晚浇 1 次水，后期可 10 天左右在晴天上午浇 1 次水。浇水后注意通风排湿。若植株上瓜条多或植株缺水或沙质土壤，浇水量可大些；若植株上瓜条少或植株不缺水或黏质土壤，浇水量可少些。避免雨水灌入保护地内。⑥随水追肥，掌握"一清一肥"的原则。⑦利用雄花给雌花授粉，或用赤霉素溶液处理雌花(见前)。

(4)补救措施 发现植株有徒长趋势时，可酌情采取如下措施：①加大通风量和减少夜间覆盖草苫等物时间，降低温度，以保持适宜的昼夜温差。②采取减少浇水量或延长浇水的间隔天数，控制土壤湿度。③适当减少追施氮肥量。④适当延迟数天采摘根瓜。或在根部茎蔓第二至第三节上留一个杈，杈上留 1 瓜 1 叶摘心。或在不影响瓜条商品性的前提下，尽量让瓜条在茎蔓上多长几天。⑤若采用支架绑蔓，将茎蔓左右弯曲绑在支架上；秧旺瓜少，把茎蔓弯曲度加大且绑得紧些。若采用吊绳缠蔓，将龙头弯下用小夹子固定在吊绳上7～8天。

(5)注意事项 ①有关黄瓜幼苗徒长的症状识别、诱发因素、预防措施、补救措施等，可参照徒长苗中有关内容。②若采用穴盘育苗时黄瓜幼苗发生徒长，可喷洒20毫克/升多效唑溶液。

88. 什么是黄瓜植株营养生长过旺症？怎样防治？

(1)症状识别 若植株上瓜码多、雄花簇生、雌花不断开放，但迟迟不见甩瓜、植株节间过长(超过10厘米)、茎秆粗(超过0.8厘米)、叶柄长(超过11厘米)、叶柄和茎蔓的夹角小于45°角、茎叶色淡、卷须发白，这是植株营养生长过旺症。

(2)诱发因素 由于昼夜温差小，施氮肥较多，浇水偏多造成的。

(3)预防措施 可参照防止黄瓜植株徒长中有关内容。

(4)补救措施 ①使夜温从12℃以上逐渐降至6℃～8℃，处理3～6天后再恢复到正常的夜温。②控制浇水，当有60%的植株开始甩瓜(瓜条开始生长)后再浇水。但第一次浇水量不要太大。③白天加强通风。或采用二氧化碳施肥技术。④每667米^{2}追施腐熟的饼肥100千克和磷、钾肥各25千克。只要植株上有1个小瓜条开始膨大，可转入正常结瓜。

89. 什么是黄瓜植株早衰症状？怎样防治？

(1)症状识别 叶片褪绿变黄、叶缘软凋，生长点萎缩，卷须细而卷曲，根系变黄，不发新根，瓜条膨大慢，畸形瓜多，全株处于一种保命状态，这是早衰症状。

(2)诱发因素 ①品种老化。②定植了自根弱苗或嫁接质量差的弱苗。③定植后浇水过多，没有很好地控水蹲苗。或浇水追肥过早，造成根系发育差。或早期施氮肥过多，造成幼苗徒长。

④前期结瓜数量过多，使植株过早衰败。⑤在较长时间内保护地内温度偏低（特别是后半夜低于 10℃），或在低温季节浇大水及浇地水温偏低。⑥进入结瓜期后缺水缺肥。⑦病虫危害。⑧其他原因，如日光温室冬春茬黄瓜播种过早（在 9 月下旬至 10 月上旬），加上前期气温高，植株生长旺盛。或定植后气温高，加上覆盖地膜早，蹲苗不好，到中后期均易出现早衰。或滥用植物生长调节剂，或发生药害、肥害等，或遇连阴雨天及降雪天等。

(3)预防措施 ①根据当地气候条件和栽培方式，选择适宜的品种和播种期。如日光温室冬春茬黄瓜宜选择密刺系统优种，在 10 月中下旬至 11 月上旬播种育苗。②加强苗床期管理，培育适龄无病虫壮苗。③采用测土施肥技术，合理施用氮肥。④定植后气温高，可推迟地膜覆盖时间，促进蹲苗。⑤根据外界自然温度变化，搞好保护地内气温和地温的调控，满足黄瓜生长需求。如在低温寡照季节，宜采用低温管理措施（可参照黄瓜植株生长点消失文中有关内容），以保植株正常生长。⑥在采瓜期，加强水肥管理，以防植株缺水缺肥。⑦及时采收长成瓜条。在低温寡照季节，可适当疏瓜。适时摘除老叶、病叶、侧枝、卷须和雄花，减少植株的负担。⑧可在植株有 23～25 片叶时打顶（摘心）。也可酌情落蔓（见前）。⑨可在 4～5 月份，在垄上破地膜挖深 5 厘米、宽 5 厘米、长 15～20 厘米的浅沟，在植株生长点以下茎蔓 120 厘米处，选健壮无病斑的 2 个叶节埋入浅沟内，覆土压实，然后浇水。过 15 天后每 667 米^2 追施尿素 10 千克，并浇水。或在植株周围挖深 5～7 厘米、直径 10～15 厘米的土穴，然后将地上部分 3～5 节茎蔓用 0.1％高锰酸钾溶液或用 50％多菌灵可湿性粉剂 800 倍液涂刷消毒后盘在穴内，随后覆土浇水。⑩防病保叶。

(4)补救措施 ①若发现植株有早衰迹象时，可摘除植株上的瓜条、叶片等物。②对症采取措施，改善土壤条件，促根发育。③及时追施速效肥（尿素或磷酸二铵等）并浇水。④叶面喷洒

0.1%～0.2%磷酸二氢钾溶液。

90. 黄瓜植株有哪些缺素症？怎样防治？

(1)缺 氮 症

①症状识别　植株缺氮，叶片从下向上逐渐变黄(但上位叶片不黄化)、变小、变薄，先从叶脉间(或叶缘)黄化，叶脉凸起，后发展至全叶均匀黄化。茎蔓变细、呈浅绿色，全株矮化，长势弱，坐果少，瓜条膨大慢，易化瓜和出现尖头瓜。

②诱发因素　主要有土壤中含氮量低，或沙土、沙壤土等土壤易缺氮。或用生土作苗床土，或用推土机把耕地表土层推起做了日光温室的后侧墙而留下了生土层。或施入的腐熟有机肥量少。或收获量大时，从土壤中吸收氮肥多，且追肥不及时。或施用了大量没有腐熟的秸秆类有机肥或稻草、稻壳、麦秸、麦糠、锯末等物，或土壤中含盐量高等，均易出现氮缺乏症。

③预防措施　选用肥沃的大田土配制苗床土。对生土层要注意土壤培肥，改良土壤性质。当需要把稻草、麦秸等物翻入土壤中时，要增施氮素肥量。种黄瓜时，首先根据黄瓜对氮、磷、钾肥及微肥需要，采用测土配方施肥技术，施入腐熟的有机肥作基肥，进入结瓜期后及时追肥，以防止氮素缺乏，在低温条件下可施用硝态氮(硝酸铵)或腐熟的有机肥。

④补救措施　若植株出现缺氮症状时，每667米^{2}应开沟追施硫酸铵25千克，或硝酸铵15千克，或尿素12千克，覆土后浇水或叶面喷洒0.2%尿素溶液。

⑤注意事项　其他可参照蔬菜缺素症中有关内容。

(2)缺 磷 症

①症状识别　黄瓜苗期缺磷，会导致茎叶变细，叶片变小而硬化，叶色深绿、无光泽。植株缺磷，生长受阻，茎短而细。叶片小发硬、叶色深绿，子叶或老叶出现大块水渍状斑(老叶上有暗红色斑

块)并向幼叶蔓延、斑块逐渐变褐干枯,下位叶枯死或脱落,瓜条小而成熟晚、呈暗绿色,根系发育差。

②诱发因素　主要有土壤中含磷量低,或为酸性土壤缺磷,植株不易吸收磷,或地温低影响植株对磷的吸收,或地势低洼、排水不良,或施用磷肥不够或没有施磷肥,或有机肥施用量少等,均易出现磷缺乏症。

③预防措施　当每100克土壤中全磷含量在30毫克以下,改良土壤和施用磷肥同时进行。并对症采取措施改良酸性土壤,提高地温或降低土壤湿度。在育苗土中配入适量磷肥(每1千克育苗土加入过磷酸钙5～10克)。要根据黄瓜对氮、磷、钾肥及微肥的需要,采用测土配方施肥技术,施入有机肥和过磷酸钙作基肥。在沤制有机肥时,就应加入(每667米^{2}用20～50千克)过磷酸钙或钙镁磷肥一起沤制。进入结瓜期后及时追肥(每667米^{2}用磷酸二铵10～30千克),以防止磷素缺乏。

④补救措施　若植株出现缺磷症状时,可叶面喷洒0.2%～0.3%磷酸二氢钾溶液2～3次,每隔7～10天喷1次。

⑤注意事项　其他可参照蔬菜缺素症中有关内容。

(3)缺钾症

①症状识别　植株缺钾,叶片症状表现从下位叶向上位叶发展。在生长前期叶缘出现轻微黄化,后扩展到叶脉间(主脉仍保持一段绿色)。有时叶片上也有失绿点甚至坏死点,叶片向外卷曲,叶缘干枯。严重时叶片坏死,老叶枯死部分与健全部分的分界明显。生长中后期,中位叶附近出现上述症状,叶片稍硬化、呈深绿色。植株矮小,节间变短。叶片变小,叶肉呈青铜色,主脉下陷。瓜条短、膨大不良,畸形瓜(大肚瓜)增多。

②诱发因素　主要有在沙性土或含钾量低的土壤上,或施用有机肥料中钾肥少或施钾量不足,或地温低、日照不足、湿度过大妨碍植株对钾的吸收,或施用氮肥过多、对吸收钾产生拮抗作用

等，均易出现钾缺乏症（叶片中氧化钾含量在3.5%以下时易发生缺钾症）。

③预防措施　对症采取措施改良土壤，提高地温和增加光照。要根据黄瓜对氮、磷、钾肥及微肥的需要，采用测土配方施肥技术，施足腐熟的有机肥作基肥。进入结瓜期后及时追肥（用硫酸钾），以防止钾素缺乏（黄瓜对钾肥吸收量是吸收氮肥的一半）。

④补救措施　若植株出现缺钾症状时，每667米^{2}施入硫酸钾15～20千克，也可叶面喷洒0.2%～0.3%磷酸二氢钾溶液或1%草木灰浸出液。

⑤注意事项　其他可参照蔬菜缺素症中有关内容。

(4)缺钙症

①症状识别　植株缺钙时距生长点近的上位叶的叶缘和叶脉间出现透明白色斑点，叶脉间失绿黄化。植株节间变短，叶片变小，叶缘向上或向下卷曲并逐渐枯死，出现蘑菇状、降落伞状、镶金边状叶。严重时，叶柄变脆易折断脱落。植株从上部开始干枯、呈灰褐色，根部枯死。瓜条小风味差。

②诱发因素　主要有过量施用氮肥、钾肥会阻碍植株对钙的吸收和利用。或土壤干燥、土壤溶液中盐类浓度高，或地温低，也会阻碍植株对钙的吸收。或空气湿度小、蒸发快、浇水不及时，或酸性土壤上，或连茬地，均易出现钙缺乏症。

③预防措施　对症采取措施改良土壤，及时浇水，提高地温、增加光照。采用测土配方施肥技术，施入腐熟的有机肥作基肥，避免过量施用钾肥、氮肥。

④补救措施　若植株出现缺钙症状时，可用0.3%氯化钙溶液或用0.1%～0.2%氯化钙溶液与50毫克/升萘乙酸溶液混合后叶面喷洒，每3～4天喷1次，连喷3～4次。

⑤注意事项　其他可参照蔬菜缺素症中有关内容。

(5)缺镁症

①症状识别　植株缺镁时在长有16片叶子后易发病，先是下位叶片发病，后向附近叶片及新叶扩展。初发生时仅在下位叶叶脉间产生(黄)褐色小斑点，叶脉间的绿色逐渐黄化。进一步发展时，除叶脉及叶缘残留绿色外叶脉间全部黄白化。发生严重时除叶缘残存绿色外，叶缘上卷，其他部位全部呈黄白色，失绿部分呈下陷斑，最后斑块坏死，致叶片枯死。重者全株枯死。

②诱发因素　主要有结瓜增多，植株需镁量增加，但镁供应不足，引起缺镁。连年种植黄瓜的保护地易发病。另外，钾肥、铵态氮肥使用量过大，或有机肥用量少，或土壤干旱缺水，或地温偏低，或用瓠瓜(扁蒲)作砧木与黄瓜嫁接等，均易出现镁缺乏症。

③预防措施　采用测土配方施肥技术，施入腐熟的有机肥和钙镁磷肥作基肥，避免过量施用钾肥、氮肥，并实行2年以上的轮作。对症采取措施及时浇水、增地温，采用云南黑籽南瓜或南砧1号作砧木嫁接黄瓜。

④补救措施　若植株出现缺镁症状时，或经检验当黄瓜叶片中(第十六至第十八片叶)镁的浓度低于0.4%时，叶背喷洒0.8%～1%硫酸镁溶液，每隔7～10天喷1次，连喷2～3次。

⑤注意事项　其他可参照蔬菜缺素症中有关内容。

(6)缺硼症

①症状识别　植株缺硼时生长点附近的节间明显短缩，上位叶外卷，叶缘呈褐色，叶脉有萎缩现象，果实表皮出现褐色木质化或有污点，叶脉间不黄化。植株缺硼严重时，生长点萎缩死亡，死亡组织呈灰色，还伴随有侧芽大量发生，生长停止至萎缩，叶片褪绿变成紫(褐)色等症状。根系不发达。

②诱发因素　主要是在沙壤土、偏碱土，及酸性土上一次施用过量石灰，或土壤干燥时，均影响植株对硼的吸收。或土壤中施用有机肥数量少，或钾肥施用过多等，均易出现硼缺乏症。

③预防措施　适时浇水防止土壤干燥。不要过多施用石灰肥料，使土壤 pH 值保持中性。适量增施腐熟的有机肥作基肥。土壤缺硼时，可每 667 米^2 施硼砂 0.5～1 千克作基肥。

④补救措施　若植株出现缺硼症状时，可叶面喷洒 0.12%～0.25%硼砂或硼酸溶液。

⑤注意事项　其他可参照蔬菜缺素症中有关内容。

(7)缺 铁 症

①症状识别　幼苗缺铁时叶片中叶绿素含量明显下降，导致节间异常伸长，根尖伸长受抑制且显著膨大。植株缺铁，叶脉为绿色，叶肉变为黄色、逐渐呈柠檬黄色至白色，叶缘坏死，完全失绿，上位叶及生长点附近的叶片和新叶发病重，叶脉也逐渐失绿至全叶黄化、但叶脉间不出现坏死斑，幼芽停止生长，瓜条颜色变淡，严重时呈鲜黄色(又称为黄皮瓜)。

②诱发因素　主要是在碱性土壤中磷肥施用过量，或地温低，或土壤过干或偏湿，不利根系吸收。或土壤中铜、锰过多，会妨碍对铁的吸收和利用等，均易出现铁缺乏症。

③预防措施　施用石灰不要过量，保持土壤 pH 值 6～6.5。不过量使用磷肥。适时浇水，保持土壤水分稳定，不宜过干、过湿。土壤缺铁时，可每 667 米^2 施硫酸亚铁(黑矾)2～3 千克作基肥。

④补救措施　若植株出现缺铁症状时，可叶面喷洒 0.1%～0.5%硫酸亚铁或氯化亚铁溶液。

⑤注意事项　其他可参照蔬菜缺素症中有关内容。

(8)酸性缺铁症

①症状识别　黄瓜苗定植后植株生长缓慢，新生幼叶开始扭曲，叶色黄绿相间。随着植株的生长，病情加重，节间缩短，全部新生叶皱缩，龙头皱缩呈团状，叶片长大后展开多呈肾形，叶脉浅黄绿色仍为网状不凹陷。开花结瓜后瓜条生长缓慢、呈尖嘴状，瓜上少或无疣状刺，表皮浅灰绿色，质地硬不可食，呈蜡状。

②诱发因素　发病土壤 pH 值小于 6，土壤中含有大量铁元素，但不利于黄瓜吸收。或定植前，施入过量没有腐熟的人粪尿或没有经过发酵的酒糟，施入越多发病越重。施肥不均匀，发病呈区域(点片)状。土壤透气好，含水量低，病较轻。

③预防措施　先测土壤酸碱度，若过酸，每 667 米^2 用熟石灰或草木灰 20～30 千克沟施。有机肥要完全腐熟后再施用。

④补救措施　若植株出现缺铁症状时，可用 0.1%硫酸亚铁溶液或加入 0.1%硼砂后叶面喷洒，过 2 天后再喷 1 次。

⑤注意事项　该病前期症状与黄瓜花叶病毒病症状的区别是，缺铁时一片或一棚幼苗症状相同，同叶龄表现一样。但病毒病症状很难表现一致。

(9)缺 锰 症

①症状识别　植株缺锰时顶部及幼叶叶脉间失绿、呈浅黄色斑纹。初期末梢仍保持绿色，故叶片出现明显网纹状；后期除主脉外，叶片均呈黄白色，叶脉间出现下陷的坏死斑。老叶黄白化最重，先枯死。幼芽常呈黄色，新叶细小，生长受阻。

②诱发因素　主要有土壤偏碱，或地下水位较浅等，均易出现锰缺乏症。

③预防措施　改良土壤，使土壤 pH 值保持中性。降低地下水位。土壤缺锰时，可每 667 米^2 施硫酸锰或氯化锰 1～2 千克作基肥。

④补救措施　若植株出现缺锰症状时，可叶面喷洒 0.2%硫酸锰或氯化锰溶液。

⑤注意事项　其他可参照蔬菜缺素症中有关内容。

(10)缺 锌 症

①症状识别　植株缺锌，中位叶的叶肉开始褪色，叶脉明显，随着叶脉间逐渐褪色，叶面出现小黄色斑点，向叶缘发展，叶缘逐渐黄化至变褐、后枯死，叶片稍外翻或卷曲，但一般叶心不发生黄

化；或叶脉间的叶肉组织上出现白色斑块。严重时全叶变为白色，下部叶片枯死脱落。严重时生长点附近的节间缩短，叶片硬化，嫩叶生长不正常，芽呈丛生状，雌花霉烂，雄花脱落。果实短粗，瓜条上出现绿宽白窄相间的条纹，但绿色较浅。

②诱发因素　主要有光照过强，或吸收磷过多、或土壤 pH 偏高、或土壤中含磷较高等，均易出现锌缺乏症。

③预防措施　不要过量施用磷肥。土壤缺锌时，可每 667 米^2 施硫酸锌 1.5～2 千克作基肥。

④补救措施　若植株出现缺锌症状时，可叶面喷洒 0.1%～0.2%硫酸锌溶液。

⑤注意事项　其他可参照蔬菜缺素症中有关内容。

(11)缺 铜 症

①症状识别　植株缺铜，节间变短，幼叶变小，老叶的叶脉间出现失绿现象；后期，叶片发生由绿色至褐色变化，并出现坏死，叶片枯萎。

②诱发因素　主要有土质黏重，或土壤中富含有机质等，均易出现铜缺乏症。

③预防措施　改良土壤。土壤缺铜时，可每 667 米^2 施硫酸铜(蓝矾)1～2 千克作基肥。

④补救措施　若植株出现缺铜症状时，可叶面喷洒 0.1%～0.2%硫酸铜溶液。

⑤注意事项　其他可参照蔬菜缺素症中有关内容。

(12)缺 硫 症

①症状识别　植株缺硫时上位叶的叶色变淡、后失绿黄化，叶脉也失绿、呈不规则的斑块，逐渐变成白色斑块而使组织死亡。但下位叶往往是健康的。瓜条较粗而短，花蒂两端膨大、黄绿相间。整株植物生长无其他无异常。

②诱发因素　在保护地栽培中，由于长期施用无硫酸根的肥

料，有缺硫的可能性。如施用无硫酸根的肥料，用草炭等材料育苗。

③预防和补救措施　施用硫酸铵、过磷酸钙（其中含有硫酸钙、硫酸铁、硫酸铝及硫酸等）、硫酸钾等含硫的肥料。

④注意事项　注意与缺氮、缺铁等症状的区别。

(13)缺钼症

①症状识别　植株缺钼时早期症状与缺氮相似，长势差，幼叶褪绿，叶缘和叶脉间的叶肉轻微变黄、后呈黄色斑状，浓淡相间。后期叶面凹凸不平，且有枯死斑出现。叶缘向内部卷曲或叶片枯萎、叶尖萎缩、新叶扭曲。常造成植株开花不结瓜。

②诱发因素　植株中钼的含量与土壤 pH 值有关，酸性土壤易造成植株缺钼。在沙质土、酸性土及多年连茬土壤上，均易出现钼缺乏症。

③预防措施　在酸性土壤中施用生石灰，以改善土壤中 pH 值，防止土壤酸化。

④补救措施　每 667 米^2 叶面喷洒 0.02%～0.05%钼酸铵溶液 50 升，分别在苗期与开花期各喷 1～2 次。

⑤注意事项　其他可参照蔬菜缺素症中有关内容。

此外，金瓜又名金丝瓜、搅丝瓜、搅瓜、面茭瓜等，为西葫芦的一个变种。金瓜植株缺素症的症状识别、诱发因素、预防和补救措施等，可参照黄瓜植株缺素症。

91. 黄瓜植株有哪些营养元素过剩症？怎样防治？

(1)铵过剩症

①症状识别　幼苗生育初期，心叶叶脉间发生缺绿症，心叶下的 2～3 片叶褪绿，叶缘如烧焦状、向正面微卷曲。植株徒长，叶片肥大而深绿，中下部叶片出现卷曲，叶柄稍微下垂，叶脉间凹凸

不平；到后期根系功能减退，使叶片过早变硬老化。受害严重时，叶缘出现不规则黄化斑、并部分坏死，受害严重的叶和叶柄萎蔫，植株在数日内枯萎死亡。

②诱发因素　基肥中铵态氮肥过多，或在温度低时过量施用不完全腐熟的有机肥后就定植幼苗，或易分解的有机肥施用量过大，或在地温较低时或土壤经过灭菌处理后（硝化细菌活动受抑制）施入铵态氮肥，或土壤盐渍化等，均易出现铵过剩症。

③预防措施　育苗时使用硝酸铵。适量施用完全腐熟的有机肥。采用测土配方施肥技术，不宜盲目加大有机肥（特别是鸡粪）和氮素化肥的用量。在地温较低时或土壤经过灭菌处理后宜用硝酸铵。

④补救措施　采取措施，提高地温，延长光照时间，适当加大浇水量。

(2)氮素过剩症

①症状识别　在育苗过程中，黄瓜幼苗出现心叶黄化而向内反卷、叶片皱缩深绿、生长点萎缩、茎弯曲、节间短、叶片小等症状，均表示是氮素过多。又可造成植株徒长，茎叶茂盛，硝态氮过量会抑制植株对铁、镁、磷、钾、硼、锌等的吸收，导致整株叶片上下黄化、呈浅铁锈黄色。黄化叶厚实、叶面出现很多金黄色小点，茎蔓生长不良。严重时近地面处的茎蔓变细萎缩，造成缺苗断垄。

②诱发因素　施用的氮肥过多。

③防治方法　在近期内控制氮肥施用量，并叶面喷洒多元微肥。

(3)磷过剩症

①症状识别　在幼苗定植后不久，长出的心叶缺刻完整、叶形整齐，但叶色出现黄化到白化的症状。又可造成植株过早发育而早衰，瓜条数多而小，叶色初为暗绿色或灰绿色。新生叶小而厚，自叶缘大面积向内褪绿黄化、呈米黄色。

②诱发因素　在基肥中施入的磷肥过量，施基肥后即整地定植，或浇缓苗水后过度控水蹲苗，均可造成土壤中速效磷肥浓度过高，而抑制根系对铁的吸收。

③防治方法　采用测土配方施肥技术，合理使用磷肥。出现白化苗后适量浇水，并叶面喷洒以锌为主的多元微肥。

(4)钾过剩症

①症状识别　植株中下位叶片的叶脉间失绿，叶缘上卷变白黄化。

②诱发因素　在土壤中不缺钾，但又施入过多的钾肥。

③防治方法　采用测土配方施肥技术，合理使用钾肥。适量浇水。

(5)锰过剩症

①症状识别　该症状又称为褐色小斑病、褐脉病、褐脉叶、褐色叶枯症等。植株生长停滞，多发生在下中位叶的叶脉上。初发病时叶片的网状脉首先变褐，沿叶脉的两侧出现(黄)褐色小斑点，逐渐扩展成条斑，叶脉周围变成黄褐色，后期条斑变为褐色枯斑。先是叶片的基部几条主脉变褐色，后支脉也变褐色，将叶对着阳光检视，叶脉部变褐坏死或扩大成条斑。严重时，叶柄稍有黑褐色，叶柄及茎蔓上的茸毛基部变成黑褐色。褐脉叶比健叶早干枯。症状从下位叶向上位叶发展。

②诱发因素　在土壤中施入了大量的石灰，或土壤中含水量过高、或土壤酸化、或过量施用没有腐熟的有机肥、或用高温处理土壤后定植，均易发生锰过剩症。保护地内易发生。若选用耐高温长日照品种，在苗期或定植后遇低温，到后期易发病。喷洒含锰农药过多。

③防治方法　对酸化土壤，在土壤用高温或用药剂消毒前宜施用石灰质肥料。选用耐低温耐弱光品种。施用完全腐熟的有机肥。采取措施，降低田间湿度。用0.1%硅酸钠(又称水玻璃、泡

花碱)溶液喷洒叶面。

(6)硼过剩症

①症状识别　种子出苗后第一片真叶顶端变成褐色,向内卷曲,逐渐全叶黄化。幼苗生长过程中下位叶的叶缘黄化或叶片的叶缘呈黄白色,其他部分叶色不变。严重时发展为叶内黄化并脱落。

②诱发因素　在土壤(肥料)中施入过多的硼酸或硼砂。含硼污水流入田间。土壤酸性越大,受害症状越明显越严重。

③防治方法　适量浇水后再施用石灰质肥料(碳酸钙),可有效缓解症状。

92. 黄瓜的药害有哪些症状？怎样避免？

(1)症状识别　在黄瓜上的药害大致上可分为以下两种类型。

①急性药害　黄瓜叶片上出现白色失绿斑点或斑块,叶片干枯坏死,以叶缘或叶尖受害最重。或叶缘卷曲、凋萎落叶,或叶片边缘呈墨绿色萎缩、后青枯坏死,或幼嫩组织出现褐斑、枯死,或花朵干边等。

②慢性药害　黄瓜出现节间缩短或消失。或瓜条变成短粗状。或叶片增厚、变脆,呈老化状等。

易引发黄瓜药害的农药有以下几种:辛硫磷易使植株过敏而萎蔫枯死;马拉硫磷易使植物生长点生长受阻、后叶片畸形;三唑锡易使叶片出现失绿斑或褐色坏死斑;植物生长调节剂类易使叶片扭曲下垂或变细小;乙烯利易使叶缘焦枯和植株矮化,新生叶叶缘缺刻变浅,叶片呈近圆形或使幼苗生长停滞、出现花打顶、形成僵苗,严重时生长点枯死;多效唑易使茎蔓伸长受抑制、瓜条变短变粗;三唑酮易使茎蔓伸长受抑制、幼苗形成无节间的短缩苗;多菌灵易使叶片上出现白化的灼伤点;噻菌灵易使叶片畸形、叶缘黄化;百菌清易使顶端叶片叶脉间产生明显的失绿;敌菌灵易使叶片上产生细微的坏死斑；霜霉威盐酸盐易使叶片出现叶片皱缩、变厚发硬；烟剂易使邻近的叶片褪绿焦枯；代森锰锌及一些含铜农药，在高温时用药或用药后遇高温易使植株产生药害。

(2)诱发因素 可参照农药危害中有关内容。

(3)预防措施 可参照农药危害中有关内容。

(4)补救措施 ①若出现植株生长受抑制的药害后(如乙烯利药害)，可叶面喷洒 30～50 毫克/升赤霉素药液。②其他措施可参照农药危害中有关内容。

93. 黄瓜遇低温时有哪些症状？怎样避免？

(1)症状识别 黄瓜在生长期遇到过低温度(气温和地温)或连续低温，会诱发出以下多种异常症状：①在苗期，可造成沤籽，或延长种子发芽和出苗的天数，或造成苗黄、苗弱，或出土幼苗子叶边缘出现白边、叶片变黄、根系不烂也不长，或寒根和沤根等。②在成株期(白天持续 6.5 小时以上，气温在 20℃～25℃、夜间地温降至 12℃左右时)，就会出现幼苗生长缓慢、叶色浅(呈黄白色)、叶缘枯黄等现象。当地温低于 10℃，雌花少、坐瓜率低，茎叶的干重和鲜重降低，根的生长量减少。当夜温低于 5℃以下时，生长停滞，幼苗萎蔫或黄萎，叶缘枯黄、不发新叶，结瓜少且小。当 0℃～5℃持续时间较长时，就会发展到伤害，多不表现局部症状，往往是不发根或花芽分化受到影响或不分化。严重时有的叶片呈水渍状，致叶片枯死。当降至 0℃以下可受冻害。③其他症状可见上文中有关内容。

(2)诱发因素 ①因保护地的保温性差，或通风量过大过猛、或遇降温天等，使环境温度低于黄瓜生长适温。②可参照冷害、冻害、霜害等有关内容。

(3)预防措施 ①采用冷冻炼种。即在催芽过程，当大部分种子的种皮开裂而少部分种子“露白”(胚根从种子发芽孔中伸出)

时，把种子逐渐放凉，用干净的湿布包好，放到（电冰箱内）－1℃～－2℃的地方，冷冻炼种。48 小时后停止冰冻，把冻住的种子包依次放入 5℃、15℃、20℃的温水中，各浸泡 30 分钟，共计 90 分钟，然后把解冻后的种子继续催芽。也可在室外露天背阴处，挖一个深 30 厘米、略大于种子包的土坑，下垫 7～8 厘米厚的碎冰或积雪，把种子包放在冰雪上，其四周也用碎冰雪填满，种子包上再盖一层 10 厘米厚的碎冰雪，最上面用草苫覆盖。或把种子包埋入积雪中。无论用何种方式冷冻炼种，都要用温度计测温。种子包的降温或升温过程均要缓慢进行，不能打开冰冻的种子包检查种子。②其他措施可参照冷害、冻害、霜害等有关内容，以维持黄瓜各生长阶段的适宜温度。

(4)补救措施　可参照冷害、冻害、霜害等有关内容，以维持黄瓜各生长阶段的适宜温度。

94. 黄瓜遇高温时有哪些症状？怎样避免？

(1)症状识别　黄瓜在生长期遇到过高温度（气温和地温）或连续高温，会诱发出以下多种异常症状：①在幼苗期，幼苗出现徒长现象，子叶小、下垂，有时还会出现花打顶。成苗期出现叶色浅，叶片大而薄、不舒展。节间伸长或徒长。②成株期受害时，叶片上先出现 1～2 毫米近圆形至椭圆形褪绿斑点，后逐渐扩大，3～4 天后整株叶片的叶肉和叶脉自上而下均变为黄绿色。植株上部受害重，严重时植株停止生长。当 45℃维持 3 小时，叶色变淡，花粉发育不良，形成畸形瓜。当达 48℃时，短时间内会导致生长点附近小叶萎蔫、叶缘变黑；时间较长时，整株叶片萎蔫，如水烫状。③叶片上卷、呈褐色，或叶缘、近叶缘 1/3 处呈白色，个别全叶呈白色。④其他症状可见上文中有关内容。

(2)诱发因素　①每年 4 月份以后随着外界气温逐渐升高，保护地通风不及时或通风不畅或没有遮光的情况下，棚内温度有时可高达40℃～50℃，午后有时可达50℃以上。②可参照光害、热害等有关内容。

(3)预防措施 可参照光害、热害等有关内容，以维持黄瓜各生长阶段的适宜温度。

(4)补救措施 可参照光害、热害等有关内容，以维持黄瓜各生长阶段的适宜温度。

(5)注意事项 华北系黄瓜较耐高温，华南系黄瓜怕高温。

95. 土壤盐害会给黄瓜造成哪些异常症状？

(1)症状识别 ①幼苗子叶深绿下垂，节间短，叶片墨绿皱缩，叶脉凹而叶肉凸起，叶缘下卷有黄边，根系呈锈色而根尖呈平头状，严重时烂根干枯。②幼苗定植后难以成活。③植株矮小，发育不良。叶色深绿，叶缘有波浪状的枯黄色斑痕。或中上位叶缘有比较均匀整齐的黄边（“镶金边”），但组织不发生坏死。或叶片向外翻卷，呈降落伞状变脆。或上位叶骤然变小，生长点不舒展，萎缩至退化或褪绿。根系生长不良呈锈色，根尖齐钝。植株中午萎蔫，夜间恢复正常。严重时叶片失水萎蔫、干枯变褐，根部发生褐变、枯死，整株凋萎死亡。④出现花打顶、瓜条变苦等现象，导致产量、品质下降。⑤其他症状可见土壤盐渍化危害文中有关内容。

(2)诱发因素 ①施肥量（特别是速效氮肥量）过大。②由于种种原因，不敢浇水，造成土壤缺水。③其他可见土壤盐渍化危害文中有关内容。

(3)预防措施 可参照土壤盐渍化危害文中有关内容。

(4)补救措施 ①借助分苗，改换土壤环境条件。②适量浇水。

96. 氨气或二氧化氮气体危害会给黄瓜造成哪些异常症状?

(1)症状识别 ①保护地氨气危害,会使受害叶片正面出现大小不一的不规则失绿斑块或水渍状斑,叶片边缘或叶脉间黄化,叶脉仍保持绿色,叶尖、叶缘干枯下垂,受害部逐渐干枯,而黄化部或干枯部与健部之间分界明显。受害较重时,叶片首先急速萎蔫,随之凋萎干枯呈烧灼状。只有新叶保持绿色。多是整个棚内受害,且植株中上位叶受害重。一般突然发生,上风头受害轻于下风头,棚口及四周轻于中间。②保护地二氧化氮气体危害,会使中位叶初在叶缘或叶脉间出现水浸状斑纹,后向上下扩展,受害部位变为白色,病部与健部分界明显,从背面观察略下陷。

(2)诱发因素 可参照有害气体危害文中有关内容。

(3)预防措施 可参照有害气体危害文中有关内容。

(4)补救措施 可参照有害气体危害文中有关内容。

五、番茄生理病害疑症识别与防治

97. 番茄的基本形态特征和对环境条件的要求是什么?

(1)形态特征 ①番茄主根深入土壤达1.5米,侧根横向分布范围可达2.5米,但根系主要分布在30厘米深和宽的耕作层内。根的再生能力强,主根被截断后易产生很多侧根,而根茎部又易发生不定根,同样具有吸收和支撑作用。②番茄茎半蔓性或半直立性,茎基部木质化,一般茎粗(直径)0.5～2厘米,茎上每个叶腋均能产生侧枝。根据主茎的生长方式,又分为以下两种类型:有限生长型(自封顶):主茎生长6～8片真叶后开始生第一个花序,以后每隔1～2片叶生1个花序,在主茎上着生2～4个花序后顶芽分化为花芽,不再向上伸长。由叶腋处抽生的侧枝,一般只能生1～2个花序就自行封顶。无限生长型(不封顶):主茎生长7～9片真叶或10～12片真叶后开始生第一个花序,以后每隔2～3片叶生1个花序。主茎可不断延伸生长,每个叶腋间的侧芽萌发力都很强,由叶腋处抽生的侧枝亦能同样发生花序。③番茄叶为不规则羽状复叶,其上有6～9片小叶,小叶的叶缘齿状、呈浅绿色或深绿色。④番茄花为完全花(同一朵花内有雄蕊和雌蕊),自花授粉,每个花序上有5～8朵花或更多。在花柄与花梗连接处,有一明显的凹陷圆环(离层)。当环境条件不适宜番茄生长时,易形成畸形花或畸形果,或在离层处断裂,造成落花落果,开败的残花还易染病。⑤番茄果实的果形有圆形、扁圆形、高圆形、长圆形、梨形、樱桃形等,果实成熟后果色有红色、粉红色、橙黄色、黄色等,单果重低于70克为小型果,在70～200克之间为中型果,在200克以上为大型果。

(2)对环境条件的要求 ①番茄生长发育适温,白天为20℃～25℃,夜间为15℃～18℃。地温在20℃～23℃时,适宜根系生长。②适宜番茄生长的光照度为4万～7万勒。光饱和点为7万勒,在此光照度下叶片合成光合养分的能力最强。当光照度再继续增加时,叶片合成光合养分的能力则不再增加。光补偿点为0.15万勒,在此光照度下叶片合成的光合养分完全被植株本身消耗掉,无积累。光照度超过8万勒(光照很强)或低于1万勒(光照很弱),对番茄生长发育不利。番茄对每天的光照时数要求不严,但每天有16小时的光照时数生长最好。③番茄需水量大,但不耐涝。一般要求空气相对湿度50%～60%为宜。对土壤中相对湿度的要求因不同生长阶段而异,发芽期为80%、幼苗期和花期为65%、结果期为80%。④番茄对土壤适应能力较强,在排水良好、通气条件适宜、富含有机质、中性偏酸(pH值为6～7)的壤土或沙壤土上生长良好。⑤每生产1 000千克番茄果实,需氮素3.5～3.7千克、五氧化二磷1千克、氧化钾6千克。在苗期不可缺氮,但不能过量;在番茄第一穗果膨大时,植株吸收的磷量占全生长期需磷量的90%,故前期不能缺磷;进入结果期后,不能缺钾。

(3)植株调整 ①常见的整枝方式有以下几种:一是单干整枝。保留主干,陆续摘除侧枝。该方式适用于密植和无限生长类型的品种。二是双干整枝。保留主干和第一花序下的第一条侧枝,其余侧枝陆续摘除,让主干和选留的侧枝同时生长。该方式适用于土壤肥力高、秧苗短缺、植株生长势强的品种,但早期产量和总产量均不如单干整枝。三是改良式单干整枝。保留主干和第一花序下的第一条侧枝,其余侧枝陆续摘除,待留下的侧枝有1～2个花序后打顶。其他还有连续摘心整枝方式、换头再生整枝方式等。②打侧枝(打杈)时,手尽量避免接触茎叶部。可用手掐住侧枝顶部,骤然往旁侧掰下。也可用手指对准侧枝基部,往侧枝下方骤然推之,使侧枝脱落,但不能用手指掐断侧枝或用剪刀剪断侧枝。在定植缓苗后,当植株底部的2～3个侧枝长到6～7厘米长时,进行打杈,可酌情保留1～2片叶。而以后长出的侧枝有2～3厘米长时就打掉,对第一花序上面长出的2个侧枝也保留2片叶后再打掉。③打顶(摘心)需根据不同的栽培目的来确定。当植株长到预期的果枝数后,在最后1穗果上留2～3片叶后把生长点摘除。④在第二穗果采收后,可摘除下层的老叶。摘老叶时应注意,叶片大部分为绿色,不影响通风透光,可保留;还应留叶遮果。⑤根据植株长势、土壤肥力等,在幼果刚坐住时(有核桃大小)进行疏果(摘幼果)。大果型品种每穗果上留3～4个果,中果型品种每穗果上留4～5个果,小果型品种每穗果上留5～10个果。

98. 为什么番茄种子发芽率会低?怎样避免?

(1)症状识别 番茄种子在发芽过程出现多种异常现象,造成其发芽率数值低于国家标准。①死种子。无生活力的种子。②硬粒种子。种皮过厚造成吸水困难,或浸种后不能正常出芽、或浸种后胚轴从种子的侧面长出来、或是休眠种子。③发育不健全的种子。种子内无胚,或胚发育不全,或胚水浸状。④烂芽。在发芽过程,种子霉烂。⑤畸形芽。种子长出无胚根芽,或胚根前端变褐不能出苗。

(2)诱发因素 ①种子发育不完全。因定植老化苗,或缺肥或施肥不当、或坐果过多、或整枝打顶方法不当、或支架倒伏、或病害危害等造成植株早衰,使植株上的果实不能自然成熟而被阳光晒红,晒红果内的种子质量偏低。或采收果实过早。②种子在果实内已发芽。因果汁浓度降低不能抑制种子发芽,在果实没有完全变红时种子已在果实内发芽。或采收果实偏迟。③取种过程的失误。种子发酵时间过长,或在发酵过程淋入雨水、或在晾晒种子时遇连阴雨天、或把含水量较高的种子堆放过厚或过久等，均可使种子提前发芽。④用劣质果取种。用落地果、病烂果等采取种子。⑤在种子脱水过程温度过高。在水泥台上或在金属器皿上(晒)晾种时，或用烘干机脱水时，温度偏高，烫坏种子。

(3)预防措施 ①采种番茄的栽培管理措施与生产商品果实番茄的栽培管理措施基本相同，可参照以下有关内容。②最好选植株上第二至第三穗果实作为采种果实，淘汰不符合品种特性、畸形、有病及空洞的果实。可在果实的绿熟期(需经过数天后熟才能取籽)至成熟期(即可取籽)采收。③用刀剖开果实，把种子和汁液挤在(木质、陶瓷、搪瓷或塑料)容器内。容器内的种子等物不能装得过满，并用塑料布把容器盖严(防雨水进入)。使种子等物发酵，在25℃条件下约需2昼夜。若发现容器内的种子等物表面有白色菌膜浆液覆盖，上面没有带色菌落，搅拌种子已无黏滑感、且种子下沉，说明发酵适度。④用手或木棍搅动发酵物，使种子分离出并下沉，去掉上浮物。再用清水冲洗种子，去掉果皮、果肉、秕粒等物，用纱布把种子沥干，大量种子可用离心机脱水。⑤大量种子可用烘干机脱水分，烘干时温度不能超过37℃。对少量种子白天可摊放在纸、席子、帆布，尼龙纱网等物上晾晒，但不能暴晒。晚上收起。或把沥干的种子放在牛皮纸上，在热炕上烘干(热炕温度不能超过35℃)，要勤翻动种子。种子表面呈灰黄色，用手揉搓极易分离。含水量在9%以下即可。⑥对种子易在果实内发芽的品种，需提前采摘果实，立即取籽，并适当缩短发酵时间。

(4)注意事项 ①温度较高，发酵时间短，种子色泽和质量都好。②如雨水进入发酵容器内，或发酵时间过长(白色菌膜上有红色、绿色、黑色菌落时)、种子感染霉菌等，会使种皮变黑。种子稍带粉红色，说明发酵时间过短。③按照国家标准，三级、二级、一级番茄种子的发芽率分别不低于90%、95%、97%。④番茄种子呈扁平状，卵圆形或肾形。1 000粒种子约重3克。优质种子发芽率应达到90%以上。新种子为乳(灰)黄色，表面有一层茸毛有光泽，有发酵番茄味。陈旧种子为土黄色发红，表面无茸毛、无光泽、无味。番茄种子在生产上的适用年限为2～3年。

99. 什么是番茄的壮苗标准？

在番茄幼苗的不同生长阶段，幼苗的正常株形有一定的标准，掌握这一点，有助于培育壮苗。

(1)发芽期 在正常温度下，从种子萌发至幼苗第一片真叶出现需10～14天，为发芽期。壮苗标准：子叶大而(中部)宽为披针形，叶面平展，胚轴高约3厘米。

(2)幼苗期 从第一片真叶出现至现蕾为幼苗期，此期又可分为2个不同的发育阶段。幼苗出现第三片真叶前为第一阶段，需25～30天，此期幼苗根系生长最快；然后进入第二阶段，即花芽分化阶段，番茄的第一至第四花序均在此期形成，需45～50天、温度低时需55～65天。壮苗标准：幼苗节间长3厘米左右，真叶逐级增大，叶肉较厚，叶脉粗壮略凸起，叶前端有光泽，各小叶大小中等，叶形呈手掌状。

(3)幼苗定植时的苗龄 ①正常株形。植株茎秆粗细一致，节间正常，直到第五节的长度都慢慢增加，其后节间等间隔伸长。子叶较大，发育良好的复叶片为手掌形，叶柄短粗。花瓣为黄色。植株形状呈长方形。但不同的栽培季节和栽培方式，对苗龄的要求也不相同。②露地栽培。在春茬番茄幼苗定植时，苗龄为55～70天，株高20厘米左右，有子叶和7～8片真叶，叶柄短粗，叶片肥厚，叶部健全，叶色深绿，叶背及茎基部呈紫色。茎粗0.5厘米以上，节间短，节间等间隔伸长，而且上下粗细相同、健壮，茎叶上茸毛多。第一花序出现花蕾，其上着花数较多，花蕾肥壮饱满不开放。根系发达，根色白而须根多，地下部分和地上部分发育平衡。株形呈长方形。幼苗鲜重为23～25克，无病虫害。在越夏番茄幼苗定植时，苗龄为25～30天，有3～5片真叶。③日光温室栽培。在早春茬番茄幼苗定植时，苗龄为60～70天，株高20～25厘米，有7～9片真叶，第一花序现大蕾。在秋冬茬番茄幼苗定植时，苗龄为20天左右，株高15～20厘米，有3～4片真叶。在冬春茬番茄幼苗定植时，苗龄为60～70天，株高25厘米左右，有8～9片真叶。④塑料大棚栽培。在春提早番茄幼苗定植时，苗龄为55～65天，有7～9片真叶，第一花序现大蕾。在秋延后番茄幼苗定植时，若采用小苗定植，苗龄为15～18天，有2叶1心；若采用大苗定植，苗龄为25天左右，有5～6片真叶。

100. 在冬、春季育苗怎样避免番茄幼苗出现生长异常？

(1)精修苗床 ①选用耐低温耐弱光优种。在催芽期间进行低温炼芽。第一种方法是把种子放在25℃条件下催芽12小时，再放到1℃～5℃条件下12小时，如此高低温处理交替进行，直至种子发芽；第二种方法是在种子刚露白时，使种子包温度缓慢降至0℃～－2℃，处理1～2天后待种子包缓慢解冻后再播种，不能强行把冻住的种子包解开。②在日光温室(或加温温室)内修建地面畦，畦南北宽1米、东西长度可根据播种量而定，每30克种子可播种苗床面积5～6米^2。挖土修畦，畦埂踩实后高于畦面10厘米即可，把畦底刮平踩实，每平方米苗床面积用2.5%敌百虫粉剂3克，拌细土15克，混匀后撒于畦底，再铺一层约4厘米厚的黏重土层，其上再铺一层3～4厘米厚的苗床土，苗床土应在播种前10天铺好刮平。在保温性能好的温室内还可采用架床育苗。在冬、春季温度较低的地区，需在苗床下埋设电热线或塑料热水管(类似于土暖气设施)来提高地温。③若采用阳畦育苗，应在上一年土地封冻前1个月修好阳畦，阳畦南北宽1.6米左右、东西长7～10米。播种前20～30天在阳畦上扣玻璃或塑膜烤畦，夜间加盖草苫保温。每平方米阳畦面积施腐熟马粪6～10千克，然后翻土2遍，使土肥混匀。在播种前3天，每平方米阳畦面积在撒施磷酸二铵94克，与表土混匀耙平即可。也可在播种前10天，把苗床土铺于阳畦内。④也可采用塑料营养钵或纸袋等容器育苗，装苗床土后摆放在苗床或阳畦中即可，并用土填满容器间的缝隙。

(2)加强播前播后管理 ①在播种前3～5天，密闭棚膜或阳畦上塑膜，用敌敌畏烟剂和百菌清烟剂熏蒸。②选"冷尾暖头"的晴天上午，用30℃温水浇(苗床内或营养钵内)苗床土，把催芽后的种子拌细沙后撒播于苗床上或点播于营养钵内，若种子量不足，可在苗床上按行距4厘米、株距4厘米点播，然后覆土。③播种后注意保温、保湿，在大部分幼苗顶土后，要注意降温炼苗防徒长，注意采取增加光照的措施。在子叶展开后，按苗距3厘米左右间1次苗，拔除弱苗、畸形苗、双苗、徒长苗等，再往苗床内撒一层干细土。

(3)适时分苗 ①在分苗前3～4天，逐步降温，白天20℃～25℃、夜间15℃～10℃。若从温室内往阳畦内分苗，夜间可降至8℃～6℃。幼苗从绿色变为深绿色或紫色时，就可分苗。用小铲按4厘米深起苗，带土栽健壮苗。②每平方米苗床施腐熟有机肥14～15千克、氮磷钾复合肥0.1千克，深翻10厘米，耙平畦面，按8～10厘米行距开深约5厘米的直沟，沟外侧壁要直，按8～10厘米株距摆苗，苗要直立，根要舒展，以子叶露出畦面1厘米为宜，苗要大小一致。摆完一行苗后，用水壶往沟内浇足温水，待水渗下后覆土埋，再开下一条分苗沟。③或把苗床土装入营养钵或纸袋内，土面距钵(袋)口0.5～1厘米。再摆放在深约15厘米的苗床内，钵(袋)之间用细土填好，把幼苗栽入钵(袋)内，浇足温水。④分苗结束后，保温促缓苗。在缓苗期若中午光照过强时，可暂时用草苫等物遮光。缓苗后适当通风降温，白天25℃左右、夜间15℃左右，保持10℃左右的昼夜温差，地温18℃～16℃。若采用暗水分苗，酌情浇1次缓苗水后至起苗前不浇水。若采用钵(袋)分苗,当土面显干时,宜喷温水防干旱。适时用粗铁丝制成的小钩锄地,其深度不超过2厘米。及时拔草。⑤若采用钵(袋)播种,可适时倒方,增加苗距,并把小苗移到苗床中间,并在裂缝处填上细土,酌情喷温水。⑥但不可盲目采取追肥、浇水等措施来促幼苗生长。

(4)切块囤苗 ①在定植前7~10天,可采取白天加大通风量,或延长通风时间、或推迟覆盖草苫、或减少夜间覆盖物、或留活缝等措施逐步降温,白天20℃左右、夜间10℃左右。若往露地栽苗,夜间可降至5℃左右。②若采用苗床土育苗,在定植前5~7天,往苗床内浇1次水,第二天上午在苗床内切土坨起苗,在切土坨过程中,要小心,轻拿轻放,尽量保持苗坨完整。一般苗坨为8厘米见方、高8~10厘米,把苗坨摆放在原苗床内,其四周缝隙用细土填好。在此后1~2天内,可适当提高苗床内温度。若采用钵(袋)育苗,可适时倒方,增加苗距,用细土填好缝隙。③在囤苗期,要掌握控温不缺水的原则。发现幼苗缺水,可在上午适当喷水,以防因缺水而形成小老苗。若中午光照过强,需用草苫等物暂时遮光。

(5)防范灾害性天气的危害 ①坚持收看(听)天气预报,及早做好抗御灾害性天气的准备工作。如延迟播种或分苗、缓浇水等,修补棚膜上的破损处,加固棚膜,做好采取保(加)温、增光照等措施的准备工作。若苗床内湿度偏高,可及时通风降湿或往苗床内撒一层干细土吸湿。②加强覆盖保温(特别是夜温)或临时加温措施,以保持苗床内的适温。若苗床内光照条件差时,温度应比晴天低3℃~5℃,并保持一定的昼夜温差。③科学见光。白天要尽量揭开草苫等物使幼苗见光。如遇连阴天或需白天覆盖草苫时,可在苗床内距幼苗顶部60~70厘米处悬挂白炽灯或荧光灯,每天照射2~4小时。如连阴天后或全天覆盖草苫连续数日后突遇晴天,要采取回苫措施。④其他措施可参照有关灾害性天气中的相应内容。

(6)注意事项 在切块囤苗前或倒方前,正常苗为心叶色浅、老叶色深,说明水分适宜。如心叶大面积浅绿、外叶色也浅,说明水分过大易徒长,应立即倒坨。如心叶和老叶都呈深绿色或心叶变黑时,说明缺水,易形成小老苗,需马上浇水。

101. 引起番茄幼苗生长异常的原因是什么?

当环境条件不适时,番茄幼苗的生长形态会出现相应的异常变化,因此需加强观察。一旦发现幼苗生长出现异常时,对症找出原因,采取措施调节环境条件,促使幼苗恢复正常生长。

(1)发芽期 ①幼苗子叶变小、细长,嫩茎(下胚轴)长达 3 厘米以上,这是苗床内温度和湿度过高造成的幼苗徒长。②子叶瘦小呈黄绿色,幼苗太矮,下胚轴成紫色且茸毛过长,这是苗床内干旱、温度低,阻碍幼苗正常生长。③子叶小或下胚轴短,子叶向上举或叶背向上反卷,这是苗床内温度偏低所致。④子叶边缘失绿,逐渐变成一圈白色的边缘,这是幼苗受冻后的现象。⑤子叶出土后比正常苗肥大且色绿,在两片子叶中间不长真叶或长出 1 片真叶后再不出叶片,称为“老公苗”。造成这种现象的原因有:品种本身退化,或种子存放时间过久,或种子本身发育不全,或施肥用药浓度过大、生长点被“烧死”,或被地下害虫咬掉生长点。发现这种幼苗,及时拔掉。若是虫害(幼苗上还应有被咬伤的其他破损处),对症用药剂防治。若是“烧死”(幼苗上还应有其他变色斑),可适量喷清水或提前分苗。

(2)幼苗期 ①第一片真叶与子叶间距离过长,茎上粗下细,生长点黄绿色,这是苗床内连续多日高温,特别是后半夜温度偏高所致。②真叶小、暗淡无光、色泽较深,出现畸形花,这是苗床内温度偏低所致。③子叶细小,叶型小、呈浅绿色或紫色,茎细节间短、茎秆多为紫色、生长极为缓慢,又称为幼苗僵化型。这是苗床内温度偏低、水肥不足,植株受伤或吸收功能受抑制所致。④第一片和第二片真叶偏小,是幼苗生长势弱的表现,这是出苗后苗床内温度和水分不适宜所致。这种幼苗的第一花序分化必然延迟,而且花朵数减少,因此造成前期产量降低。⑤幼苗下胚轴长度超过 3 厘米,茎的上部比下部粗(节间顺次变粗增长),叶片大而叶肉薄,叶柄长而叶脉细,叶色浅绿色,顶端中心叶呈黄绿色。植株外形呈倒三角形。这是苗床内氮肥过多、夜温偏高、光照不足等因素造成的徒长,这种幼苗的第一花序分化也会延迟,而且花朵数减少。⑥幼苗叶片小、叶色深绿,多因苗床内干燥、地温偏低、或分(倒)苗时伤根过重所致。在这种情况下,萌生第一花序的节位降低、花朵数增加,但易形成发育不良的花。⑦幼苗叶片薄、叶脉细、叶身平、叶尖圆形,这是苗床土质量低、水分过多、空气相对湿度高、幼苗过于拥挤或光照不足等因素所致。⑧幼苗子叶、真叶的叶背反卷呈匙状,叶、茎部出现紫红色,这是苗床内温度在较长时间内低于 5℃所致。⑨幼苗叶片大而薄、叶色淡,茎细长而脆弱,这是苗床内光照不足所致。⑩幼苗叶色深绿、叶片呈手掌形,但株形呈正方形,这是苗床内夜温低、土壤干燥或土壤内盐害所致。这种幼苗易成为老化苗,最好不要定植此种幼苗。⑪幼苗叶片萎蔫干枯。这是由于苗床内温度过高、加上空气过干,幼苗叶片蒸发加快,水分供应不足造成的。在囤苗期易发生。

(3)定植前 ①徒长苗。幼苗茎基部从下往上逐渐加粗,节间长。或是从第一花序向上,各节逐渐变长增粗,幼苗子叶较小,叶柄长而细,叶薄色浅、叶尖钝,叶面或叶缘有皱缩感。茎嫩绿色。幼苗株高超过 30 厘米,但叶片数与正常苗相似,整个株形呈倒三角形。根系发育不良,这是苗床内施氮肥过多、夜温偏高、湿度过大、光照不足等因素造成的徒长苗。若发现幼苗有徒长现象时,可通过通风降温排湿、增加光照等措施控制徒长。若效果不明显,可用1 000～4 000 毫克/升丁酰肼溶液喷淋幼苗。宜采用卧栽法定植徒长苗或大龄苗。即顺行挖栽培沟，把幼苗根部及徒长的茎部贴沟底窝栽，以露出地面的茎尖稍向南倾斜为宜。②老化苗。幼苗叶片小、叶色过浅或过深而无光泽，节间短，茎秆下粗上细，茎叶带有紫色，茸毛过分发达，生长极为缓慢，植株矮小、后期易引起植株早衰。这是苗床内温度偏低，水肥不足，根系受伤较重，或苗龄过长、或土壤中含盐量过高等因素造成的老化苗。若幼苗够用，最好淘汰这种老化苗。③花器畸形苗。幼苗的花序（特别是第一花序）上的花朵柱头为扁宽形，子房畸形，往往发育成畸形果。这是在育苗期遇低温时间过长，特别是下半夜低于5℃，或苗床内干旱缺水，或炼苗期降温幅度过大、或降温炼苗的时间过长等因素，均可诱发花器畸形苗。及早摘除畸形花朵。④露骨苗。幼苗茎节处茎较粗，而节间处茎较细，茎秆表现为粗细不均匀。这是苗期水肥不足或幼苗缺乏营养，诱发的露骨苗。出现露骨苗后，把苗床内温、湿度调节到适宜范围，并追施适量速效肥，以氮肥为主，配施磷、钾肥，使幼苗逐渐恢复正常生长。⑤紫红叶苗。幼苗叶片呈暗紫红色，一般在苗床四周发生较多。这是苗床内温度长期偏低所致。应加强苗床的保温措施，提高温度。若采用钵（袋）育苗，将红叶苗移到苗床中部或温度及光照适宜处，几天后幼苗颜色可逐渐转绿。

(4)注意事项 ①在育苗过程中有时会出现寒根、沤根、烧根等全株性症状，可参照寒根、沤根、烧根中有关内容。②在育苗过程中，有时会出现闪苗（叶片边缘或叶脉间组织干黄，重者全叶干枯，受害叶像火燎一般）、冻苗（受冻叶初呈水浸状萎蔫，后脱水干枯）、药害（叶片或叶缘处出现白色斑块）、有害气体（叶片上出现白色斑块）等的危害，可参照风害、冻害、药害、有害气体等危害中有关内容。

102. 在夏、秋季育苗怎样避免番茄幼苗出现生长异常？

(1)修建合格育苗床　①选地势较高处修建1～1.5米宽的育苗床(可根据播种量而定长度)，在其周围挖排水渠道，并打开渠口，做到随降雨随排水。并在苗床上搭小棚，上覆盖遮阳网等物，防雨防晒。②每平方米苗床面积施腐熟有机肥20千克，翻10厘米深，耙平畦面即可。③也可采用阳畦或营养钵育苗，同样要防雨防晒。

(2)精心播种　①宜选用耐热的中晚熟优种，种子需用10%磷酸三钠溶液浸种处理后再催芽播种。②给育苗畦内浇足水，待水渗下后，按株、行距10厘米×12厘米穴播，每穴播3粒种子，上盖1厘米厚的育苗土。③在畦面按10厘米行距开浅沟，先往沟内浇少量水，水渗后把种子条播于沟内，耙平畦面，盖土1.5厘米厚，然后浇足水。

(3)保证水分供应　①出苗前，要保持苗床土表面湿润，发现土面见干时，应及时浇水；出苗后，要控制浇水量，保持苗畦地面见干见湿。可在早、晚浇水。②在中午前后，看天(晴天)用喷壶喷水2～3次，每次喷水时间为10～30秒，以提高苗床内的空气湿度。

(4)及时分苗间苗　①穴播出苗后，每穴内留1株健壮苗，剪除其余苗。②条播出苗后，在展开2片真叶后陆续间去杂弱苗，按株距10厘米定苗。③采用阳畦育苗，需适时分苗。

(5)防止徒长　①出苗后，要采取多种措施通风降温，避免苗床内温度偏高。②发现幼苗有徒长现象时，可喷洒0.05%～0.1%矮壮素溶液，控制徒长。

103. 春露地番茄提早定植时需注意些什么？

(1)及早整地　①最好在秋天就选好翌年种春番茄的地块，清除干净植株残体后，深翻地 30 厘米晒垡。在其周围不宜种有越冬的菠菜、油菜、芹菜、苜蓿等，也不宜在春季抢种一茬小油菜等速生菜。②春季在土地化冻后，每 667 米^2 施腐熟有机肥 5 000～10 000 千克、过磷酸钙 50～60 千克，肥料不足时可沟施，翻地整平，做南北向畦。

(2)适期育苗　①春露地番茄一般在晚霜过后，日平均气温达到 12℃～15℃，10 厘米地温稳定在 10℃以上定植幼苗。②可根据当地历年来最后 1 次晚霜来临的日期，及定植时可采取的保温防寒措施，确定适宜的定植日期。③根据选用品种的特性、育苗方式和定植时的适宜苗龄，从定植日期往后推，以确定播种育苗日期。④为保险起见，可分两批育苗，以防第一批幼苗定植后遇不测因素而死亡，还有第二批幼苗补栽。

(3)地膜覆盖　①采用小高畦地膜覆盖栽培，可提前到日平均气温达到 10℃左右定植，比不采用地膜覆盖提前 5～7 天定植。地膜覆盖虽能提高地温，但不能避免霜冻。采用地膜覆盖的地块，底墒要好，若土壤墒情不好，可提前浇 1 次水补墒。在定植前 10 天铺地膜，把土地做成宽 60～70 厘米、高 10～15 厘米的小高畦，小高畦中间高两边低，畦面平整，无土块及作物根茬，其上铺地膜，在两个小高畦之间留 50 厘米的畦沟，不铺地膜。铺膜用 5 个人来完成，有 2 个人分别在小高畦两侧，顺着小高畦的畦边坡度各开 1 条深约 7 厘米的浅沟，浅沟不能挖成直立状。先把地膜的一端在畦头埋好，用 1 人把地膜展开铺到畦面上，要把地膜绷展绷直，使地膜紧贴畦面，边铺地膜边用 2 人在小高畦两侧用土压地膜边，要顺着浅沟斜坡压土，地膜的两边和两端均要用土压实，以防风吹跑地膜。②采用小高畦沟栽方式，沟深以幼苗不接触到地膜为宜；或栽苗后，根据地膜宽度在小高畦上搭小拱棚，把地膜扣在小拱棚上，地膜四周用土埋严。在气温升高后，可在地膜上按一定距离挖小孔通风。等晚霜过后，再把地膜放下，按行、株距在地膜上挖孔，铺于畦面上，可比高畦地膜覆盖栽培提前10天左右定植。③采用小高畦地膜覆盖栽培，其上再搭小拱棚，可在晚霜前15～20天定植。

(4)适度密植 ①可根据品种特性、土壤肥力、生长期长短、整枝方式等，适度密植，以便植株早封垄。②采用单干整枝。每667米^{2}面积上定植的株数如下：种植早熟品种，若每株留2穗果，栽6 400～7 000株；若每株留3穗果，栽5 400～6 400株。种植中熟品种，若每株留3穗果，栽4 000～5 000株；若每株留4穗果，栽3 600～4 000株。种植晚熟品种，每株留4～5穗果，栽3 000～3 500株。

(5)暗水栽苗 在“冷尾暖头”的晴天上午，用打孔器(其孔径应略大于苗坨直径)按株行距打孔，然后点水稳苗，浇水量以湿透苗坨为宜，深度以苗坨和地面齐平或略低于地面为宜，再用细土把苗坨周围封严，要尽量保持覆盖在畦面的地膜上干净无土。缓苗后，及时浇1次缓苗水，酌情中耕松土。

(6)避免死苗 ①热气灼苗。定植穴周围覆土不严，在晴天中午地膜下的热气从定植穴周围的地膜缝隙中喷出，灼伤幼苗茎基部，重者造成幼苗萎蔫死亡。因此，在植株没有封垄前要经常检查定植穴周围的地膜缝隙封土是否脱落，特别是在降雨后或浇水后要及时用土封好定植穴周围地膜缝隙。②缺水干旱。土壤墒情差，或定植水不足、或缓苗水量不够而没有绕过地膜渗入小高畦内，或地膜边压土不严而跑墒等，均可造成地膜下高温干旱的小气候环境，使幼苗缺水萎蔫死亡。当发现幼苗缺水时，应及时局部或全部浇1次水。要注意的是，虽然土壤中缺水，但到夜间降温后地膜下空气中的水分会凝结在地膜内侧形成“假湿”现象。③肥料烧根。施用了没有腐熟的有机肥，或施用了过量化肥(特别是碳酸氢铵)，或施肥太集中等，均可造成烧根死苗现象。发现烧根，需及时浇1次水，以减轻危害。④其他原因。虫害、病害、霜冻等，均可造成死苗现象,可对症采取防治措施。

104. 番茄露地地膜覆盖栽培易出现哪些问题? 怎样避免?

(1)植株早衰

①症状识别　植株生长势衰退,上部茎叶萎缩。叶片发黄小而薄,后变为灰色或灰黄色。果实变小。根系停止伸长,根毛少而萎缩,根系吸收能力下降等。后茎叶干枯死亡。

②诱发因素　土壤有机质含量低,或地下水位高的地、或新开垦地、或遮荫地,幼苗定植时苗龄偏大或徒长,或水肥不足、或在高温季节遇连阴雨天等。

③预防措施　宜选用耐热、结果集中的早、中熟品种。宜采用营养钵或纸袋育苗,培育无病虫适龄壮苗。定植时,施足腐熟基肥,在基肥中不需再施用氮素化肥。适度密植,每 667 $米^2$ 栽苗数覆盖地膜的要比不用地膜覆盖的少一些。定植缓苗后至第一穗果实开始膨大前,要控制浇水,适时中耕数次。进入结果期后,根据植株长势适时浇水追肥,浇水量覆盖地膜的要比不用地膜覆盖的少 1/3,保持土壤湿润。进入雨季注意排出田间积水。

(2)植株徒长

①症状识别　植株茎叶生长过旺盛,但结果少。

②诱发因素　定植时苗龄偏小,或偏施氮肥、或浇水过多。

③预防措施　可参照植株早衰中有关内容。

④补救措施　发现植株有徒长现象时,可用 50%矮壮素水剂 500～1 000 倍液(或 1 000～1 500 毫克/升)喷洒植株。

(3)膜下杂草

①症状识别　地膜下的杂草生长旺盛,甚至将地膜顶破。

②诱发因素　田间杂草过多,铺地膜质量差等。

③预防措施　在秋季杂草没有结籽前及时锄草。秋季拉秧后

及时深翻地。提高铺地膜质量。可酌情使用除草剂。如整好小高畦后，每 667 米^2 用 72%异丙甲草胺乳油 100 毫升，对水 30 升稀释后均匀喷洒畦面，再铺地膜。浇水栽苗后，需用不含除草剂的细土封好苗坨周围及地膜的缝隙。

④补救措施　可取一根长 30～40 厘米的粗铁丝，将其前端轧扁，弯成镰刀状，将其从定植穴孔处慢慢伸入地膜内，勾住杂草轻轻一拉，即可把杂草断根拖出膜外，再用土封好定植穴孔。若膜下杂草较多时，也可在下午 2～3 时（天气最热时）用脚（宜穿软底鞋）在地膜上踩草，以不踩破地膜为宜。

(4)自然灾害　可参照旱害、涝害、风害、雨害、霜冻等自然灾害危害中的有关内容。

105. 保护地番茄的管理要点是什么？

(1)日光温室冬春茬

①施肥　采用测土施肥技术。每 667 米^2 的施肥量安排如下：一是要施足基肥，施用腐熟有机肥 10 000～15 000 千克、磷酸二铵 50～70 千克。二是要及时追肥，可选用硝酸铵 20～30 千克，或硫酸铵 25～40 千克、或尿素 10～25 千克、或硫酸钾 10～20 千克、或磷酸二铵 25～40 千克、或氮磷钾复合肥 30～50 千克、或腐熟人粪尿 300～1 000 千克等作追肥。一般在第一穗果有核桃大时开始随水追肥，可根据收果穗多少追肥。可每隔 2 穗果追 1 次肥，也可每穗果均追肥、但追肥量减半。不能偏施氮肥，不能缺钾肥。若混合追肥时，各类肥料的用量应相应减少。在温度低的季节，可追施硝酸铵或腐熟人粪尿；在温度高的季节，可追施尿素等。但不宜追施腐熟人粪尿。

②浇水　土地墒情要好（可先浇水造墒），可采用大小行覆膜栽培。先按大行距 60 厘米和小行距 50 厘米交替起垄。在“冷尾暖头”的晴天上午，坐水（用 30℃温水）栽苗，过 2～3 天后再把垄

整好刮平，在小行距间铺地膜，大行距间不铺地膜，也可先铺膜后栽苗；或采用小高畦地膜覆盖栽培，在小高畦中央开个小沟用于浇水。应在晴天上午浇水，地温低时可在小行距间或在小高畦中的小沟内采用膜下暗浇水(用 25℃温水)。随着外界气温的升高，可在不铺地膜的大行距间改浇明水。浇好定植水和缓苗水后，控水蹲苗，在第一穗果有核桃大时开始浇水；进入结果期后，可每隔 7 天左右浇 1 次水。要做到均衡浇水，浇果不浇花，每次浇水后要注意通风排湿(下同)。

③温度管理　幼苗定植后，温度维持在 30℃左右(可通顶风调节温度)促缓苗。缓苗后注意通风降温，避免徒长。当外界夜温降至 10℃，夜间要覆盖草苫保温(见前)。进入结果期后，白天 20℃～25℃，前半夜 15℃～13℃、后半夜 10℃～7℃，地温 20℃～18℃(最低 13℃以上)。进入 2 月中旬后，注意通风降温。

④光照　每天 8 时至 17 时，尽量卷起草苫等物，增加植株见光时间。在遇连阴天或白天需覆盖草苫等物保温时，可在保护地内每隔 3 米安装 1 只 40 瓦的白炽灯，每天早、晚各照射 1～2 小时或时间更长些。

(2)日光温室早春茬

①施肥　采用测土施肥技术。每 667 米^2 的施肥量安排如下：一是要施足基肥，施用腐熟有机肥 5 000～10 000 千克、过磷酸钙 50～100 千克。二是要及时追肥，可参照日光温室冬春茬。

②浇水　可参照日光温室冬春茬。

③温度管理　应在 10 厘米深处地温稳定在 12℃以上定植，温度维持在 30℃左右(可通顶风调节温度)促缓苗。缓苗后白天 25℃～28℃，夜间 15℃～13℃。进入结果期后，当外界温度升高，棚温可提高 1℃～2℃，应注意通风降温，特别是夜温不能过高。

④光照　可参照日光温室冬春茬。

(3)日光温室秋冬茬

①施肥　采用测土施肥技术。每 667 米^2 的施肥量安排如下：一是要施足基肥，施用腐熟有机肥 5 000 千克左右、磷酸二铵 50 千克左右。二是要及时追肥，可参照日光温室冬春茬。

②浇水　在傍晚或阴天时定植，浇好定植水后不干旱不浇水，若需浇水时，水量也不能太大，可在早、晚浇水。在第一穗果有核桃大时开始浇水，可每隔 7 天左右浇 1 次水。随着外界气温的降低，改在晴天上午浇水，进入 11 月份后看天浇水，进入 12 月份后不再浇水。

③温度管理　定植后，要采取将棚膜底脚卷起通风，棚膜上喷泥浆或覆盖遮阳网等措施，控制棚温。当日平均气温降至 16℃时，要将棚膜扣好，白天 25℃～27℃，夜温 15℃左右，夜温不能过高。随着外界气温的降低，白天 22℃～25℃，夜间 12℃～10℃，注意采取保温措施，尽量延长采收期。

(4)塑料大棚春提早茬

①施肥　采用测土施肥技术。每 667 米^2 的施肥量安排如下：一是要施足基肥，施用腐熟有机肥 5 000 千克左右、磷酸二铵 50 千克左右。二是要及时追肥，可参照日光温室冬春茬。

②浇水　可参照日光温室冬春茬。

③温度管理　可参照日光温室早春茬。

(5)塑料大棚秋延后茬

①施肥　若前茬作物施基肥多，可不施基肥。若不足，每 667 米^2 的施肥量安排如下：一是要施足基肥，施用腐熟有机肥 4 000 千克左右、过磷酸钙 25 千克左右。二是要及时追肥，可参照日光温室冬春茬。

②浇水　进入 10 月中旬后不再浇水。余可参照日光温室秋冬茬。

③温度管理　可参照日光温室秋冬茬。

106. 番茄植株的异常长相有哪些类型？怎样避免？

(1)水分不适苗

①症状识别　第一种症状是植株脆嫩徒长，叶片发黄甚至卷曲，根系发育差，重者凋萎死亡。第二种症状是植株叶片变小(早晨观看)、心叶颜色较深或萎蔫，果实不能膨大，长势衰弱，发育迟缓，易发生病毒病。

②诱发因素　当土壤中水分过多时，易诱发第一种症状。当土壤中缺水干旱时，易诱发第二种症状。

③预防措施　“看天、看地、看植株长势”，适时浇水。

④补救措施　当土壤中水分过多时，要控制浇水次数及每次的浇水量，适时中耕松土，并做好防雨排涝的准备工作。保护地内需注意通风排湿。对缺水地块，需及时浇水。

(2)营养生长过旺苗

①症状识别　植株主茎肥大似莴笋，叶柄向下扭曲。

②诱发因素　这是中晚熟品种在定植后水肥充足，特别是偏施氮肥造成的。

③预防措施　采用测土施肥技术，合理施用氮肥。

④补救措施　首先要控制氮肥的施用量。在晴天下午或阴天，用2%过磷酸钙浸出液进行叶面喷洒。用植物生长调节剂处理花朵，促进坐果。

(3)顶叶扭曲苗

①症状识别　植株徒长，顶部嫩叶在傍晚出现卷曲严重时扭曲，小叶片中肋隆起，叶片反转、呈船底形，茎上出现灰白色至褐色斑块(点)。

②诱发因素　这是施氮肥偏多(特别是铵态氮肥)所致，同时又遇到低温或土壤经过消毒处理。土壤铵态氮含量越多，症

状越重。

③预防措施　采用测土施肥技术，合理施用氮肥。

④补救措施　适量控制氮肥的施用量。控制施用铵态氮肥，改用硝酸铵。

(4)三角形复叶苗

①症状识别　植株复叶长得较长而窄，整体轮廓呈三角形。表示植株属于营养生长型（茎叶生长）。

②诱发因素　苗床内光照条件较差造成的。

③预防措施　注意采取措施，增加光照，并适当降低白天的温度，避免植株发展成徒长。

(5)茎上褐斑苗

①症状识别　在植株茎上出现许多褐色小斑点。

②诱发因素　这是施铵态氮肥过多所致。

③预防措施　采用测土施肥技术，合理施用氮肥。

④补救措施　控制施用铵态氮肥（如硫酸铵）。

(6)植株顶端叶黄化苗

①症状识别　植株顶端（嫩）叶片黄化。

②诱发因素　主要是因为土壤湿度过高或夜温偏低，引起植株对硼、钙、铁等元素吸收不良。或土壤中缺氧而形成的亚硝酸中毒，或残留在土壤中的除草剂（西玛津）、或使用含有有害物质的塑料营养钵育苗等造成的。

③预防措施　选用高质量的塑料营养钵。避免在使用过长残效期除草剂的地块上取土配制苗床土或种植番茄。加强栽培管理，保持适宜的温度及土壤湿度。

④补救措施　要控制浇水，中耕松土，通风排湿，并加强夜间保温覆盖，适当提高夜温，以改善植株的吸收功能。若因除草剂药害或劣质塑料营养钵危害，酌情浇1次水或换土栽苗。

(7)植株下部叶黄化苗

①症状识别　幼苗从子叶就开始黄化,然后扩展至全株叶片,生长停止。或定植后缓苗慢,下部叶黄化。严重时,叶柄也黄化,叶片枯黄脱落,顶叶变窄卷曲。在茎基部过早长出不定根(气生根),根系变褐腐败、无新根发生,或根系发黄,不能下扎,并向两侧伸长。

②诱发因素　苗床内湿度过大,或土壤黏重板结、或浇水量过大、或施用没有腐熟的鸡粪等,均可诱发植株下部叶黄化。

③预防措施　要施用完全腐熟的鸡粪,而且要控制腐熟鸡粪的用量。适量浇水,以防土壤过湿。若土壤黏重板结,可适量掺沙,改良土壤性质。

④补救措施　若土壤过湿或黏重,控制浇水,及时中耕松土,通风排湿。若施用没有腐熟的鸡粪,适时浇 1 次水,再中耕松土,提高地温,通风排湿。

(8)露 花 苗

①症状识别　植株营养生长过弱,叶片小。在第一花序和第二花序开花时,叶丛遮挡不住花序,称之为露花。多发生于早熟品种上。

②诱发因素　植株生长势过弱,而过早使用植物生长调节剂保坐果,使植株结果(生殖)生长压倒茎叶(营养)生长,会造成植株主茎顶端生长停滞。

③预防措施　培育适龄壮苗,施足基肥,适当蹲苗,保持适宜的温度及昼夜温差,促苗早发。

④补救措施　摘除部分或大部分幼果,采取增加保温覆盖、中耕松土等措施,提高地温和气温,加强水肥管理,促进植株生长。

(9)封 顶 苗

①症状识别　植株出现第一花序或第二花序后,其顶部急剧变细而停止生长,出现封顶现象。

②诱发因素　这是长期夜温低于5℃或缺微量元素硼所致。

③预防措施　在配制苗床土时和施基肥时，要适量加入硼肥。适期定植，保持适宜的温度及昼夜温差。

④补救措施　发现有封顶迹象时，采取措施提高夜温至13℃。叶面喷施硼肥，并酌情利用侧枝替代已封顶的主茎生长。

(10)僵果苗

①症状识别　植株叶面积小，长势弱。果实有黄豆大或红果大时就停止发育而形成僵果（又称为小粒果、小豆果、豆果、豆形果、酸浆果等），其果实柄梗色浅而细，萼片为黄色向下垂，果内无籽，不脱落。即使使用植物生长调节剂处理后，果实也不能膨大。

②诱发因素　环境条件不适宜时，如温度过高或偏低、干旱缺水、授粉不良、养分供应不足等，易形成僵果。在使用植物生长调节剂处理花朵过迟（花已盛开），或本来要脱落的花用植物生长调节剂处理后勉强坐住的果、或在气温偏低时开花结的果实、或早熟栽培的第一穗上的果实等，易出现僵果。

③预防措施　选用耐低温耐旱优种。加强苗期管理，促进幼苗正常发育。适时使用植物生长调节剂，避免在开花的前3天和后3天使用植物生长调节剂。早摘弱势花。在保护地栽培时要采取措施，增加光照，保持一定的昼夜温差，促进果实生长。

④补救措施　及早摘除僵果，加强水肥管理，保持适温，促进植株生长。

(11)茎纵裂苗

①症状识别　在定植后的20～30天、在第三果穗附近的茎部，发病茎节变短，严重时茎内的部分组织变褐坏死；后期茎上出现纵裂沟，严重时中空并出现空洞。

②诱发因素　定植时苗龄偏小，偏施氮肥，高温、高湿，植株生长过快或缺硼易发病。生长势强的品种比生长势弱的品种易发病。在植株生长繁茂的地块易发病。

③预防措施　要培育适龄壮苗，避免偏施氮肥，促进植株正常生长。

④补救措施　若发现有茎纵裂苗，可采用侧枝来代替主茎生长结果。

(12)茎空洞苗

①症状识别　在茎的髓部形成空洞。

②诱发因素　这是由于土壤缺水或受涝，导致根系受伤而无法吸收足够的水分造成的。

③预防措施　加强浇水和排水管理，避免土壤干湿变化剧烈。

④补救措施　缺水时应及时浇水，解除干旱；受涝后则应排水降湿。

(13)嫩茎穿孔苗

①症状识别　嫩茎上初出现针刺状小孔，茎部由圆形逐渐变为扁圆状，针状小孔处开裂并不断扩大、后形成蚕豆粒大小的穿孔状，下部茎与生长点之间仅靠两边表皮的极少组织相连接，穿孔部位表皮开裂。嫩茎穿孔处横截面的输导组织及髓部，初变黄后呈木栓化发黑。植株受害后，开始生长点部位生长缓慢、开花延迟，重者植株上部茎叶发黄变干而死亡，形成秃顶植株。受害果实上有孔洞，从外面可看到果肉内的胶状物质，果实失去商品价值。

②诱发因素　一是植株缺钙、硼，或在植株生育盛期因环境条件不适造成对钙、硼的吸收受阻。二是幼苗花芽分化阶段遇低温(特别是夜温偏低)、光照不足，使花芽发育不良。三是保护地栽培连续3～5天遇低温阴雨天与骤晴天交替出现，均易形成嫩茎穿孔苗和穿孔果。部分樱桃番茄品种在花芽分化阶段连续3～4天夜温低于8℃，或连续5～7天白天温度低于16℃，极易发生嫩茎(生长点以下8～12厘米处)穿孔症或果实穿孔症。

③预防措施　采用测土配方施肥技术，酌情增施腐熟有机肥

作基肥，每 667 米^2 随整地时施 60 千克硅钙肥和 1～1.5 千克硼砂。采用小高畦（高 15～20 厘米）地膜覆盖栽培。采取措施保持适宜的温度范围。种植樱桃番茄更要小心（可参照番茄的温度要求）。定植后酌情每隔 7～10 天喷 1 次含硼、钙的叶面肥。

④补救措施　对于已出现症状植株，用 0.2%～0.3% 氯化钙溶液或硝酸钙溶液喷雾，重点喷洒中上部茎叶，每隔 7～10 天 1 次，连喷 2～3 次。

(14)植株顶部聚缩苗

①症状识别　一般表现是植株顶部生长点和顶部叶片聚缩在一起，生长缓慢或停滞，下部叶片肥厚，叶片扭曲。茎节粗、硬，节间变短。开花多但结果少，或根本坐不住果，严重影响番茄产量。一般在定植后至第一穗花开花前及用植物生长调节剂处理第三穗果实以上的花穗后，易发生该症状。

②诱发因素　保护地内温度长期白天低于 20℃、夜间低于 12℃，或土壤长期缺水干旱和土壤相对湿度低于 60%、或蹲苗时间过长、或氮肥不足而生长迟缓，均可造成植株顶部聚缩症。

③预防措施　培育适龄壮苗。采用测土施肥技术，施足基肥。注意控水蹲苗，及时追肥。采取保温措施，保持适宜的温度。维持适宜的土壤相对湿度，缓苗后至坐果期为 65%～80%（可 10～15 天浇 1 次水）、果实膨大期为 75%～85%（可 7～10 天浇 1 次水）。

④补救措施　发现植株顶部生长停滞时，每 667 米^2 及时随浇水施磷酸二铵 15 千克、硫酸钾 15 千克、尿素 10 千克，并调节适宜的温度。

⑤注意事项　注意该症状与病毒病（蕨叶病）及植物生长调节剂药害的区别。

(15)叶生(花前)枝苗

①症状识别　大致分为以下两种类型：第一类是植株长势衰弱，果实变形（如大果变小果），果肉变薄，果汁变少，易产生畸形花

或畸形果，或出现叶生枝现象(叶片上又长出枝条或小叶)、或出现花前枝现象(花序前端延伸出1个枝条)，植株抗逆性减弱等。第二类是植株出现花前(花梗)枝现象(长出新叶或新芽)、又称为“花序回春”，或叶(柄)生枝现象，并伴随着落花落果，叶柄扭曲、变粗，叶片出现缺刻等症状。

②诱发因素　第一类症状是品种退化的表现，称之退化苗。第二类症状与苗床内高温、干旱、缺硼等因素有关。

③预防措施　对退化苗，应更换品种。对第二类症状，则应在苗期避免过量施用氮肥、钾肥及石灰等，防止出现高温、干旱等现象。

④补救措施　对第二类症状，可叶面喷洒硼酸200倍液，浇水控温。

⑤注意事项　植株打顶后，也会出现叶(柄)生枝现象，这不是缺硼，而是因植株光合养分输送不畅造成的。

(16)只开花不结果苗

①症状识别　这类植株高大粗壮，叶片肥厚呈深绿色，只开花不结果。

②诱发因素　这是由于多种原因造成的本身不结果。

③预防措施　发现这种植株，应及早拔除。

④补救措施　也可以把这类植株作为育种材料来使用。

(17)花梗“鼓疱”苗

①症状识别　在植株的总花梗上长出“鼓疱”，并且其上面附有因表皮开裂而形成的毛状物、又称为水肿症。

②诱发因素　由于植株吸收的水分多而消耗的少。

③预防措施　控制浇水或排除积水，保护地内要注意通风降湿。

(18)生理变异苗

①症状识别　这类植株在田间零星发生，症状多样。有整株

黄化和部分枝叶变色，或沿植株、枝条的一侧维管束发生变异，使半边枝叶褪绿，叶片变小。或从某个节位产生丛枝、腋芽、畸形枝叶，或产生变形叶片、花序等。

②诱发因素　推测与某些品种发生自身变异有关。

③预防措施　发现这种植株，可及早拔除。

107. 番茄植株为什么会卷叶？怎样避免？

(1)症状识别　叶片两边向上卷曲，严重时卷叶呈筒状，叶片变厚、发脆。卷叶是番茄栽培中常见的一种症状，其轻重程度差异很大。从整株看，有的植株仅下部叶片卷叶，或中下部叶片卷叶，或顶部叶片卷叶，或整株叶片都卷叶。卷叶会使日灼果数增加，影响光合作用。

(2)诱发因素　①种植了早熟品种、垂叶品种及抗病性弱的品种。②根系发育差或受伤损，育苗时不及时分苗，使植株吸水能力减弱。③土壤中干旱缺水，或土壤水分过多造成根系缺氧，或土壤中有机质含量偏低，或土壤中缺乏磷、钾、钙、镁、铁、锰、铜等营养元素。④白天气温超过 35℃，或夜间气温低于 6℃。⑤气温高，而空气湿度偏低。⑥连阴天后遇骤晴天，或保护地内温度高而突然大通风。⑦过量施用氮肥，特别是铵态氮多。⑧整枝(打杈)、摘心(打顶)过早或过重，或植株徒长，或植株长势弱，或植株结果过多。⑨植株染上病毒病、叶霉病，或受到螨害，或出现 2,4-滴药害。均易诱发植株卷叶。

(3)预防措施　①选用不易卷叶或抗逆性强的优种(如早丰)。②采用营养钵护根育苗或适时分苗，培育适龄无病虫壮苗。缓苗后要注意控水蹲苗。在农事操作过程要避免伤根。③施足腐熟有机肥作基肥，采用地膜覆盖栽培，进入结果期后适时追肥浇水，做到看天均衡浇水，保持土壤湿润。高温季节改在傍晚浇水。④保护地栽培在低温季节要采取保温措施，在高温季节要采取通风降温措施，避免突通大风或长时间通风。⑤光照过强时可采用遮阳网覆盖。⑥适时整枝（一般侧枝长度在 7 厘米以上时再摘除）打顶。植株长势旺盛时，可早摘除侧枝；植株长势衰弱时，可延迟摘除侧枝。⑦合理使用植物生长调节剂处理花朵，以防药害。⑧进入结果期，叶面喷洒 0.3%磷酸二氢钾溶液。⑨注意防治病毒病、叶霉病、螨害等。

(4)补救措施 ①对症采取管理措施，改善环境条件。②注意避免发生日灼果。

(5)注意事项 每种因素引发的卷叶，会伴随有其他症状以供识别。①因植株长势较弱，在盛果期易发生卷叶。②因在生长中后期通风不适，在通风口处的植株卷叶较重。③因营养元素施用不足，伴随叶片细小、畸形、坏死斑，叶色变紫、变黄、变褐色等症状。④因铵态氮过多，伴随成熟复叶上的小叶中肋隆起，小叶呈翻转的船底形；因硝态氮过多，伴随小叶卷曲。⑤因 2,4-滴药害，伴随新生叶片畸形皱缩。⑥因病毒病，伴随叶片褪绿、变小，叶面皱缩。果实呈凸凹不平状等症状。⑦因叶霉病，伴随叶面出现黄斑、叶背有灰褐色绒状霉等症状。⑧因茶黄螨，伴随叶片变窄、僵硬直立、皱缩或扭曲畸形，最后秃尖等症状。

108. 什么是番茄芽枯病？怎样避免？

(1)症状识别 受害植株主茎生长点的幼芽枯死，被害部长出皮层包被。发生幼芽枯死处常有 1 个孔洞（缝隙），似虫洞但没有虫粪，自孔洞处向上向下形成一个线形或“Y”形缝隙，有时缝隙边缘不整齐；幼芽枯死处侧枝丛生，叶片细小。一般在现蕾期发生，在萌生第二、第三果穗的附近部位易发生芽枯病。在芽枯病典型症状出现前，先出现第一、第二花穗上花蕾不开放、落蕾落花，坐不住果等症状。

(2)诱发因素 ①露地夏番茄或保护地秋延后番茄，在生长期遇35℃以上高温，烫死了生长点。②定植后过度控水的地块，或保护地在中午通风不良时易发生。③氮肥施用过多，造成植株徒长；或在多肥和高温干燥条件下，土壤溶液浓度加大，影响植株吸收硼肥等，均可加重发生芽枯病。

(3)预防措施 ①根据当地气候条件，露地夏番茄可适当早播种(4月25日至5月15日)，保护地秋延后番茄可适期晚播(7月5～25日)，以避开高温期。②在育苗期或定植后，酌情采取喷清水降温、适量浇水保持地面湿润、注意通风、覆盖遮阳网等措施(可参照热害中有关内容)，维持适温。③采用测土配方施肥技术，适当增施硼、锌等微肥。④定植缓苗后至第一穗果实膨大前，要适当蹲苗，发现植株萎蔫时适当补水。⑤在苗期和定植后，酌情用0.1%～0.2%硼砂溶液叶面喷洒，每隔7～10天喷1次，连喷2～3次。

(4)补救措施 对发生芽枯病的植株，除加强水肥管理外，可选留在第二花(果)穗或第三花(果)穗下部萌生的侧枝来代替主枝开花结果。

109. 怎样避免日光温室(早春茬或秋冬茬)番茄徒长(疯秧)？

(1)症状识别 植株进入开花结果期后，茎叶生长过旺而徒长，引起落花落果，坐不住果。

(2)诱发因素 ①由于在冬季育苗时遇低温弱光照，幼苗形成的花芽质量低，易落花落果。②在定植缓苗后至第一穗果实坐住前，过早地追肥浇水，坐不住果。③在保护地内偏施氮肥，浇水过多，加上夜间温度偏高等，均易诱发植株徒长。

(3)预防措施 ①合理配制各类营养均衡的育苗土。进入幼苗花芽分化阶段后，采取多种措施保温增加光照，维持每日适宜的昼夜温差和日照时数，促进花芽正常分化，培育适龄壮苗。②采用测土施肥技术,合理施用氮肥。③要浇足定植水(以浸湿苗坨及附近土壤即可)。定植水过大,影响扎根。浇好缓苗水后,控制浇水蹲苗、并中耕松土5次左右,深度在3～5厘米、靠近番茄根部适当浅些。并维持适宜的昼、夜温度,促进幼苗扎根和花芽正常分化。④在第一穗果实有核桃大时,开始浇水追肥。采取措施调节温度与光照,以满足果实膨大的需求。酌情使用二氧化碳施肥技术。⑤使用植物生长调节剂处理花朵(见下)。⑥若坐果过多,需适当疏花摘果,以防坠秧。

(4)补救措施 ①若有徒长现象时,可对症采取控水或降温措施。或在绑蔓时,适当加大捆绑力度或适当推迟采收时间。②对樱桃番茄徒长,在植株高40厘米左右,将植株下部20～30厘米的茎蔓直接压倒,用土固定。或在用植物生长调节剂处理第三、第四穗花朵时,将上部20厘米的茎蔓弯曲或者压倒,可调节植株生长,保持同一高度,也便于管理。③在秋冬茬徒长苗有6～8片真叶时,在主茎第一节间部位下(注意避开节痕),用1根铜丝(普通电线中的铜芯)对折绕茎秆一周并勒紧,随着主茎的生长,铜丝被埋入表皮内。

(5)注意事项 在控水蹲苗期,从幼苗外观上看,叶片厚而宽大、叶色深绿;节间短、茸毛多,茎部有1/4的茸毛呈浅紫色或深褐色,茎基部呈四棱形,第一花穗附近的茎呈圆形,说明温度控制适宜。若茎基部呈浅绿色、并明显细于第一花穗附近的茎,说明植株已经徒长。若第一花序附近的茎呈四棱形,茎部紫色部分过大,说明温度过低、蹲苗过度,将要形成小老苗,要适当提高温度,加强水分管理,促进植株的营养生长。

110. 怎样避免日光温室(冬春茬)番茄早衰?

(1)症状识别 在番茄头茬第二、第三穗果采收期间(2～3月份),植株出现茎秆细弱、茎内中空,叶面积小、叶色变黄脱落,果实变小、畸形果和空洞果增多，顶部侧枝迟迟不出或侧枝出得不整齐等生长衰弱现象，又延迟了二茬结果。

(2)诱发因素 ①播种过早(8月中下旬)，在(露地)育苗遇高温，难于控温而形成徒长苗；而头茬结果期，又遇12月下旬至翌年1月份的低温弱光照期，对根系及茎叶生长均不利。②土壤底墒不好，或整地不平整、或没有浇足定植水、或没有浇足缓苗水，导致在第一穗果实有核桃大前，不得不因土壤干旱浇水造成植株徒长。③在蹲苗期间，没有很好松土控温，也造成植株徒长，根系发育不好。④偏施化肥，造成肥害。⑤过量用药，造成药害。

(3)预防措施 ①宜在9月15～20日露地播种育苗，在苗龄20～25天时分苗于温室内。②施足腐熟有机肥作基肥。整地造墒。③在低温季节，叶面喷洒0.3%磷酸二氢钾溶液。④其他措施可参照日光温室(早春茬)番茄徒长中有关内容。

(4)补救措施 ①当植株初出现早衰现象时(1月下旬)，采取加强保温增加光照措施，使棚温达到30℃～32℃再通风、夜间最低温度为13℃，维持3天促进茎叶生长。②在头茬第三穗果实采收后，打掉植株下部老叶，落蔓后培土埋茎，浅松土2次。③可随水追施尿素和磷酸二铵，或喷施叶面肥。

111. 番茄植株的开花位置为何异常?

(1)正常株形 在番茄植株进入开花结果期后，其正常株形为:从植株顶部往下看呈等腰三角形。开花花序的位置(节位)具顶端约20厘米，在开花花序的上方还有现蕾的花序和正发育的花序。花器的大小中等，花朵颜色鲜黄，子房大小适中，花梗粗，同一花序内花朵开花整齐。叶身大，叶脉清晰，叶片先端较大。果实膨大良好。

(2)开花花序位置过远株形 这种植株茎粗，节间长，叶身长，叶柄长而粗，开花花序的位置(节位)距顶端远，花朵颜色为深鲜黄，花器和子房特别大。同一花序内花朵开花不整齐，结果不良，易出现畸形果和空洞果。又称为徒长苗。这是由于夜温偏低，多水多肥或光照不足等因素造成的，

(3)开花花序位置过近株形 这种植株茎细，顶部呈水平状，顶端生长受到抑制。株形近似正方形。叶小色淡，开花花序的位置(节位)上升距顶端距离小于20厘米，严重时开花花序的位置甚至接近顶部。易出现落花落果，果实膨大不良。这是由于夜温低、土壤缺水肥或结果过多等因素造成的。

112. 怎样识别番茄畸形花？

(1)症状识别 ①当花朵的绿色萼片(位于花梗和黄色花瓣之间)超过8个，即为畸形花。其萼片大小不整齐、分布不均匀，花瓣有大有小。②花朵中的雌蕊由子房、花柱、及柱头等组成。或子房变形，或花柱过长或过短，或花柱扭曲，或无柱头，或有2～4个雌蕊具有多个柱头(称为多柱头花)，或雌蕊多、且排列成扁柱状或带状(称为扁柱头花或带状花)等均为畸形花。一般来说，番茄第一花序上的头1～2朵花易形成畸形花(又称为“鬼花”)。

(2)诱发因素 ①在幼苗花芽分化期间，夜温低于15℃或遇连阴雨弱光照天。②偏施氮肥，或过度控水。③幼苗徒长或长成老化苗。④选用了不耐低温的品种。均易形成畸形花。

(3)预防措施 可参照在冬、春季育苗怎样避免番茄幼苗出现生长异常中有关内容。

(4)补救措施 摘除畸形花。

113. 怎样避免番茄落花落果？

(1)症状识别 番茄进入开花结果期后，有些花朵不能结果或幼果不能膨大而发生脱落现象。一般以第一穗花果和第二穗花果易发生落花落果。

(2)诱发因素 ①在幼苗花芽分化阶段，处于8℃以下低温的时间较长，易形成畸形花；在开花结果期，夜温低于15℃或高于22℃或白天温度高于35℃，常导致不能正常授粉。②光照不足，缺乏光合养料。③雨水过多或干旱，或空气相对湿度低于45%或高于75%。④肥料不足或偏施氮肥。⑤植株生长衰弱，或老化苗、或根系发育不良或伤根过重。⑥种植过密，或徒长、或整枝打杈不及时、或坐果过多等。⑦第一穗花没有开或刚开，就提前浇(催果)水。⑧病虫危害等。均易诱发落花落果。

(3)预防措施 ①在低温弱光照季节育苗，宜采用电热线温床营养钵育苗，并配备人工补光设备。可参照在冬、春季育苗怎样避免番茄幼苗出现生长异常中有关内容，以培育适龄壮苗。②定植缓苗后控水蹲苗。可参照日光温室(早春茬)番茄徒长中有关内容。③在第一穗果实有核桃大时，开始浇水追肥。若需提前浇水，必须用植物生长调节剂处理花朵(见下)。④及时整枝打杈，疏花摘幼果。⑤在开花期，每日上午9～10时，人工摇动支架或植株、花序，进行辅助授粉。⑥进入结果期后，根据环境条件采取多种措施，及时追肥浇水，调节温度与光照，以满足果实膨大所需求的条件。⑦适时采摘成熟果。⑧注意防治病虫害。

(4)补救措施 使用植物生长调节剂处理花朵(见下)。

(5)注意事项 ①番茄植株第一花穗长出后叶片色泽有稍微褪浅现象，在第一花穗上的花朵开放后叶片色泽将恢复正常。若在幼苗期或定植后处于营养不良或长期温光失调，在第一花穗长出后叶片色泽将会有更明显褪绿现象，这是第一花穗将要大量落花的迹象。急需采取调节温光条件，并叶面喷0.3%磷酸二氢钾和0.2%尿素混合溶液等措施。②用植物生长调节剂处理花朵前，应先把畸形花和发育弱小的花摘除(疏花)。

114. 怎样避免番茄产生畸形果?

(1)症状识别 在冬、春季种植番茄,常会出现一些与正常果实形状不一样的果实,均可看作是变(乱)形果,又称为畸形果。常见畸形果的类型如下。①椭圆果。又称为扁圆果。果实为椭圆形,其长(横)、短(纵)果直径的比值在1.08以上,脐部有横条状黄褐色疤斑。②桃形果。又称为乳头果、尖顶果、尖嘴果。果脐部特别突出。③指突果。又称为瘤状果。果实表面近萼片处有1个或几个手指状(瘤状)突起,由于突起形状如突指,又称为突指瘤。④裂果。若果脐部分果皮开裂、果肉外露,开裂部分呈褐色,称为顶裂果(脐裂果);若果脐部分以外的果皮开裂、果肉外露,开裂部分呈褐色,称为侧裂果(又称为开窗果、拉链果、腹裂果)。⑤穿孔果。果实上有孔洞,能看到内部的果肉组织。⑥多心果。在同一个花托上生有2个以上的"果实",有的分离,有的则基部愈合在一起,而上部分离(双身果)。⑦菊花果。果实脐部(形成凹凸不平的疤状)有许多棱状突起,其外观似菊花瓣状(菊花顶),但种子不外露。⑧链斑果。从果实脐部至蒂部有1条或数条呈纵向链索状的黄褐色疤斑。⑨混发果。在果实上同时发生2种及2种以上类型的畸形症状。⑩其他类型。还有偏圆果(歪果)、大脐果(脐部过大)、凹顶果、多棱果(蟠桃果)等。畸形果造成品质和产量下降。

(2)诱发因素 ①种植了畸形果率高的品种,如在早春种植大果型中晚熟品种。②在幼苗生长期遇低温时间过长,特别是在花芽分化阶段,连续5~6天遇到3℃~4℃夜温。③幼苗遇干旱持续时间过长。④苗床土中配施氮肥过多,或在苗期追肥浇水过多,茎叶生长过于旺盛。⑤涂花的植物生长调节剂溶液浓度过高或重复涂花,或在温度高时涂花,或浸花、蘸花、喷花(子房顶端受药后发育异常)。⑥使用植物生长调节剂后缺水肥。均易产生畸形果。

(3)预防措施 ①在冬、春季宜种植耐低温、抗逆性强的番茄优种，如小果型早熟品种。②采用测土配方施肥技术，不偏施氮肥。③幼苗出土后要控制好温度，白天20℃～25℃、夜间13℃～17℃，保持苗床土壤水分适宜，以培育适龄壮苗，适期定植。摘除第一、第二花序上的第一朵花。④使用植物生长调节剂处理花朵（见下）。⑤根据植株长势、长相、天气等，合理浇水，避免土壤忽干忽湿。⑥植株徒长时，应采取适度通风降温和控制湿度等措施，并喷2 000毫克/升丁酰肼溶液，但不能造成低温、干旱的条件来控制幼苗生长。

(4)补救措施 幼果膨大至横径有1～2厘米时，及时检查摘除畸形果。

(5)注意事项 在水肥条件好、光照充足、昼夜温差大的条件下，幼苗生长旺盛，叶片肥大且色深绿，有8片真叶时，茎粗达6.9～7.2毫米，这种幼苗易发生畸形果。而幼苗生长稳健，叶片呈绿色，有8片真叶时，茎粗只有4.8～5.2毫米，这种幼苗不易发生畸形果。

115. 怎样避免番茄出现空洞果？

(1)症状识别 空洞果的果皮凹陷，从果顶至脐部易形成突起，使外表带有棱角不圆滑。把果实横切，可见横切面大多为多角形，果肉发育不充分，表层厚薄不均匀，果皮与果肉胶状物之间有不同程度的空洞。在春露地栽培的中后期及保护地冬春季栽培易发生。在第三、第四穗果中发生较重。

(2)诱发因素 ①种植了易发生空洞果的品种，如早熟品种。②苗期偏施氮肥，造成植株茎叶生长过于旺盛；或偏施氮肥时又遇低温(5℃)，形成畸形花；或定植时苗龄偏小。③根系受伤，或植株生长衰弱。④在开花结果期，温度超过35℃。或光照不足、或缺肥少水，造成光合养分不能满足果实膨大的需求。⑤使用植物生长调节剂时浓度偏大或重复处理，或对未开放的花使用植物生长调节剂涂花。⑥同一花序中,迟开花结的果实。以上诱发因素均易形成空洞果。

(3)预防措施 ①根据种植季节和栽培方式,酌情选择中晚熟的大果型品种。②正确育苗,培育适龄壮苗,避免幼苗徒长或老化。③进入结果期后,加强水肥管理,酌情采用二氧化碳施肥技术,以满足果实膨大的需求。并根据光照条件调控适宜的温度。如用新棚膜,白天温度为28℃;如用旧棚膜,白天温度为25℃为宜。④正确使用植物生长调节剂处理花朵(见下),并配合人工振动授粉。⑤根据植株长势,确定每一花序上的留果数。适时整枝打顶。

(4)补救措施 防止植株早衰(见上)。

(5)注意事项 相同品种在冬、春季栽培时空洞果率明显升高,反之在秋冬茬及晚春茬栽培时空洞果发生率低。

116. 番茄果实上为什么会出现裂纹?

(1)症状识别 所谓裂纹,就是番茄果皮开裂,这种果实也称为裂果。在果实上出现裂纹类型大致可分为以下4种:①放射状裂纹:又称为射裂、纵裂。一般在果实绿熟期出现裂纹,以果蒂为中心呈放射状向果肩部延伸开裂,后裂纹明显加深、加宽。②同心圆状裂纹:又称为环裂。多在果实成熟前出现裂纹,以果蒂为圆心在附近果面上出现数条呈弯曲状的浅开裂,严重时呈环状开裂。③侧裂:又称为皲裂、条裂、爆裂、混合状纹裂。在果面上出现横向或纵向不规则形裂纹。④细碎纹裂:通常以果蒂为圆心在果面出现数量众多的木栓化纹裂,纹裂宽0.5~1毫米、长3~10毫米,呈同心圆状排列或呈不规则形随机排列。

(2)诱发因素 ①一般种植果皮薄的或扁圆果的或大果型的品种。②进入结果期后,土壤水分忽干忽湿和空气湿度忽高忽低等变化剧烈。③温度过高或光照过强(特别是直射果面)。④植株缺钙或硼。上述均易造成裂果。另外,由于果面有露水或供水不均,果面潮湿,老化的果皮木栓层吸水涨裂,形成细碎纹裂。

(3)预防措施 ①选择抗裂性强、枝叶繁茂的优种。②培育适龄壮苗。深翻土地,施足腐熟有机肥作基肥(酌情加入硼肥和钙肥),适度密植,定植缓苗后做好控水蹲苗。③合理整枝打叶或打顶,做到有叶片给花序(果实)遮光。④进入结果期后,看天适量浇水,保持地面见干见湿。⑤对露地番茄,在大雨来临前先适量浇1次水,并疏通排水渠道,随降雨随排水或雨后及时排水。⑥在大雨来临前或浇水前,采摘快成熟果实。⑦光照过强时可采用遮阳网覆盖。保护地内注意通风降温降湿,但避免落进雨水。⑧喷洒2 000～3 000毫克/升丁酰肼溶液,或喷洒0.1%硫酸铜溶液或0.1%硫酸锌溶液,提高植株的耐热抗裂果性。

(4)补救措施 在采收前10～15天,喷洒0.7%～1%氯化钙溶液。

(5)注意事项 ①因花朵畸形发育而形成的番茄裂果,在幼果期就可出现。②番茄果实向阳面处在阳光照射下会出现日灼斑,对日灼果的症状识别、诱发因素及预防措施,可参照光害中有关内容及本小节中的预防措施和补救措施。

117. 番茄果实为什么会着色不良?

(1)症状识别 保护地内环境条件不适宜时,会造成番茄果实着色不良。常见的有以下2种:①绿背(肩)果。是指果实成熟转色时,果肩部分仍残留着绿色斑块而不变色。②茶色果。是指果实成熟转色时,红果面上出现茶褐色或黄褐色,但光泽度变差发乌。

(2)诱发因素 ①绿背果。当偏施氮肥、缺少钾肥及硼肥或土壤干旱和环境温度偏高、阳光直晒果面时,易诱发绿背果。②茶色果。当偏施氮肥、气温低时,易诱发茶色果。

(3)预防措施 ①根据种植茬口，施足基肥，每667米^{2}施硼砂0.5～1千克作基肥。进入结果期，不偏施氮肥，追施硫酸钾1～2次或叶面喷洒0.2%～0.3%磷酸二氢钾溶液。②采用膜下暗灌，看天、看地、看作物，适时适量浇水，避免土壤干旱。③合理密植，采用单干整枝，避免阳光直晒果面。④进入结果期后，根据生长季节和天气条件，酌情采取加强保温和增强光照或通风和遮光等措施，将温度调控在白天为25℃左右、夜间15℃左右。

(4)注意事项 所谓绿色果腔果，就是果皮变色后果腔部仍为绿色，果实变酸。土壤干燥、钾肥施用较少时，常会出现绿色果腔果。可适量浇水和追施钾肥。

118. 什么是番茄网纹果?

(1)症状识别 所谓网纹果，就是在果实膨大期透过果实的表皮可看到呈网状维管束，接近着色期严重，果实成熟迟缓，到了收获期网纹仍不消失。网纹果采摘后很快软化，严重的果内呈水渍状，切开后有部分胶状物流出，即使果皮变红后大部分胎座组织还残留绿色。

(2)诱发因素 ①在夏、秋季棚室内温度过高。②育苗时已成小老苗。③土壤黏重水分多且地温较高，土壤中肥料易分解(氮素多)，植株对养分吸收急剧增加，使果实迅速膨大。④土壤干旱，根系不能很好地吸收磷、钾肥或磷、钾肥在体内移动困难。均易出现网纹果。

(3)预防措施 ①选种不宜出现网纹果的品种。②培育适龄壮苗。③在肥沃的土壤上不要过多施用鸡粪等有机肥，控制氮肥用量。④保护地在高温季节要采取通风等降温措施，避免温度过高(特别是夜温)。⑤进入结果期后，注意浇水，防止土壤干旱。

119. 番茄植株有哪些缺素症？怎样防治？

(1)缺 氮 症

①症状识别　植株缺氮时，生长缓慢呈纺锤形，矮化，易早衰。初期下位的老叶先从叶脉间呈黄绿色后黄化，逐渐全叶黄化、并向上扩展。小叶细小直立而薄，后期全株呈浅绿色。花序外露，俗称"露花"。叶片主脉由黄绿色变为紫色或紫红色，下位叶片更明显。后期下位黄叶上出现浅褐色小斑点(缺硝态氮时)。茎秆变硬，呈深紫色。花芽分化延迟，花芽数减少、易脱落。果实变小品质差。

②诱发因素　可参照黄瓜缺氮症。

③预防措施　施足基肥。在第一穗果有核桃大时及时追肥。在低温季节追施硝酸铵或腐熟的人粪尿。

④补救措施　及时追施尿素并浇水，叶面喷洒 0.2%尿素溶液。

⑤注意事项　在阴天时，植株上部茎叶细小，但下部叶片叶色深。病害危害根部，也可使下部叶片变黄色。

(2)缺 磷 症

①症状识别　植株缺磷时，幼苗下位叶片变为绿紫色，并向上位叶扩展。植株矮化，叶色暗绿无光泽，叶小而发硬。初期叶背呈紫红色(呈紫红叶苗)，叶片出现褐色斑点，后扩展到整叶上，叶脉逐渐变为紫红色。下位叶易衰老、向上卷曲，出现不规则的褐色或黄色斑。叶尖变成黑褐色枯死。结果少，成熟晚。

②诱发因素　根系受伤过重，其他可参照黄瓜缺磷症。

③预防措施　注意改良土壤。在配制苗床土和沤制基肥时加入适量磷肥。采用营养钵育苗，适时控水蹲苗。维持适宜的地温。

④补救措施　可叶面喷洒 0.2%～0.3%磷酸二氢钾溶液或 0.5%过磷酸钙浸出液。

⑤注意事项　苗床内温度偏低时，也可长成紫红色叶苗。有

时药害也可出现类似缺磷症状。

(3)缺钾症

①症状识别　植株缺钾时，在果实膨大期易显症。中上位叶片的叶缘出现黑褐色针状斑点，叶缘黄化、逐渐向叶脉间扩展最后变褐枯死；老叶片的小叶呈灼烧状，叶缘卷曲，叶脉之间褪绿，后老叶脱落。茎部出现黑褐色斑点，变硬或木质化，不再增粗。根系发育不良，较细弱，常变成褐色。幼果易脱落，或出现畸形果，果实膨大明显受阻。果形不正，着色不良。植株抗病性下降，缺钾严重时落叶，可提前枯死。

②诱发因素　可参照黄瓜缺钾症。

③预防措施　施足基肥。进入结果期后在植株两侧开沟追施钾肥。

④补救措施　叶面喷洒0.2%～0.3%磷酸二氢钾溶液或1%草木灰浸出液。

(4)缺钙症

①症状识别　植株缺钙时，顶端幼叶边缘发黄皱缩，出现褐色斑，叶柄扭曲，生长点幼芽变小黄化，严重时坏死；中位叶片出现大块的黑褐色斑，第一果穗下的叶片易褪绿变黄。花蕾变褐焦枯脱落。植株瘦弱萎蔫，根系不发达，根短、分枝多、褐色。后期全株叶片上卷，果实易发生脐腐病、心腐病及空洞果。

②诱发因素　可参照黄瓜缺钙症。

③预防措施　若土壤缺钙或酸性土壤，可施石灰调节。适量施用氮、钾肥。注意浇水，避免土壤干旱。

④补救措施　叶面喷洒0.3%～0.5%氯化钙溶液，每隔3～4天喷1次，连喷3～4次。

⑤注意事项　香艳茄植株缺钙时，主要在幼嫩部位出现症状。初嫩梢颜色褪绿变浅。叶片上卷，后褪绿加重，并出现褐色不规则形小点。叶片卷曲坏死，生长点也逐渐萎缩枯死。其诱发因素、预

防措施和补救措施，均可参照番茄缺钙症。

(5)缺 镁 症

①症状识别　植株缺镁时，多在第一穗果实膨大期显症。中下位叶片的叶脉间组织失绿黄化、向叶缘扩展，并向上位叶发展；老叶只有主脉保持绿色，其他部分黄化，在叶脉间出现枯斑，而小叶周围常有一小窄绿边，或全叶干枯。果实小而产量低。缺镁严重时全株变黄。

②诱发因素　可参照黄瓜缺镁症。

③预防措施　施足基肥，合理施用氮、磷、钾肥。用石灰改良酸性土壤。保持适宜的地温。

④补救措施　叶面喷洒1%～2%硫酸镁溶液，每隔2天喷1次，连喷3～4次。

(6)缺 硫 症

①症状识别　植株缺硫时，多在中后期显症。中上位叶片的叶色变浅卷曲、叶脉间黄化，严重时变成淡黄色，出现不规则坏死斑。茎变紫，节间缩短。叶片变小。结果少。植株呈浅绿色或黄绿色。

②诱发因素　可参照黄瓜缺硫症。

③预防措施　施用硫酸铵等含硫肥料。

④补救措施　叶面喷施0.01%～0.1%硫酸钾溶液。

(7)缺 硼 症

①症状识别　植株缺硼时，植株萎缩，新叶停止生长，附近嫩茎节变短，上位叶片的叶脉间组织褪绿呈黄色或橘红色，小叶片内有斑块、并向内卷曲，叶柄脆弱易折断，叶片脱落；生长点变黑或发暗，严重时凋萎死亡。茎蔓弯曲变脆，茎内侧有褐色木栓化龟裂。根系褐色生长不良。果实小而畸形，果皮上有木栓化褐色斑，严重时斑块连接成片，并产生深浅不等的龟裂。病部果皮变硬。

②诱发因素　可参照黄瓜缺硼症。

③预防措施　每年施用腐熟有机肥。用石灰改良酸性土壤时，石灰不宜过量。每 667 米^2 施硼砂 0.5～1.2 千克作基肥。

④补救措施　在苗期或花期、采收期，叶面喷洒 0.05%～0.2%硼砂(酸)溶液。

⑤注意事项　植株封顶苗、叶生(花前)枝苗等生长异常苗(见前)，也与缺硼有关。

(8)缺 铁 症

①症状识别　植株缺铁时，顶部叶片(包括侧枝上的叶片)的叶脉间或叶缘失绿黄化，初末梢保持绿色，后逐渐全叶黄化变白，叶片较小(呈黄白苗)。从顶叶向下位老叶发展，并有轻度组织坏死。红色果实成熟后，果色不呈红色而变为橙色。

②诱发因素　可参照黄瓜缺铁症。

③预防措施　注意施用有机肥，适量施用磷肥。改良偏碱性土壤。

④补救措施　叶面喷洒 0.05%～0.1%硫酸亚铁溶液。

(9)缺 锰 症

①症状识别　植株缺锰时，中下位叶片主脉间变黄变白，叶脉仍保持绿色、呈绿色网状脉，并出现褐色小枯斑点。新生叶也失绿。植株变短细弱，花芽呈黄色。严重时不能开花、结实。

②诱发因素　土壤有机质含量低或土壤盐渍化，余可参照黄瓜缺铁症。

③预防措施　适量增施有机肥。

④补救措施　叶面喷洒 1%硫酸锰溶液。

(10)缺 锌 症

①症状识别　植株缺锌时，先从新生叶和生长点附近的叶片显症。叶脉及其附近组织失绿变白，以至叶脉变成紫红色。小叶柄和叶脉间有干枯棕色斑，严重时叶柄朝后弯曲呈圆圈状。植株矮化，顶部叶片细小，老叶比正常叶小、不失绿。受害叶片迅速坏

死，几天内即可完全枯萎脱落。

②诱发因素　可参照黄瓜缺锌症。

③预防措施　不要过量施用磷肥。磷肥和锌肥分期施用。可每667米^{2}施硫酸锌1～2千克。

④补救措施　叶面喷洒0.1%～0.5%硫酸锌溶液。

(11)缺钼症

①症状识别　植株缺钼时，一般从老叶向幼叶发展。小叶叶缘和叶脉间的叶肉呈黄色斑状，叶缘向上卷，叶尖焦萎。严重时叶片枯死，常造成开花不结果。

②诱发因素　酸性土壤，或多年连茬种植，或长期大量施用生理酸性肥料，或过多施用铵态氮肥和含硫肥料等，均易造成缺钼。

③预防措施　采取多种措施改良土壤，避免土壤酸化。合理轮换肥料种类，不宜过多施用铵态氮肥和含硫肥料等。

④补救措施　在苗期或开花期，叶面喷洒0.05%～0.1%钼酸铵溶液。

(12)缺铜症

①症状识别　植株缺铜时，节间变短，全株呈丛生枝。初期幼叶变小，老叶脉间失绿，叶片卷曲，顶端小叶相对呈管状卷曲。严重时叶片呈褐色枯萎，幼叶失绿萎蔫，抗病性降低。

②诱发因素　碱性土壤易缺铜。

③预防措施　施用酸性肥料，改良土壤。

④补救措施　叶面喷洒0.05%～0.1%硫酸铜溶液，或用含铜农药防治病害。

(13)缺硅症

①症状识别　植株缺硅时，在开花期生长点停止生长，新叶上出现畸形小叶，叶片褪绿黄化，下位叶片坏死并向上位叶片扩展，叶片上的坏死区扩大后叶脉仍保持绿色而叶肉变褐，下位叶枯死，开花不结果。

②诱发因素　土壤中有效硅(能被植株吸收的硅)含量低。

③预防措施　当土壤中有效硅含量<90～105 毫克/千克时，需施用硅肥。硅肥可与有机肥混匀后作基肥。根据硅肥中有效硅含量来确定每 667 米^2 硅肥施用量，30%～40%钢渣硅肥施用 30～50 千克；有效硅含量低于 30%的，施用 50～100 千克。

④补救措施　硅肥可用于追施，但要早施，开沟施肥后覆土浇水。

120. 番茄植株有哪些营养元素过剩症？怎样防治？

(1)氮过剩症

①症状识别　植株长势过旺或节间长而徒长，植株呈倒三角形。枝繁叶茂，叶片又大又呈深绿色，下位叶卷曲(当土壤中铵态氮多时卷叶明显)，叶脉间有部分黄化，根部变褐，易落花落果，果实膨大慢。

②诱发因素　可参照顶叶扭曲苗(见前)中有关内容。

③预防措施　采用测土施肥技术，合理施用氮肥。在低温季节，或土壤偏酸或偏碱、或土质黏重通气不良时，可施用硝态氮肥或腐熟人粪尿。

④补救措施　对症酌情控制氮肥用量，或采取提高地温、适当浇水、通风降温控水、锄地松土等措施。

⑤注意事项　铵态氮过多也可造成顶叶扭曲苗，成熟复叶上的小叶中肋隆起，小叶翻转呈船底状。在番茄的生育前期和后期易出现硝态氮过剩症，其小叶卷曲或在叶柄上形成不定芽。虽氮肥施用量合适，但当土壤含水量多、夜温高时也会出现长势过旺的情况。

(2)钾过剩症

①症状识别　叶片颜色变深呈墨绿色、有光泽，叶缘上卷，叶

片的中央脉突起，叶面高低不平，叶脉间有部分失绿，叶片全部轻度硬化。

②诱发因素　保护地内连年施用农家肥过多，或施用钾肥过多。

③预防措施　施用农家肥多时，可减少追施钾肥量。

④补救措施　适当增加浇水。

(3)锰过剩症

①症状识别　初期植株稍有徒长现象，后生长受抑制。顶部叶片细小，小叶片的叶脉间组织失绿。下位叶的叶脉变为黑褐色，叶脉间出现黑褐色小斑点。后期中肋及叶脉死亡，下位叶脱落，上位叶黄化。

②诱发因素　土壤偏酸，或土质黏重、或浇水过多通气不良、或施用大量没有腐熟的有机肥、或土壤经过高温处理等，易造成锰过剩症。

③预防措施　通过施石灰或掺沙，改良土壤性质。适量施用腐熟有机肥，合理浇水。

④补救措施　查明原因后对症采取调节土壤性质的措施。

(4)锌过剩症

①症状识别　植株生长矮小。幼叶变小，叶脉失绿，叶背变紫。老叶则严重地向下弯曲，后叶片变黄脱落。

②诱发因素　土壤酸化，或一次性施锌肥过多。

③预防措施　用石灰等调节土壤酸度，适量施用锌肥。

④补救措施　每 667 米^2 用石灰 50 千克，对水配制成石灰乳浇地。或适当增施磷肥。

(5)硼过剩症

①症状识别　顶部叶片卷曲。老叶和小叶的叶脉灼伤卷缩，后下陷干燥，斑点发展，有时形成褐色同心圆。卷曲的小叶变干呈纸状，后脱落。其症状逐渐从老叶向幼叶发展。

②诱发因素　硼肥施用量过大，或用含硼的污水浇地。

③预防措施　合理施用硼肥，避免用含硼的污水浇地。

④补救措施　酌情使用石灰，或适当加大浇水量。

121. 怎样避免发生番茄脐腐病？

(1)症状识别　脐腐病又称为顶腐病、蒂腐病、黑膏药、膏药顶、贴膏药、烂肚脐、尻腐病等。主要危害果实，初在幼果脐部（花朵脱落处）出现水浸状斑点，后变成褐色凹陷斑，病部逐渐扩展，直径可达10～20毫米，重者可扩展到半个果实。发病部位易被杂菌感染，长出黑色的或红色的霉层。同一果穗上可有几个果实发病，对第一穗果实和第二穗果实危害较大。脐腐果虽比正常果提前红5～6天，但无商品价值。

(2)诱发因素　①偏施氮肥或土壤中缺钙。②土壤干旱或土壤含水量忽高忽低、变化剧烈，造成植株缺水。③土壤环境条件差，如土壤含盐量高（土壤全盐浓度3 000～5 000毫克/升）、土壤偏酸、土壤温度偏高等。④或根系受伤，或根系发育不好等。均使植株不能从土壤吸收足够的钙，而诱发脐腐病。

(3)预防措施　①选种果皮光滑、果顶较尖的番茄品种。②不可偏施氮肥，合理配制苗床土，施用腐熟有机肥和过磷酸钙作基肥。③采用地膜覆盖栽培，“看天、看地、看植株生长阶段和长势”，适时均衡浇水。④从初花期起，在0.5%氯化钙溶液中加入50毫克/升萘乙酸，或用1%过磷酸钙浸出溶液，全株喷洒，每隔15天喷1次，连喷2～3次，每667米^{2}每次喷50～60升溶液。⑤采用遮阳网覆盖。⑥及早摘除脐腐病果。

(4)注意事项　樱桃番茄蒂腐病主要在果实上发生。①症状识别。初期在花器萼片上出现暗褐色不规则形坏死斑，后向内扩展，使幼果柄髓部逐渐变褐坏死，最后形成空腔，使幼果脱落或变褐腐烂。②诱发因素。在开花期遇连阴雨天时间过长，光照不足，温度忽高忽低，在喷施生长素后果蒂的髓部快速生长，由于不稳定的环境条件，使植株本身不能供给足够的养分来满足果实膨大的需求，造成髓部组织坏死形成空腔。③预防措施。在保护地冬、春季栽培时，合理密植，适时中耕多次。在开花期遇连阴雨天，停止喷施生长素，采取增加光照措施，可喷洒含有磷和钾的叶面肥。

122. 什么是番茄筋腐病？怎样避免？

(1)症状识别　筋腐病又称为条腐病(果)、带腐病(果)。染病果实品质下降，重者失去商品价值。可分为以下两种类型：①褐变型。主要在第一穗和第二穗的幼果上发生病变，在果实膨大时果面局部出现褐变、凹凸不平，果实变硬或形成坏死斑；剖开病果，可见果皮内有茶褐色条状坏死，果肉变褐，果心变硬。②白变型。从外观上看，果皮着色不均匀，红色少，呈橙色，有轻微的凹凸不平；剖开病果，可见果肉部分出现白色“糠心”，发病处变硬。

(2)诱发因素　①棚室内长期光照时数不足和光照强度减弱，或二氧化碳浓度偏低。②夜温偏高。③施用了没有完全腐熟的人粪尿，或偏施(铵态)氮肥而缺钾肥。④地温长期偏低或土壤含水量偏高。⑤种植了易感病的品种。⑥感染病毒病。均易诱发筋腐病。

(3)预防措施　①宜种植根系发达、较抗筋腐病的优种。②可与瓜类、叶菜类等轮作。③根据种植季节和栽培方式，合理施用基肥(加入过磷酸钙)，进入结果期，不要施用硫酸铵、碳酸氢铵等，可用硝酸铵、尿素等作追肥，并追施硫酸钾 1～2 次。有条件时，可进行二氧化碳施肥。酌情叶面喷洒 0.2%～0.3%磷酸二氢钾溶液及 0.1%红糖水。④每年 11 月份至翌年 4 月份，注意采取增加光照措施。采用单干整枝法或改良单干整枝法。⑤可采用膜下暗(滴)灌，看天、看地、看作物，适时适量浇水；加强通风和保温管理措施，白天为 23℃～28℃、夜间为 14℃～18℃。⑥注意防治病毒病。

(4)注意事项 ①注意筋腐病果与病毒病病果的区别，病毒病一般会有花叶、条斑等全株性症状，而筋腐病仅在果实上产生症状而在植株茎叶上一般不产生症状。②若将筋腐病病株的茎蔓在距根部20～70厘米处剖开，可见茎内已变褐；或植株顶端及下部叶片弯曲，叶柄长，小叶片的中肋突出、呈覆船状，这类植株也易发生筋腐病。

123. 什么是香艳茄筋腐病？怎样避免？

(1)症状识别 香艳茄筋腐病又称为筋腐果、乌心果、黑筋等。主要危害果实，分为以下两种类型：①褐变型。在幼果膨大期，果面出现局部褐变，约过10天后果面凹凸不平，出现斑点状坏死或茶褐色条状坏死，果肉变褐，失去商品价值。②心褐型。在快成熟的果实上，果面白色，上有紫色条纹，果肉内维管束部分或全部变为黑褐色。病果易脱落。

(2)诱发因素 ①种植了不耐低温的感病品种。②保护地内的光照度低于0.3万勒，或夜温低于4℃或高于16℃，或空气相对湿度＞80％。③土壤盐渍化，或施用了没有腐熟的有机肥。④偏施(铵态)氮肥，二氧化碳含量不足。⑤浇水过多，或过度控水后突浇大水。⑥种植过密，茎叶郁闭。⑦在遇连续低温天或遇连阴雨天后骤晴。均易诱发筋腐病。

(3)预防措施 ①宜种植较抗筋腐病的香艳茄优种。②不能连作。按垄距120厘米起垄，每垄定植2行。行距50厘米、株距30厘米，采用单干整枝。③采取增加光照措施。④余可参照番茄筋腐病中的有关内容。

(4)注意事项 香艳茄又名人参果、香艳梨、香瓜茄、香瓜梨、仙果等。属茄科多年生草本植物，以浆果供食，只是一种普通的蔬菜。营养成分一般，没有特殊的药用价值，绝不能与人参相提并论。该植物不耐寒、也不耐高温，适宜在15℃～30℃条件下生长。

124. 番茄遇高温时有哪些症状？怎样避免？

(1)症状识别 番茄的不同器官遇到高温危害时，症状识别有所不同。一般来说温度越高、持续的时间越长，加上干旱缺水，则受害越重。

①种子 在30℃下种子萌发生长虽快，但健壮度却不及在25℃下萌发的幼苗。35℃对种子的萌发和生长有明显的抑制作用(发芽率降低)。

②茎叶 在30℃时，叶片合成光合养料的能力下降；在35℃时，会发生高温危害，主要表现为嫩叶皱缩变形、向上卷起、大叶向下弯曲、呈卷叶症。叶脉间有水浸状斑点，叶色变淡或褪绿，叶形为柳叶状或线状；在40℃时，茎叶停止生长；在45℃时，在短时间内茎叶、花器及幼嫩部位就会出现日灼，出现水浸状坏死或浅黄色至灰白色坏死。叶脉变成灰白色而坏死，后呈黄色。幼嫩组织变色缢缩，很快坏死。

③花朵 在开花期对温度比较敏感(特别是花发生后的3～4天)，白天超过30℃、夜间超过26℃，每穗花上的花数减少，出现明显落花；夜间达到30℃，花器发育受到抑制，花朵弱小，花药发育不良；达到35℃～40℃，花器发育发生障碍，出现畸形果；超过40℃，造成大量落花落果。

④果实 果实成熟时，在30℃以上，果实变红延迟(茄红素形成缓慢)。超过35℃，难以形成茄红素，出现果面有绿色、黄色、红色相间的杂色果；或在果肉内部，靠近果实中心部分出现不整齐的褐色坏死块，直径为2～3厘米。严重时整个果肉变成褐色，致使果实品质低劣。但表皮表现基本正常，称为心腐病，这种心腐病也常引发空洞果或着色不良。

⑤根系 地温超过35℃并维持5小时以上，即可出现死苗。

在夏季日光温室内易出现高地温危害(连续15天10厘米地温42℃～51℃)。幼苗定植后5天,初在白天快中午时有50%的幼苗出现脱水萎蔫,下午5时以后至翌日恢复正常,此时没有脱水萎蔫苗根部新根很少,而脱水萎蔫植株则基本上没有新根,根毛区肉质根木栓化程度加大,表皮粗糙呈褐色,肉质根变细,汁液少,正常生长受阻;从定植后7天开始,有30%的幼苗先后出现不同程度的全天高度萎蔫或接近死亡。叶片从下向上先黄后落,只剩下2～3片心叶。茎秆干瘪,失水现象严重时茎秆发黄发干。花蕾脱落。而全部根系没有新根,整个根毛都呈线状,表皮变褐变干,无任何汁液,接近死亡。根茎部的维管束无病害(变色)症状。

(2)诱发因素 可参照黄瓜遇高温时发生热害有关内容。

(3)预防措施 可参照光害、热害等有关内容,以维持番茄各生长阶段的适宜温度。

(4)补救措施 可参照光害、热害等有关内容,以维持番茄各生长阶段的适宜温度。

(5)注意事项 一般番茄品种在白天34℃、夜间26℃以上,或有4小时以上的高温,即受到严重损害。

125. 番茄遇低温时有哪些症状?怎样避免?

(1)症状识别 ①当环境温度降至10℃以下时,植株生长缓慢;降至5℃～6℃时,植株会停止生长;若长期遇此低温,部分叶片枯死或全株死亡。地温降至5℃时,根系活动受阻不发新根,老根变黄并逐渐死亡。地上症状因受害程度和受害时间不同,症状也有差异。一般表现为叶片萎蔫、黄化、扭曲,叶面出现枯死斑、白斑或淡褐色斑,出现落花落果,果实不易着色或膨大慢。其他症状可参照上文中有关内容。②当环境温度降至－1℃～－2℃时(遇到寒流)就会受冻。较轻时,叶片边缘、叶肉褪绿黄化,顶叶细小。受冻后叶片边缘呈暗绿色,后失水干枯,枯死部分呈干绿色。或果实受冻。严重时生长点或全株被冻死。

(2)诱发因素 可参照黄瓜遇低温时发生冷(冻)害、霜害有关内容。

(3)预防措施 ①番茄种子在催芽过程中胚根还没有露出种皮时,将萌动的种子放置在－2℃条件下2～5小时,取出后在冷水中缓冻后重新催芽。②在冬季的弱光照条件下,在管理上要注意以下几点。一是要把白天温度控制在适当范围内,夜间温度最低可控制在5℃～7℃,尤其在加温温室内夜温不能过高。二是要控制浇水,如果不是特别干旱,一般不浇水。三是要控制氮肥用量,不要施用铵态氮肥,可酌情采用喷洒叶面肥。可采用二氧化碳施肥,使二氧化碳浓度达到1 000毫克/升。四是要适当稀植,适时整枝打杈、打老叶。积极采取措施、增加棚内光照。五是要根据植株长势,保持适宜的结果量。及时采摘绿(白)熟期果实(此类果实若遇到8℃～10℃的低温时间过长后易受冷害而腐烂)。③其他措施可参照冷害、冻害、霜害等有关内容,以维持番茄各生长阶段的适宜温度。

(4)补救措施 可参照冷害、冻害、霜害等有关内容,以维持番茄各生长阶段的适宜温度。

(5)注意事项 若植株生长衰弱或自身养分消耗过多,温度突降至2℃,也会发生冻害。

126. 土壤盐害或连作障害会给番茄造成哪些异常症状?

(1)症状识别

①盐害 初期叶片颜色深绿,有硬化发光感。植株矮化,心叶卷翘,果实发育不良、着色不均。果肩部为深绿色,红绿界限分明。根系变为褐色,根尖齐钝。严重时,在中午强光照下叶片出现萎蔫(生理干旱),夜间恢复,后叶片逐渐干枯,植株凋萎死亡。

②连作障害　番茄生长不良或缺株,既使施用肥料也不能完全改善,造成幼苗枯萎及烂根,生长点新生枝叶不能伸展或不正常,有的造成土传病害加重。

(2)诱发因素　可参照土壤盐渍化危害和连作障害等有关内容。

(3)预防措施　可参照土壤盐渍化危害和连作障害等有关内容。

(4)补救措施　可参照土壤盐渍化危害和连作障害等有关内容。

127. 有害气体危害会给番茄造成哪些异常症状?

(1)症状识别

①氨害　中部受害叶片上初呈开水烫状。轻者叶脉间、叶尖和叶缘变褐(黑色)干枯;重者叶片下垂,全叶黄化、白化、枯死,甚至全株死亡。花朵受害,花萼和花瓣呈水浸状,后成黑褐色干枯,不再开放。

②二氧化氮气体　中部受害叶片上初现很多水浸状斑点,很快变成黄褐色或黄白色坏死斑点。重者斑点可连成片,造成叶片焦枯。叶尖和叶缘先黄化,并向中间扩展。叶片变白干枯。

③二氧化硫气体　受害叶片上出现水浸状暗绿色斑,后变成浅白色枯死斑,病部和健部交界处分明,严重时叶片凋萎干焦。

④棚膜中有害气体　受害叶片发黄卷曲皱缩,褪色变白,出现白色或褐色坏死斑,重者枯死。

⑤烟剂药害　在燃放烟剂后数小时内,受害叶片变褐焦枯。重者枯死。

⑥有毒气体　受害植株顶端嫩茎肥大变宽,生长点褪绿,腋芽丛生,幼叶宽大、皱缩扭卷,整株畸形生长,不能正常开花结果。

(2)诱发因素 可参照有害气体危害中有关内容。

(3)预防措施 可参照有害气体危害中有关内容。

(4)补救措施 可参照有害气体危害中有关内容。

128. 使用植物生长调节剂有误时会给番茄造成哪些异常症状?

(1)症状识别 使用植物生长调节剂的种类及方式不同,药害的症状表现有所不同。

①2,4-滴药害 药害主要表现在叶片和果实上。第一类是以植株中上部枝叶受害重,受害叶片增厚下弯、僵硬细长,小叶片不展开、多纵向皱缩,叶缘畸形。小枝或叶柄扭曲。该类症状可在整棚或棚内局部地块发生。受害枝叶分布均匀,并且受害叶的叶位一致。第二类是叶片表现为更严重的畸形、卷曲、细长和增厚,在叶片、小枝和茎秆等处常出现黄绿色至浅褐色坏死斑点,严重时还出现隆起的疱斑。该类症状以局部枝叶受害。在果实上出现脐裂果、僵果等。第三类是受害叶片向下弯曲、僵硬细长,小叶不能展开、纵向皱缩,叶缘扭曲畸形,出现桃形果、僵果等。

②防落素药害 主要在植株顶部2～3层嫩叶上。受害叶片不能正常展开。从新叶生长开始皱缩,然后向上叶片逐渐变细。有些叶片单叶呈线状。而基部刚萌发侧枝上的叶片正常或皱缩不明显,下部叶片不皱缩。新生叶片可逐渐恢复正常。

③植物生长调节剂中毒 受害叶片向上卷曲僵硬,叶脉较粗重,叶片颜色变深,看上去比正常叶片潮湿。生长势弱的植株卷叶更严重,叶色变为墨绿色。蘸花次数越多,叶片卷曲越严重。

④乙烯利药害 受害叶片小而畸形,小叶一般向上扭曲,重者发黄枯死。受害果实果皮薄,果肉软。果实表面出现白晕区,并产生凹陷斑。病斑呈灰褐色或浅褐色,边缘褐色。

(2)诱发因素

①2,4-滴药害　使用2,4-滴溶液浓度过大,使用时或使用后棚温过高,或局部喷药过多或重复喷药液等,均易造成药害。第一类症状是因(喷)2,4-滴(药液时产生的)蒸气所致,第二类症状是因把2,4-滴药液直接喷到部分枝叶上所致。喷2,4-滴的时间过早则形成僵果,或药液浓度偏大则形成脐裂果。第三类症状是因在抹花柄或蘸花过程中,把2,4-滴溶液滴落在嫩枝叶上所致。

②防落素药害　使用防落素溶液浓度过大,或喷到嫩枝叶上。

③植物生长调节剂中毒　在幼苗期为控制徒长,使用矮壮素或甲哌鎓(助壮素)等药剂或含有植物生长调节剂的药剂处理幼苗,至开花结果期,用植株生长调节剂蘸花后可诱发中毒。若前期没有使用矮壮素等药剂,在用植株生长调节剂蘸花后也不出现中毒症状。定植期越早、气温越高,蘸花后出现中毒症状可能性也越大。

④乙烯利药害　使用乙烯利浓度过高,或单果上着药液量过多,或药液滴在叶片上。

(3)预防措施

①2,4-滴药害的预防措施　准确配制溶液的使用浓度(可以加入少量红色广告色作标记),并掌握正确的使用方法。注意不宜用2,4-滴溶液喷花。在气温较低时(如每天的上午或下午,每年的早春、晚秋及冬季)使用浓度可高些,在气温较高时(如每年的夏季及早秋)使用浓度可低些,但不要在中午时分蘸(抹)花,不能重复涂抹或浸蘸。一般应在番茄花刚开至半开时,在晴天上午露水干后(上午8～10时)或下午(3～5时)用毛笔蘸取10～20毫克/升2,4-滴溶液,在花柄与花梗连接的离层处涂抹,尽量做到每个花序同时处理数朵花(否则会造成果实大小不整齐)。或者以日光温室春番茄为例,2,4-滴溶液浓度通常在第一花序时为20毫克/升,第二花序时为15毫克/升,第三花序时为10毫克/升。具体操

作时把药液装在碗或杯中，把花一朵一朵地在药液中浸蘸一下，开1朵浸蘸1朵，浸没花柄后立即取出，并把花朵在容器口轻轻碰一下，让花朵上的残留药液流回容器中。药液浓度要随气温变化而调整，当气温为15℃～20℃时用10～15毫克/升2,4-滴溶液，气温升高后则用6～8毫克/升2,4-滴溶液。

需要注意的是，一般在初花期每隔1～2天蘸（抹）花1次，在盛花期每天蘸（抹）花1次，当日开的花处理得太早易形成僵果、太晚易形成脐裂果，浓度偏大易形成桃形果。蘸（抹）花前，先看花朵上是否有标记色，以防重复用药或用药量过大。最好使用带盖容器或小口容器盛装溶液（防浓度变化）。处理花朵后注意适时浇水追肥。在开放的花朵多时，宜使用防落素。在早熟品种上不宜使用2,4-滴。对不耐蘸花的品种宜采用涂抹花梗法。发现使用2,4-滴溶液浓度偏大，在没有出现症状前，立即喷洒清水并降低棚温。

②*防止防落素药害的预防措施*　当每个花序上有3～4朵花盛开时，气温低时用20～25毫克/升防落素溶液，气温高时用10～15毫克/升防落素溶液。将防落素溶液装在小型喷雾器内，用左手食指和中指轻轻夹住花梗，并用手掌遮住生长点和嫩叶，右手拿小型喷雾器对准花朵喷雾，每朵花处理1次即可，以喷湿不下滴为度。或者当每个花序上有3～4朵花盛开时，用25～50毫克/升防落素溶液，将溶液装在一个小碗内，把花序在溶液中浸蘸一下，然后用小碗边轻轻接触花序，让花序上多余的溶液流回碗内。使用防落素时的其他操作要点可参照2,4-滴药害预防措施中有关内容。当发现防落素药害后，每667米^{2}用腐熟人畜粪对水750～1000升稀释后，可在晴天上午挖坑追施，并喷洒惠满丰液肥2～3次，每次间隔5～7天。同时把棚温调控在（白天）20℃～25℃。

③*防止植物生长调节剂中毒的预防措施*　培育适龄壮苗，适期定植，控水蹲苗，避免徒长。根据环境温度高低及品种，选择适

宜的植株生长调节剂蘸花浓度(见上)。在初花期每隔2～3天蘸花1次,在盛花期每天或隔1天蘸花1次。发现中毒后,用生理平衡剂100克和白糖100～150克,对水35升稀释后叶面喷洒,连喷2～3次。

④防止乙烯利药害的预防措施　一般在番茄果实的绿熟期(又称为白熟期,指果实顶部发白,整个果实由绿色变为白绿色,果实已充分长足)和变色期(又称为转色期,指果实顶部着色约占果实的1/4,果实坚硬,种子基本成熟)使用乙烯利催熟,不能在青果时催熟。不能用小型喷雾器向果面上喷乙烯利药液,喷药易导致果面着色不均匀。催熟方法有以下3种。第一种在手上戴上棉线手套或乳胶手套,在1 000毫克/升乙烯利溶液中蘸一下,然后用手将植株上待催熟的果实均匀地涂抹一遍,但手上蘸的药液量不宜过多,以防药液滴落到叶片和青果上。过4～6天后即可着色,与自然成熟相仿。第二种把需催熟的果实摘下,放在2 000毫克/升乙烯利溶液中浸泡1～2分钟,取出后放入容器中,在25℃、空气相对湿度为80%～85%的条件下催熟,过4～6天后即可全部着色,但品质略差。温度低于20℃,催熟时间偏长;温度高于23℃或空气相对湿度偏高,果实容易腐烂。第三种在最后1批果实成熟前,用4 000毫克/升乙烯利溶液喷洒植株,可使果实提前4～6天成熟。

(4)注意事项　可在人工辅助授粉2天后,再用植物生长调节剂处理花朵。喷施了含有2,4-滴成分的农药,或误用了喷过2,4-滴的器械(没有用水清洗的),或附近农田使用2,4-滴除草随风或气流飘移来的2,4-滴雾滴,均可造成番茄植株2,4-滴药害。2,4-滴药害的植株不矮化,新生叶不黄化;病毒病株则植株矮化,新生叶黄化或花叶。

129. 采用营养液(无土)栽培时番茄易出现哪些异常症状?

(1)烂　根

①症状识别　在洁白的根尖生长点初变为一个黑点,后根系呈黄褐色腐烂,或根部有脓性物,或根茎部不断分生新根(长至2～5厘米时停滞)和新生叶褪绿变黄,清晨地上部无溢液现象发生。

②诱发因素　根部感染灰色根腐病,或营养液中使用铁肥的种类不对或pH值偏高,造成营养液中缺铁。或营养液温度偏高、造成营养液中缺氧,或因营养液中缺氧,形成亚硝酸中毒(新生叶黄化)。

③防治措施　一是若根部有脓性物,可用10毫克/升氯唑灵或5毫克/升过氧化氢溶液加入营养液中。二是若根部有新根和新生叶变黄,则在营养液中不宜使用硫酸亚铁或柠檬酸铁作铁肥,最好使用乙二胺四乙酸铁(EDTA-Fe),或叶面喷洒硫酸亚铁溶液,并维持营养液适宜的pH值。三是若营养液温度高,将液温控制在18℃～23℃,并使用空气混入阀混入氧气。

(2)茎　裂

①症状识别　根茎部较细,中上部茎粗大,茎纵向裂开。

②诱发因素　营养液中氮元素含量高,或电导率(EC值)高,或种植了易裂茎的品种。

③防治措施　适当降低氮元素含量和EC值,如1吨营养液中加入硝酸钾800克、硝酸钙600克。EC值为2毫西/厘米时,则很少裂茎。或选种不易裂茎的品种,如樱桃番茄、自封顶品种等。

(3)卷　叶

①症状识别　枝繁叶茂,复叶由叶柄起开始扭曲翻转如麻花状,小叶也卷曲呈筒状。

②诱发因素　在营养液中的氮元素含量过高，或打顶过早，或整枝过多过勤，或室内光照过强，或夜温偏高，或空气湿度太低。

③防治措施　适当降低营养液中氮元素含量和增加钙元素的含量，或叶面喷洒0.5%氯化钙溶液。在果穗上留2片叶后打顶，在侧枝有2～5厘米长时再打掉。

(4)植株生长不良

①发育延迟　在冬、春季植株矮小，叶片伸展缓慢，生长发育延迟。但外形上并无明显异常。这是因为空气中二氧化碳不足造成的。可酌情采取二氧化碳施肥技术或适时通风。

②营养生长过旺　在夏、秋季茎叶徒长。这是因为光照、气温、地温等环境条件与营养液浓度不相适应(氮素过多)造成的。可适当降低营养液浓度，特别是降低氮素浓度。

③植株萎蔫　在夏季植株出现萎蔫现象。这是因为营养液中的氧含量随着温度的升高而降低，造成根系缺氧。其次营养液中残留的氯离子(自来水消毒后的残留物)，对植株造成伤害。可采取保持营养液适温、加强通风换气，减少铵态氮的用量。在配制营养液前，每1000升自来水加2.5克硫代硫酸钠(可除去水中氯离子)等措施。

(5)畸形果

①症状识别　果实表皮开裂，露出果肉。

②诱发因素　果皮老化，或因温度急剧变化造成畸形果，在春、夏季易发生。

③防治措施　在花期采用人工振动授粉。在幼果花瓣脱落后，用30毫克/升萘乙酸和8毫克/升激动素混合液喷洒。将夜间气温控制在8℃～15℃，并保持一定的昼夜温差，避免温度急剧变化。避免阳光直射果面。早摘果实。

(6)空洞果

①症状识别　果实外观有凸角，比同样大小的正常果要轻。

果实成熟时，果面红青(绿)色相间。有时果实外观红熟，但果实内部仍为青(绿)色。汁液少口味极差。

②诱发因素　在高温下使用植物生长调节剂处理花朵时浓度过高，或在营养液中的氮元素含量过高，或在结果期光照不足、温度过高或偏低。

③防治措施　在花期采用人工振动授粉。适当降低营养液中氮元素含量和增加钾元素的含量。将室温调节在适宜的范围内，增加光照。在开花当天或前后1～2天，用适宜浓度的植物生长调节剂处理花朵。

(7)白 化 果

①症状识别　果皮由青色、红色褪变成白色，并且表皮软化，弹性极差。

②诱发因素　室内光照过强、日照时数过长、温度偏高，或植株生长不良，或植株茎叶过少使果实暴露于强光照下。

③防治措施　加强苗期管理，培育壮苗。在植株营养生长期，加强营养，促苗茁壮。在果穗上留2片叶后打顶，打叶不宜过多。采用遮阳网覆盖。

(8)裂　果

①症状识别　串(樱桃)番茄的裂果症状大致分为以下3种类型。第一种是在果柄周围的果皮上出现许多小干性裂缝，裂缝宽1毫米左右、长5～10毫米，造成果实商品性下降，在高湿条件下极易腐烂。第二种是沿果柄周围出现干性白色深裂缝，裂缝宽2～5毫米而较长呈环形。第三种是湿性裂缝，裂缝从果柄处直到果实底部，宽2～5毫米，果肉会沿裂缝流出来。商品性极差。

②诱发因素　造成裂果症状的因素大致分为以下5类。第一类是种植密度低于2株/米^2，或植株营养生长偏弱、叶片太小，或没有及时开启遮阳网，使强光照(大于8万勒)长时间照射果面，造成果皮失去弹性。第二类是夜温长期低于16℃，翌日室内温度迅

速上升，果皮表面易结露水，造成果皮变硬。第三类是植株营养生长过旺，导致开花至果实膨大的进程缓慢，造成果皮变硬。第四类是外界天气剧烈变化而没有及时采取措施，造成室内高湿伴随着植株高根压，导致果实内部膨胀而形成湿性裂缝。第五类是在相同栽培条件下，含糖量高的品种或每穗果上的留果数超过 6 个时，易发生裂果。

③防治措施　一是选择含糖量适中的品种，种植密度为 3 株/米^2。二是在每年 2 月底至 3 月初，采用每 4 株留 1 根侧枝来提高种植密度。三是在开花期，每天授 1 次粉。每株保持有 7～8 个果穗，每个果穗留 5～6 个果实为宜。四是合理灌溉营养液。在晴天，早上第一次灌溉时间一般在日出后的 1.5～2 小时，下午最后 1 次灌溉时间为日落前 1.5～2 小时；早、晚每隔 30～40 分钟浇 1 次，中午隔 20～25 分钟浇 1 次。废液回收量控制在灌溉量的 25%～30%。在阴雨天，早上（比晴天）推迟 0.5～1 小时灌溉，下午最后 1 次（比晴天）再提早 0.5～1 小时灌溉。一般每隔 2.5 小时浇 1 次。废液回收量控制在灌溉量的 20%～25%。每棵每次浇 120 毫升营养液。五是该阶段基质含水量一般控制在 65%～75%，昼、夜含水量差值控制在 6%～8%。如果含水量长时间过高或昼夜含水量差值太小，植株会向营养生长发展，反之则向生殖生长发展。六是控制温室环境。白天温度长时间超过 35℃时，采取通风、屋顶喷淋水等措施降温；夜温不能长时间低于 16℃。当外界光照过强，尤其是连续阴天转晴时，适当提早开启遮阳网。一般在直射光照强度达到 6 万勒时开启遮阳网。连续晴天数日，开启时间逐渐推后。直到 3～4 天后，外界直射光照强度不高于 8 万勒，不开启遮阳网。当晴天转为阴天时，应改变灌溉方式。如温室内湿度过高，可适当加热来降低湿度，促进植株蒸腾作用，从而降低根压。

(9)脐腐病

①症状识别　初在果实顶部出现小黑斑、微膨胀，后斑点扩大腐烂。

②诱发因素　营养液中钙元素的绝对含量不足，或营养液中氮、钾、镁、铵等元素的含量过剩，或室内夜温高于20℃，或营养液温度高于28℃，或夜间空气相对湿度低于86%，均易出现脐腐病。

③防治措施　从开花期起，每隔7天叶面喷洒1次0.2%～0.5%氯化钙溶液。在高温季节，把营养液的EC值控制在2毫西/厘米以下(降低营养液中的离子浓度)，适当调整营养液中的氮元素和钙元素的比例，选用低铵态氮配方，把营养液温度控制在18℃～23℃。室内空气相对湿度夜间为92%～95%、白天为65%～80%，夜间气温为8℃～15℃。

(10)营养元素失调症　营养液中除发生缺钙或缺铁(见本节中有关论述)现象外，常见的还有以下几种失调症。

①缺锌症　植株缺锌后中位叶片的叶脉间黄化，后叶缘变褐枯死。这是因为营养液中锌浓度低于规定量，或营养液中磷浓度偏高，或营养液pH值过高，或培养基质温度偏低等因素所致。可维持营养液中锌浓度略高于规定量，同时使营养液中磷浓度略低于规定量，把营养液pH值或基质温度调节到适宜范围内。

②锰、锌、铜元素过剩症　一般营养液中，锰、锌含量超过3～10毫克/升、铜含量超过1～3毫克/升就可发生过剩症，其症状各有不同，但大多数情况下伴有缺铁症状。这是因为营养液的浓度较高而导致锰、锌、铜元素过剩，还有棚室镀锌骨架上的露水(溶解有锌)滴入营养液中，及营养液通过冷却装置中的铜管降温时溶解的铜等因素造成的。根据离子间的拮抗作用，可在实际应用时适度增加营养液中的钙浓度、铁浓度及氨氮比。

③钠过剩症　水中含盐量过高时，易发生钠过剩症，造成植株生育不良、缺钙等症状。可根据栽培方式来掌握营养液中的钠浓

度，一般营养液用水中应低于50毫克/升，循环式营养液栽培水中为40～60毫克/升，岩棉栽培水中为100～300毫克/升。有机生态型栽培水中的钠浓度适应范围则更广一些。

六、茄子生理病害疑症识别与防治

130. 茄子的基本形态特征和对环境条件的要求是什么?

(1)形态特征

①根　茄子根系发达,主根能向下入土 1.3～1.7 米深,横向伸展 1～1.3 米。主要根系分布在 33 厘米土层中。根系木栓化较早,不易发生不定根。

②茎　茄子茎粗壮直立,种植时不需搭架。当主茎长到一定的叶片数后,顶芽变为花芽,其下的 2 个腋芽抽生(一级)侧枝代替主茎生长,形成双杈分枝。当每个(一级)侧枝长出 2～3 片叶后,侧枝顶芽又变为花芽,其下的 2 个腋芽又抽生(二级)侧枝。当每个(二级)侧枝长出 2～3 片叶后,侧枝顶芽又变为花芽,其下的两个腋芽又抽生(三级)侧枝,以同样方式着生花芽和分杈。茎和叶柄为紫色,则为紫色果实;茎和叶柄为绿色,则为绿色或白色果实。

③叶片　茄子叶为单叶互生,呈卵圆形。植株高大的叶片狭长,植株较矮的叶片较宽。温度较低时叶色变深。

④花朵　茄子花由花萼、花冠、雄蕊、雌蕊(由基部的子房、花柱和顶部的柱头组成)等 4 部分组成,朝下开放,自花授粉。正常花朵,大而色深、花柱长。其柱头高于雄蕊花药,开花时雌蕊柱头突出,其顶端边缘部位大呈星状花、即长柱花,便于花药开裂孔散出的花粉落到柱头上(受粉)。花朵一般单生,也有 2～3 朵花簇生。早熟品种在主茎长出 5～6 片真叶后着生第一朵花,中晚熟品种在主茎长出 7～14 片真叶后着生第一朵花。晴天时花朵多在 5 时 30 分开放,开花前 1 天至开花后 2～3 天内都可受精。

⑤果实　按果实出现的顺序分别称为门茄、对茄、四门(母)斗、八面风、满天星等。一般在开花后15～20天采收嫩果，果实大小各异，形状有圆形、长形、椭圆形、卵圆形，扁形等类型，果皮颜色有紫色、黑紫色、绿色、白色、白绿色及白紫色条纹等。

(2)对环境条件的要求

①温度　茄子喜温，白天25℃～30℃、夜间20℃，在各个生长阶段对温度要求略有不同(见下)。

②光照　茄子对光照严格，光饱和点为4万勒，光补偿点为0.2万勒。每年4～10月份光照可满足生长需求，但11月份至翌年3月份则光照不足。每日有15～16小时的光照时间能满足培育壮苗的需求。每天叶片中制造的光合养分中有60%～70%是在上午完成的。

③水分　茄子喜水又怕水。在门茄形成前需水量少，在对茄收获前后需水量最大。在栽培时，要勤浇水。每次浇水量要少，不能干旱，雨季要注意排水。

④土壤　茄子对土壤适应性强，适宜的土壤pH值为6.8～7.3。栽培时需深翻地。

⑤肥料　茄子需氮肥为主，钾肥次之，磷肥最少。在幼苗期需磷肥较多，要深施基肥。在结果期需氮肥量最多。每生产1 000千克茄子，需纯氮2.62～3.5千克、五氧化二磷0.63～1千克、氧化钾3.1～5.6千克。

(3)注意事项　茄子的生长发育过程，分为发芽期(种子吸水萌动至第一片真叶显露，有10～12天)、幼苗期(第一片真叶显露至门茄现蕾，有50～60天)、结果期(门茄现蕾后)3个时期。幼苗期又分为2个阶段:在3～4片真叶前是生长幼苗茎叶阶段，在3～4片真叶后进入花芽分化阶段。至7～8片真叶时四门斗花芽已经分化。结果期又分为2个阶段:门茄现蕾后至幼果直径有3～4厘米时坐住(“瞪眼”)为开花结果阶段(有8～12天)，是由茎叶生长为主向果实生长为主转变的一个重要阶段。从门茄"瞪眼"至拉秧为结果阶段。

131. 茄子的不同生育期出现异常表现的原因是什么?

环境条件初不适宜时,虽不能给茄子植株造成严重损害,但也能使叶片等生长异常。可对症采取相应的管理措施,以改善保护地环境条件,促进植株正常生长。

(1)苗期 ①出土子叶肥大色深,说明生长良好,这是苗床内温度、水分、光照及苗床土中肥料配比等适宜的表现。②出土子叶细长,严重时下胚轴徒长,子叶也提早黄化脱落,说明生长不良,这是苗床内夜温高和光照不足。③幼苗叶片刚展开不久就出现花青素,叶片表现为颜色深,这是氮肥足、夜温稍低等因素造成的。④幼苗叶片颜色变淡,这是氮肥少、夜温高、光照不足等因素造成的。⑤幼苗顶芽弯曲,这是在低温条件下氮肥多或根系吸收硼受阻等因素造成的。⑥若幼苗顶部直立的两片叶尖端下垂,而叶柄和茎的夹角小呈直立状,这是夜温高、或土壤水分不足、或光照不良、或氮肥不足等因素造成的。若叶柄和茎的夹角变大,株形开张,叶自基部向下弯曲,这是温度较低,或多湿、或光照充足、或氮肥多等因素造成的。⑦幼苗叶片先端钝圆,叶片肩部两侧差别大,这是温度(夜温)高或土壤干燥时造成的。幼苗叶片先端尖锐,叶片肩部两侧几乎无差别,这是温度(夜温)低或土壤水分多时造成的。⑧叶片上有皱褶,这是氮肥过量造成的。叶片上没有皱褶而颜色浅,这是氮肥不足造成的。⑨叶缘稍向内侧卷曲,这是光照充足造成的;幼苗叶片薄而叶面平坦,这是光照不足造成的。⑩分苗后不易发生新根,生长受到过度抑制,易产生"僵苗",这是因为苗床内地温低又干旱造成的。

(2)开花结果期 ①幼苗生长旺盛时,花器及花瓣大、颜色深;

幼苗生长衰弱时，则花小色浅。②花瓣顶端的嫩叶出现深紫色的花青素，分枝呈直立状，这是因低温和氮肥过多造成的。③花瓣和叶色浅，分枝稍张开，这是因温度高和氮肥少造成的。④植株在顶部将要开放花蕾的节位以上，应有展开的幼龄叶 2～5 片，枝条伸长和侧枝发生正常，说明生长良好；若开花节位上只有 1～2 片展开叶，说明植株长势弱或营养不良，这是因夜温或地温低、或肥料不足、或土壤干燥、或土壤含盐量高、或采收不及时(坠秧)等造成的。⑤正常植株在最上面开花部位，应距离顶端有 10～15 厘米，若不足 10 厘米，说明植株长势弱。⑥若第一侧枝分杈处茎粗壮，或侧枝基部粗细与主茎基本相等，说明植株长势强；若第一侧枝分杈处茎细小，说明植株长势弱。⑦植株最顶端的 2 片幼叶在夜间不直立向上，说明根系受到损伤，或土壤中缺水，或地温偏低等。⑧植株上部叶片有光泽，说明水肥充足、根系功能正常；若上部叶片没有光泽，说明土壤缺水或根系受伤。⑨植株顶部的心叶颜色在下午或傍晚变浅时，说明温度适宜。⑩植株叶片大小适中、叶脉明显、叶色较深，茎较粗壮，节间长 5 厘米左右，说明室内种植密度、温度、水分、光照、肥料及气体等条件符合生长发育的要求。若节间过长(超过 5 厘米)，说明植株徒长；若节间过短(少于 5 厘米)，说明植株生长受到抑制，这是因温度偏低或水分不足造成的。⑪果实着色不好(特别是紫色茄)，说明光照不足或受光不足，或是昼夜温差偏小、或植株徒长叶片大等因素造成的。⑫果实表面无光泽，说明土壤水分不足，或地温低等因素造成的。

132. 怎样避免茄子出现畸形花？

(1)症状识别 茄子的畸形花为短柱花和中柱花(按花柱长短来分)。短柱花的外观是花朵小、颜色浅，花梗细，其柱头低于雄花花药，柱头上不易受粉，大部分短柱花在开花 3～4 天后从离层脱落，不能正常结果。中柱花的柱头与雄花花药齐平，受粉率比长柱花低(可参照茄子的基本形态特征一文中有关内容)。

(2)诱发因素 ①在花芽分化阶段,温度过高或偏低,或夜温过高,或昼夜温差小。②幼苗期光照弱,或每天光照时间短。③苗床内干旱,或湿度偏高。④幼苗徒长,使花芽分化和开花期延迟。⑤缺氮会延迟花芽分化,减少开花数量;或在开花盛期,氮、磷肥不足。均易产生畸形花(短柱花)。

(3)预防措施 ①要合理配制肥沃无病的苗床土(纯氮为100～200毫克/千克土壤、五氧化二磷160毫克/千克土壤),采用营养钵育苗。在低温季节育苗要搞好防寒保温增光照设施,在夏、秋季育苗要搞好防雨排涝防晒设施。②茄子播种后气温白天25℃～30℃、夜间20℃以上,地温20℃。当70%～80%幼苗出土时给苗床内均匀覆盖一层细土(茄子种子易发生戴帽出土现象),苗出齐后适当降温,气温白天25℃～28℃、夜间15℃～17℃,地温18℃左右。③适期分苗,分苗过程要注意避免损伤根系。缓苗后气温白天25℃左右、夜温15℃～18℃,地温15℃以上,昼夜温差不能小于5℃。注意采取增加光照和通风的措施,保持土壤湿润,以培育适龄壮苗。④在开花结果期,注意追肥浇水,气温白天为25℃～30℃、夜间16℃～20℃。

(4)定植时壮苗标准 ①冬、春季育苗:在定植时,幼苗有7～9片叶,叶片肥厚色深,茎短。茎粗0.6～0.8厘米,苗高20厘米左右,平均节间长2厘米。出现门茄的大花蕾,为长柱花。根部须根多且色白粗壮无锈根。生命力强,无病虫害,全株干重1.2克左右,苗龄80～90天。②夏、秋季育苗:幼苗有4叶1心,株高15厘米左右,茎粗0.4厘米左右,苗龄为25～30天。③(日光温室)秋冬茬育苗:苗龄为40～50天。④露地夏季栽培及大棚秋延后栽培,苗龄为60天左右。

133. 怎样避免茄子幼苗发育成徒长苗或老化苗?

(1)症状识别 ①徒长苗。幼苗出土后长成高脚苗,或在定植前幼苗长得茎细,节间长,叶片薄叶色浅,徒长苗易形成畸形花(短柱花)。②老化苗。幼苗叶片小且硬而卷曲,颜色暗绿,茎秆细。根系老化,根尖发黄,发根少。定植后缓苗慢、长势弱、易落花落果。

(2)诱发因素 ①徒长苗。播种过密,出苗后没有及时间苗或分苗。苗床内夜温偏高,光照偏弱(特别是遇连阴雨天),湿度偏高,均易造成徒长苗。②老化苗。幼苗长期在低温(特别是地温)条件下生长,或苗床内水分过多或干旱,或发生肥料烧根,或根系受到损伤,或苗龄过长,或蹲苗时控制得过度等,均易造成老化苗。

(3)预防徒长苗的措施 ①在配制(播种用或分苗用)苗床土时,要合理使用氮、磷、钾肥。②选用发芽势强的种子。播种不要过密。③出苗后及时覆土降温,并揭去覆盖物见光。在幼苗1叶1心时及时间苗。在幼苗进入花芽分化阶段前及时分苗,缓苗后适当降温。④要控制苗床水分,保持土面见干见湿。注意通风。⑤秧苗生长正常时,一般不需追肥。⑥根据外界温度变化,维持苗床内的适宜温度,特别是夜温要适当低些。在冬、春育苗应采取措施尽量增加光照强度和光照时间,必要时(遇连阴雨天)可人工补光。在夏、秋育苗要逐渐撤去遮阳网,使幼苗见光。⑦营养钵育苗在定植前10～15天倒钵1次,苗床土育苗在定植前7～8天,先浇1次透水后切坨摆放,适当加大苗距,用土填满缝隙。定植前要逐渐降温炼苗。⑧为防止幼苗徒长,可在幼苗3～4片叶时,用100～300毫克/升甲哌鎓溶液喷洒1次;或在幼苗3～5片叶时,用5～10毫克/升烯效唑溶液喷洒1次。⑨幼苗有徒长现象时,用50%矮壮素水剂2 000倍液喷洒幼苗。⑩定植缓苗后到门茄"瞪眼"前蹲苗。

(4)预防老化苗的措施 ①要配制通透性良好的苗床土(其总孔隙度在60%左右,容重为0.6～1)。②使用完全腐熟的有机肥配制苗床土或作基肥。③采取措施保持苗床内适宜的地温和湿度。尽量使幼苗(上午)多见光。④在苗期不能多次移栽,最好一次把幼苗移入营养钵内,在分苗床内按大小苗分别摆放。⑤若幼苗细弱,叶片呈浅绿色,可用0.25%磷酸二氢钾溶液和0.25%尿素溶液混配后喷洒,随后用清水再喷洒1遍。⑥幼苗有老化现象时,用20毫克/升赤霉素溶液喷洒幼苗,每平方米喷溶液100毫升,并增施肥料、多见光。⑦如地温低于13℃不能及时定植,可在苗床内铺一层厚15～20厘米的苗床土,把幼苗营养钵或营养土坨按行距20厘米、株距20厘米摆放在苗床上,用土填满缝隙,按正常管理不要蹲苗,可使苗龄延长至120天,而避免根系老化。⑧在定植时,先用40毫克/升萘乙酸溶液喷洒苗坨,促幼苗快发根。⑨其他措施可参照上文。

134. 日光温室茄子的栽培管理要点是什么?

(1)选择适宜的季节 茄子喜温耐热,但怕干热、怕寒,生育适温为15℃～30℃,一天内要有较长的时间气温维持在25℃～30℃,并保持一定的昼夜温差(夜间不能低于15℃)。因此,根据当地的温度及光照等气候条件,日光温室的保温性能、市场需求、种植者的栽培管理技术水平等因素综合考虑,选择种植茬次,以越冬茬栽培管理难度较大。

①秋冬茬 在7月中下旬播种,8月下旬至9月上旬定植,10月下旬至翌年1月中旬采收。

②越冬茬 8月下旬至9月上旬播种,10月下旬至11月上旬定植,翌年2月中旬至6月下旬采收。

③冬春茬 10月中旬播种,翌年1月中下旬定植,2月下旬

至6月上旬采收。

④早春茬　11月中旬播种，翌年2月中旬定植，4月上旬至6月中旬采收。

(2)选择品种　①日光温室内光照弱，紫色茄的果实不易着色，宜选种绿色茄品种(如西安绿茄、开封糙青茄等)。若能采取有效的补光措施，也可种紫色茄品种(如北京六叶茄、辽茄3号、二珉茄、黑油亮紫长茄等)。②可用日本赤茄、野生茄子等作砧木，采用栽培种作接穗，以劈接法或斜切法进行嫁接栽培(防黄萎病)。③采用地膜覆盖高畦栽培。

(3)增强光照　①选择无色透明塑膜做棚，使紫色茄的果实易着色。而带有浅蓝色膜或其他颜色膜所做的棚，紫色茄的果实不易着色。②根据土壤肥力、品种特性、水肥条件等，选择每667米^{2}种植株数，一般早熟种为3 000～3 500株、中晚熟种为2 500～3 000株。多采用双干整枝(即对茄以上全部留2个枝秆，每枝留1个茄子)，适时摘除下部老叶，适时在顶茄上留2～3片叶后打顶。③在每年11月份至翌年4月份，需采取增加光照措施。

(4)变温管理　气温应控制在晴天上午25℃～30℃、下午22℃～20℃，前半夜18℃～15℃、后半夜15℃～10℃。在阴天时可适当降低温度。

(5)施肥与浇水　①每667米^{2}施5 000～7 500千克腐熟有机肥作基肥，2/3撒施，1/3沟施；在门茄瞪眼后开始追肥，每层果花谢后追1次肥，有机肥如饼肥、人粪尿等(均要腐熟)，化肥如硫酸铵、硝酸铵、尿素、硫酸钾、磷酸二铵等，随水追施。②在门茄瞪眼后，在上午8时30分以后，进行二氧化碳施肥。③用0.2%尿素和0.3%磷酸二氢钾混合液，在苗期和开花结果期，酌情(下午)喷施。④在晴天上午采用膜下暗灌技术浇水，水量不宜过大，谨防大水漫灌。加强通风管理，降低湿度；注意天气预报，避免浇水后遇连阴雨天。发病初期适当控制浇水。

(6)处理花朵 为防落花落果，可使用植物生长调节剂处理花朵。在果实膨大后，轻轻摘掉没有脱落的残花，以防感染灰霉病。及时采收果实。

135. 怎样避免茄子落花和落果?

(1)症状识别 花朵开放后3～4天从离层处脱落为落花。幼果不能继续膨大而脱落，甚至紫茄长至10厘米时还脱落为落果。在露地(早春)栽培或保护地栽培均可发生。

(2)诱发因素 ①花朵是畸形花。②开花期因遇连阴天、或植株间茎叶郁闭等，造成光照不足。③土壤中缺乏肥料，或偏施氮肥，或土壤盐渍化等。④白天温度超过35℃、夜间温度高于20℃或低于15℃等。⑤土壤中水分过大，或空气相对湿度超过85%。⑥在没有坐住门茄时，就浇水追肥，或植株徒长，或植株生长衰弱等。⑦不合理使用植物生长调节剂。如处理花朵时间或过早或偏晚，或处理花朵时环境温度超过30℃，或使用浓度偏大，或处理短柱花、植株长势弱的花、植株徒长的花等。⑧病虫危害。上述均易造成落花和落果。

(3)预防措施 ①加强苗期管理，培育适龄壮苗，避免形成畸形花(见上)。②适期育苗(特别是露地和塑料大、中、小棚等早春栽培)，定植壮苗，淘汰弱小苗和僵苗，酌情摘掉门茄花朵。合理控水蹲苗，避免形成徒长苗或老化苗。③一定要坐住门茄后再浇透水并追肥。④保护地栽培，要采取适度密植，适时整枝打老叶。在冬、春季采取措施增加光照(特别是遇连阴雨天时)和保持适温；在夏、秋季需采取傍晚浇水、加大通风、覆盖遮阳网等措施降温。⑤进入结果期后，适时浇水，使土壤保持湿润，一次追肥量不宜过大，做到少量多次。对已坐住的幼果，需根据植株长势保留适当果数。保护地栽培酌情采用二氧化碳施肥技术和注意通风排湿。⑥科学使用植物生长调节剂防止落花。如以处理当天开放的花朵最佳,每朵花只处理1次(可在溶液中加入少量红颜料做标记)。若用防落素溶液蘸花(具体操作见番茄栽培中的有关内容),温度为15℃~20℃使用40~50毫克/升的浓度,温度为20℃~25℃使用30~40毫克/升的浓度,温度为25℃~30℃使用20~30毫克/升的浓度。若用2,4-滴涂花,可用毛笔蘸上2,4-滴溶液涂抹花萼和花柄,温度高时用20毫克/升的浓度,温度低时用30毫克/升的浓度。宜在每日上午10时前和下午4时后处理花朵。⑦注意防治病虫害。

(4)注意事项 ①2,4-滴和赤霉素配成的混合液只能处理长茄品种的花朵。②用2,4-滴溶液在花柄上点花的长度应在1~2厘米。既不能绕花柄抹一圈,也不能顺花柄拉长抹,只能用毛笔点一下,以点上药液为准。否则,均易诱发畸形果。

136. 怎样避免出现僵茄?

(1)症状识别 僵茄又称为石茄、石(僵)果。果实形状不正,僵化不长,造成果实细小,果皮发白,有的表面隆起。果肉质地坚硬,口感极差。环境条件适宜后,僵茄也不膨大。

(2)诱发因素 诱发僵茄的因素有以下4类。①在幼苗期,由于苗床内温度过高或偏低,或苗床土干燥,或光照不足等,使育成的幼苗质量不高(如苗龄短、根系少、长势弱、短柱花增多等)。②在露地栽培期间,在果实膨大期受夏季高温尤其是高夜温的影响,果实生长缓慢,或植株弱小或同一株上结果过多,或土壤营养不足或干旱等。③在保护地栽培期间,用植物生长调节剂处理花朵的时间不对,特别是提前处理花朵。或用植物生长调节剂处理易脱落的花朵。或土壤较干燥时用植物生长调节剂处理花朵。或在开花结果期,白天温度高于35℃、或昼夜温差小等。或在开花结果期,遇低温天,或夜间低于15℃(使授粉过程受阻),或遇连阴雨雪天,或光照不足,或空气湿度过高等。④其他因素,如越冬栽培茄子(1月份前后),或使用铵态氮肥多,或磷肥、钾肥过多,或种植的是圆茄品种,或植株根系受冻受伤等。均易出现僵茄。

(3)幼苗期的预防措施 可参照怎样避免茄子出现畸形花中有关内容。

(4)露地栽培的预防措施 ①苗期选留壮苗。②施足基肥,适时追肥浇水。③根据不同品种及长势,确定合理留果数,花、果过多要适时疏花疏果。④在高温季节,在傍晚适当浇水。

(5)保护地栽培的预防措施 ①选择种植长茄优种。②定植时选留壮苗。③门茄瞪眼前适时蹲苗,蹲苗期适当控水控肥,中耕松土。或摘掉门茄花朵,同时增施肥料、促壮苗。④坐果后根据植株生长情况酌情疏花。用植物生长调节剂处理当天开放的茄子花朵,效果最佳。⑤在高温季节,采取通风、遮光等措施,把棚温调控在30℃以下。⑥在低温季节,采取保温、增加光照及通风降湿等措施,把棚温调控在适宜的温度范围内。⑦控制施用铵态氮肥。⑧其他措施可参照日光温室茄子栽培管理要点中有关内容。

(6)注意事项 ①植株长势比较弱时,所开的花朵瘦小易脱落;或营养生长过旺的徒长植株,所开的花也易脱落(缺乏养分供给)。②早摘除僵茄,并喷洒磷酸二氢钾和尿素的混合溶液,促植株生长。③由第二类因素造成的落果,又称之为化茄。

137. 茄子为什么会长出畸形果?怎样避免?

(1)双身茄与荷包茄

①症状识别 1个果柄长出2个连身茄,称为双身茄;1个果柄长出3个以上连身茄,称为荷包茄。在保护地栽培易出现。

②诱发因素 肥料过多、水分足,或开花期遇低温,或使用植物生长调节剂浓度过大等,形成多心皮的畸形花(子房分裂旺盛,由双子房或多子房发育而来)。

③预防措施 搞好保护地栽培管理,注意调节温度在适宜温

度范围内，可参照日光温室茄子栽培管理要点中有关内容。

(2)裂　茄

①症状识别　有两种类型的裂茄。第一种是果裂型，又称为裂果。指果实上有一部分发生开裂，开裂的部位大多是从花萼以下，也有的是从果顶和果实的中部，开裂得比较严重。第二种是萼片裂型，又称为花萼开裂果。指从果实花萼处发生纵向开裂呈木质化。严重时，裂口较大(长度超过1厘米)，果肉外露，影响食用价值。多数裂果向一侧弯曲形成弯曲果。

②诱发因素　形成的畸形花，或在果实膨大期水分供应不均衡，如久旱后突浇大水或降大雨；或夏季栽培后期，白天温度高空气干燥，而傍晚浇水较多；或嫩果与枝叶摩擦，使果面受伤结疤；或秋延后栽培时在露地期间果皮已硬化，扣棚膜后果实又开始生长；或在温室内因一氧化碳浓度过量，导致果实膨大受阻后又浇水等，均可产生果裂型茄。用植物生长调节剂处理花朵不当(如使用浓度过高、重复使用、在中午气温高时使用等)，或茎叶生长过于旺盛的植株，或摘心促进果实膨大等，均易产生萼片裂茄。

③预防措施　加强苗期及成株期管理，避免形成畸形花。采用测土施肥技术，不偏施氮肥。在栽培过程中，要保护好根系。夏季高温季节要适时适量均衡浇水，避免茄子受旱。用植物生长调节剂处理花朵时，在气温高时浓度稍低，气温低时浓度可稍高。宜在早、晚温度低时处理花朵，避免重复处理。

④注意事项　茶黄螨为害嫩茄后易产生“开花馒头状”裂茄。

(3)歪　茄

①症状识别　果实生长时发生扭曲，无法伸直而形成歪茄。

②诱发因素　主要是因畸形花的发育和用植物生长调节剂处理花朵不当形成。

③预防措施　加强苗期及成株期管理，避免形成畸形花。合理使用植物生长调节剂处理花朵。

(4)弯曲果

①症状识别　指茄子的果实不能伸直而呈弯曲状。

②诱发因素　结果期温度偏低,果实生长不均匀。或果面受到虫害、或幼果表面受到机械损伤,使果实两面发育速度不一致。或田间茎叶郁闭、光照不足、坐果过多、坐果晚的果实等,易发生弯曲果。或在2,4-滴点花药液中加入赤霉素的含量偏大,也可形成弯曲果。

③预防措施　培育适龄壮苗。采用高畦栽培方式,合理密植。及时定植,缩短缓苗期。控制氮肥的施用量,保持结果期的适温。适时整枝、摘叶、疏果。在用2,4-滴和赤霉素的混合液处理花朵时,混合液中的赤霉素浓度不宜偏高,用2支2,4-滴(每支2毫升)加5%赤霉素溶液6毫升,与500毫升清水配成混合液,用来涂抹花柄处即可。在点花时,弯曲状的花柄要使其内侧着药(指弧形的内侧)。花柄弯曲度越大,点药部位应越靠近花萼处。

(5)乌皮果

①症状识别　乌皮果又称为素皮茄子。一般从果实顶端开始发乌,严重时整个果面失去光泽,果皮弹性不好,颜色不鲜明,无光泽呈木炭状。该果实含水量比正常果低,有些果实变短呈灯泡形,失去商品价值。

②诱发因素　主要是水分不足引起的。若果实膨大期缺水,使表皮变厚,果面不平滑,看起来发乌。或植株生长发育旺盛、叶片大,在高温干燥时,也会增加乌皮果的发生率。或茄子越冬栽培在4月份后,中午高温时大量通风,容易产生乌皮果。或保护地内气(地)温偏低、光照条件差、多年连茬种植、偏施氮肥、过量使用杀虫杀螨农药及含有代森锰锌成分的农药等,也易诱发乌皮果。幼果基本无乌皮现象,一般在开花15天以后果实才会部分发乌,收获期易产生全乌果。

③预防措施　采用嫁接育苗技术,扩大根系分布范围。深翻

土地，增施有机肥，促根系生长。定植缓苗后至采收初期适当控水，防止徒长。开始采收后，适当加大灌水量。及时追肥，并调控保护地内的温度及光照条件。适时采收果实，以提高茄子的产量和品质。避免使用含锰农药。

(6)无光泽茄

①症状识别　在果实发育后期，出现果面暗淡无光泽的果实。

②诱发因素　该种果实多由环境不良，如干旱缺水、磷肥施用过多等引起。

③预防措施　要合理施(磷)肥及浇水，避免干旱。及时整枝，摘除“三叉枝”以下腋芽和叶片。进入盛果期后，叶面喷洒0.2%硫酸锌溶液、0.5%硼酸溶液。保护地栽培时可用牛奶和水以1∶10稀释喷施。

(7)着色不良茄

①症状识别　紫色茄子品种在保护地种植时，会出现淡紫色或紫红色果皮，有时甚至出现绿色。可分为整个果实颜色变浅或斑驳着色不良(着色不均匀)等两种类型的着色不良茄。在日光温室内栽培时，多发生半面着色不良(阴阳脸)果或上半部着色(白顶)果。

②诱发因素　因种植密度过大，茎叶郁闭，果实不能充分接受光照引起的着色不良。使用聚氯乙烯棚膜或有色棚膜，或棚膜上灰尘等物偏多、或遇连续阴雨天、或在弱光照条件下，遇高温干旱或营养不良等，均不利于紫色茄着色。

③预防措施　可参照日光温室茄子栽培管理要点中有关内容。

(8)铁锈茄

①症状识别　在果实表面局部有铁锈色斑块。

②诱发因素　因土壤中缺钙或肥料过多引起的锰过剩症，或保护地内有二氧化氮气体危害造成的症状。

③预防措施　采用测土施肥技术，避免过量施用硝态氮肥。注意通风。

④注意事项　蓟马为害嫩茄后，易在果实上产生锈色斑块或黄褐色的条状斑块。

(9)茄子劣果

①症状识别　茄子劣果主要指果形异常的矮胖果和下部膨胀果，都是果形弯曲的果实。

②诱发因素　使用2,4-滴溶液处理花朵，或在土壤稍微干燥时用植物生长调节剂处理花朵，或施用铵态氮过多(切开果实可看到果顶部分变黑的现象)，或缺钙肥、钾肥。均易产生矮胖类型劣果。

③预防措施　采用防落素溶液处理花朵后的果形较好。使用植物生长调节剂时，应注意在不同的温度条件下使用不同的浓度。要注意土壤水分，在湿度适中或湿度较高时生长的果实较好。合理施用氮肥和钾肥，控制铵态氮肥的用量。

(10)扁平果

①症状识别　圆茄果实出现了扁平状现象，而且脐部较大。

②诱发因素　在花芽分化阶段和开花授粉期，昼夜温差过小。或定植缓苗后没有及时蹲苗，造成幼苗旺(徒)长，即便使用植物生长调节剂来抑制幼苗徒长促壮苗，也影响花芽正常分化和发育。或使用植物生长调节剂处理花朵时浓度过高、温度不适宜等，均易诱发扁平果。

③预防措施　在定植缓苗后至门茄"瞪眼"前，应适当控水控肥，适时蹲苗，叶面适量喷施硼肥。在花芽分化阶段和开花授粉期，根据外界天气条件，采取相应措施以维持适宜的昼夜温度。正确使用植物生长调节剂处理花朵(见上)。点花药液(2,4-滴)中加入适量的赤霉素可促进茄子膨大，但此类点花药液只用于涂抹茄子花柄处且不能涂抹太多，以点上药液为准。

(11)多 籽 茄

①*症状识别* 茄子果实中籽多、皮粗硬且色泽不佳,品质劣。

②*诱发因素* 肥料种类不同,对茄子品质的影响很大。施用豆饼、人粪尿可使茄子肉质柔软,皮色鲜亮;施用磷肥过多则易出现多籽茄。

③*预防措施* 合理施肥,以农家肥为主。在茄子整个生长期内适宜施肥量为:每 667 米^2 施腐熟农家肥 3 000 千克、豆饼(或菜籽饼)50 千克、尿素 20 千克、复合肥 70～80 千克、浓腐熟人粪尿 800 千克等,分作基肥或追肥施入。

(12)其他类型的畸形果

①*毛边茄* 子房与雄蕊基部分开发育成毛边果(属畸形果)。

②*擦伤茄* 在茄子果实膨大过程中,由于果面和枝条相互摩擦,造成果面受伤变色。

③*细腰茄* 果实腰部变细(长果形茄的),这是因根部受伤、或土温偏低、或浇水不均衡等因素造成的。

④*幼茄软化脱落* 在高温期易发生。

138. 茄子茎叶上会出现哪些生长异常现象?怎样避免?

(1)黄泡斑病(虎皮斑病)

①*症状识别* 常在茄子生育中期(初冬时节),多在果实附近的几张叶片先出现叶脉间组织褪绿黄化,呈现不规则团状黄色斑块,叶脉仍保持绿色。有时叶片上还伴有橘黄、紫红等杂色,中间掺杂褐色凹陷斑点。

②*诱发因素* 在生产中遇低温、干旱或大量施用未腐熟的农家肥作基肥,或者因怕植株徒长而过分地控制水肥等,均易导致植株出现不同程度的黄叶。

③*预防措施* 可参照日光温室茄子栽培管理要点中有关

内容。

④补救措施　叶片喷洒华欣全绿等叶面肥。

(2)枯 叶 症

①症状识别　在1～2月份，植株中下部叶片干枯，心叶黑厚无光泽，叶片尖端至中脉间黄化，并逐渐扩大至全叶，折断茎秆可见维管束不变黑。

②诱发因素　冬至前后土壤底墒差，土壤中孔隙大，因缺水造成根系冻害。或施肥过多，造成土壤溶液浓度过大，使植株缺水后引起缺镁症。

③预防措施　合理施肥浇水。冬前选好天气(20℃以上)浇足水，浇水后适当通风排湿，并采取保温措施提高地温，避免冻伤根系。

④补救措施　每667米^{2}随水施入硫、镁肥15千克，或叶面喷施含硼、镁、锌的叶面肥1～2次。

(3)顶芽弯曲

①症状识别　植株顶端茎芽发生弯曲，茎秆变细，只有正常茎粗的1/3～1/5，暂时停止生长或缓慢生长，继而侧枝增多增粗。

②诱发因素　因低温、氮肥多，造成植株对钾肥、硼肥等的吸收障碍。

③预防措施　定植前注重增施腐熟有机肥。采取保温措施。

④补救措施　在低温弱光期每667米^{2}追施硫酸钾15千克和硼砂1千克，或在叶面上喷洒含钾营养液和硼砂1 000倍液。

(4)顶叶凋萎

①症状识别　植株顶端茎皮木栓化龟裂，叶色青绿，干焦边黄化，果皮顶部肉皮下凹，易染绵疫病而烂果。

②诱发因素　在碱性土壤中，由低温弱光期(2月中旬)转入高温强光期，茎叶的水分蒸腾作用加大，且根系吸收能力弱，会造成顶叶缺硼、缺钙而凋萎。

③预防措施　高温强光天气的中午要采取措施降温防叶片脱水，前半夜保持适温促长根，过3～5天待植株适应后，再按高温强光管理，可防闪苗和顶叶脱水凋萎。

④补救措施　注意叶面喷洒钙肥、硼肥等。

(5)嫩叶黄化

①症状识别　幼叶呈鲜黄白色，叶尖残留绿色，中下部叶片上出现铁锈色条斑，嫩叶黄化。

②诱发因素　多肥、高湿、土壤偏酸、锰素过剩，均会抑制铁素的吸收，导致新叶黄化。

③预防措施　田间施入氢氧化镁和石灰，调整土壤酸碱度，补充钾素平衡营养。

④补救措施　叶面喷洒0.2%硫酸亚铁溶液。

(6)落　叶

①症状识别　在低温期下部叶片黄化脱落。

②诱发因素　温度过低，或施氮肥、磷肥过量，或土壤浓度过大等，均会造成植株营养不均衡而老化，并在叶柄上形成离层，叶片脱落。

③预防措施　采取措施，维持保护地内适温。在茄子显蕾期，每667米^{2}喷洒0.2%硼酸和1%硫酸锌混合液50升；在茄子结果期，用10%草木灰浸出液或0.5%磷酸二氢钾溶液，加入0.3%过磷酸钙浸出液喷洒。

④补救措施　发现老化植株时，叶面喷洒硫酸锌700倍液，或每667米^{2}施硫酸锌1千克。

139. 怎样避免茄子植株“疯长”？

(1)症状识别　所谓疯长，系指植株长势十分茂盛，造成枝叶过旺，通风受光不良，植株开花少、落果多。在日光温室栽培时易发生。

(2)诱发因素　种植密度偏大，或偏施氮肥，或在蹲苗期间过早地浇水追肥，或光照较弱、每日光照时数不足（如遇连阴雨天或每日晚卷早放草苫），或后半夜温度偏高，或湿度偏高而通风不及时。

(3)预防措施　①培育适龄壮苗。②采用测土施肥技术，合理施用氮肥。③在定植缓苗后至门茄“瞪眼”前，控制浇水追肥，适时中耕划锄，进行蹲苗。④适时整枝打老叶。⑤其他措施可参照日光温室茄子栽培管理要点中有关内容。

(4)补救措施　①采用深中耕的措施，切断部分地下根系来抑制生长。②对确认“疯长”的植株，从植株顶上往下数，在第三叶以下的节间处，用两个手指轻轻一捏，使其发“响”出水，过3～5天后被捏茎的伤口处愈合成一个“疙瘩”，再恢复正常生长，以便与其他没有“疯长”的植株生长保持一致。③若“疯长”的植株数量多，需采用植株调整措施，即每株保留2～3枝，其余的侧枝全部去掉。④配合控制浇水、降(夜)温等措施。

140. 茄子植株有哪些缺素症？怎样防治？

(1)症状识别

①缺氮　植株缺氮时长势衰弱或停滞。叶片稀疏，下位叶（老叶）呈浅绿色、叶色变淡，叶片小而薄，叶柄与茎的夹角变小、呈直立状。严重缺氮时，老叶黄化干枯脱落，心叶变小，花蕾停止发育并变黄脱落。果实膨大受阻，易出现果实小、畸形果，或落花落果严重。

②缺磷　植株缺磷时，茎秆细长、纤维发达，不形成花芽或花芽分化和结果期延长，果实着生节位明显上升。叶片变小、颜色变深紫色，叶脉发红。在生长中后期，下位叶片提早老化，叶片和叶柄变黄、逐渐脱落。

③缺钾　在植株缺钾不严重时，缺钾症与氮素过剩症极为相

似。下位叶片发黄、柔软，易感病。当植株缺钾严重时，初期心叶变小，生长慢，叶色变浅；后期叶脉间组织失绿，出现黄白色斑块，叶尖叶缘渐干枯，上位叶簇生，后叶片脱落。果实不能正常膨大，果实顶部变褐。生产上茄子缺钾症较为少见。

④缺钙　植株缺钙时，生长缓慢，生长点畸形。幼叶叶缘失绿，叶片的网状叶脉变褐、呈铁锈状叶。严重时生长点坏死，易发生顶（脐）腐病。在沙培条件下初期叶脉间局部发黄，后整个叶片发黄并形成圆形或椭圆形黄褐色坏死斑，叶片黄萎枯死，后期落花、落叶呈光秆状。

⑤缺镁　植株缺镁时，一般从下位叶开始发生，在果实膨大盛期则是靠近果实附近的叶片先发生。叶脉附近，特别是主叶脉附近变黄，叶片失绿，叶缘仍为绿色。果实变小，发育不良。严重缺镁时，在叶脉间会出现褐色或紫红色坏死斑。生产上，茄子缺镁的症状较为多见。

⑥缺铁　植株缺铁时，幼叶和新叶呈鲜黄色，黄化均匀，不出现斑状黄化和坏死斑，叶脉残留绿色。在腋芽上长出的叶片也是叶脉间呈鲜黄化，下位叶发生的少。根也易变黄。

⑦缺锰　植株缺锰时，新叶脉间组织失绿、呈浅黄色斑纹或出现不明显的黄斑，不久变褐色。叶脉仍为绿色。严重时叶片均呈黄白色，易落叶，植株节间变短、细弱，花芽常呈黄色。

⑧缺锌　植株缺锌时，顶部叶片中间隆起呈畸形，生长差，茎叶硬，生长点附近节间缩短。叶小呈丛生状。新叶上发生黄斑，逐渐向叶缘发展，致全叶黄化。

⑨缺钼　植株缺钼时，从果实膨大时开始，叶脉间发生黄斑，叶缘向内侧卷曲。

⑩缺铜　整个叶片色浅，上位叶片稍有点下垂，出现沿叶脉间小斑点失绿的叶。严重时，叶片呈褐色，叶片枯萎，幼叶组织褪绿、萎蔫。

⑪缺硼　植株缺硼时呈萎缩状态，茎叶变硬，上位叶扭曲畸形，新叶停止生长，芽弯曲，自顶叶黄化、凋萎，顶端茎及叶柄折断，茎内侧有褐色木栓状龟裂。花蕾紧缩不开放，子房不膨大。果实表面有木栓状龟裂，果实内部和靠近花萼处的果皮变褐、易落果。

(2)诱发因素和预防措施　可参照番茄植株缺素症中有关内容。

(3)注意事项　当某些元素过剩时，茄子植株也会表现出不良症状。

①铜过剩症　植株生长受阻，同时上位叶呈浅绿色、根变褐。

②锰过剩症　下位叶的叶脉呈褐色，沿叶脉发生褐色斑点，或侧枝嫩叶有褐色斑点。

③硼过剩症　从下位叶的叶脉间发生褐色的坏死小斑点，逐渐往上位叶发展。

④锌过剩症　生长发育受阻，上位叶易诱发缺铁症。

⑤氮过剩症　果实顶部(落花部位)凹陷、变硬，或萼片纵裂，木栓化。

141. 茄子叶烧或果实日灼有哪些症状？怎样避免？

(1)症状识别　①叶烧。在植株中上位叶片易发生，轻者叶尖或叶缘变白、卷曲，重者整个叶片变白或焦枯。在苗期或保护地内易发生。②果实日灼。果实向阳面出现褐色发白的病变，后略扩大，呈白色或浅褐色，致皮层变薄，组织坏死，干后成革质状。受伤处易引起杂菌侵染，出现黑色霉层。湿度大时，易引起果腐。

(2)诱发因素　可参照光害中有关内容。

(3)预防措施　可采用南北行种植。其他措施可参照光害中有关内容。

(4)补救措施　保护地内发生叶烧或果实日灼后加强水肥管

理，酌情每 667 米^2 用惠满丰叶面肥 450～600 毫升，对水稀释为 400～500 倍液后喷洒。

142. 茄子遇低温时有哪些症状？怎样避免？

(1)症状识别

①沤根　主要在苗期发生，成株期也有发生。发病时根部不长新根，根皮呈褐锈色、水渍腐烂，叶片黄化、枯焦、萎蔫，地上部易被拔起。

②低温冷害　若苗期受害，叶缘皱缩萎蔫或叶片萎蔫、后叶缘干枯，严重时植株枯死。若开花结果期受害，先表现出叶片叶绿素减少或近叶柄处产生黄色花斑、植株生长缓慢、靠近棚膜处植株叶片出现褐色或深褐色斑点。严重的叶尖、叶缘可出现水浸状斑块，叶肉组织严重变褐色，后出现青枯状。若成株期受害，根系生长停滞，根毛变褐、无新根，植株生长缓慢，叶片叶绿素减少，叶缘和叶尖出现水渍状斑块，叶组织变为褐色。严重时，叶片萎蔫枯死，导致落叶、落花和落果，无新花蕾；果实呈水渍状软化，后失水皱缩，果面凹陷等。

③受冻　受冻症状大致分为以下 3 种类型。一是叶片上出现许多不规则黄褐色的枯死斑并变厚、硬化、卷曲等。二是地上部分嫩叶茎冻死，主茎和下部叶片及地下根茎尚保持完好。三是整株(包括地下根茎)冻死。

(2)诱发因素

①沤根　可参照寒根和沤根中有关内容。

②低温冷害　白天温度低于 17℃发育迟缓，低于 15℃出现落花落果、坐果停止。开花结果期白天 18℃～20℃、夜温 8℃～10℃，或遇长期阴雨天气、短时夜温低于 10℃，叶片、生长点及根部均受冷害。温度低于 10℃时生长停止，温度降至－1～－2℃时发生冻害。其余可参照黄瓜遇低温时冷(冻)害有关内容。

(3)预防措施和补救措施 沤根可参照寒根和沤根中有关内容。低温冷(冻)害可参照冷害和冻害中有关内容。

143. 有害气体危害会给茄子造成哪些异常症状?

(1)症状识别

①氨气 幼苗受害时,叶片周缘呈水浸状,后变成黑色而枯死。成株受害时,叶边缘褪绿变白干枯,或全株突然萎蔫。

②二氧化氮气体 植株中下位叶的叶背面出现不规则水浸状浅色斑点,或叶片上产生褐色小斑点,有时叶片上可出现白斑,2～3天后叶片干枯,严重时植株枯死。

③二氧化硫气体 植株中位叶片易受害,受害叶片先呈水浸状,逐渐叶缘卷曲、干枯,同时叶脉间出现褐色斑块。受害轻时,仅叶背气孔密集处出现症状。通常在叶片已严重受害的情况下,花朵仍保持完好。

④棚膜增塑剂等 受害叶片出现褪绿、变黄、变白,严重时叶片干枯直至全株枯死。嫩叶最先受害,叶缘与叶尖最先表现出症状。地上部受害严重时,根系变褐枯死。

(2)诱发因素 可参照有害气体危害中有关内容。

(3)预防措施和补救措施 可参照有害气体危害中有关内容。

七、辣椒生理病害疑症识别与防治

144. 辣椒的基本形态特征和对环境条件的要求是什么？

(1)形态特征

①根　根系多分布在30厘米的土层内，主根不发达，再生能力差，侧根只从主根两侧排列整齐生出，茎基部不发生不定根。

②茎　茎直立，基部木质化，茎高30～150厘米，茎的分枝习性有无限分枝型和有限分枝型（主茎生长到一定叶数后，其顶部发生花簇封顶）两种类型。茎端出现花芽后，分化成双叉状分枝或三叉状分枝。

③叶片　叶片为单叶、互生，卵圆形，先端渐尖，叶面光滑。一般北方栽培的辣椒绿色较浅，南方栽培的较深。

④花朵　花小，白色或绿白色，长花柱花为正常花朵，开花下垂。花朵着生于分枝叉点上，单生或簇生。第一朵花着生在7～15节上。早熟品种着生节位低，晚熟品种着生节位高。第一朵花着生的节位下也能抽生侧枝，在侧枝的2～7节上着生花朵。

⑤果实　按果实特征分为以下5种类型（变种）。第一种为樱桃椒类，其果实呈圆形或扁圆形，小如樱桃，着生向上或斜生。果色有黄、红紫等色。第二种为圆锥椒类，其果实呈圆锥形或短圆柱形，着生向上或下垂。果色青色（供鲜食）。第三种为簇生椒类，其果实3～8个簇生，着生向上。果色深红。第四种为长角椒类，其果实呈长角形、微弯曲，先端渐尖，如牛角、羊角、线形等，着生一般下垂。嫩果浅绿色（供鲜食）。第五种为甜柿椒类，其果实呈圆球形、扁圆形、圆锥形，果面具三棱或四棱，或多纵沟，着生一般下

垂。嫩果深绿色(供鲜食),老熟果果色有红、黄等色。

(2)对环境条件的要求

①温度　种子发芽的适宜温度为25℃～30℃。植株生长的适温白天为25℃～30℃,夜间为18℃～20℃。

②光照　辣椒的光饱和点为3万勒,光补偿点为0.15万勒。每日的光照时数为10～12小时为宜。

③水分　辣椒需水量不大,既不耐旱又不耐涝,但喜湿润,生产中应经常保持土壤湿润,见干见湿。空气相对湿度以60%～70%为宜。

④土壤　以土层深厚、排水良好、疏松肥沃的沙质土壤为好,土壤pH值为中性偏酸。

⑤肥料　一般每生产1 000千克果实,需吸收纯氮3～5.2千克、磷0.6～1.1千克、钾5～6.5千克、钙0.5～0.7千克,对氮、磷、钾、钙等的需求比例大体为1∶0.2∶1.4∶0.43。苗期对氮肥的需求量较少,进入结果期后对氮、磷、钾肥的需求量较大(占60%)。

145. 怎样避免辣椒种子催芽失败?

(1)症状识别　辣椒种子在催芽过程中,有时出芽很少,时间长了就发出一种水烂味,不得不倒掉(扣盆),重新催芽。

(2)诱发因素　由于辣椒种子的种皮较厚实,出芽比茄子和番茄慢,增加了催芽难度。其诱发因素可参照种子发霉中有关内容。

(3)预防措施　①选用发芽率达80%的优质种子。②用50℃～55℃温水浸种,时间不能超过15分钟。若用药液浸种,要严格掌握药液浓度和浸种时间,捞出种子后需数次用清水洗净种皮上残留的药液再催芽。③宜用20℃左右的温水浸种6～12小时,成熟度好的种子可浸泡的时间长一些,不饱满种子则浸泡的时间短一些。在浸种期间,要反复搓洗,把种皮上的附着物彻底洗净。把浸泡好的种子稍晾后再催芽。④开始催芽时，温度为28℃～30℃(4～5天即可发芽)。有少量种子的胚根露白时，将温度降至20℃～25℃。当80%以上的种子发芽时，降温至10℃进行低温炼种，准备播种。⑤在催芽期间，每天翻动种子2～3次。在每次投洗后，要将水控净后再继续催芽。⑥其他可参照避免种子发霉中有关内容。

(4)注意事项 催芽温度在25℃以下，则需7天以上才能发芽。

146. 怎样避免辣椒幼苗子叶过早脱落?

(1)症状识别 在幼苗真叶没有长到8片时，子叶就提前脱落。

(2)诱发因素 ①幼苗遇低温。②幼苗遇干旱后又浇水过多。③在分苗过程中幼苗脱水过多，即使栽苗后浇足水，缓苗困难或勉强缓苗。均易造成子叶过早脱落。

(3)预防措施 ①配制肥沃、疏松保水性强的苗床土，其中速效氮含量为50～100毫克/千克以上，速效磷含量为60毫克/千克以上，有机质含量在10%左右，孔隙度60%以上。当苗龄期长时，要适当追肥。②根据育苗季节，采取保温增光或通风遮光等措施，维持适温。播种后白天26℃～28℃、夜间20℃，出苗后及时降温。当幼苗出齐后间苗(间双株留单苗)。真叶展开后，白天25℃左右、夜间18℃。当长出1片真叶时，按株距2～4厘米第二次间苗，去弱留壮，拔除杂草。每次间苗后，往苗床内撒些干细土。③在幼苗有3片真叶前，采用双株(2株幼苗大小基本一致)分苗，随起随栽，分苗后白天25℃～28℃、夜间20℃左右；分苗缓苗后白天20℃、夜间15℃。④苗期不能缺水，浇足底水，避免干旱，看天、看地、看苗情(见下)来确定是否浇水。需浇水时，可用喷壶喷淋温水，水量以白天湿、夜间干为宜，浇水后注意通风排湿。在晴热天、有风天，苗床中部可酌情多浇一些水。⑤若叶色发黄时，可用2份尿素和1份磷酸二氢钾混合后，再对水稀释为500倍液，浇灌苗床。⑥在幼苗有5～7片真叶时，加大育苗钵之间的距离或倒方。⑦定植前7天左右，逐步降低苗床温度和加大通风量，使苗床内的环境条件接近定植环境。⑧注意轮换通风口的位置。⑨加强管理，避免幼苗形成老化苗或徒长苗或染上病虫害。并注意防范灾害性天气的危害。

(4)壮苗形态 ①早熟、丰产的辣椒苗一般株高18～25厘米，茎短粗。有真叶9～14片，子叶完好，叶大而厚，叶色深绿。带有大花蕾(门椒)，其他花蕾不集中在生长点附近。根系发达须根多，根色白而粗壮，全株干重0.5克以上。②因辣椒类型、品种特性，育苗条件、栽培季节等不同，苗龄也有所不同。如早熟栽培一般北方为65～75天、南方为100～110天。如日光温室栽培，秋冬茬为60～70天，冬春茬为70～80天，早春茬为100天左右。

(5)注意事项 ①辣椒(果实为长角椒类型，又称为尖椒)的适温比甜椒(果实为甜柿椒类型，又称为青椒、菜椒等)低一些。②辣椒幼苗在株高3～4厘米、长有4片真叶、茎粗1.5～2毫米、茎叶鲜重0.5～1克、根冠比为2.5时，开始花芽分化，到幼苗有11～13片真叶时(达到定植标准)已孕育出24～32朵花。在此期温度不能超过30℃、低于15℃。

147. 辣椒的不同生育期出现异常表现的原因是什么?

环境条件不适宜时，虽不能给辣椒植株造成严重损害，但也能使叶片等生长异常。可对症采取相应的管理措施，以改善保护地环境条件，促进植株正常生长。

(1)幼苗期 ①子叶叶幅宽，叶面积大，下胚轴长3厘米左右，幼苗发育良好生长健壮。说明白天温度适宜，有10℃以上的日夜温差。若子叶瘦小细长而下胚轴较长，这是因夜温偏高或光照不足造成的徒长苗。若子叶生长不良而下胚轴较短，这是因温度偏低或土壤条件不良造成的。②在子叶期降温时，如 2 片子叶张开度很大，说明苗床内温度还较高；如 2 片子叶张开度较小，说明苗床内温度已降低；如 2 片子叶张开度小于 60°，说明苗床内温度已过低，容易受到冻害，要停止通风。在成苗期降温炼苗，若发现叶片有轻度的扭曲，就要停止通风降温；若叶片开始下垂，容易受到冻害，要停止通风，立即提高苗床内温度。③幼苗生长缓慢、节间短、茎细、叶片小，说明温度低。幼苗生长过快、节间长、叶片大而薄、叶形稍圆，说明温度高。④早晨揭开草苫后，若幼苗叶片叶缘有水珠，说明苗床内湿度大；若叶片开张度大，颜色鲜绿，说明不缺水。若中午光照最强、温度最高时，幼苗有轻度萎蔫，说明不缺水；若幼苗不萎蔫，说明水分多了。⑤定植初期的幼苗，若叶柄加长，先端的嫩叶凹凸不平，表示夜温高、氮肥多；若叶柄短，表示夜温偏低、氮肥少。叶柄与茎的夹角小(40°)、叶柄变曲，叶片下垂，表示土壤干旱；叶柄与茎的夹角大(70°)、叶片不下垂，表示土壤水分充足。⑥叶片尖端呈长三角形，说明氮肥或磷肥较多、环境条件良好。叶形变阔、略带椭圆形，说明钾肥多。⑦幼叶出现凹凸不平、有皱缩感，说明施氮肥过多或有螨害。

(2)成株期 ①植株节长 4～5 厘米，结果实的节位距离顶梢约 25 厘米，开花的节位距离顶梢约 10 厘米，其间并生有 1～2 个较大的花蕾，在开花节位距离结果节位之间有 3 片已充分展开的叶片，为正常植株。②开花的节位距离顶梢大于 15 厘米，枝条笔直，节间较长。次级分枝粗，花小且质量不高。这是因夜温偏高、光照不足、氮肥过多、水分偏大等造成的徒长苗。③植株节间短、节部有弯曲，次级分枝小而短，开花的节位距离顶梢仅 2～3 厘米。这是因结果过多，或夜温偏低(特别是地温偏低)、氮肥不足、土壤水分亏缺、土壤板结等造成的生长受抑制苗，这种植株很快衰老，不易恢复，常早拔秧。④花朵为不正常的中花柱花或短花柱花，说明环境和营养条件不良，在长势较弱的（侧）枝条上易形成中花柱花或短花柱花。而横向开放的花朵是素质不良的花朵，易落花或在发育过程中黄化夭折（可参照辣椒的基本形态特征文中有关内容）。

148. 辣椒植株的异常长相有哪些类型？怎样避免？

(1)老 化 苗

①症状识别　又称为僵苗、小老苗等。植株矮小瘦弱，节间短，茎细而硬呈紫色。叶片小而厚，颜色深绿或发黄，质硬脆而无韧性。根系老化，新根少而短、颜色暗，用营养钵育苗常会发生盘根现象。定植后生长慢，开花结果晚，易早衰。

②诱发因素　苗床土缺（氮）肥，或土壤干旱，或土质黏重，或用沙壤土配制苗床土，或苗床上所搭的拱棚低矮，或营养面积过小，或盲目追求培育苗龄长的大苗（甚至带果定植），或过分控温、控水蹲苗等，均易诱发老化苗。

③预防措施　配制肥沃、疏松保水性强的苗床土。浇足底水和分苗水，苗期适时补充浇水，避免干旱。采取措施，维持苗床内的适温和让幼苗多见光。适时分苗和倒坨（囤苗）。在成苗期（幼苗有 3 片真叶至定植）不能缺水。不能长时间囤苗，培育适龄壮苗。其余可参照避免辣椒幼苗子叶过早脱落中有关内容。

④补救措施　可用 10～30 毫克/升赤霉素溶液喷洒有老化现象苗。不宜定植严重老化苗。

(2)徒 长 苗

①症状识别　植株茎细秆长，节间增长，茎呈黄绿色。子叶脱落早，叶片大而薄、质地松软，叶色呈浅绿色或黄绿色，叶柄较长。根部细弱须根少。定植后缓苗慢，发棵晚，易发病受冻，落花落果。

②诱发因素　偏施氮肥，或播种过密，或栽苗间距过小，或苗床内通风不及时造成温、湿度过高，或苗床内光照不足（如遇连阴雨天）等，均易造成徒长苗。

③预防措施　根据幼苗各生长阶段（特别是幼苗出土后和定植前），维持苗床内的适温和让幼苗多见光。适时分苗和倒坨。合理补充苗床内的水分，但要避免湿度过大。其余可参照避免辣椒幼苗子叶过早脱落中有关内容。

④补救措施　如幼苗有徒长现象，可用200毫克/升矮壮素溶液，在早、晚喷洒，酌情喷洒1～2次，切不可在喷洒后1～2天内浇水。

(3)三 杈 苗

①症状识别　幼苗出现三杈分枝。三杈苗虽对产量影响不大，但增加了田间管理的难度。

②诱发因素　苗期温度适宜，一般在花芽形成后在其两侧各形成一个突起，突起逐渐发育成侧枝，即双杈分枝。由于营养条件好，育苗温度低，生长发育缓慢，就易形成三杈分枝、即三杈苗。

③预防措施　在幼苗花芽开始分化后，保持适宜的昼夜温度。

(4)心叶黄化苗

①症状识别　幼苗的心叶出现黄化现象，而且根系受损，根量明显减少，抗病性降低。

②诱发因素　在配制苗床土时施用了较多的混杂有机肥和人粪尿，并用化学等药剂对土壤灭菌后，使铵态氮向硝态氮转化过程受阻，在土壤中积累了大量的亚硝酸态氮，对根系造成伤害。

③预防措施　使用优质腐熟有机肥配制苗床土，并减少铵态氮肥的用量。

(5)心叶皱缩苗

①症状识别　幼苗的心叶出现皱缩现象。

②诱发因素　在苗床内使用的氮肥以铵态氮为主。苗床内温

度偏低，使幼苗吸收铵态氮而造成的。

③预防措施　使用优质腐熟有机肥配制苗床土，并减少铵态氮肥的用量。采取措施维持苗床内适宜的地温。

(6)风伤苗

①症状识别　又称为闪苗。在揭膜之后，幼苗很快出现叶片萎蔫，继而叶缘上卷，叶片的局部或全部变白干枯。茎部尚好。严重时也会造成幼苗整株干死。

②诱发因素　由于苗床内温度超过 30℃，突然大通风，造成叶片失水过快或过多。或外界冷空气大量进入苗床内，使幼苗温度骤然下降。均可造成闪苗。

③预防措施　当苗床内温度上升至 20℃以上，通风口由小逐渐增大，使通风量逐渐增加，让幼苗有一个适应过程。在通风过程中，通风量的大小应使苗床内温度维持在适宜的范围内。特别要加强小拱棚育苗的通风管理。

④补救措施　加强苗床内水、肥、光、温的管理，促使幼苗尽快恢复正常生长。

(7)烧根苗

①症状识别　苗期和成株期时有发生。发生烧根时，根尖变黄，不发新根，前期一般不烂根。地上部生长慢，植株矮小脆硬。叶片均匀黄化，形成小老苗。有的苗期开始发生烧根，到 7～8 月份高温季节才表现出来。受害轻的植株中午萎蔫，早、晚尚能恢复。后期由于气温高、供水不足，植株干枯。

②诱发因素　由于辣椒根系的根量少，再生能力差，又不耐旱。在过量施用未充分腐熟有机肥（尤其是鸡粪）或土壤供水不足情况下，易发生烧根。或地温过高时，也可使根系受损。

③预防措施　为防肥料烧根，需合理使用腐熟有机肥来配制苗床土和作基肥，适量施用人粪尿、最好不要用鸡粪。要均匀混合土、肥，避免局部肥料过量。要避免发生分苗时伤根、定植时散坨、

锄地时断根等损伤根系之事。随水追施化肥。保持适宜的地温和土壤湿度。为防地温过高而伤根,故需浇足苗床底水。播种后覆土厚0.5厘米,种子出土时再覆土厚0.5厘米。在中午光照强时,注意给苗床遮光。若采用地膜覆盖栽培,在进入高温季节后需逐渐破(揭)膜。保护地栽培还需采取加大通风量和遮光等措施降温。

④补救措施　发生烧根,要增加浇水量,降低土壤肥料浓度或降温。

⑤参照措施　可参照施用有机肥不当造成的危害和施用化肥不当造成的危害中有关内容。

⑥注意事项　因烧根而生长不良的植株,纵剖其茎部,未见茎剖面异常,可与青枯病或枯萎病区别。

(8)涝 害 苗

①症状识别　受涝害植株,轻者中午凋萎,早晚尚可恢复。严重时致使植株叶片黄化脱落,落花落果,萎蔫或沤根枯死。水淹数小时植株就萎蔫枯死。还易引发病害。

②诱发因素　辣椒根系喜氧气、不耐涝。由于地势低洼、地下水位高而容易存水;或土壤板结严重、湿度大时水分难于渗入地下或散失;或大(暴)雨和浇大水后地面积水难于排出,使耕土层内较长时间积水无空气,根系不能正常呼吸而窒息,造成植株生理功能失调或枯死。

③预防措施　选排水良好地块或高燥地块育苗或种植辣椒。在雨季来临前,整修排灌系统。采用高畦栽培。严禁大水漫灌,雨后尽快排水,避免田间积水。浇水后或降雨后,适时进行中耕松土。

④参照措施　可参照涝(渍)害及高湿危害中有关内容。

(9)卷 叶 苗

①症状识别　植株叶片纵向上卷呈筒状,变厚、变脆、变硬。

②诱发因素　土壤干旱、空气干燥，或过量偏施氮肥，或土壤中缺铁、缺锰等微量元素等，均可诱发卷叶。

③预防措施　适时适量均匀浇水，避免土壤过干过湿。保护地在遇高温时，要及时通风。当空气干燥时，可在田间喷水或浇水。因缺微量元素时，可对症叶面喷洒复合微肥。

(10)皱叶苗

①症状识别　叶面鲜绿发黄，心叶生长慢，叶缘上卷，叶肉凸起，叶脉下凹，叶面皱缩不平。根部的木质部变黑。花期延迟，花而不实。

②诱发因素　夜温低于15℃，或施钾肥过量等，抑制了植株对硼肥的吸收。

③预防措施　合理施用钾肥。维持适宜的夜温。

④补救措施　采取保温措施，维持前半夜温度为20℃、后半夜为15℃。在白天叶面喷洒硼砂700倍液，过2～3天后叶片即可恢复平展。

149. 辣椒植株为什么会“歇伏”？

(1)症状识别　在夏季高温多雨季节(7月下旬)，植株出现生长缓慢，叶片发黄，容易落花落果。或出现皮薄小果，或出现僵果等症状，称之为“歇伏”。

(2)诱发因素　由于环境温度偏高，加上结果部位上移远离主茎，造成植株长势衰弱。

(3)露地预防措施　①在6月份追施氮肥，以满足结果期对养分的需求。及时浇水，保持土壤湿润，避免大水漫灌，注意防涝。②适时剪掉内膛枝和老病残枝，摘掉植株下部老叶。对三级分枝以上留2片叶打顶，对新长出的枝条留1果2叶后打顶。③及时往根部培土。④可叶面喷洒0.2%尿素或磷酸二氢钾溶液。⑤也可采用剪枝再生法，改善植株生长状况。在修剪前15天左右，需对植株多次打顶，不让植株形成新梢，促使下部侧枝及早萌动。在“四面斗”果枝的第二节前5～6.7厘米处剪截断，弱枝宜重、壮枝宜轻，在7月中旬至在8月中旬全部修剪完。结合追肥连续浇水2～3次，过4～5天后即有侧芽萌发，选留2～3侧芽，抹去多余侧芽，15天后长出新叶和花蕾。9月初开始收获果实，可用植物生长调节剂处理花朵。⑥注意防治病虫害和后期防冻。

(4)保护地预防措施 可根据植株长势和当地气候条件决定剪枝时间。在晴天上午9时以后，将“四面斗”结果位置的上端枝条剪断，并喷洒50%甲基硫菌灵可湿性粉剂800倍液，或1∶1∶200波尔多液。剪枝后加强追肥浇水。在此期间，不宜松土，可往根部培土。并保持较高的温度，促发新枝。9月下旬后及时扣棚膜，并采取覆盖草苫保温。

150. 怎样避免日光温室甜椒发生徒长？

(1)症状识别 植株茎叶生长旺盛，但不结果或结果很少，称之为徒长、“空秧”。

(2)诱发因素 ①定植缓苗后，土壤中水分过多。②门椒没有坐住，使养分集中供给茎叶生长。③日光温室内空气相对湿度高于50%～60%，影响授粉受精的正常进行。均可造成植株徒长，落花落果。

(3)预防措施 ①培育适龄壮苗。②提前扣棚膜暖地。若土壤墒情不好，需先浇水造墒。每667米^{2}施腐熟有机肥4 000～7 000千克和过磷酸钙50～80千克作基肥。采用小高畦宽窄膜下暗浇水种植方式。③当地温不低于15℃时，在晴天上午定植，每穴栽双株（子叶要与畦面平、子叶方向要垂直于垄向）。浇定植水后，把棚温维持在32℃左右。过5～7天植株缓苗（心叶的颜色变浅并开始生长），浇缓苗水后控水蹲苗。适宜温度白天25℃～30℃（30℃左右的温度在一天中不超过3个小时），前半夜间18℃～

20℃、后半夜不低于15℃，地温20℃左右。④在门椒坐住后（长3厘米左右），结合浇水追1次肥，以后每隔2～4天浇水追肥1次。每667米^{2}可随水追施硫酸铵25千克、或腐熟的稀人粪尿2 000千克、或尿素10千克、或硫酸钾10千克、或复合肥7～8千克。酌情采用二氧化碳施肥技术。⑤在土面发白、10厘米以内土壤见干时就可浇水。浇水应在晴天上午进行，采取小水勤浇的方法，注意通风排湿，把空气相对湿度控制在50%～60%、土壤相对湿度在80%左右。⑥当株高约25厘米时，将分杈下的叶片及侧芽全部摘除。在门椒结果后，发现植株上有膛内生长的徒长枝，也应剪除。及时摘除枝条下部的黄叶，适时打顶。⑦在门椒、对椒开花时，用10～15毫克/升2,4-滴溶液涂抹花柄，或用20～30毫克/升防落素溶液喷花。⑧采取多种措施，注意在生长前期增加光照，而在生长后期降低光照强度。

(4)补救措施 剪除部分生长过旺的枝条，适当控制浇水（特别是在生长后期），同时酌情加大通风量或延长通风时间，维持适宜的温度与空气湿度。

151. 怎样避免辣椒发生“三落”症？

(1)症状识别 辣椒在生长期间发生的落花、落果、落叶现象，统称“三落”。

(2)诱发因素 ①选用品种不对。育苗期偏长（超过150天），形成老化苗或育成徒长苗。②因各种原因形成了畸形花。③在开花期，气温白天超过35℃或夜间低于15℃，使授粉不能正常进行。④地温低于8℃，根系停止生长或沤根，植株生育停滞；或地温超过30℃，根系发育受到伤害。⑤由于各种原因在较长时间内光照不足，或棚室内通风不好。⑥土壤中水分过多或干旱，或空气湿度在初花期偏高、在盛果期偏低。⑦土壤中缺乏磷、钾肥或微量元素镁，或施用了没有腐熟的有机肥（如烧根）。⑧遇连阴雨天，或暴风雨天、或雨后遇晴天、或高温季节在中午浇水。⑨种植过密，或根系受到机械损伤，或植株徒长或早衰、或侧枝过多、或高温季节植株没有封垄等。⑩多种病虫危害。均可诱发辣椒“三落”。

(3)预防措施 ①根据种植季节和栽培方式，选择适宜的优种。如在冬、春季，可选用耐低温耐弱光的优种。对症采取种子处理，以防种子带菌(毒)。②根据定植日期、品种特性、育苗设施条件，确定适宜的播种期，加强苗期温、湿度及光照管理，培育出适龄壮苗，并做到带药定植。余可参照避免辣椒幼苗子叶过早脱落中有关内容。③保护地冬春栽培，从幼苗定植前至进入结果期，要加强田间管理。可参照避免日光温室甜椒发生徒长中有关内容。④在露地采用地膜覆盖栽培，每 667 米^2 施腐熟有机肥 4 000～5 000 千克、过磷酸钙 30～40 千克、硫酸钾 15～20 千克、硫酸镁 1～3 千克作基肥。晚霜过后在 10 厘米地温达 10℃～12℃时，定植适龄壮苗。在门椒坐住前控水蹲苗，锄地数次，保墒促发根。在春季风大的地区，可在田间搭建风障防风或小拱棚保苗。在门椒坐住后，适时浇水追肥，促进茎叶生长，争取在高温季节到来之前封垄。高温季节可在早晚浇水，在气温高于 30℃时可浇夜水；在热雷雨后，要用井水浇地(随浇水随排水)；降雨过多时，注意排涝。田间光照过强时，可用遮阳网覆盖植株或与玉米间作。也可用植物生长调节剂处理(门椒)花朵(使用浓度见上)。⑤进入高温季节，可除去地膜。⑥适时采摘果实(特别是门椒)。⑦在入秋前适时整枝打顶，叶面喷洒 0.1%磷酸二氢钾等叶面肥。⑧注意及早防治病虫害。

152. 辣椒为什么会出现脐腐果？怎样避免？

(1)症状识别 该病又称为顶腐病、蒂腐病。主要危害果实，被害果实于花器残余部及其附近，初出现暗绿色或深灰色水渍状病斑，后扩展其直径可达 2～3 厘米。随着果实发育，病部呈灰褐色或灰白色扁平凹陷状，病部可扩大到半个果实。病果常提前变红，一般不腐烂。在潮湿条件下，由于杂菌寄生，病部可生出各种颜色的霉状物或腐烂。

(2)诱发因素 ①土壤水分过多或不足、或忽多忽少，土壤水分供应失调引起植株缺水。②棚室内过度通风、肥料烧根、土壤盐碱化等，均可妨碍根系吸收水分。③土壤中缺乏钙元素，或偏施氮肥、钾肥，影响根系对钙元素的吸收。④种植了果皮较薄、果顶较平以及花痕较大的品种。⑤高温干旱。均会造成脐腐果发生。

(3)预防措施 ①选用果皮厚、果面光滑、花痕较少、果顶较尖的品种。②采取培育壮苗、促发根系的栽培措施，使植株根系发育良好。要避免烧根和植株徒长。③应选用富含有机质、土层厚、保水力强的土壤栽培辣椒，深翻30厘米以上并合理施腐熟有机肥，适量增施磷、钾肥。采用地膜覆盖栽培，适时蹲苗。④进入结果期后，应均衡浇水，防止土壤含水量变动太大。⑤在保护地辣椒的不同生长阶段，采取适宜措施，维持所需的气温和地温、光照强度及空气湿度。⑥在结果期，叶面喷洒1%过磷酸钙液、或0.1%～0.2%硝酸钙溶液、或0.1%～0.2%氯化钙溶液，每隔5～10天喷1次，连喷2～3次。

(4)补救措施 早摘脐腐果。

153. 辣椒为什么会出现长相异常的果实？怎样避免？

(1)变 形 果

①症状识别 变形果又称为畸形果。主要表现是果实生长不正常，如柿饼状果实、蟠桃状果实、扁圆形果实、无规则形状果实，或顶端变尖果实、或双子房果实(果实内有小果)、或裂瓣果实、或多瓣异形开花果实、或脐部突起果实等，在这些果实内，几乎没有种子或种子发育不良，或果皮内侧变成褐色，失去商品价值。

②诱发因素　形成了畸形花(短柱花),或开花期温度高于30℃或低于15℃,或根系发育不好,或水肥不足、光照不良等,易诱发畸形果。而植株生长过旺时,或结果期遇冬、春季等,易出现畸形果。

③预防措施　根据当地气候条件及保护地设施的保温性能,选择适宜的种植茬口,培育适龄壮苗。采取措施,促根系发育。在施足基肥的基础上,进入开花结果期后适时追肥浇水,酌情叶面喷洒磷酸二氢钾、硼砂(酸)等叶面肥。在保护地辣椒的不同生长阶段(特别是开花结果期),采取适宜措施,维持所需的气温和地温、光照强度及空气湿度(见下)。协调好坐果与茎叶生长之间的关系,采取措施减少落果,以防植株生长过旺。

④补救措施　早摘畸形果。

(2)僵　果

①症状识别　又称为石果。该种果实坐果后不久,就停止生长发育,早期呈小柿饼状,后期呈草莓状,果实不膨大。果实皮厚肉硬,果内无种子或少籽,果柄长。

②诱发因素　在花芽分化阶段,幼苗受不良环境条件(如苗床内土壤干旱、或温度高于30℃或低于15℃、或病害等)的影响,形成了畸形花(短花柱花)。或长花柱花(正常花朵)在温度过低时,不能正常授粉。或(柿子形甜椒易发生)短花柱花单性结实。或种植过密,植株营养不良,夜温偏低、光照不足、干燥等均易诱发僵果。露地辣椒在7月中下旬,保护地辣椒在12月份至翌年4月份,易产生僵果。

③预防措施　选择适宜品种,合理密植。避免分苗过迟,分苗时用硫酸锌700～1 000倍液浇根。在幼苗花芽分化阶段和开花结果期,要采取多种措施调控好环境条件,光照强度为1.5万～3万勒,气温白天为25℃～30℃、夜间为18℃～15℃,地温为20℃左右,土壤含水量相当于持水量的55%,空气相对湿度以60%～

70%为宜。适时追肥浇水,整枝打顶。

④补救措施　早摘僵果。

(3)花青素果

①症状识别　该症状主要发生在果实或叶片上。果实表皮下面出现分布不均匀的紫色色素(花青素),但表皮光滑不凹陷,致使果实失去商品价值。多在顶部叶片上沿中脉出现扇形紫色色素,后扩展成紫斑。

②诱发因素　主要是因地温低于10℃,造成植株的根系吸收磷肥困难,则出现花青素。露地栽培或塑料大棚秋延后栽培,多在晚秋气温降低时发生。棚室或反季节栽培时,在1~2月份或5月份以后(进行侧面换气时)发生多。一般用天窗或通风口通风时,冷空气直接接触的果实上易发生。

③预防措施　选用早熟、耐低温的品种。在棚室内采取措施,把地温提高至10℃以上,一般不再产生花青素。

(4)干辣椒“虎皮”果

①症状识别　一般要求干辣椒外观保持鲜红色,在干辣椒生产近收获期或晾干后对出现褪色的果实称为“虎皮”病。一般分为以下4种类型。一是一侧变白果。干椒变白部位边缘不明显,内部不变白或稍带黄色,无霉层,通常占50%以上。二是微红斑果。干椒生褪色斑,斑上稍发红,果内无霉层。三是橙黄花斑果。干椒的表面呈现斑驳状橙黄色花斑,病斑中有的具一黑点,果实内有的生黑灰色霉层。四是黑色霉斑果。干椒表面具有稍变黄色的斑点,其上生黑色污斑,果实内有时可见黑灰色霉层。

②诱发因素　在室外贮藏果实时,夜间湿度大或有露水,白天日光强烈,不利于辣椒色素的保持而造成的。另外,炭疽病和果腐病也能引起果实“虎皮”病。

③预防措施　选用抗炭疽病品种和结果比较集中的品种(可缩短采收时间)。在生长期,加强对炭疽病和果腐病的防治。在进

入果实采收期后,要及时采收成熟果实,避免受雨淋、着露水和暴晒。对采收后的果实,最好采用烘干设备加工干燥。

④补救措施　拣出“虎皮”果,以提高干辣椒商品等级。

154. 辣椒植株有哪些缺素症?怎样防治?

(1)症状识别

①缺氮　植株缺氮,株型瘦小发育不良。叶片小而薄发黄,黄化从叶脉间扩展至全叶,从下位叶向上位叶扩展,后期叶片脱落。开花节位上升,出现靠近顶端开花的现象。严重时出现落花落果现象。生长初期缺氮,植株生长基本停止。

②缺磷　苗期缺磷,植株瘦小,生长发育缓慢。成株期缺磷,下位叶的叶脉之间呈浅绿色、上位叶叶色呈深绿色,表面不平,叶尖变黑或枯死、生长停滞,下位叶的叶脉发红,从下部开始落叶。易形成短花柱花,结果晚、果实小,成熟晚或不结果;有时绿色果实上出现没有固定形状、大小不一的紫色斑块,少则1块、多则数块,严重时半个果面布满紫斑。

③缺钾　成株期缺钾,下位叶片的叶尖(缘)开始发黄,后沿叶缘或叶脉间形成黄色麻点,叶缘逐渐干枯,与叶脉附近的深绿部分对比分明,向内扩至全叶呈灼烧状或坏死状。严重时,叶片变黄枯死,下部大量落叶。从老叶向心叶、从叶尖端向叶柄发展;或叶缘与叶脉间有斑纹,叶片皱缩。植株易失水,造成枯萎。花期缺钾,植株生长缓慢,叶缘变黄,叶片易脱落。果实畸形,膨大受阻。果实小易落,减产明显。

④缺钙　花期缺钙,植株矮小。顶叶黄化,下位叶还保持绿色,生长点及其附近叶片的周缘变褐枯死或停止生长。也有部分叶片中肋突起,引起果实顶部褐变腐烂。后期缺钙,叶片上出现黄白色圆形小斑、边缘褐色,叶片从上向下脱落。后全株呈光秆状,果实小而黄或产生脐腐果。

⑤缺镁　植株缺镁，一般从下位叶开始显症。在果实膨大期靠近果实附近的叶片先发生，初叶片呈灰绿色，叶脉间从淡黄色变成黄色。先从叶片中部开始黄化，后扩展到整个叶片。有时叶缘仍为绿色。单株结果越多，缺镁的现象越严重，导致植株矮小，坐果率低。

⑥缺锌　植株缺锌，中位叶片开始褪色，叶脉清晰可见（与正常叶相比）。叶脉间逐渐褪色，叶缘从黄化变成褐色。叶缘枯死，使叶片向外侧稍微卷曲或皱缩。顶端生长迟缓，生长点附近的节间缩短。植株矮小，发生顶枯。顶部小叶丛生。新叶上发生黄斑，逐渐向叶缘发展，至全叶黄化。叶畸形细小。叶片卷曲或皱缩，有褐变条斑。几天之内叶片枯黄或脱落。

⑦缺铁　植株缺铁，新叶除叶脉外都变成浅绿色，或黄化、白化。在腋芽上也长出叶脉间浅绿色叶片，下位叶很少发生。

⑧缺铜　植株缺铜，下位叶软化、皱缩、黄化，心叶的叶缘向上卷起呈勺状。

⑨缺锰　植株缺锰，上位叶叶脉仍为绿色，叶脉间浅绿色且有细小棕色斑点，叶缘仍保持绿色。严重时叶片均呈黄白色，同时植株茎秆变短、细弱，花芽常呈黄色。新叶的叶脉间变黄绿色，叶脉仍为绿色，变黄部分不久变为褐色。

⑩缺硼　植株缺硼，叶色发黄，心叶生长慢。植株呈萎缩状态，叶柄和叶脉硬化易折断，上位叶扭曲畸形，茎内侧有褐色木栓状龟裂。将顶端茎叶及叶柄折断时，可看到断面内变黑色。根木质部变黑腐烂，根系生长差。花期延迟，花蕾易脱落，造成花而不实。果实表面有木栓状龟裂。

⑪缺硫　植株生长缓慢，分枝多，茎坚硬木质化。叶呈黄绿色僵硬。结果少或不结果。

⑫缺钼　果实膨大时开始在成熟叶上叶脉间发生黄斑，叶缘向内侧卷曲。

(2)诱发因素和预防措施 可参照番茄植株缺素症中有关内容。

(3)注意事项

①氮素过多症 若氮素过剩，植株心叶呈深绿色。若土壤中氮素过多，同时水分不足，造成植株生长点畸形或坏死，停止生长或萎缩(注意缺硼或缺钙时，也有类似症状)。若铵态氮过剩，靠近生长点的嫩叶在叶脉间出现凹凸不平的核桃纹。

②磷素过多症 若磷素过剩时，叶尖端白化并干枯，同时出现小麻点。可诱发缺镁。

③钾素过多症 若钾素过剩时，会影响镁的吸收。

155. 辣椒植株会出现哪些类型的高温障害?

(1)高温叶斑症

①症状识别 受害初叶片褪色，叶片上形成不规则形斑块或叶缘变成白色、后变黄色。轻者仅叶缘呈烧伤状，重者半叶或整叶片呈烧伤状，造成不可恢复的萎蔫或干枯。或茎叶损伤，叶片上出现黄色至浅黄褐色不规则形斑块或果实异常。

②诱发因素 主要是环境温度过高造成，其影响程度与品种特性、湿度和土壤水分等有关。保护地内白天温度高于35℃、或40℃左右温度持续时间超过4小时，夜间高于20℃，湿度低或土壤缺水，通风不及时或没有通风；或在干旱的夏季，田间植株未封垄，叶片遮荫不好，土壤缺水及暴晒等，均可引起高温叶斑症。

③预防措施 选用耐热品种。适时适量浇水。保护地内酌情采取通风、遮光、喷水等措施降温。露地可采用双株定植、合理密植、与玉米等高秆作物间作等措施降温。

④注意事项 其他可参照光害和热害中有关内容。

(2)日灼果

①症状识别 主要发生在辣椒果实的向阳面处，初为灰白色

或浅白色，后略扩大为白色或浅褐色，皮层变薄呈革质状，组织坏死，干后易受杂菌侵染，上生灰黑色或黑色的霉层，湿度大时造成整个果实腐烂。小型果或中型果易出现日灼症，大型果一般不会出现日灼症。

②诱发因素　可参照光害中有关内容。

③预防措施　采取多种措施避免植株落叶和死苗。进入结果期，可叶面喷洒 0.1%硝酸钙溶液或硫酸铜 1 000 倍液，每隔 10 天左右喷 1 次，连喷 2～3 次。及时摘除日灼果。其他措施可参照高温叶斑症中有关内容(见上)。

④注意事项　其他可参照光害和热害中有关内容。

(3)强光照闪苗

①症状识别　在连阴天后转晴天，中午温度高时通风后叶片凋萎、叶肉褪绿，叶片正面呈黄绿色，叶背面无明显症状。

②诱发因素　在连阴天时根系吸收能力降低，突然转晴天后强光照、高温、通风等使植株水分蒸发量急增，而根系吸水功能不能满足水分蒸发的需求，造成强光照闪苗。

③预防措施　在连阴天时，每天应酌情揭开草苫等物让植株见光。突然转晴天后，应采取“回苫”措施，使植株逐渐适应强光照后再转入正常管理。如发现叶片初有萎蔫时，不要通风，应遮光降温，并喷清水，待叶片恢复常态后再喷多元营养液补充营养。

④注意事项　其他可参照雪害和雨害中有关内容。

(4)高温烧苗

①症状识别　幼苗叶片出现萎蔫，幼苗变软、弯曲。后整株叶片萎蔫，幼茎下垂。随着高温时间的延长，根系受害。最后整株死亡。该症状发生快，数小时内可造成整床幼苗骤然死亡。

②诱发因素　在晴天中午若没有及时通风降温，苗床内温度会急剧上升至 40℃以上，则易发生高温烧苗。苗床内干旱缺水，烧苗加重。

③预防措施　在晴天时，注意通风降温，使苗床内温度白天保持在25℃左右。保持苗床内土壤湿润。

④补救措施　若发现叶片初萎蔫，应及时采取遮光措施，待苗床内气温和地温降至适温后再逐渐通风。也可从苗床一端揭膜适量浇水（不宜在地温高时浇水），夜间揭除覆盖物，翌日再正常通风。

156. 辣椒植株会出现哪些类型的低温障害？

(1)低温冷害

①症状识别　在生长期间，若长期遇低温时，会出现叶绿素减少现象或在近叶柄处出现黄色花斑、植株生长缓慢等低温障害。若遇冷害，植株的叶尖、叶缘出现水渍状斑块，叶组织变成褐色或深褐色、后呈现青枯状。若在持续低温下，辣椒容易发生低温型的病害或产生花青素，导致落花、落叶和落果，生长点呈黑褐色干枯；根系总长度、根系直径、根系体积等均下降，或发生沤根。若辣椒果实遇冷害，果面会出现大片无光泽的凹陷斑，似开水烫过样，凹陷斑处表皮初为绿色后褪绿，褪色果皮易与果肉分离，果实皱缩，果柄及萼片褪色变褐，种子变褐，果实腐烂。

②诱发因素　辣椒冷害临界温度因品种及成熟度而不同。一般在5℃～13℃之间，8℃根部停止生长，18℃左右根的生理功能下降。若长期遇0℃以上5℃以下低温时，会产生低温障害。若遇有冰点以上的较低温度，即发生冷害。辣椒果实在0℃～2℃范围内就可能发生冷害，0℃持续12天与4℃持续18天出现相同症状。其余可参照黄瓜遇低温时有哪些症状识别中有关内容。

③预防措施和补救措施　选用早熟或耐低温的优种。根据当地气候条件、栽培方式等，适时播种育苗。在幼苗有3～4片叶时，用150毫克/升脱落酸溶液连喷2次，间隔7天，可提高抗冷性。在运输中或贮藏窖中的甜椒果实，环境温度宜维持在10℃。其余

可参照冷害和霜冻(害)及寒根和沤根中有关内容。

(2)冻　害

①症状识别　根据受冻程度可分为以下4类情况:幼苗尚未出土在地下全部冻死;或在育苗畦中仅个别幼苗受冻;或是幼苗的生长点或子叶节以上的3～4片真叶受冻,叶片萎垂或枯死;或是植株生育后期或果实在田间或运输及贮存过程中受冻,温度回升后才开始显症,初呈水浸状、软化、果皮失水皱缩,果面出现凹陷斑,持续一段时间造成腐烂。

②诱发因素　遇有冰点以下的温度即发生冻害。其余可参照冻害和霜冻(害)中有关内容。

③预防措施和补救措施　若辣椒生长点或3～4片真叶受冻时,可以剪掉受冻部分。然后提高地温,通过加强管理,90%以上的植株都能从节间长出新的枝蔓,不误上市期。其余可参照冻害和霜冻(害)中有关内容。

157. 有害气体危害会给辣椒造成哪些异常症状?

(1)症状识别

①氨气　幼苗受害时叶片周缘因有水而中毒呈水浸状,后变成黑色而枯死。成株受害时叶边缘褪绿变白干枯,或全株突然萎蔫,新叶一般不会受害。

②氟化氢　初期叶尖或叶缘出现小的褐色斑、呈环带状分布,后逐渐向内扩展,幼嫩叶片受害严重,严重时叶片坏死、枯萎、脱落。

(2)诱发因素　可参照有害气体危害中有关内容。

(3)预防措施和补救措施　可参照有害气体危害中有关内容。

八、菜豆生理病害疑症识别与防治

158. 菜豆会出现哪些出苗异常症状?

(1)症状识别 ①菜豆种子播入土中后出苗延迟(如播种后15天以上)。②幼苗出土后生长衰弱。③幼苗出土后子叶残缺。④种子在土壤中霉烂。

(2)诱发因素 ①播种时底墒不足或土壤湿度偏大或土温偏低。②施用没有腐熟的有机肥作基肥。③播种深度过浅(<3厘米)或偏深(>5厘米)。④浸种不当(如水温过高或浸种时间过长),使种子营养物质外渗到种皮表面。⑤过干的菜豆种子(包括其他豆类种子,其含水量低于9%),急剧吸水会使子叶、胚轴等处产生裂纹。⑥播种后浇水(蒙头水)。⑦播种后遇降温天或连续阴雨天。⑧土壤板结。⑨根蛆为害。上述均可造成出苗异常症状。

(3)预防措施 ①选择富含有机质、排水良好、土壤pH值为6.2～7,土层深厚的壤土或沙壤土地块种菜豆,不宜在土质黏重地、或低洼湿地、或盐碱地(特别是以氯化钠为主)等地块种菜豆。②一般每667米^{2}施腐熟有机肥3000～5000千克、过磷酸钙35～75千克、草木灰100千克作基肥,开沟深施(为使种、肥隔开),或撒施后浅翻地(深度为15～17厘米)使土肥混均匀。③春季当10厘米地温稳定在8℃～10℃时干籽播种,或在当地杏树开花时播种。④选择籽粒饱满,表面有光泽的新种子。每667米^{2}用种子4～6千克,先晒种1～2天,播前把种子用清水喷湿,用50克根瘤菌制剂拌种,阴干后播种。⑤在播种前十几天,需查看土壤墒情,当表层土壤用手握成团不易散开时(土壤相对含水量在70%以上),宜整地播种。若土壤墒情差,需浇水造墒(沙壤土提前4～6

天、黏壤土提前 15 天左右),或播种前 2～3 天浇水润地,或开小沟后浇小水播种(用浸泡过的种子或带小芽的种子)。⑥做平畦或起垄种植。如土质偏沙或土壤水分少,播种小沟可稍深些,覆土4～5厘米;如土质偏黏或土壤水分多,播种小沟可稍浅些,覆土3～4 厘米。按行距开小沟、按株距点种,每点播 3～5 粒种子后覆土,待表土层稍干后镇压。在田间酌情修建风障,或采用地膜覆盖种植。⑦把河沙或蛭石或锯末等装在木箱、浅筐、花盆等物中,浇水充分湿透,再把种子分层播入,保持温度20℃～25℃,出芽前检查烂种情况,并保持一定湿度,待出小芽后(芽长 0.5～1 厘米,没有出现侧根),直接栽入土方(纸袋或营养钵)中,或直接播入播种沟内(把带小芽种子贴在沟坡上)。适宜在连阴雨天多的地区采用该方法。⑧采用苗床土育苗(可参照种子不出苗中有关内容),也可使用纸袋或营养钵育苗,在配制苗床土时,不宜施用人粪尿。对蔓性菜豆每土方(纸袋或营养钵)种 3～4 粒种子,对矮生菜豆每土方(纸袋或营养钵)种 4～5 粒种子,覆土 3 厘米。保持温度 20℃～25℃。当子叶充分展开后,白天 15℃～20℃、夜间 15℃～10℃,注意使幼苗见光。苗龄一般为 15～25 天,株高 5～8 厘米,有 1～2 片真叶(育大龄苗要注意护根)。育成幼苗可供定植或田间(直播)缺苗时补栽。⑨注意采取措施防治根蛆。

(4)注意事项 ①用 25℃温水浸种 2～3 小时,可提早出苗,避免地蛆危害。②菜豆种子播入土中,条件适宜时过 7～9 天后即可出苗。③种子发芽开始温度为 8℃,种子发芽最低温度为10℃～12℃。发芽后长期处于 11℃时,幼根生长缓慢、出土慢。地温在 13℃以下,不利于发根,根小而短,不见根瘤。地温在23℃～28℃时,根瘤生长良好。④根瘤菌在幼苗出土后 10～20 天时开始发生。若植株体内碳水化合物减少,根瘤菌的固氮能力下降。

159. 是什么原因造成菜豆植株生长异常?

在保护地菜豆栽培过程(含育苗)中,由于不良环境条件的影响,菜豆植株会出现一些生长异常现象,可据此改善环境条件,促进植株正常生长。

(1)幼苗叶片呈圆形或细长形 在苗床育苗时,温度高叶片呈圆形(在 20℃左右时叶片最大),温度低时叶片细长。

(2)幼苗胚轴长(高脚)或胚轴生长受抑制(低矮) 在幼苗展开第一片真叶时,若胚轴长,子叶过早脱落,这是光照不足造成的。若胚轴伸长受到抑制,初生叶虽可展开,但一般不下垂,这是土壤水分少或温度过低造成的。

(3)节间和叶柄过长,叶片呈直立状 在第三片复叶展开时,若出现节间和叶柄过长,叶片呈直立状,叶柄角度小,叶片的叶身不下垂,这是夜温过高或肥多、水分多、温度高等造成的。

(4)节间和叶柄都伸长,叶柄呈开张状 这是光照不足,夜温偏低造成的。

(5)荚果弯曲 荚果弯曲,常伴随着叶片和枝条弯曲的现象,这表明植株生长势变弱,根系的吸收活动受阻。需采取加强水肥管理,适时进行植株复壮,以促进植株长势不衰弱。

(6)荚果变短,前端变细或中部变细 这是一种畸形荚果,其荚内发育不完全的种子多,造成荚果变小或变细,说明土壤湿度过低、或植株营养不良、或形成了不完全花(环境温度高于 27℃或低于 15℃时)。

(7)矮生菜豆伸蔓 在保护地抢早栽培时,矮生菜豆节间伸长速度快、幅度较大,尤其主枝顶端节间明显拉长,在主枝顶端是花芽而不是叶芽,在伸长的主枝上看不到明显的缠绕茎,把这种现象称为“花枝拉长”。这是因在植株节间伸长期遇高温、高湿所致,是矮生菜豆特有的生理现象,对产量没有影响。一般来说,露地比保护地出现得少，北方地区比南方地区出现得少。

(8)出现紫红色或绛紫色的嫩荚 原是绿色或白色嫩荚的品种，在秋延后栽培过程嫩荚的迎光面出现紫红色或绛紫色。这是因白天云层薄、太阳光照强，夜温较低，使叶绿素的形成受到抑制，造成荚皮中含有的花青素显现出来。

(9)其他生长异常及形成原因 一是菜豆生长点叶片皱缩(类似病毒病)，严重时造成幼嫩叶片出现灼伤，失绿干枯等症状，这是棚内温度偏高造成的高温障害。注意通风控温，白天为22℃～24℃为宜，酌情喷洒叶面肥。二是植株的叶片发黄、出杈少、长势快，坐果率低，根系白根少、锈色多、下水头较严重、上水头较轻，这是棚温高、土壤湿度大造成的徒长和根系发育不好。可采取加大通风、降低棚温和土壤湿度，酌情浇施促生根药剂，并用1～5毫克/升防落素溶液喷洒开花花序，隔10天再喷1次，促坐果。

160. 怎样避免菜豆植株发生徒长?

(1)症状识别 在不同生长阶段，植株徒长的表现各异。①菜豆幼苗出土后，胚轴生长过长(长成高脚苗)。②植株节间长、茎秆细，叶片黄，开花少，结荚少。

(2)诱发因素 ①菜豆幼苗出土后没有及时降温，使幼苗长成高脚苗。②苗期施氮肥过多。③在植株开花前，因降雨或浇水造成土壤中水分过多。④保护地内光照不足、湿度大。⑤保护地内温度高。上述均易造成植株徒长。

(3)预防措施 ①在幼苗出土后，适时降温见光(见上)，避免幼苗长成高脚苗。②苗期要控制氮肥用量。直播幼苗在复叶(第三片真叶)出现时或在幼苗定植后3～4天，第一次追肥和浇水，每667米^{2}追施20%～30%腐熟稀人畜粪尿约1 500千克(并加入硫酸钾2.5千克和过磷酸钙2.5千克)，应中耕除草并培土2～3次(每隔10天左右1次)，锄地深度逐步增加，控水蹲苗。蹲苗期一般不浇水，如土壤干旱时应浇小水，避免过度控苗，影响正常生长。③蔓生菜豆在甩蔓后，及时插架或吊蔓。④在第一花序上的嫩荚长3～5厘米时，再追肥浇水，每667米^{2}施用50%的人畜粪尿2 500～5 000千克、或硫酸铵15～20千克、或尿素10千克、或硫酸钾10～15千克。花前少施肥，花后适量，结荚期重施，追肥1～3次。在结荚盛期，可叶面喷洒0.01%～0.03%钼酸铵溶液。以后每采收1次浇水1次，每次浇水量少而勤，保持土壤见干见湿（土壤含水量为60%～70%），掌握"干花湿荚"的浇水原则。⑤在保护地冬春茬、春提早、春早熟等栽培时，注意采取通风、遮光等措施，防止温度过高。在生长前期白天19℃～23℃（阴天14℃～16℃），夜间13℃～15℃；开花结果期白天20℃～25℃，夜间15℃～18℃，最低不低于13℃。在返秧期（在主蔓上的豆荚快收完、主茎下部萌生侧蔓时），温度可降低1℃～2℃。⑥适时采摘嫩荚（开花后10～15天）。

(4)补救措施 生长期遇高温时，酌情采取如下措施。①在株高80厘米左右时打顶（掐尖），使茎蔓粗壮，促生侧枝。②在株高30厘米、50厘米、70厘米时，分别喷洒100毫克/升甲哌鎓和0.2%磷酸二氢钾混合溶液、200毫克/升甲哌鎓和0.2%尿素混合溶液、200毫克/升甲哌鎓和0.2%磷酸二氢钾混合溶液。

161. 菜豆为什么会落花落荚？怎样避免？

(1)症状识别 在菜豆开花结荚期，大量发生落花落荚。

(2)诱发因素 ①从菜豆始花至终花，各器官之间均存在着争夺养分的矛盾，有些花、嫩荚果等由于养分供给不足就会脱落。蔓性菜豆前期主要因植株茎叶（营养）生长和花荚（生殖）生长之间争夺养分，如在蹲苗期过早浇水或苗期偏施氮肥等，造成枝叶生长过旺而落花。中期因花与花之间争夺养分，如前一花序结荚多则后一花序落花落荚严重，反之则前一花序落花落荚严重；同一花序内基部的1～4朵花结荚率较高,其余花或荚多数脱落。后期落花则与植株衰老和不良环境有关。②种植过密,或支架不当。③白天温度高于32℃,或夜温高于25℃或低于10℃,或高温引起植株生长衰退。④光照强度降低(每日光照时数少于8小时、光照强度为自然光的30%)。⑤空气湿度过低、或土壤湿度较大、或土壤发生渍(涝害)害(积水12～14小时开始落花、积水24小时后花荚全落)、或土壤干旱。⑥开花结荚期植株缺乏营养,或氮素过多引发茎叶徒长。⑦开花数过多,或采收不及时。⑧有豆野螟、锈病、叶斑病等的危害。⑨强降雨的时间过长,或大风、或冰雹。均会引起落花、落荚、落叶。

(3)预防措施 ①根据当地气候条件适时播种。使露地菜豆开花结荚期的月平均气温为18℃～25℃。如春菜豆,在北方(北京地区)3月下旬至4上旬播种育苗或直播。长江流域在2月中旬至3月上旬播种育苗,3月中下旬移栽定植。秋菜豆,在北方早霜来临前90～100天直播,长江流域在7月下旬至8月上旬直播。②露地采用南北行种植。每穴的株数和株(×)行距,矮生菜豆4～5株和33厘米×33～45厘米、蔓生菜豆2～3株和30～40厘米×50～60厘米。每穴内留的株数多,株、行距可适当大些。与露地相比,保护地内的株行距应大一些,每穴内留的株数应少些。③对蔓生菜豆在甩蔓前后,选用2.5米长的细竹竿插架,每穴用1～2根细竹竿,将4根细竹竿顶部绑在一起,引蔓上架。④在夏季宜于傍晚浇水,热雷雨后用井水串浇。降雨前要整修排水沟渠,保证雨停后田干。⑤适时追肥(见上)。⑥在生长中后期摘除植株下部的枯黄老叶,酌情疏掉植株上部过多的小花朵。⑦在保护地栽培应选用适宜品种。及时吊蔓。开花结荚期要保持适宜的温度(见上)、光照(光照强度为0.15万～3万勒,每日8～10小时)及空气相对湿度(94%～100%)。在茎蔓接近棚顶时,适时放蔓或打顶。酌情叶面喷洒1%葡萄糖溶液或0.5%尿素溶液。⑧用10～20毫克/升防落素溶液,在花器的荚果柄处涂抹。或在盛花期,用5～25毫克/升萘乙酸溶液喷花,每隔10天喷1次,连喷2～3次。⑨注意防治病虫害。

(4)注意事项 ①一般情况下,菜豆的结荚数只占已开放花朵数的20%～35%,有落花属正常现象。②不能使用植物生长调节剂处理采种株花朵。③用植物生长调节剂处理花朵后,荚果的颜色较深绿,成熟也较早较整齐。若在环境条件适宜时处理花朵,荚果会重些和长些;若在高温干热条件下处理花朵,荚果可能要小些、但结荚果数增多。

162. 菜豆植株有哪些缺素症?怎样防治?

(1)症状识别

①缺氮　植株缺氮,生长势弱,叶色浅绿,叶小而薄,下位叶片先变黄老化甚至脱落,后变黄逐渐上移,遍及全株。结荚少,荚果生长发育不良、不饱满且弯曲。

②缺磷　苗期缺磷(菜豆苗期特别需要磷),叶色呈深绿色、发硬,植株矮化。结荚期缺磷,下位叶黄化,上位叶叶片小、稍微向上挺。在生育初期,叶色为深绿色,后期下位叶变黄出现褐斑。保护地冬、春或早春易发生缺磷。

③缺钾　植株缺钾,在生长早期,下位叶叶缘出现轻微的黄化,后是叶脉间黄化,顺序明显,叶缘枯死。随着叶片不断生长,叶向外侧卷曲。叶片稍有硬化,上位叶为浅绿色。荚果稍短。

④缺钙　植株缺钙,生长矮小、未老先衰,茎端营养生长缓慢。顶叶的叶脉间为浅绿色或黄色,中、下位叶呈降落伞状下垂,幼叶卷曲,叶缘变黄失绿后从叶尖和叶缘向内死亡。植株顶芽发黑坏死,但老叶仍为绿色。幼荚生长受阻。侧根尖部死亡,呈瘤状突起。

⑤缺镁　植株缺镁,在生长发育过程中,下位叶叶脉间的绿

色上先出现斑点状黄化，渐渐地全叶变黄，后除了叶脉、叶缘残留点绿色外，叶脉间均黄白化。严重时，叶片过早脱落。

⑥缺锌　植株缺锌，从中位叶的叶脉间开始褪色，与健康叶比较叶脉清晰可见，随着逐渐褪色，叶缘从黄化变成褐色。生长点附近节间短缩，茎顶簇生小叶。株形丛状，叶片向外侧稍微卷曲。幼叶叶脉间逐渐发生褪绿，后蔓延到整个叶片，致使看不见绿色叶脉。不开花结荚。

⑦缺锰　植株上位叶的叶脉残留绿色，叶脉间呈浅绿色至黄色。

⑧缺铁　植株缺铁，幼叶叶脉间组织褪绿呈黄白色，叶脉残留绿色，叶脉呈网状。严重时全叶片变成鲜黄白色，后干枯，但不表现坏死斑，也不出现死亡。

⑨缺硼　植株缺硼，生长变慢，生长点萎缩变褐干枯。新生叶芽和叶柄色变为浅绿色，叶畸形、发硬、易折断，上位叶向外侧卷曲，叶缘部分变褐。仔细观察上位叶的叶脉时，有萎缩现象。节间缩短，有时茎开裂。不能开花。荚果内种子粒少，严重时无种子。荚果表皮出现木质化。侧根生长不良。

⑩缺钼　植株缺钼，长势差。幼叶出现褪绿，叶缘和叶脉间的叶肉呈黄色斑状，叶缘向内部卷曲，叶尖萎缩。严重时中脉坏死，叶片变形，常造成植株开花不结荚（缺钼症的诱发因素和预防措施可参照番茄植株缺素症中有关内容）。

(2)诱发因素　可参照黄瓜植株缺素症中有关内容。

(3)预防措施　可参照黄瓜植株缺素症中有关内容。

163. 有害气体危害会给菜豆造成哪些异常症状？

(1)症状识别

①二氧化氮　多从叶缘开始表现症状。在大叶脉间形成黄

白色斑、边缘颜色略深，病斑和健部之间分界线明显。二氧化氮（浓度高）危害速度较快时，叶片呈绿色枯焦状。

②一氧化碳　造成植株落叶、落花、落荚。

(2)诱发因素　可参照有害气体危害中有关内容。

(3)预防措施和补救措施　可参照有害气体危害中有关内容。

九、豇豆生理病害疑症识别与防治

164. 怎样防止豇豆出现“贼豆子”？

(1)症状识别 “贼豆子”又称为“硬实豆”、“铁豆子”。在豇豆种子中“贼豆子”所占的比例最高可达12%，这种豆粒在浸种过程中不吸水，直播时不能及时发芽出土，影响出苗整齐度。

(2)诱发因素 ①采下的种子在烈日强光下暴晒，或人工用高温急速干燥处理，使豆粒中的水分降低太快、干燥过度，使种子表层细胞失去活性。在干燥条件下继续贮藏，致使播种后或浸种时种子不易吸水膨胀。②贮藏种子场所过分干燥，也会造成种子含水量过低(降至5.9%时)，也能使部分(9%)种子成为“贼豆子”。

(3)预防措施 ①在生产田内，选具有标准形状、健壮无病的植株作为采种株，在主蔓中下部的第三和第四花序上，选择荚果表面圆滑、头尾大小一致、荚内种子粒密而不显露的长荚果作种荚。待种荚变黄、弯曲不脆断时，采摘后熟。成熟后的种荚，当年不脱粒，将种荚挂在背光通风处，避免暴晒，带荚贮藏，到翌年播种时再脱粒。②在播种或育苗时，要先经过浸种，拣出不吸水的“贼豆子”，以免播后出苗不整齐。具体方法如下：先精选种子，放在盆中用90℃热水将种子迅速烫一下，随即加入冷水降温，使水温保持在25℃～30℃，浸泡种子4～6小时，把种子捞出，稍晾后播种。

165. 豇豆幼苗在定植前后为什么会叶片发黄、脱落？

(1)症状识别 ①在苗床上幼苗植株瘦小，叶片发黄。②春豇豆定植后，幼苗叶片发黄、重者叶片脱落。

(2)诱发因素 ①在苗床期或定植后，地温偏低，如较长时间处于10℃以下，根系吸收功能受到影响。②子叶中的营养不能满足真叶生长的需求。③定植质量低，如在农事操作过程中伤根过重、或对苗坨压的过于紧实、或定植后（冬、春季）大水漫灌或（秋季）浇水不够、或缓苗期过长等。④土壤干旱。均可造成叶片发黄脱落。

(3)预防措施 ①根据栽培季节和日照条件，选择适宜品种。根据当地气候条件，选择直播或育苗。②可采用营养钵、或纸袋、或苗床土方育苗（可参照菜豆），营养面积为10厘米×10厘米，苗床土以中性的沙壤土为好。播种前先浇温水造墒（在阳畦内育苗需先阳光烤畦），每钵（或每袋、或每方）播3～4粒种子，覆土2～3厘米厚，上覆盖塑膜保温、保湿。温度在白天30℃、夜间25℃左右时播后7天发芽，出苗率达到85%后就要注意通风降温（防徒长）。温度在白天23℃～28℃、夜间18℃～15℃时10天左右出齐苗。土壤相对湿度保持在70%左右。幼苗子叶展平，初生的真叶张开后及时间苗，每钵（或袋或土方）内留3株幼苗为宜。在定植前7天，降温炼苗，白天20℃～25℃、夜间15℃～13℃。用苗床土育苗（切割土方），一般在幼苗第一片复叶展开时定植；用营养钵育苗，可在幼苗有2～3片复叶展开时定植。定植时壮苗标准：幼苗有真叶3～4片、叶色深绿、肥厚、健壮，茎粗0.3厘米，根系发达，下胚轴短、株高20厘米左右，苗龄20～25天，无病虫害。③北方采用平畦栽培，南方采用深沟高畦（垄）栽培。合理施用基肥，避免偏施氮肥。每667米^{2}施腐熟猪、牛粪2 500～5 000千克，或腐熟人粪尿1 000～1 500千克，或腐熟鸡粪300～400千克，或饼肥100千克，过磷酸钙30～40千克，硫酸钾20～30千克。④保护地栽培，需在播种或定植前10天左右扣棚膜烤地，棚内10厘米地温稳定在15℃以上、气温稳定在12℃以上可播种或定植。若采用小拱棚加地膜覆盖、夜间加盖草苫时，定植适期为终（晚）霜前15天左右，直播适期为终（晚）霜前15～20天。按行距1.2米开沟，或按大行距1.4米、小行距1米开沟，在沟内施肥浇水后起15厘米高垄，在垄上按20厘米打穴，每穴放1个苗坨，浇温水，水渗下后覆土封严。定植后3～5天内关闭风口保温缓苗，缓苗后温度白天25℃～30℃、夜间20℃～15℃。在缓苗期，冬春茬和春提早茬再按穴浇2次水，秋冬茬和秋延后茬连浇2次水，待缓苗后沟浇1次水，进入中耕蹲苗期。当春季外界温度稳定通过20℃时，再撤除棚膜，转入露地生产。⑤露地栽培，若春季直播栽培，一般北方在清明至小满、南方在惊蛰至谷雨期间播种，按行距66厘米、株距33厘米穴播，播种深度为4～6厘米，每穴播种3～6粒（出苗后每穴间苗留2株），每667米^{2}种3000穴。若种适宜密植品种，可增至4000～5000穴。若春季育苗栽培，需根据定植期和育苗苗龄来决定播种育苗期。一般在终（晚）霜过后定植，按行距开沟（见上），其深度以苗坨不高出地面为宜，按株距摆放苗坨（要避免散坨），然后轻浇水，让苗坨充分吸水，待水还没有渗入土中即覆土合沟，并施粪土，适时中耕，待新蔓长出后，再浇水，然后中耕蹲苗。⑥采取防寒措施，避免春季低温或霜冻造成的危害。

(4)注意事项 ①豇豆根毛发生的最低温度为14℃。根系再生能力差，在农事操作过程中避免伤根。②豇豆幼苗极易发生肥料烧根，配成苗床土后先种几粒白菜类种子，过2～3天根尖若有发黄现象，需在苗床土中掺适量田土再播种。③苗床内湿度过大，易烂种、烂根。④豇豆子叶不发达，幼苗出土后子叶随即脱落。

166. 豇豆植株为什么会结荚位置升高？

(1)症状识别 植株的第一花序着生的节位上升，使开花结荚期推后，影响产量。

(2)诱发因素 ①在幼苗有1～3片复叶时，遇过低温度，使花序分化受阻。②早熟品种在苗期或在初花期，因水肥偏大造成徒长,也会使开花节位上升。③定植过密,易造成生长中后期茎叶郁闭,影响通风透光,不利于下部侧枝上正常开花结荚,造成节位高。④一些南方的地方品种,引入北方地区种植,也会造成推迟开花。

(3)预防措施 ①选择适宜品种,适度密植,合理施肥浇水,调控温度,避免徒长(见上)。②适期直播,并采取防寒措施,使幼苗避开低温期。育苗时或幼苗定植后,需加强保温措施,维持苗床内或棚室内的适温。③春季栽培,可采用育苗种植,即可抑制茎叶(营养)生长,又使幼苗期处于短日照下。④从幼苗定植后,浇好定植水和缓苗水,及时中耕蹲苗,保墒提温。出现花蕾后,可浇小水后中耕。初花期不浇水。在第一花序坐住荚、后几节的花序显现、叶片变厚、节间短、根系下扎、茎蔓长1米左右时,在干旱时应浇水,以促茎叶生长和荚的发育。待植株中下部豆荚均明显伸长肥大、上部花序也出现叶色变深时,再浇1次水。随水每667米^{2}施尿素10～15千克或硝酸铵20～30千克,过磷酸钙30～50千克。此后进入结荚期,荚的生长和茎叶生长都很旺盛,需水量大增,应增加浇水次数,保持地面湿润。但浇水量不宜过大,以土壤见干见湿为度。雨后注意排除田间积水。⑤在植株有5～6片叶时就要插架,在晴天中午或下午引蔓上架。在主蔓第一花序以下的侧芽长至3厘米左右时,及时彻底除掉。在主蔓第一花序以上各节位上的侧枝,留1～3叶摘心,保留侧枝上的花序,增加结荚部位。第一次产量高峰过后,叶腋间新萌生的侧枝(俗称二茬蔓)也同样留1～3叶摘心(俗称打群尖)。对侧蔓结荚品种(不宜用作早熟栽培),侧枝可按品种特性适当选留,第一花序以上的侧枝,也留1～3节摘心,留多少叶视密度而定。当主蔓有15～20节长达2米以上,摘心封顶,促进形成侧枝花芽。对于矮生品种也可在主枝高30厘米时摘心,促进侧枝发生和早熟。在生长盛期,可分次剪除下部老叶、黄叶。

(4)注意事项 ①豇豆属短日照作物,缩短光照可以降低花序着生节位，提早开花。②以主蔓上结荚果的品种，第一花序着生的节位，早熟品种一般为3～5节，晚熟品种一般为7～9节。③在幼苗有1～3片复叶时开始分化花序原基。

167. 豇豆植株为什么会落花落荚？

(1)症状识别 进入开花结荚期后出现落花落荚现象，重者造成空蔓。

(2)诱发因素 ①播种期偏迟。②幼苗生长初期(花芽分化期)遇到低温，影响花序原基分化。③在开花结荚前期，没有很好蹲苗或植株徒长。④初花期土壤中湿度过高。⑤进入开花结荚期后缺肥，或温度过低或过高、或空气湿度偏高或偏低、或土壤湿度过大或土壤干旱、或光照太弱。⑥遇干燥的冷风或降雨天。⑦病虫危害。均可引起落花落荚。

(3)预防措施 ①加强苗期和定植后的管理，可参照豇豆幼苗在定植前后为什么会叶片发黄和豇豆植株为什么会结荚位置升高中有关内容。②进入开花结荚期后，将保护地内温度维持在25℃～28℃、空气相对湿度为55%～60%，注意采取增加光照的措施。露地种植则通过选择适宜播种期和品种，使开花结荚期处在气候条件最适宜的月份。③一般每采摘荚果2～3次，追肥1次。每667米^{2}追施腐熟的稀人粪尿1 500千克或尿素15千克，硫酸钾15千克，或氮磷钾复合肥10～15千克。④在开花期酌情喷洒5～25毫克/升萘乙酸溶液或2毫克/升防落素溶液，提高坐荚率。⑤当荚果长成粗细均匀，荚内豆粒已开始生长、但豆粒处的荚面不鼓起时，为商品嫩荚果最佳采摘期，宜在傍晚采摘。一般盛果期每天采摘1次，到后期可隔天采摘1次。采摘时不要伤及花序枝及花蕾，不要遗漏长成的嫩荚果。若发现有漏摘的荚果后需及早摘掉。⑥积极防治豇豆螟、烟青虫等，掌握“治花不治荚”的原则，在早晨豇豆闭花前(约10时前)喷药防治。

168. 在采收盛期豇豆植株为什么会落叶?

(1)症状识别 在采收盛期豇豆植株有时出现大量落叶,几天时间就可造成植株下部变成光秆,致使以后植株不能抽生出更多的新侧枝来开花结荚,产量大减。

(2)诱发因素 ①土壤干旱。②雨水过多,造成内涝。或大水浇地、造成沤根,或土壤板结。③施肥不够,土壤中缺肥。④病虫危害。上述均易造成落叶。

(3)预防措施 ①选用抗病又高产优良品种。②春豇豆要适期播种或定植不能过早,以避开春季低温期。③选择排水良好的沙壤土地块,雨季前疏通排水渠道。④进入结荚盛期,不能干旱,浇水不宜太多,保持地面见干见湿。⑤开始采收后,及时进行追肥。进入生长盛期,叶面喷洒 0.3%磷酸二氢钾溶液 1~2 次。⑥酌情喷洒 0.01%~0.03%钼酸铵溶液。⑦适时分次打掉植株下部的老叶。⑧积极防治蚜虫、叶烧病、煤霉病、根腐病等。

169. 什么是豇豆“歇伏”? 怎样避免?

(1)症状识别 露地栽培在第一次产量高峰过后植株常常出现生长势减弱、叶色褪绿发黄,造成大量落叶。新根长势减衰,须根发锈。侧枝生长不出来,开花结荚很少,到后期很难出现第二次产量高峰期。由于这种现象多发生在伏天,所以称为“歇伏”现象。

(2)诱发因素 ①播种过晚,在第一次产量高峰过后抽出的一些花枝结荚少,生长受到抑制。②在第一次产量高峰期消耗大量养分,没有及时施肥浇水,造成脱肥早衰。③在生长中后期遇(午后)热雨、或大雨、或热风、或田间积水、或干旱等造成植株根系受损、落叶等。④没有能及时整枝摘心,使侧枝的萌生量减少。上述均易造成“歇伏”现象。

(3)预防措施 ①根据当地气候条件适期播种或育苗定植,使结荚期在较长时间处在温度适宜的季节里，减轻高温的影响。②合理密植，适时整枝、摘心、摘叶，促生侧枝。③施足基肥，及时追肥，在结荚盛期要确保水肥供应，促使产生较多的侧蔓花序。④及时采收荚果。⑤遇有害天气时，积极采取防范措施，以减轻危害。⑥注意防治病虫害。

(4)补救措施 在“歇伏”期，应加强管理，多次除草，适时浇水追肥。或叶面喷肥，促使植株恢复正常生长。

(5)注意事项 在保护地豇豆秋冬茬或秋延后茬由于播种过晚，在第一次产量高峰过后环境温度降低，不可能出现第二次产量高峰。

170. 什么是豇豆的“水发”或“水黄”？怎样避免？

(1)症状识别 长江流域露地春豇豆在生长初期遇梅雨期，易发生“水发”或“水黄”现象。雨水多的季节，出现茎、叶生长旺盛，长势衰弱的现象，称为“水发”。发生“水发”的植株，再遇上阴雨连绵天或大雨滂沱天，在雨后3～5天，原本葱绿的叶片会出现变黄大量脱落，造成遍地黄叶的现象，称为“水黄”。

(2)诱发因素 ①“水发”是因施氮肥过多或偏施氮肥，遇气温偏高雨水大时，引起的豇豆植株徒长。②“水黄”是因田间积水，出现涝害，造成叶片变黄脱落。

(3)预防措施 选择地势较高的地块（以沙壤土为好）作为豇豆种植田。在整地时做到由“三畦”（高畦、短畦、窄畦）和“三沟”（畦沟、腰沟、围沟）组成的耕作排水系统。在基肥中，适量控制氮肥用量，适量增施磷、钾肥。在生长前期，适当控制水肥，促根发育。在进入雨季前疏通排水渠道，力争做到随降雨随排水。

(4)补救措施 采取措施降低土壤湿度。降雨期间早排积水，要防止植株生长瘦弱。

171. 豇豆植株有哪些缺素症？怎样防治？

(1)缺氮症

①症状识别　植株缺氮，长势衰弱。叶片薄且瘦小，新叶叶色为浅绿色，老叶片黄化、易脱落。荚果发育不良，弯曲，籽粒不饱满。

②防治措施　植株缺氮时，每 667 米^2 穴施或撒施尿素 15 千克或硫酸铵 30 千克并浇水，或叶面喷洒 0.3%尿素溶液。

(2)缺磷症

①症状识别　植株缺磷时生长缓慢，叶片仍为绿色。其他症状不明显。

②防治措施　在播种或定植前，每 667 米^2 沟施或穴施磷酸二铵 30 千克作基肥。若生长期缺磷，每 667 米^2 穴施磷酸二氢钾 10 千克或叶面喷洒 0.3%磷酸二氢钾溶液。

(3)缺钾症

①症状识别　植株缺钾时下位叶的叶脉间黄化，并向上翻卷。上位叶为浅绿色。

②防治措施　植株缺钾时每 667 米^2 穴施或沟施 50%硫酸钾 10 千克并浇水，或叶面喷洒 0.3%磷酸二氢钾溶液。

(4)缺钙症

①症状识别　植株缺钙时一般为叶缘黄化，严重时叶缘腐烂。顶端叶片表现为浅绿色或浅黄色，中下位叶片下垂呈降落伞状。籽粒不能膨大。

②防治措施　每 667 米^2 施过磷酸钙 40～50 千克作基肥，或叶面喷洒 0.3%氯化钙溶液。

(5)缺镁症

①症状识别　植株缺镁时生长缓慢矮小。下位叶的叶脉间先黄化，逐渐由浅绿色变为黄色或白色。严重时叶片坏死、脱落。

②防治措施　叶面喷洒0.3%硫酸镁溶液。

(6)缺 硼 症

①症状识别　植株缺硼时生长点坏死，茎蔓顶干枯，叶片硬、易折断，茎开裂，花而不实或荚果中籽粒少，严重时无粒。

②防治措施　每667米^{2}施硼砂1千克作基肥(与有机肥混施)，或叶面喷洒0.5%硼砂溶液。

172. 春豇豆遇上"倒春寒"会有什么症状？怎样避免？

(1)症状识别　露地春豇豆在遇上"倒春寒"时，会出现不同程度的寒害症状，植株根部发红，叶色深绿、叶片增厚，根系吸收能力较弱。幼苗生长缓慢，迟迟不能甩蔓。有时会发生冻害。由于部分表皮细胞死亡使叶片及幼茎发白。幼苗受到寒害或冻害后，对以后的花芽分化和花器发育，及生长势和生产力，均带来极为不利的影响。

(2)诱发因素　播种或定植过早，使幼苗遇上低温期。因寒流来临，使幼苗遭遇降温。

(3)预防措施　①一般以最低气温稳定在15℃以上播种为宜。根据当地气候条件和栽培方式(如采用小拱棚栽培或地膜覆盖栽培等)，选择适宜的播种期或定植期。②注意田间温度观察，加强(夜间)保温覆盖。③因寒流来临，需提前做好防降温措施。

(4)补救措施　①适时中耕松土，提高地温。②临时搭小拱(环)棚保温。

(5)注意事项　气温在15℃以下，豇豆植株生长缓慢；在10℃以下，明显影响根系的吸收能力；在5℃以下，植株表现出受害症状；在接近0℃时，茎蔓枯死。

十、葱蒜类蔬菜生理病害疑症识别与防治

173. 为什么韭菜种子发芽率会低？怎样避免？

(1)症状识别 当播种的韭菜种子发芽率低于65%时可出现以下两种情况：一是可造成出苗率低；二是因播种量大、播幅窄、播后种子密集，加上出土时间长，不能发芽的种子在土壤中霉烂，反而引起好种子也烂掉或不出芽。

(2)诱发因素 ①新种子在成熟和采收过程，受到自然灾害的影响而形成的种子质量差、或一刀切的采收方式使花球上部分种子成熟度极低、或种子本身受到“热伤”(采收后的花球堆放过厚而发热、或为防雨覆盖塑膜后发热、或存放种子本身含水量过高而发热)等，均可使种子发芽率降低或丧失。②在新种子中掺有发芽率极低的种子或陈旧种子或坏种子等。③种子混杂退化。④在韭菜种子中掺有其他煮熟风干后的葱类种子。

(3)预防措施 ①在播种前一定要测韭菜种子发芽率。②用不超过40℃的温水浸泡韭菜种子24小时，再充分搓洗干净。取两块用清水充分浸湿的新黏土砖，数出一定数量的种子(如100粒)均匀地摆放在一块湿砖上，在种子上放另一块湿砖，然后置两块浸湿砖于15℃～20℃处，缺水时可往砖上浇些清水。过6天数发芽的种子数(为发芽势)，再过3天数发芽的种子数，将2次的数值相加，即为种子发芽率。对一些粒大口紧、休眠重的种子可等到12天左右测发芽率。发芽势高的种子出苗快。③对发芽率偏低的种子不宜使用。

(4)补救措施 更换种子，再测发芽率。

(5)注意事项 ①按照国家标准，三级、二级、一级韭菜种子的发芽率分别不低于80%、85%、87%。②应使用发芽率高于65%的种子。③在生产中不能使用2年以上的种子。

174. 韭菜植株为什么会“跳根”？

(1)症状识别 韭菜的生根位置和根系每年上移1.5～3厘米的现象，称为“跳根”。跳根可引起根系的生成和吸收能力下降，并使盘状茎外露、散撮甚至植株倒伏。

(2)诱发因素 “跳根”是韭菜的一种正常生理现象。韭菜根系着生在盘状茎的周围，每年茎盘上产生新的分蘖，上层新分蘖基部又产生新根，生根位置和根系随着茎盘逐年上移。跳根的高度与收割次数和分蘖(株)次数有关。

(3)预防措施 在早春土壤解冻、新芽萌发前，选晴天中午往韭菜地内均匀撒培土厚约3厘米。所用培土要在去年准备好，要求土质肥沃、物理性好，并过筛后堆在向阳处晒暖。如果韭菜地是黏重土，可培沙性土以改良土壤，同时深锄地使培土与原土混合。

(4)注意事项 若当年保护地种植韭菜，扣棚收获后即毁根，就不存在“跳根”现象。

175. 怎样避免韭菜植株叶片出现干尖(干梢)症状？

韭菜在生长过程中因气候因素和管理措施不当，常出现干尖(干梢)。

(1)土壤酸化

①症状识别 韭菜受害后，叶片生长缓慢、细弱、外部叶片枯黄。

②诱发因素 长期过量施用酸性肥料如过磷酸钙、硫酸铵等，会使土壤酸化而引起酸性危害。

③预防措施　选择土壤酸碱度接近中性的壤土来栽培韭菜。施入足够的有机肥作基肥,每 667 米^2 施腐熟厩肥量,肥沃菜地为 2 000～2 500 千克、一般菜地为 4 000～5 000 千克。

④补救措施　适量施用石灰或硝酸钙。保护地不宜用石灰调节土壤酸度,以防产生氨气。

(2)氨气或二氧化氮气体危害

①症状识别　氨气危害植株,首先叶片呈水渍状、无光泽,后叶尖枯黄逐渐变褐色。或新老叶片上部均呈灰白色,受害长短整齐一致。二氧化氮气体危害植株,叶尖变白枯死。

②诱发因素　扣棚膜前曾大量使用碳酸氢铵,或扣棚膜后追施碳酸氢铵,或地面撒施尿素,或在含石灰多的土地上施用硫酸铵等易产生氨气。若土壤已酸化,则可产生二氧化氮气体。

③预防措施　适量随水施肥(每 667 米^2 施尿素 7～9 千克、或硫酸铵 15～20 千克、或腐熟人粪尿 1 000～1 500 千克)。扣棚膜前后不能施用可产生氨气的肥料。在追肥后数天之内尤要注意通风。

④补救措施　注意通风排除有害气体。其余均可参照有害气体危害中的有关内容。

(3)二氧化硫或一氧化碳或棚膜添加剂危害　二氧化硫或一氧化碳危害植株,叶片组织被漂白而形成白化斑。棚膜添加剂危害植株,也可造成叶尖白化枯萎、叶缘周围变白,严重时造成幼叶枯萎。保护地内有臭味。其诱发因素、预防措施和补救措施,均可参照有害气体危害中的有关内容。

(4)高温危害

①症状识别　植株受害(又称为叶烧病),外叶叶尖开始变成茶褐色,然后叶片逐渐枯死,导致中部的叶片叶尖或整个叶片变白、变黄。

②诱发因素　棚温高于 35℃,持续时间超过 3 小时。或韭菜

靠近取暖设备,温度高,叶片水分蒸发快。

③预防措施 在日光温室第一刀韭菜生长期间,温度白天为17℃～23℃、夜间为10℃～12℃,维持10℃～15℃的昼夜温差。在随后的各刀韭菜生长期间,温度可适当提高2℃～3℃,但不宜超过30℃。

④补救措施 遇高温时及时通风或浇水。

(5)冷害或冻害

①症状识别 保护地植株受害,造成叶片白尖或烂叶。或受冻韭菜叶尖出现水渍状斑,后变成黑褐色枯死。或露地越冬韭菜出现叶枯症状。

②诱发因素 当温度低于10℃,易发生冷害。当温度降至−2℃～−3℃易发生冻害。而露地越冬韭菜因土壤不断冻结与融化,使土壤产生裂缝,拉伤(断)韭菜须根。

③预防措施 进入低温季节后,加强温度观测,积极采取覆盖保温措施,避免受冷受冻。露地越冬韭菜叶枯症状,待气温升高后就可自然消失。

④补救措施 若发生冷害,积极采取防寒保温措施,提高温度。若发生冻害,需采取断续遮光、缓慢升温等措施,使受冻植株慢慢恢复原状。然后加强管理,促使植株恢复正常生长。

(6)连阴天后遇骤晴天(强光照闪苗)或高温后遇冷空气突然侵入(冷风闪苗) 植株受害,叶尖枯黄。其诱发因素、预防措施和补救措施,均可参照雪害和风害中的有关内容。

(7)生理干旱

①症状识别 轻度生理干旱时植株外观上无症状。当生理缺水达到一定程度时叶片萎蔫下垂,严重时叶尖青干枯萎。

②诱发因素 当根系吸收水分量少于叶片水分蒸腾散失量时表现出生理干旱特征。

③预防措施 严禁过量施肥。适当增施磷、钾肥,提高抗旱能

力。及时浇水。当土壤中含盐量过高时，浇大水洗盐。

④补救措施　适时适量浇水。

(8)农药药害　药害会使受害株产生干尖、黄叶。另外，当农药喷洒浓度过大或搅拌不匀时，在叶片出现分布均匀的圆形白色斑点。保护地内集中使用烟剂时，会形成叶片青枯状干尖，并以烟剂点燃处为中心受害株呈现片块分布。使用苯磺隆、吡氟禾草灵等除草剂可在叶片形成白色斑块。使用草甘膦等除草剂可抑制新根生长，造成叶片枯黄。其诱发因素、预防措施和补救措施，均可参照农药危害中的有关内容。

176. 韭菜植株叶片为什么会出现黄化?

(1)症状识别　主要表现为叶片撮状黄化(黄撮)，或条状黄化及半绿半黄(黄条)。

(2)诱发因素　①韭菜地为盐碱地土壤或发生了盐渍化。②冻水浇得过早，或冬春雨雪少、天气干旱，或在(保护地)收割期浇水过少等，可造成土壤中缺水。③收割韭菜方式不当。如两次收割时间之间间隔过短，或在收割时所留叶鞘过短。上述均易造成叶片出现黄化。

(3)预防措施　①宜选择耕层深厚、富含有机质，保水性强，土壤 pH 值为 5.5～6.5，透气性好的壤土种植韭菜。不宜在沙土地(易脱肥)和土质过分黏重地(遇雨涝易死苗)上种植韭菜。②成株期韭菜可在含盐量达 0.25%的土壤中栽培，但幼苗只能在含盐量达 0.15%的土壤中生长。可先在含盐量低的地块育苗，待植株长成后再移栽到含盐量较高的地块种植。③露地栽培韭菜，每年需施有机肥和培土(埋跳根)，宜选择排水良好的低洼地块。保护地栽培韭菜可不选择土壤。④露地栽培在土地封冻前，每 667 米^{2}施腐熟人粪尿 1 000～2 000 千克、或硫酸铵 30～40 千克，在夜间封冻中午化开时浇足冻水(北京地区在小雪前后)，浇水量以当天傍晚能渗入土中为宜。酌情埋设风障。若为沙土地翌年返青前，需追施稀人粪尿并浇1次水。⑤在日光温室内可在韭菜收割前4～10天(株高10～15厘米)时，追肥浇水，并注意通风降湿，空气相对湿度为60%～70%。⑥每刀韭菜的收割间隔期为30天左右，收割部位以叶鞘的青白结合部为宜。若割韭菜后就毁根，可尽量割得深些。

(4)注意事项　在使用含锰农药(如代森锰锌)过量时，易造成植株锰过剩症，受害植株出现嫩叶轻微黄化、外叶黄化枯死等症状。

177. 怎样避免韭菜植株倒伏？

(1)症状识别　韭菜生长过旺时，假茎纤细。或叶片肥大头重脚轻，致使叶片披散、呈倒伏状。严重时，叶片杂乱无章铺满地面，使下部的叶片变黄、腐烂。

(2)诱发因素　由于种植过密、基肥充足、雨水多、夏季温度较高等因素，造成生长过旺。直播韭菜和移栽养根韭菜都会发生倒伏，尤以养根韭菜初秋倒伏最为普遍。

(3)预防措施　①一般每667米^{2}直播韭菜用种量为3～6千克。根据品种的分株特性、播种期的早晚、种子发芽率的高低，来确定适宜的播种量。品种的分株特性强、播种期早、种子发芽率高时，可适当少播种；反之，可适当多播种。按30～40厘米的行距开沟，沟深10厘米、宽15厘米，踩实沟帮，顺沟浇透水，水渗后把干种子撒在垄沟内，覆盖薄土。在出苗期间，保持土壤湿润(可用薄膜、秸秆、遮阳网等物覆盖)。当韭菜有4～5片叶后，要注意控水，每次浇水或降雨后，适时锄地培土。进入雨季前，在韭菜行间开沟，以利于排水。②采用育苗移栽，在播种后75～90天、苗高18～30厘米、有5～8片叶时定植。采用平畦，行距15～25厘米、穴距10～15厘米，每穴栽苗10～20株，栽成圆撮或短条状。也可采用沟栽。一般露地栽培分株特性强,种植略稀;保护地栽培分株特性弱,种植略密。③适量施用基肥和追肥。雨季控制浇水,雨后即排水、不追肥。雨水多的地区采用高培垄栽培。

(4)补救措施 ①春季发生倒伏,可将上部叶片割掉1/3～1/2,以减轻上部重量,促使韭菜直立生长。②秋季发生倒伏,从韭菜垄两侧由下向上用手捋掉部分老叶和叶鞘,或把倒伏的韭菜叶片用木棒挑拨到一侧,晾晒一侧垄沟及根部,过5～7天后再将韭菜翻挑拨向另一侧。

178. 怎样避免韭菜植株出现死株?

(1)症状识别 因根腐造成的韭菜死株。

(2)诱发因素 ①在韭菜田里堆放畜禽粪和杂物,引起局部高温,使韭根处于无氧条件下造成窒息性根腐。②用含有污染物的河水、坑塘水浇地,或泼污水,使土壤遭到破坏或使韭菜直接中毒,引起根腐死亡。③浇冻水的时间偏晚或水量过大,造成地内积水结冰,冻融交替拉断根系。或堆放积雪、或低温下水浸根部,均可引起根腐根死亡。④使用除草剂不当产生的药害。⑤病虫危害。

(3)预防措施 ①在韭菜田内不要堆放畜禽粪和杂物等。②选用井水或干净河水浇地。③适时适量浇冻水(见上)。④根据杂草种类及防除时期,确定用药土地面积、选择适宜药量和稀释对水量,合理使用除草剂。⑤积极防治韭蛆、枯萎病等。

(4)补救措施 及时清理田间死株(含根部)。

179. 韭菜植株有哪些缺素症?怎样防治?

因韭菜多年在同一块田地内生长,一般在老韭菜田可发生植株缺素症。

(1)缺铁症

①症状识别 植株缺铁时,一般在出苗后10天左右出现症

状，叶片失绿、呈鲜黄色或浅白色，失绿部分的叶片上无霉状物，叶片外形无变化。

②防治措施　可适量增施腐熟有机肥。或叶面喷洒 0.2%硫酸亚铁溶液。

③注意事项　在低洼潮湿地、或盐碱含量较高的板结地块发病较重(新老茬韭菜没有差异)。

(2)缺硼症

①症状识别　植株缺硼时，一般在出苗后 10 天左右出现症状，整株失绿，症状重时叶片上出现明显的黄白两色相间的长条斑，后叶片扭曲、组织坏死，生长发育受阻。

②防治措施　叶面喷洒 0.5%硼砂溶液。

③注意事项　若硼过剩，则从叶尖开始枯死。

(3)缺铜症

①症状识别　植株缺铜时，一般在出苗后 20～25 天开始出现症状。出现症状前生长正常，当韭菜长到最大高度时，在顶端叶片 1 厘米以下的部位出现长 2 厘米失绿片段、酷似干尖，

②防治措施　叶面喷洒 0.14%硫酸铜溶液。

(4)缺镁症

①症状识别　植株缺镁时，外叶黄化枯死。

②防治措施　试用 0.1%～0.2%硫酸镁溶液喷洒叶面。

(5)缺钙症

①症状识别　植株缺钙时，中心叶黄化，部分叶尖枯死。

②防治措施　试用 0.3%～0.5%氯化钙溶液喷洒。

(6)其他防治措施　实行轮作倒茬。适量增施优质腐熟农家肥。若是同时缺乏多种微量元素，根据其发病规律，在出苗后 10 天左右用 0.2%硫酸亚铁和 0.5%硼砂的混合溶液喷洒 1 次，在出苗后 20 天左右用 0.5%硼砂和 0.14%硫酸铜的混合溶液喷洒 1 次。

180. 什么是大蒜的品种退化？怎样避免？

(1)症状识别 大蒜品种连续栽培2年后出现植株矮小，假茎变细，叶色变浅、变小，薹细，蒜头变小，小瓣蒜和独头蒜增多，提早枯黄植株增多，产量逐年降低等症状，这是品种退化现象(又称为种性退化)。

(2)诱发因素 ①连年用蒜瓣进行无性繁殖。②长期田间管理粗放。如土壤贫瘠、理化性状不良，或缺乏有机肥料，或施化肥多，或多年连作，或缺少水肥，或种植密度过高、植株发育不良，或采薹方法不当、过早或过迟，或茎叶损伤，或选种不严格等。③大蒜体内存在过量病毒(鳞茎膨大期遇到高温干燥天，对传播病毒病极为有利)。均可造成品种退化。

(3)预防措施 ①种植脱毒的大蒜原种或良种。②异地建立大蒜留种田(在纬度相近地区)、如北方向南方引种，或山区向平原引种，在一定程度上可避免大蒜品种退化。③选择疏松肥沃不连茬的地块作为留种田，适期播种，合理稀植(如行距20～25厘米、株距12～16厘米)，加强水肥管理，使植株生长健壮早抽薹、适时提薹，及早增加蒜头内的干物质积累。④要做到收前选蒜株，收时选蒜头，贮期防高温、高湿保蒜种，播前选蒜瓣。一是在留种田内选择具有品种形态特征、叶片正常落黄、无病虫害症状表现的植株。二是在这些植株中，选择蒜头肥大而圆、底平无贼瓣(夹瓣)，无损伤，(蒜皮或蒜肉的)颜色一致，蒜瓣数量适中、蒜瓣大小均匀，符合品种形态特征的蒜头作种蒜。三是将选好蒜头确实晾干，扎成小捆或编辫后在阴凉通风条件下单独贮藏。四是在播种前，剔除受冻、受热、受伤、有病斑、过早发芽发黄、失水干瘪的蒜瓣，用洁白肥大的蒜瓣(称为种蒜或蒜母)播种。⑤用气生鳞茎作种。在大蒜抽薹后，不采收蒜薹，延迟蒜头收获期15～20天，待蒜薹变黄、气生鳞茎发育成熟时采收，选直径大于0.4厘米的气生鳞茎贮藏过夏。9月上中旬在平畦上开沟条播或撒播，每667米^{2}苗数在12万～15万株，覆土厚约2厘米，镇压后浇水，以后管理与用蒜瓣播种的大蒜相同。一般在第一年长独头蒜，将独头蒜收藏好，秋天种下去就可长成正常蒜头，蒜头明显增大。

(4)注意事项 ①脱毒大蒜种植超过3代以上则增产效果不明显。收获脱毒大蒜不能太迟，否则易造成散瓣。②无薹蒜或薹瘦小或不结鳞茎的蒜，均不能采用气生鳞茎法繁殖。

181. 大蒜播种后为什么出现"跳蒜"？

(1)症状识别 跳蒜又称为跳瓣、蹦蒜。指大蒜在播种后扎新根时，有时会把蒜瓣(蒜母、种瓣)顶露出土面或离地面很近的现象。容易使蒜瓣因干旱逐渐枯死而造成缺苗断垄，或不枯死蒜头也会早期发红、蒜皮硬化，影响蒜头的生长发育。或到生长后期，外层蒜皮干缩并逐步向内扩展，使蒜头形成皮蒜。或发生裂头散瓣，而影响产量。

(2)诱发因素 ①因栽培时耕翻过浅，或栽培地块土质太松，栽植过浅，覆土较薄较干。或浇水量小时，土壤对蒜瓣没有多大压力，致使大蒜发根时，成束、立着长的蒜根(30多条须根)把蒜瓣顶出地面。②带着盘踵(干缩的茎盘)播种，也易出现跳蒜。

(3)预防措施 ①选择不重茬，光照条件好、富含有机质疏松肥沃的中性沙质壤土地块种大蒜，翻地20厘米深。每667米^{2}施腐熟优质有机肥4 000～5 000千克作基肥(有机肥要捣碎倒匀)，过磷酸钙30～50千克，硫酸钾15～30千克。②对于酸性土壤，在耕地前施入100～150千克生石灰，以中和酸性。秋播大蒜在播种前施入基肥，再翻地1次，将地面耙平耙细；春播大蒜在入冬前施入基肥并深翻土地。将地面耙平耙细，封冻前浇水保底墒。③播种前除去蒜瓣上的盘踵和蒜皮。④开播种沟(春播底墒要好)，酌情可向沟内施些种肥，按蒜瓣大小分别栽种，使蒜瓣直立，其上端深度保持一致。播种深度为6～7厘米(蒜瓣高约3厘米),覆土厚3～4厘米并耙平,待表土干后踩一遍或镇压。秋播大蒜在播后浇1次透水,过4～7天快出苗时浇第二次水,雨后注意排水。

(4)补救措施 发现“跳蒜”后可采取如下措施。①再把蒜瓣栽入土中后覆土,并浇1次水。②结合松土,往种植行两侧稍培土,然后用双脚在苗的两侧踩一遍,要注意不要碰(踩)伤蒜苗。地面不宜干旱,及时浇1次水,以免蒜瓣干枯。

(5)注意事项 ①若在盐碱地上栽培大蒜,则不剥皮去踵,以防返碱腐蚀蒜瓣,造成烂种。②大蒜在适宜的温、湿度条件下生根发芽,秋播后需7～10天,春播后需10～20天。③在幼苗出土前,若地面板结,可浇水而不能锄地,以免碰伤芽鞘,影响幼苗出土。

182. 6～7月份播种的大蒜为什么出苗慢?

(1)症状识别 在6～7月份播种后大蒜发芽慢,需15～30天才能出苗。

(2)诱发因素 ①大蒜耐热性差,高温干旱不利于蒜种萌芽。②大蒜本身的休眠特性,早熟品种的休眠期为65～75天,晚熟品种的休眠期为35～45天。

(3)预防措施 ①在播种前15～20天,将种蒜蒜瓣分级后放在清水里淘洗一下捞出置于地窖内或塑料棚中,铺在地面(铺蒜的土壤湿度以手捏成团、落地即散为宜),厚为7～10厘米,每隔3～5天翻倒1次,使种蒜受潮均匀、发根整齐,经过15～20天,大部分蒜瓣发出白根时即可播种。②在播种前15～20天,将种蒜蒜瓣分级后挑选中小瓣蒜用作青蒜栽培,剥去部分蒜皮和蒜盘,浸水1～2天,捞出用河沙堆放在阴凉通风处催芽,待大部分蒜瓣露根后播种。③用浙江本地白皮蒜,先把种蒜在25℃～28℃清水中浸泡24小时,捞出种蒜沥干,剥去蒜瓣外的干枯膜质叶鞘,再用刀片切去种蒜瓣顶尖约1/5(视芽孔为度),栽入土中,经10天左右出苗，比不剥皮不切顶出苗提前12天左右。④播种后浇透水，地面用稻草或麦秸覆盖防晒保墒。也可搭1米高的平棚或利用大中棚的骨架，覆盖遮阳网。

(4)注意事项 地温在20℃～23℃、气温在23℃～27℃，大蒜可以正常萌芽。但温度越高萌芽越不良。

183. 为什么会出现独头蒜？

(1)症状识别 大蒜不分化出鳞瓣、不抽花茎，每头仅有一瓣的现象，称为独头蒜。独头蒜产量低、无蒜薹。

(2)诱发因素 ①选用蒜头个体小、瓣瘦小的蒜瓣作种蒜。②土壤瘠薄地，或肥料不足地、或连茬种植地。③播期偏迟(各地日期略有不同)。④种植密度过大。⑤在田间管理过程中，因干旱、病虫危害、草害等因素，造成植株生长不良。⑥土壤偏碱或有树木遮荫等。均易形成独头蒜。

(3)预防措施 ①根据生产目的选择种蒜。若生产蒜头可种植白皮蒜，若生产蒜薹可种植紫皮蒜。②选择洁白肥大的蒜瓣作种蒜，一般要求每500克种蒜瓣有70～130瓣。③适期播种。秋季大蒜应在秋分至寒露期间播种；春季大蒜应在土壤5厘米深处开始化冻时，约在3月中旬以前(不出数九)播种。④合理密植。一般白皮蒜行距为16厘米、株距为10厘米，而红皮蒜行距为10厘米、株距为8厘米。⑤在幼苗期，要控制浇水、松土保墒，防止徒长和提早褪母。⑥秋播大蒜在临冬前浇1次大水(夜冻日消时)，封冻前可在地面覆盖稻草、杂草、马粪或立风障等物，翌年春暖及时揭开覆盖物，2月下旬至3月上旬浇好返青水，进入3月中旬应加强中耕以利保墒提高地温。⑦为防干旱低温，春播大蒜可采用坐水栽蒜、两次封沟，或浇明水，或用地膜覆盖等方法播种，可提高出苗率。⑧褪母结束前，浇水追肥(见后文)。⑨在鳞芽膨大期(在蒜薹成熟后)，每667米^{2}追施尿素10～15千克，每隔3～5天看天浇1次水，保持地面不干，并可叶面喷洒0.15%～0.2%磷酸二氢钾溶液。收获前5～7天停止浇水。⑩适时除草，及早防病治虫。

(4)注意事项 ①在北纬38°以南地区以秋播为主，也可春播；在北纬38°以北地区春播为主。②大蒜整个生长周期分为发芽期、幼苗期、花芽分化期、鳞芽(又称为蒜瓣)分化期、花茎伸长期、鳞芽膨大期、休眠期。从大蒜第一片真叶展出至花芽鳞芽分化开始为幼苗期，春播早熟品种为50～60天、秋播晚熟品种为180～210天。在幼苗后期，种瓣的养分消耗殆尽，褪母逐渐结束。③秋播大蒜返青后的生育阶段比春播大蒜提前7～10天，但田间管理措施基本一致。④年前纵切开蒜瓣，早熟品种的心芽已长到蒜瓣顶部，中熟品种的心芽尚在蒜瓣中部，晚熟品种的心芽还在蒜瓣底部。⑤近年来，独头蒜以其外形圆整美观、食用方便等，市场需求日增，可利用诱发独头蒜的因素来生产独头蒜，以满足市场需求。

184. 为什么会出现无薹蒜？

(1)症状识别 播种后的大蒜只长蒜头而没有长出蒜薹。

(2)诱发因素 无薹蒜完全是环境条件影响，与种性无关。①春季大蒜播种期过晚，气温增高，植株没有完成春化作用，使花芽没有分化或花器没有发育。②秋季大蒜播种期过晚，在冬前生长期偏短，幼苗小，降低植株越冬能力。上述均易诱发无薹蒜

(3)预防措施 ①根据各地气候条件，适期播种。如南方农谚“中秋不在家、端阳不在地”，陕西关中农谚(指农历或阴历)“七大八小九不栽、十月栽下没蒜薹”，北方农谚“种蒜不出九、出九长独头”(指春季大蒜)。②应先了解所引品种的抽薹习性及原产区的纬度和海拔高度。③若以产蒜薹为生产目的，需种植抽薹性好的品种。

(4)注意事项 ①只有大蒜幼苗长到相当大小，经过30～40天的0℃～4℃的低温后，再遇到13℃以上的较高温度和长日照，

生长点才开始花芽分化。②秋播大蒜越冬时的壮苗标准：幼苗有5片叶左右，株高25厘米以上，有须根30余条，单株鲜重10克左右。

185. 什么是洋葱型大蒜？

(1)症状识别 洋葱型大蒜又称为面包蒜、气包蒜、洋葱状蒜。面包蒜在整个生长发育期与普通植株无异，其蒜头外观与一般大蒜无异，只是重量较轻，内层鳞片未能充分膨大，而外层鳞片增多并异常加厚。待成熟收获晒干后，鳞芽中数层异常肥厚的鳞片才开始脱水成膜状，造成体积明显收缩，用手一捏蒜头，如面包一样干瘪，没有食用价值，对产量影响极大。面包蒜可分为全部鳞芽未发育、部分鳞芽发育不良、部分鳞芽未发育3种类型。

(2)诱发因素 ①在基肥中，氮、磷、钾肥严重过量，或各肥料之间配比不当，或单施氮肥，或单施氮肥和磷肥。②春季追施氮肥时间偏早(3月6日)，用量偏多(每667米^{2}追施尿素40千克)，③在黏性土质的田地内种植大蒜。④在(沙壤土)土壤中相对含水量达到70%以上。⑤种植苍山蒜。上述均易诱发洋葱型大蒜。

(3)预防措施 ①选种苏联蒜。不宜在黏性土质的田地内种植大蒜。选择排灌方便的地块种植大蒜。②在每667米^{2}施的基肥中，折算纯氮为20千克、五氧化二磷为10千克、氧化钾为15千克为宜。③在4月6日(山东地区)，每667米^{2}追施尿素20千克。④根据大蒜不同的生长阶段及天气条件，适时适量浇水，维持适宜的土壤中相对含水量。

186. 大蒜为什么会散头？

(1)症状识别 散头蒜又称为散瓣蒜。常见的有以下几种类型。①蒜头上的鳞芽尖向外开放，蒜瓣分裂，外皮裂开。②包被蒜头的叶片数少，蒜瓣肥大时将叶鞘胀破。③叶鞘破损、腐烂，蒜瓣外部压力减小。④蒜头的茎盘发霉腐烂，蒜瓣与茎盘脱离。这些都会造成蒜头开裂、蒜瓣散落，影响蒜头的商品价值。

(2)诱发因素 ①种植的大蒜品种，其蒜头的外皮薄而脆易破碎。②在地下水位高、土质黏重的地块种植大蒜，因排水不良、土壤湿度大，使叶鞘的地下部分容易腐烂。③播种过早，在蒜头（鳞芽）膨大盛期植株早衰，下部叶片多枯黄，使蒜头外围的叶鞘提前干枯，蒜头肥大时易将叶鞘胀破。播种过晚，花芽分化时的叶片数少，蒜头膨大时也容易将叶鞘胀破。④覆土过浅，蒜头外露，风吹日晒致叶鞘受损。⑤在农事管理过程（如锄地）损伤蒜皮。或多次过量追施氮肥。⑥过早抽取蒜薹或抽蒜薹时蒜薹从基部断裂，造成蒜头中间空虚。⑦收获过迟或土壤渍水，茎盘在土中腐烂。⑧蒜头收获后遇连阴雨或潮湿环境，造成茎盘易霉烂。均易诱发大蒜散头、落瓣。

(3)预防措施 ①选种蒜头的外皮不易破碎的品种。②可采用高畦栽培或选择地下水位较低的壤土或沙质壤土栽培。③适期播种。蒜头肥大期应停止中耕，以免损伤蒜头外皮。适量追施氮肥。④从大蒜抽薹至蒜薹成熟，要浇水6～7次，在抽蒜薹的前几天停止浇水。当总苞变白叫做白苞，为蒜薹采收适期（此时蒜薹基部柔嫩、顶生叶的出叶口不紧）。在晴天下午或露水干后的阴天，以食指和拇指捏住“白苞”下部，缓缓垂直向上提，使蒜薹从基部断裂，就可把蒜薹抽出；或在距离地面约15厘米处用粗铁针或竹签横穿蒜茎，截断蒜薹，一只手捏住蒜薹基部，另一只手用力抓住薹茎轻轻向上抽出。采薹后随手折倒1片叶盖在叶鞘露口处，防淋入雨水。⑤一般在蒜薹收获后约15天时控水干田，降雨多的地区要做好开沟排水工作，降低土壤湿度。再过5～6天，植株叶片枯萎，假茎松散，为蒜头收获适期。⑥收获蒜头后应及时将须根剪去，留在茎盘上的残根干燥后可对茎盘起保护作用。⑦蒜头收获后遇连阴雨天，可在室内蒜头朝上摆放在地上晾干。如量多时可将蒜头朝下摆在秫秸架上，上面用苫席、或防雨布、或塑膜遮盖，周围挖排水沟；或将20～30株捆为一束，晾在空地上，遇雨垛起来（下垫木杆等物），垛上遮盖防雨物，当雨停后立即揭物晾干。⑧蒜头晾干后移至室内贮藏时，要注意通风防潮。⑨其他措施可参照上文有关内容。

(4)注意事项 ①正常蒜头上的数个鳞芽（蒜瓣）尖均紧贴蒜中轴，外面由多层叶鞘（蒜皮）包裹着，蒜瓣不易散裂。②大蒜的花茎、即蒜薹呈圆柱形，长60～70厘米。花茎顶部有上尖下粗的总苞，似尾状。

187. 地膜覆盖栽培大蒜时会出现什么问题？怎样避免？

(1)症状识别 ①春季地膜覆盖栽培大蒜时，会出现产量虽高，但蒜头的瓣数太多，内层蒜瓣小（大多无食用价值），蒜瓣发育不充实，辣味较淡，商品质量降低，而且抽薹慢、抽薹率降低等问题。②秋季地膜覆盖栽培大蒜时，会出现大蒜出苗慢，易造成烂瓣等问题。

(2)诱发因素 ①春季覆盖地膜后使地温增高和地温的昼夜温差值缩小，缩短了低地温的天数，不符合大蒜生长发育的需求，造成分株过多和花芽分化晚而不正常。②秋季地膜覆盖播种过早，造成地温偏高。

(3)预防措施 ①适期播种。铺地膜播种与露地播种相比，春季可适当提前播种日期。如辽宁省中南部地区可在3月上中旬整地覆膜。秋季可适当推迟播种日期。如山东省及江苏省可在9月下旬至10月上旬。②在做畦前施入基肥，其中氮肥的施用量比露地栽培减少1/3左右，磷、钾肥用量与露地栽培相同。揭地膜前不施追肥。③播种后把垄面或畦面轻轻拍平拍实，浇水后向垄面或畦面上喷洒除草剂，然后覆地膜。④在幼苗出土顶地膜时，对未能破膜的幼苗,需用小刀或木棍划破地膜将幼苗拉出,破膜孔尽量要小,并用土把破膜孔封严。⑤覆盖地膜后,注意地温变化,使0～20厘米的土层内的平均地温不超过20℃。植株进入鳞芽分化前(一般当气温稳定在15℃以上、蒜薹行将露出总苞时),可将地膜全揭掉或半揭膜。⑥酌情增加浇水次数,减少每次的浇水量,以保持土壤湿润。

188. 怎样避免地膜覆盖栽培大蒜出现早衰症状?

(1)症状识别 在采蒜薹前,先是植株叶片普遍发黄、继而下部叶片和上部叶片的叶尖逐渐干枯。根系的根尖色泽发暗,重者变褐死亡,使根系吸收水肥的能力大大下降。植株提前倒伏,蒜头小、品质劣,重者蒜薹变短变细甚至不抽薹。

(2)诱发因素 ①长期种植单一品种,造成种性退化。或外引的品种不适应当地的气候条件。②不能合理施用肥料。表现在大量施用氮素化肥和磷肥,忽视有机肥、钾肥及中量元素肥料,造成土壤中养分不均衡,速效氮含量快速上升,而有机质、速效钾及中量元素等的含量呈下降趋势。或是一次施化肥量过大,造成烧根(浇地入水口处或低洼处)。或是施用伪劣假冒肥料,造成植株中毒。或是基肥不足。③连茬种植。④播种过早,幼苗发育早,冬季易受冻害。⑤种植过密,植株长得细高易倒伏。⑥管理措施不到位。如使用旋耕机造成土壤耕层变浅,或田间遗留大量植株残体,或生长中后期揭膜过迟或不揭膜,造成地温偏高(达到28℃),或不能正确采薹,造成假茎倒伏或染病。⑦4～5月份有病虫危害。均易诱发大蒜出现早衰症状。

(3)预防措施 ①种植脱毒大蒜优种,或适宜黄淮地区种植的优种。地膜覆盖种植适期为9月25日至10月15日。每667米^{2}种植2.7万～2.8万株。②可与小麦轮作。提前建立完整的田间排水沟渠，避免田间积水。③每 667 米^2 施腐熟厩肥 4 000～5 000 千克及腐熟饼肥 100～150 千克（共折合纯氮为 21 千克、五氧化二磷为 15 千克、氧化钾为 16 千克）、大蒜配方肥 100 千克、硫酸锌 2～3 千克、硼砂 0.4 千克等作基肥，在返青期和鳞芽膨大期分别随水追施尿素 10～15 千克和 15～20 千克，采薹后叶面喷洒 1% 磷酸二氢钾溶液 2 次（间隔 5～7 天）。④合理采薹。适时揭地膜（均见上文）。⑤注意防治各类病害。⑥清理残株。

189. 大蒜叶片为什么出现黄尖症状？

(1)症状识别 大蒜植株在长至有 4～6 片叶时，叶片的尖端出现发黄现象、即“黄尖”。

(2)诱发因素 ①植株黄尖是褪母结束的表现，表明种蒜内的养分消耗完，开始靠根系吸收养分、但还不能满足植株需求，故出现黄尖，是一种正常的生理现象（干烂）。②土壤湿度偏高或土壤返碱，有韭蛆为害，可加重“黄尖”的发生（湿烂）。

(3)预防措施 为减轻黄尖发生，可采取以下措施。①秋播大蒜在褪母时，每 667 米^2 可开沟追施腐熟有机肥 1 000～1 500 千克或标准氮肥 15～25 千克，覆土浇水，适时中耕。②春播大蒜，最好在播后 35～40 天之间追肥浇水。③春季如发现田间地面发白（土壤返碱），要及时浇水压碱、中耕保墒。④注意防治韭蛆。

(4)注意事项 ①大蒜的褪母有干烂和湿烂两种类型。②地面返碱会侵蚀种蒜，使种蒜发出臭味，吸引种蝇来产卵而遭受蛆害。

190. 大蒜叶片为什么出现黄叶、干枯症状？

(1)症状识别 受害植株叶尖变成紫红色，沿叶脉逐渐向叶鞘发展，失绿变黄，严重时整片叶干枯死亡。根系发育不良易死亡。植株明显矮化，蒜薹细短。重者不能抽薹。蒜头直径多在 5 厘米左右。一般在2月底至3月初显症，初期黄叶点片发生，连茬2～3年后全田都发生黄叶。

(2)诱发因素 ①连茬种植。②偏施化肥，忽视施用有机肥和微肥。③土壤板结，或盐碱化。④冬季气温偏高、降水少，造成土壤墒情差。或土壤湿度偏高。⑤多次寒流降温，使植株受冻。⑥病虫危害。上述均易造成黄叶、干枯症状。

(3)预防措施 ①选择无伤无病、单粒重5克以上的洁白蒜瓣作种蒜。②最好与小麦、玉米、瓜类、豆类、茄果类、马铃薯等作物实行3年轮作。③合理施用基肥。④深耕土地25～30厘米。⑤在日平均气温20℃～22℃时播种，覆盖地膜大蒜播期较露地播期再推迟7～10天，越冬前幼苗要达到壮苗标准。⑥土壤湿度大时，中耕散墒。适时浇封冻水，浇水后中耕保墒。⑦翌年春季返青后，在蒜薹及蒜头形成期，及时结合浇水追肥。⑧注意防治各类病虫害。⑨其他措施可参照上文有关内容。

(4)注意事项 ①有些地区在入冬时，大蒜就会出现黄叶、干尖现象。②植株缺钙、镁等元素，也可造成黄叶(见下文)。③在大蒜播种后出苗前使用除草剂(如乙草胺)过量，易引起叶片生长受抑制，失绿发黄，个别心叶扭曲，根系减少，蒜头变小等症状。

191. 大蒜为什么出现二次生长现象?

(1)症状识别 大蒜的二次生长是指侧芽在形成蒜瓣的过程中，不经过休眠，顶芽萌发生长出许多细长丛生叶的现象，又称为次级生长、分杈、蒜瓣再生叶薹、马尾蒜、胡子蒜、分株蒜等，多在抽薹前后发生。二次生长可分为以下3种类型。①外层鳞芽型。又称为外层型二次生长、背娃蒜、母子蒜。使蒜瓣排列混乱，蒜头畸形，形成复瓣蒜(由蒜瓣再生叶薹长成的次一级蒜瓣，使蒜头形成复瓣蒜，复瓣蒜的蒜瓣很小，无商品价值)，收获时外层蒜瓣容易分离散落在土中，对产量和商品性影响较大。②内层鳞芽型。又称为内层型二次生长。此类型发生轻时，对蒜头质量影响不大，但严重时也可使蒜头排列松散，易开裂，形成散瓣蒜；同时在一个蒜瓣中往往包有1个或几个小蒜瓣，在其外观不易辨认，如用作种蒜则出现丛生苗，影响大蒜的生长和蒜头肥大。③气生鳞茎型。又称为顶生型二次生长。总苞中的气生鳞茎延迟进入休眠而继续生长成小植株，甚至再抽生细小的蒜薹，蒜薹多短缩在叶鞘内或突破叶鞘，丧失商品性价值，使蒜头变小或形不成蒜头。有时两种类型会同株混合发生。

(2)诱发因素 ①种植早熟品种。或南种北引。②在播种前种蒜经过人为或自然的低温处理。③播种期过早(在8月份)。④采用地膜覆盖栽培。⑤冬季气温偏高和农田的屏障增温效应，使幼苗生育进程加快，植株生长量增加，为二次生长提供了物质基础。⑥入冬前后因寒流降温，使幼苗过早通过春化作用。⑦在鳞芽膨大初期偏施氮肥和降雨或浇水偏多。⑧在花芽和鳞芽分化期地上部或地下部受到损伤。上述均易诱发大蒜出现二次生长。

(3)预防措施 ①最好在纬度相近的地区之间引种。需选择不易发生二次生长的品种，特别是不易发生外层型二次生长的品种。②应在气温20℃～25℃、空气相对湿度低于75%的条件下贮存种蒜。③酌情根据生产目的来选择品种类型，如以生产蒜薹为主可选择早熟品种、以生产蒜头为主可选择中熟品种、以薹、头兼用可选择中早熟品种。④秋季在适宜时间播种。避免入冬前幼苗生长过大，以达到壮苗标准为宜。⑤翌年春季返青后，在蒜薹及蒜头形成期，及时结合浇水追肥，避免偏施氮肥。保持土壤湿润，降雨多时注意排水防渍。⑥要适当提前收获发生二次生长的植株，否则易裂头散瓣。⑦其他措施可参照上文有关内容。

(4)注意事项 ①外层型主要在苗期发生，而早熟品种(如蔡家坡红皮、云顶早、雨水早等)以外层型二次生长为主。内层型主要在鳞芽分化后发生，而中熟品种(如苍山蒜、温江早等)以内层型二次生长为主。而较晚熟的改良蒜只有内层型二次生长。②大蒜病毒病可导致植株出现怪薹症状，病株新生叶发育受阻，植株变矮，叶片和假茎畸形扭曲，蒜薹无法抽出，产生肿颈。③蒜头在收获后晾晒时或贮存过程中易伤热，伤热表现是蒜根发褐色，蒜瓣肉色发黄，稍黄为稍热伤，全黄为伤热。伤热的蒜种发芽慢，蒜苗尖弯曲，生长到中后期蒜苗黄尖或烂瓣，不可能得到健壮的蒜苗和较高的产量。

192. 大蒜植株有哪些缺素症？怎样防治？

(1)缺 氮 症

①症状识别　植株缺氮，生长受抑制，先从叶片外部失绿发黄，重则枯死。

②防治措施　在蒜头膨大前是施氮肥的关键期，应在蒜头膨大前施足氮肥。但要注意植株吸收氮素过多，叶色深绿，发育进程滞缓，地上部分“贪青”生长，大蒜成熟晚。蒜头内的氮积累过多，易诱发心腐病(氨过多症)。

(2)缺 磷 症

①症状识别　植株苗期缺磷，株高降低，叶数增加受抑制，根系发育不良。蒜头膨大期缺磷会减产。

②防治措施　需在基肥中配施磷肥，或叶面喷洒磷酸二氢钾溶液。

此外，植株吸收磷素过多，可表现缺钙、缺钾、缺镁等症状，易诱发心腐病(磷过多症)。

(3)缺 钾 症

①症状识别　植株苗期缺钾，并无明显症状，但对以后蒜头膨大产生很大的影响。在蒜头膨大期间缺钾，易感染心腐病、白腐病。

②防治措施　一般来说，大蒜长到一定高度，要控制氮肥，增

施钾肥。

(4)缺钙症

①症状识别　植株缺钙，会影响根系和生长点的发育，降低组织内部碳水化合物的含量，使蒜头膨大受阻，产量降低，品质下降，同时也诱发心腐病。

②防治措施　酌情施用含钙肥料。

(5)缺硼症

①症状识别　植株缺硼，生长不良，叶片弯曲，嫩叶黄绿相间，质地也变脆，蒜头疏松。

②防治措施　每667米^{2}在基肥中配施1千克硼砂。发病后可叶面喷洒0.1%～0.2%硼酸溶液。

(6)缺镁症

①症状识别　植株缺镁，嫩叶顶部变黄，继而向基部扩展，严重时全株枯死。

②防治措施　植株缺镁，可叶面喷洒1%硫酸镁溶液，每隔5～7天喷1次，连喷2～3次。

193. 选择洋葱品种时需注意些什么？

洋葱又称为圆葱、葱头、团葱。其种植适应性强、营养丰富、贮藏性好，在国内外有广阔的市场需求，种植面积逐年扩大，但需根据当地气候条件、市场需求来选择洋葱品种。

(1)洋葱类型　根据鳞茎的形态可分为以下3种类型。

①普通洋葱　根据鳞茎的皮色又可分为以下3种。第一种是红皮洋葱，鳞茎外皮为紫红色或粉红色、呈圆球形或扁圆球形。产量较高，辣味较浓，品质不如黄皮洋葱；鳞片自然休眠期较短，萌芽较早，含水量较大，贮藏性较差。多为晚、中熟品种。第二种是黄皮洋葱，鳞茎外皮为铜黄色或淡黄色、呈圆球形或扁圆球形或高桩圆球形。产量略低于红皮洋葱，较耐贮藏，较少发生未熟抽薹。多

为中熟品种和早熟品种。第三种是白皮洋葱，鳞茎外皮为白色、呈小扁圆形。品质极佳，产量低，抗病性弱，较易发生未熟抽薹。多为早熟品种。

②分蘖洋葱　每株蘖生几个至十几个不规则的鳞茎（大鳞茎供食用、小鳞茎供繁殖），其鳞茎小品质差，但抗旱性极强很耐贮藏，宜在冬季严寒的地区（如我国东北地区）种植。

③顶球洋葱　在花茎上气生小鳞茎 7～8 个或 10 余个不等，小鳞茎极耐贮藏。东北地区有种植。

(2)日照需求　长日照是鳞茎形成所必需的条件，只有在长日照条件下叶鞘基部才开始增厚形成鳞茎。而在短日照条件下，即使具备较高的温度，洋葱虽能生长，但不能形成鳞茎。所以，在引种前，需考虑所引品种是否能适应当地的日照条件。在安排栽培季节时，必须把幼苗期及叶片生长期置于短日照和较低温度下，而把鳞茎膨大期置于长日照和较高温度下。

①长日型品种　此类品种必须（每日）有 13.5～15 小时的日照条件，才能形成鳞茎。我国的北方品种大多数属长日型品种，一般多为晚熟种。若把该类品种引种到南方，由于气温高、水分充足，植株返青后很快进入叶片生长盛期，因此时的日照条件不能满足鳞茎膨大的需求，相对延长了叶片的生长期。到夏至后，虽日照条件能满足鳞茎膨大的需求，但此时在高温下植株很快枯萎，叶片中的养分不能转移到鳞茎中，只能长成一个小鳞茎而减产。

②短日型品种　此类品种必须（每日）有 11.5～13 小时的日照条件，才能形成鳞茎。我国的南方品种大多数属短日型品种，一般多为早熟种。若把该类品种引种到北方，由于春分过后日照时数逐渐延长，植株的功能叶片没有充分发育，日照条件已能满足鳞茎膨大的需求，过早地长成一个小鳞茎而减产。

(3)春化条件　若要使洋葱植株通过春化阶段，诱导分化花芽而抽薹，需满足以下 3 个条件。一是幼苗绿体必须生长到一定大小后才能有效地通过低温春化，一般认为幼苗叶鞘基部的径粗＜0.5 厘米时不能通过春化。二是需要一定的低温条件，多数品种在 2℃～5℃下即可完成春化。三是通过春化的天数因品种类型有较大的差异，一般品种需经过 60～70 天，某些南方品种只需经过 40～50 天，而有些北方品种则需经过 100～130 天。另外，幼苗绿体越大（径粗＞0.6 厘米），通过春化所需的低温日数越短。冬性弱的品种，幼苗稍小时遇低温也有抽薹的危险；冬性强的品种，幼苗需稍大时才能感受低温而抽薹。

194. 培育洋葱适龄壮苗需注意些什么？

(1)选择发芽率高的新种子　一般洋葱种子的寿命只有 2 年，而且新种子发芽率也易受不良环境条件的影响而降低。2 年以上的种子发芽率显著降低，长出的幼苗生长势弱，又易中途死亡。若种植发芽率低的种子，易造成出苗不全。在生产中宜选购当年的新种子，在播种前最好先测定发芽率，一级、二级、三级良种的发芽率应分别不低于 85%、80%、70%。在洋葱盛花期后 20 天左右，在花球顶部有少数蒴果变黄开裂时，从花球以下 30 厘米处剪断花薹（可分批采收），放在通风良好、避免阳光暴晒处后熟 7 天，剪掉花薹后再行晾晒，干燥后脱粒，把种子适当摊成薄层晾晒（在此期间要防种子层过厚发热丧失发芽率），使种子充分干燥（贮藏含水量高的种子发芽率就会急剧下降），贮存种子含水量在 10%以下，最好达到 8%以下。若在 0℃条件下贮藏、空气相对湿度为 70%，若在 20℃条件下贮藏、空气相对湿度为 30%，可把种子装袋挂在通风处保存。

(2)适期播种　洋葱的播种定植期，根据各地的气候条件而定，大致分为两种类型。①春季播种。一般在当地定植期前的 60 天，利用保护地温床或冷床，催芽播种育苗，在河北及山西的北部地区和内蒙古、东北地区可采用该方式育苗。②秋季播种。在北京以南地区，采用秋季播种育苗，当年在寒冬来临前40天定植幼苗于田间、缓苗后越冬。在北方冬季寒冷幼苗在田间不能安全越冬的地区，采用秋季播种育苗，贮藏幼苗越冬，翌年春季定植。

(3)细心操作 洋葱种子粒小皮厚出土困难，所以在播种时要细心操作。①每667米^{2}用种4～5千克，育成的幼苗可栽5 336～8 804米^2(按60%的发芽成苗率计算，淘汰20%的劣苗)。若种子质量不高，还需增加播种量。②选择土壤肥沃、保水力强、pH值为6～6.5的微酸性土壤(幼苗不耐盐碱)作育苗地，每667米^{2}施腐熟有机肥2 000千克、过磷酸钙30～40千克，将肥料过筛后撒在地面，然后刨翻土地两遍，使土肥混均匀并耙平。③可采用撒播种子，覆土约1厘米厚；也可按行距8～10厘米开深约1.5厘米的沟，撒籽入沟，覆土埋沟，稍镇压后浇水。也可先浇水，待水渗下后，先撒一层底土再撒籽，分2～3次覆土1厘米厚。若为沙壤土或壤土，可采用干籽播种；若为黏壤土，或在保护地内育苗，可催芽后播种。即把种子放在50℃温水中浸泡3～5小时，捞出后稍晾，在18℃～20℃下催芽，有50%以上的种子胚根露出后播种。④在幼苗出土前后要保持土壤湿润，以防土壤干旱或板结而死苗。北方可采取小水勤浇的方法，南方可在畦面上覆盖稻草或麦秸等物来保持土壤湿润。⑤秋季育苗在出齐苗后保持土壤见干见湿，适时按每平方米留700株左右间苗。在幼苗长出2片真叶后，结合浇水适当追施尿素等氮肥。并注意防治病、虫、杂草等。⑥春季育苗在播种后覆盖塑膜，苗床内温度保持在白天20℃～25℃、夜间13℃，保持土壤有充足水分。在出齐苗后温度白天15℃～20℃、夜间8℃左右，保持土壤见干见湿。当幼苗有3片真叶时逐渐加大通风量，幼苗有10～15厘米高时结合浇水少量追施氮肥或复合肥。要避免幼苗生长过快。⑦若发现幼苗茎较粗、呈短缩苗状，而叶片较小，叶色墨绿，这是苗床内缺水干旱的表现，应浇小水。若幼苗叶鞘长而间距大，叶片细长下垂、呈徒长苗状，这是苗床内温度高而湿度又较大、或光照弱、或密度大的表现，应采取措施降温、降湿、增光。

(4)安全过冬 根据当地气候条件，选择适宜的方法使幼苗安全越冬。北京地区的方法如下：①在冬季寒冷干燥地区，在土地封冻前挖出幼苗，捆成直径15厘米左右的小捆，根向下放入地窖内，根周围用湿土培严。入窖初期翻倒苗2～3次，防止受热。窖内温度保持在0℃为宜。在囤苗期要常检查、翻倒，及时清除病烂苗。②假植贮藏(囤苗)。在土地封冻前挖出幼苗，在风障背后东西向开沟，将挖起来的幼苗根向下、叶朝上直立囤沟内，随挖苗随囤苗，一沟囤完后隔开6～7厘米再开第二沟，用挖出的土掩盖前一沟的幼苗，把幼苗的假茎和根部埋严，覆土深度为8～10厘米，不超过"五叉股"为准。待第二沟苗囤好后，再用第三沟的土掩埋，以此类推，囤完一个畦(1.3～1.5米)后，其四周边用土堵严踩实。随着气温的下降，可在畦面上覆盖碎稻草等物。③越冬前在苗畦北面立风障，在(小雪前后)昼消夜冻时的晴天中午浇冻水，浇水后土壤即封冻不融化。浇水量以水全部渗入土壤中没有积水为宜。在开始封冻时在畦面上覆盖一层马粪或土粪或稻草等物防冻。

(5)壮苗标准 冬前苗龄在70天左右(春播春栽的苗龄在60天左右)，株高15～25厘米，叶鞘基部粗0.6～0.9厘米，有3～4片真叶，根系较多，无病虫害。

(6)分级定植 ①每667米^{2}施腐熟农家肥4000千克、过磷酸钙50千克或磷酸二铵20千克，使土肥充分混均匀，整地做畦。北方做宽1.2～1.5米的平畦，南方做高畦。②在定植前严格选苗，先淘汰有病苗、短缩苗、徒长苗、分蘖苗、过大苗(叶鞘基部粗在0.9厘米以上易抽薹)、偏小苗(叶鞘基部粗在0.6厘米以下不易过冬)、黄化苗、根朽苗、腐烂苗、葱苗(大葱苗叶片基部横切面为圆形，洋葱幼苗叶片基部横切面为凹形)等。按行距16～17厘米、株距13～14厘米，把入选幼苗按大苗、小苗分级，分别栽种(大苗稀些、小苗密些)。③采用地膜覆盖(与露地栽培相比),在晚秋季节或初冬季节可适当推后几天定植、在春季可适当提前几天定植。先喷洒除草剂于畦面,混土 5 厘米深,隔畦浇水,水渗下后顺着畦长的方向铺地膜(畦埂上不铺地膜),趁土黏湿时把地膜四边压在畦埂下的湿土内固定,按行距和株距用竹棍在地膜上戳孔,再用竹棍压住洋葱幼苗的须根插入孔内,栽种深度为 2~3 厘米,栽后用手压一下幼苗周围的塑膜,使土苗紧密接触。过 2~3 天后再把空下的畦照样栽插。栽苗深度:黏重土宜浅些、沙质土可深些,春栽宜浅些、秋栽可深些。若栽植过深地上部分易徒长,而鳞茎却长得小而畸形;若栽植过浅地上部分则长势弱,产量低。

(7)注意事项 露地定植幼苗,栽植过浅时,浇水后易造成漂秧(倒秧)。

195. 洋葱幼苗越冬假植贮藏时为什么会腐烂?

(1)症状识别 洋葱幼苗经过一冬的假植贮藏后,有时幼苗会出现根头发红、须根脱落,或全株发黏腐烂,或绿叶腐烂,或假茎变软,或缓苗后植株出现烂叶尖等症状。

(2)诱发因素 ①因上冻过早,来不及从田间起苗而受冻。或起苗后尚未囤苗前因降温而受冻,或囤苗后在幼苗上的覆盖物偏少而受冻。幼苗受冻后在囤苗期间易腐烂。②起苗过早,因气温还高不能囤苗,幼苗堆放在一起造成捂苗,使幼苗受到伤热;或起苗后气温又升高不能囤苗,也易造成捂苗,幼苗受到伤热;或囤苗后在幼苗上的覆盖物偏多而受伤热;或翌年春季撤幼苗上的覆盖物过晚,贮藏沟内温度上升,使幼苗受伤热。幼苗受伤热后也易腐烂。③因雨水、融化的雪水等流入贮藏沟内,湿度增高也易使幼苗腐烂。④把幼苗从贮藏沟内取出后温度高造成缓苗急,幼苗易受到伤热而变软。

(3)预防措施 ①在假植前10天,不可给幼苗浇水。当早、晚田间地表稍冻,中午开化时起苗。②起苗时,尽量不伤根系。严格选苗,淘汰劣苗,并分级(见上)按级分别囤苗。③起苗后,因故暂时不能囤苗,把幼苗放在背阴冷凉处,稍散开不加覆盖,待气温降低后再囤苗。④在背阴,地下水位低、排水条件良好的地块挖深20～25厘米的贮藏沟。冬季较暖地区,沟可浅些;较冷地区,沟可深些。⑤当气温为－6℃～－7℃时,进行假植。⑥随着气温逐渐降低,可逐渐加厚幼苗上的覆盖物(稻草、秸秆、细土等)。也可在贮藏沟上搭覆膜小棚(防雨雪),白天在塑膜上覆盖草苫等物,夜间打开。雨雪后及时撤去薄膜,并防雨雪水流入畦内、沟内。⑦保持沟内温度为－6℃～－7℃,使幼苗叶尖稍冻、假茎不冻为宜。注意避免一冻一化。⑧翌年春季,幼苗定植前10～15天,逐步撤掉幼苗上的覆盖物。定植前2～3天,把幼苗从贮藏沟取出,使幼苗慢慢缓冻,再选苗定植。

196. 洋葱幼苗在定植后为什么会死苗?

(1)症状识别 在秋季或春季幼苗定植后,出现幼苗死亡的现象。

(2)诱发因素 ①幼苗质量低劣。或栽苗过深(缓苗困难)或过浅(易形成吊干苗)。②土壤中大土块较多,使幼苗根系不能很好与土壤接触,造成根系悬空。③秋季定植偏迟,根系未能恢复,在冬季受冻。④入冬前没有浇冻水,使土壤干旱。⑤幼苗在越冬假植贮藏时,受冻或受伤热。⑥春栽时土壤干旱,栽后无雨,又没有浇水条件。⑦田间杂草偏多偏大,拔草时带出幼苗。⑧在盐碱地上种植洋葱。⑨病虫危害。上述均可造成死苗。

(3)预防措施 ①避免在盐碱地上种植洋葱。②整地要细、耙地要平。采用地膜覆盖栽培。③在秋栽或春栽前,都要选优苗淘汰劣苗,按大、小苗分级分别栽种。在栽苗前可酌情使用除草剂。

栽苗时要掌握适宜深度，压幼苗周围土时不可过度用力而伤根。④土壤干旱，应先浇水，待土壤半干时，再做畦栽苗。或栽苗后浇1次水。⑤秋季适期定植，以防幼苗生长过大或偏小。适时适量浇冻水。及时地面覆盖防寒。⑥加强幼苗越冬假植贮藏的管理，避免幼苗受冻或受伤热。⑦注意防治病虫害。

197. 怎样避免洋葱幼苗先期抽薹？

(1)症状识别 洋葱幼苗在鳞茎膨大前抽出花薹称为洋葱的先期抽薹或未熟抽薹，未熟抽薹的植株不能形成鳞茎(葱头)。

(2)诱发因素 ①种植冬性弱(对低温敏感性强)的品种。②播种过早，幼苗生长过大。③播种过稀，营养面积过大，或苗期施肥过多，土壤湿度过高，使秧苗生长过大。④春季返青后氮肥不足，土壤干旱，幼苗生长瘦弱。⑤冬季气温偏高(暖冬)幼苗继续生长，使部分叶鞘基部的径粗＞0.9 厘米，翌年春季遇低温(倒春寒)。上述均易使幼苗通过春化而抽薹。

(3)预防措施 ①在引种时可选择冬性强的品种。避免在不同纬度之间盲目调种。②综合考虑暖冬、土壤肥力、灌溉条件、地膜覆盖等因素，适期播种育苗，一般到越冬前幼苗达到壮苗标准为宜，既要防止幼苗过大又要避免幼苗过弱。③在苗期施肥(基肥和追肥)不宜过多。播种量不宜偏少。保持土壤湿润，在育苗后期适当控制水分以防幼苗徒长。④分级选苗定植。⑤秋栽洋葱在定植缓苗后控制浇水，中耕松土保墒。适时浇冻水。翌年返青后在10厘米地温稳定在10℃左右浇返青水，此后浇水不宜过勤、水量不宜过大，加强中耕松土，保持土壤见干见湿。春栽洋葱在缓苗前不浇水，缓苗后根据土壤墒情适量浇水。进入发叶盛期后适当增加浇水，每隔7～8天浇1次水，保持土壤湿润。当鳞茎部分刚膨大时，控水蹲苗7～10天。进入鳞茎膨大期后每隔5～6天浇1次水，保持土壤湿润，以早晨浇水为好；在鳞茎临近成熟期时，逐步减少浇水，在收获前7～8天停止浇水。在南方则根据降雨情况决定是否浇水，要注意排水防涝(渍)。⑥每667米^{2}的追肥量如下：秋栽洋葱在浇返青水时，施入腐熟人粪尿1 000～1 500千克或硫酸铵10～15千克；在返青后30天左右(发叶盛期)施硫酸铵15～20千克或尿素10千克，在返青后50～60天(鳞茎开始膨大)施硫酸铵20～25千克和硫酸钾8～10千克；在鳞茎膨大盛期，根据土壤肥力和洋葱生长需求，适量追肥。可参照秋栽洋葱追肥方法，对春栽洋葱进行追肥。⑦在幼苗期或花芽分化后，用0.25%乙烯利溶液或0.16%抑芽丹溶液进行喷洒，对抑制先期抽薹有一定作用。

(4)补救措施 发现未熟抽薹，可将花球摘除。不要摘着花茎，以防雨水、病菌造成腐烂。

(5)注意事项 ①当单株幼苗质量超过14克，易抽薹。②土壤肥力充足，可适当推迟数天播种。③在沙性土壤上，生长发育提前，易抽薹。在黏性土壤上，生长发育推迟。

198. 怎样避免洋葱植株分杈？

(1)症状识别 一般洋葱1株结1个葱球(鳞茎)。洋葱在鳞茎膨大前出现分球现象叫做分杈或分蘖，可形成2～4个较小的鳞茎，严重影响洋葱产量及质量。

(2)诱发因素 ①定植大苗、徒长苗、分蘖苗，成活以后很可能出现分杈。②在普通洋葱品种的种子中混有分蘖洋葱种子，自然会出现分球。

(3)预防措施 ①选用纯度高的种子。②定植时淘汰徒长苗、分蘖苗及大苗，选择生长一致的壮苗。

(4)补救措施 ①对于分杈的植株，浇水时从分杈植株根部劈下1个分株，留下1个分株继续生长。②根据田间苗数，酌情拔除多余的分杈植株。

(5)注意事项 余可参照怎样避免洋葱幼苗先期抽薹中有关

内容。

199. 洋葱鳞茎会出现哪些生长异常症状?

(1)裂　球

①症状识别　鳞茎在成熟后期出现开裂现象。

②诱发因素　在鳞茎膨大结束,如连续干旱,突遇降雨或浇水,鳞茎组织吸水膨胀而出现开裂。

③预防措施　在采收前期停止浇水,雨后及时排水。洋葱成熟标志是:植株下部第一至第二叶片枯黄,第三至第四叶片尚带绿色,假茎变软并开始倒伏,鳞茎停止膨大、其外层鳞片变干。当田间有2/3的植株叶片变黄并开始倒伏,外层鳞片变干,就要及时收获。

(2)变 形 球

①症状识别　指生长后期出现的不规则形的鳞茎(葱球)。

②诱发因素　栽植过深,或地温偏低、或到后期不“倒苗”又出现“返青”的植株,多易产生变形球。

③预防措施　根据定植季节、或土壤性质,确定适宜的栽苗深度。定植幼苗不宜过深。不倒的苗可人工倒苗,抑制其生长。即在地上假茎刚变软时,人为地将假茎踩扁使其倒伏在地(倒青)。

(3)大脖子(假茎粗俗称“脖子”)葱

①症状识别　收获时葱头(鳞茎)小,假茎粗,叶片多,营养生长过旺,不易倒苗,造成葱头商品性差,也不耐贮运。

②诱发因素　主要是氮肥施用过多,造成地上部分长势过旺,假茎部过粗而“贪青”,延迟成熟期。

③预防措施　控制氮肥,增施磷、钾肥。

④注意事项　标准葱头(鳞茎)在收获时假茎已干缩变细。

(4)海绵状鳞茎

①症状识别　在收获时鳞茎组织呈海绵状,失去商品价值。

②诱发因素　喷洒抑芽丹的时间过早。

③预防措施　在洋葱收获前10～15天(田间刚出现倒伏时)，选晴天用0.25%抑芽丹溶液喷洒叶片，每667米^{2}喷溶液50～75升，每50升溶液中可加入0.1千克合成洗衣粉。

④注意事项　用抑芽丹处理过的鳞茎不能留种。

(5)鳞茎不膨大

①症状识别　洋葱不长葱头。

②诱发因素　土壤温度太低，不利于植株生长。或苗期肥水过大，又遇秋后的冷湿环境，造成叶片枯黄，而不长葱头。或植株营养积累太少，只长叶片不长葱头。

③预防措施　采取地膜覆盖栽培，中耕松土，以提高地温。秋栽洋葱在定植缓苗后控制浇水，中耕松土保墒，以提高植株的耐寒性。进入发叶盛期后适时追肥浇水，促进植株生长。

200. 怎样避免收获期洋葱鳞茎发生腐烂？

(1)症状识别　在收获期洋葱鳞茎发生腐烂，有以下几种类型。①在洋葱收获前，地膜拱起，鳞茎被捂在地膜下，遇降雨后在地膜与畦面之间形成了高温多湿的小环境，造成鳞茎在膜下受潮受热而腐烂。②鳞茎内部鳞片腐烂(心腐)和外部鳞片腐烂(肌腐)。③叶鞘松动后腐烂。④病虫危害造成腐烂。

(2)诱发因素　①因栽苗过深，使鳞茎大部分或全部埋在地下，或整地不标准、铺地膜不紧，或使用除草剂不当，除草效果不佳等，均可造成地膜下鳞茎腐烂。②进入鳞茎膨大期后偏施氮肥，在成株吸收氮肥过量而表现出缺钙，易造成鳞茎心腐和肌腐。③在鳞茎膨大后期植株下部第一至第二片叶枯黄，第三至第四片叶尚带绿色，此时叶鞘包裹不紧而松动，遇连阴雨天或喷灌，水会顺着叶片流入鳞茎内造成腐烂。④病虫危害。

(3)预防措施　①为避免地膜下鳞茎腐烂，可采取如下措施。

整地要细、耙地要平。用氟乐灵除草剂均匀喷洒畦面后混土铺地膜，地膜要紧贴畦面。栽苗时要掌握适宜深度、用土封严定植孔。及早在地膜上压土除草。收获前发现地膜拱起，可顺行把地膜撕开。②用0.2%硝酸钙溶液或0.5%氯化钙溶液或1%过磷酸钙浸出液叶面喷洒。在收获前10～13天，每667米^{2}用7千克碳酸钙粉，在降雨后叶面撒施；或在洋葱茎叶被切除后撒施，以防植株缺钙。③在假茎变软并开始倒伏时，即把直立的植株全部用人工压倒，防雨水流入鳞茎内。及时收获成熟鳞茎。④及早防治病虫危害。

201. 怎样避免贮藏期洋葱鳞茎发生腐烂和早发芽？

(1)症状识别　有时洋葱鳞茎在贮藏后不久，便出现腐烂和早发芽症状，随着幼芽的不断生长，鳞茎逐渐干瘪，甚至完全失去食用价值。出现腐烂和早发芽的鳞茎都不能继续贮藏。

(2)诱发因素　①收获成熟洋葱鳞茎过晚，或鳞茎收获前雨水过多，或鳞茎在地里时被水淹过，或收获后鳞茎没有晾晒干，或收获后晾晒时鳞茎遭到雨淋，或贮藏初期鳞茎堆积过厚而发热，或贮藏期温度偏高，或贮藏期鳞茎表面干皮脱落较多，或鳞茎上有伤口等，均易造成鳞茎腐烂。②收获后的洋葱鳞茎在经过90天左右的休眠期后若贮藏环境温度超过5℃，就会发芽，加上湿度大，会使发芽速度加快、并长出新根，商品性降低。

(3)预防措施　①选种耐贮品种，如黄皮洋葱中的扁圆形鳞茎的品种。②在收获前，适时对准备贮藏的洋葱喷洒抑芽丹（见上文）。③在快到洋葱收获期时停止浇水，并要防止降雨淹地。④适时收获成熟鳞茎，避免损伤鳞茎和折断叶片。起获的鳞茎应排放在田间晾晒，可用后排的洋葱叶片盖住前排的洋葱鳞茎防晒伤。过3～4天当叶片有七八成干时，按鳞茎大小编辫，每辫5～7千克。将编好后鳞茎辫摆平(鳞茎在下、叶辫在上)继续晾晒,中午光照强时可暂时用物遮挡。注意在此期间,需采取措施防雨淋鳞茎。如临时堆放覆盖塑料布,雨过后再摊开。过 6～7 天叶辫由绿变黄、鳞茎外皮充分干燥后进行室外码垛贮藏(华北地区)。⑤在码垛贮藏期间,要采取措施注意防雨、防潮、防晒、防碰伤、防本身发热等。

(4)注意事项 ①在编辫时要淘汰伤、劣、病鳞茎。若叶片少,可加入湿稻草编辫。②可根据当地条件,采取扎把室外码垛贮藏、或室内挂(堆)藏、冷库贮藏、气调贮藏等。

202. 洋葱植株有哪些缺素症？怎样防治？

(1)缺氮症

①症状识别 植株缺氮,生长受到抑制,先从外叶开始黄化,严重时会枯死,但根系仍保持活力。在植株叶和鳞茎形成初期,是需氮肥的关键期,进入鳞茎形成期后缺氮会使鳞茎膨大不良,外形瘦长。

②诱发因素 缺少基肥,或不能及时追施氮肥。

③防治措施 施足基肥,在各生长关键阶段及时追肥浇水(见上文)。但要注意植株吸收氮素过多,则叶色深绿,发育滞缓,叶部贪青延迟成熟,易感染病害,还会造成缺钙,易使鳞茎发生心腐和肌腐(氮过多症)。

(2)缺磷症

①症状识别 植株缺磷,在幼苗期可影响株高和叶片数的增加、根系发育不良;在鳞茎肥大期,会造成减产。

②诱发因素 土壤中缺磷、或施磷肥不够、或温度低。

③防治措施 在基肥中配施磷肥或叶面喷洒 0.2%～0.3% 磷酸二氢钾溶液。但要注意植株吸收磷素过多,则鳞茎外部鳞片会发生缺钙,内部鳞片会发生缺钾,鳞茎盘(底盘)会发生缺镁,易

发生肌腐、心腐和根腐等生理病害(磷过多病)。

(3)缺钾症

①症状识别　植株缺钾,外部老叶尖端呈灰黄色或浅白色,随外部叶片脱落,缺素症状向内扩展,叶片干枯后呈硬纸状,上面密生绒毛。在鳞茎膨大期缺钾,易染霜霉病,降低耐贮性。

②诱发因素　土壤中缺钾,或施钾肥不够。

③防治措施　一般在植株长到最大高度后应适当控制氮肥而增施钾肥。

④补救措施　叶面喷洒0.2%～0.3%磷酸二氢钾溶液。

(4)缺钙症

①症状识别　植株缺钙,根部和生长点的发育会受到影响,组织内的碳水化合物含量降低,从而影响鳞茎的生长和品质,导致发生心腐和肌腐。

②诱发因素　偏施氮肥。

③防治措施　参照上文。但要注意植株吸收钙素过多,会导致微量元素的失调(钙过多症)。

(5)缺镁症

①症状识别　植株缺镁,嫩叶先端变黄,继而向基部扩展,以至叶枯死。

②防治措施　可叶面喷洒1%硫酸镁溶液,连喷2～3次。

(6)缺硫症

①症状识别　植株缺硫,叶片变黄,生育不良。

②防治措施　施用含硫酸根化肥(硫酸铵)。

(7)缺铜症

①症状识别　植株缺铜,鳞茎外皮薄、颜色浅。

②诱发因素　在泥炭土地带曾发生过缺铜。

③防治措施　每667米^{2}施8～22千克硫酸铜,鳞茎外皮增厚,颜色转深,鳞茎紧实。

(8)缺硼症

①症状识别　植株缺硼，叶片弯曲生长不良，嫩叶发生黄色和绿色镶嵌，质地变脆，叶鞘部分发生梯形裂纹。鳞茎则表现疏松状。严重时发生心腐病。

②防治措施　每667米^{2}施硼砂1千克作基肥，或叶面喷洒0.1%～0.3%硼酸溶液。

③注意事项　施用硼肥过量或施用不匀会发生烧根。

203. 什么是大葱不成株现象？怎样避免？

(1)症状识别　从定植至秋季收获，大葱生长量小于原定植株或小于50克。

(2)诱发因素　①种植采用自然授粉的方式生产的种子。②种植了易出现不成株的品种。③定植幼苗时，没有采取分级栽植。④定植幼苗时，株距过小。均易造成大葱不成株。

(3)预防措施　①在大葱制种时，在花球的遗传强势区域互相授粉，为防止串粉(串花)，隔离区距离应在1 000(二代种子)～5 000米(原种)。②播种前宜采用风选或水选种子，淘汰不饱满的种子。③在起苗前，维持适宜的土壤湿度。在起苗时避免伤根，抖掉泥土，成把顺序摆好，摘除枯叶，剔除有病虫苗、残伤苗、不符合品种特性苗等。并根据幼苗大小分成三级，只栽一级和二级幼苗，淘汰三级幼苗(偏小苗)。边起苗边分级边定植，按级分片栽种幼苗。壮苗标准(章丘大葱)：平均单株重40～60克，株高50～60厘米，葱白长25～30厘米、其直径(粗)1～1.5厘米，有5～6片叶色深绿的管状叶。④每667米^{2}施腐熟有机肥2 000～4 000千克，有机肥多时可撒施后开沟、有机肥少时可开沟后撒施入沟，并往沟内再撒施复合肥20千克，或尿素15千克和过磷酸钙20千克。按行距80厘米开栽种沟，沟深和沟宽均为30～35厘米。⑤适当增加株距为6～9厘米(章丘大葱)，可采用干插(插葱后浇水)或水插

(浇水后插葱)。插葱深度以心叶处高出沟面 7～10 厘米为宜,掌握上齐下不齐的插葱原则。⑥在大葱定植后注意中耕除草保墒,在雨季来临前,把垄台锄平。在日平均气温下降至 25℃以下(立秋后),适时追施尿素 10 千克,处暑后追施尿素 15 千克、硫酸钾 15～20 千克或草木灰 100 千克。注意培土浇水。收获前 7～10 天停止浇水。

(4)注意事项 ①在秋季旬平均气温稳定在 16.5℃～17℃为播种适期,越冬幼苗具有 2～3 片叶、株高 10 厘米左右、鳞茎直径(粗)0.4 厘米以下,既可安全越冬又可避免先期抽薹。②对短葱白类型或鸡腿类型的大葱可采用排葱法栽苗,即沿栽种沟壁较陡的一面,按株距摆放葱苗,使葱苗基部稍入沟底的松土内,再从沟的另一侧倒土,埋至葱苗最下 1 叶的叶身基部,然后顺沟浇水。

204. 大葱叶片为什么会干尖

大葱叶片干尖是生产中较为常见的一种症状,诱发叶片干尖的因素较多。

(1)酸性土壤

①症状识别 葱叶生长缓慢,细弱,外叶枯黄,引起干尖。

②诱发因素 有机肥施用量较少,而大量施用硫酸铵、过磷酸钙等化肥,造成土壤酸化。

③防治措施 每 667 米^2 沟施腐熟有机肥 4 000 千克、过磷酸钙 20 千克、尿素 15 千克作基肥,并施生石灰 150 千克。

④注意事项 大葱适于在中性土壤上生长,以 pH 值 7～7.4 最适宜。

(2)干 旱

①症状识别 叶片干尖。

②诱发因素 在大葱的生长过程中不注意浇水,造成土壤干旱。

③防治措施　按大葱不同生长阶段对水分的需求，适时、适量浇水。在苗期适当控水，不干不浇，隔 15～20 天浇 1 次小水。在营养生长期结合追肥、培土及时浇水，保证水分供应充足，保持土壤含水量为 70%～80%。在收获前 10～15 天控制浇水，保持土壤含水量为 60%～70%。

(3)高　温

①症状识别　叶尖干枯。

②诱发因素　环境温度超过 35℃。

③防治措施　对露地大葱栽培，注意浇水降温。对棚室大葱栽培，加强通风，防止出现 30℃以上的高温。

(4)冻　害

①症状识别　叶尖受低温冷害，叶尖变白。

②诱发因素　环境温度低于 7℃。

③防治措施　在棚室大葱栽培时加强夜间保温，使最低气温不低于 7℃。

(5)微量元素

①症状识别　(缺钙)心叶尖黄化，(缺镁)外叶尖黄化。

②诱发因素　植株缺钙或镁。

③防治措施　叶面喷洒 0.1%～0.3%硝酸钙溶液或 0.1%氯化镁溶液。

(6)有害气体

①症状识别　氨气危害使叶尖枯萎而干尖，逐渐变为褐色。二氧化氮(亚硝酸)气体危害叶尖变白枯死而干尖。

②诱发因素　在棚室密闭时施用硫酸铵或氯化铵，会引起氨气危害。土壤酸化引起二氧化氮气体危害。

③防治措施　增施有机肥作基肥，注意通风。在棚室密闭不能通风的情况下，不追施硫酸铵。

(7)药　害

①症状识别　受害叶片叶尖变白、干枯。

②诱发因素　使用药剂浓度过高。

③防治措施　正确配制药液浓度，不过量使用农药。叶面喷洒0.05％核苷酸悬浮剂(绿风95)500倍液可缓解药害。

(8)注意事项　大葱植株受到多种病虫的危害，也可造成叶片干尖症状。

十一、白菜类蔬菜生理病害疑症识别与防治

205. 怎样避免春季大白菜抽薹？

(1)症状识别 大白菜在春季播种出苗后出现没有形成叶球就抽薹开花的现象，又称为早期抽薹。

(2)诱发因素 ①大白菜为种子春化型植物，其种子萌动后随时能在低温条件下通过春化阶段，如大白菜幼苗在气温15℃条件下20天、或气温低于12℃累计10天以上、或在气温10℃或低于10℃14天，均可通过春化，然后在长日照条件(每天13小时以上)下抽薹开花。②春大白菜播种时间过早，或春季气温低(如倒春寒)，均易使幼苗通过春化阶段。

(3)预防措施 ①选用冬性强、不易抽薹开花的早熟品种。②根据各地春季气候条件及育苗条件，适期播种。如东北齐齐哈尔市春大白菜的适宜播期：大棚内为3月5日(定植为4月10日)，小拱棚内为3月15日(定植为4月20日)，露地为5月10～15日；在河南省的适宜播期为2月中下旬。③因地制宜选用营养钵育苗、塑料袋育苗、泥块育苗、纸袋育苗或营养土块育苗，育苗温度白天20℃～25℃、夜间不低于13℃。一般苗龄在25～35天、有4～8片叶，当外界气温稳定在13℃以上时才能定植。④采用地膜覆盖定植幼苗。⑤定植2～3天后可轻浇1次水，浇水时间以中午为宜，适时中耕松土。适当蹲苗。进入莲座期后和结球初期，每667米^{2}各追施尿素10千克，并注意浇水。⑥在春白菜(包括结球和不结球)花芽分化期，可全株喷洒1 250～2 500毫克/升抑芽丹溶液，每株喷约30毫升药液。

(4)注意事项 ①春季栽培大白菜播种过早，幼苗还有受冻的

危险;播种偏迟,后期气温高,不能形成紧实的叶球,还易发生软腐病。②当气温稳定且超过 13℃时,夜间最低温度仍会低于 10℃,大白菜幼苗还会通过春化。用地膜覆盖,温度能提高 2℃～5℃,并减少田间杂草和降低生长后期的田间温度。③结球期安排在 25℃之前为宜。

206. 什么是大白菜小黑点病?怎样避免?

(1)症状识别 大白菜小黑点病是指在球叶的叶柄内侧表面出现小黑点样病变,又称为芝麻症(日本)。在种植或贮藏过程均会发生,降低了大白菜的商品性。

(2)诱发因素 ①种植了易发生病害的品种。②在春季种植,或春季种植延迟收获、或在果树地内种植、或施氮肥量偏大(特别是基施量大)等,均易加重小黑点病的发生。

(3)预防措施 ①春季种植可选种鲁春白 1 号、04 春 5、04 春 8、庆春、阳春等大白菜品种。秋季种植新丰抗 70、新北京 5 号等大白菜品种。②避免在果树地内种植大白菜。③适当减少基肥中氮肥用量。④合理追施氮肥,每 667 米^2 每次追施尿素 8～9 千克,追施 2 次(春栽)或 4 次(秋栽)。⑤适期及时收获,收获时尽可能多留外叶。

(4)注意事项 大白菜包心叶片的主脉表皮上出现黑色散状小斑点,也与光照不足、施氮肥过多引起硝酸根的毒害有关。

207. 怎样防治大白菜干烧心病?

(1)症状识别 该病又称为焦边、夹皮烂。主要危害大白菜叶球。若在结球初期发病,嫩叶边缘呈水渍状半透明,脱水后萎蔫呈白色带状;若在结球后发病,植株外观正常,内叶叶缘部分变干黄化,叶肉呈干纸状,有带状或不规则的病斑,发病部位和健康部位的界限较为清晰,叶脉呈黄褐色至暗褐色,病叶大致出现在叶球的第一至第二十片叶、即植株的21～40片叶，其中的23～33片叶位居多。染病株在贮藏期易被细菌感染，由干心状变成腐烂状。

(2)诱发因素 ①因土壤中缺乏能被植株吸收的活性锰，或土壤中氮、钾、钠离子含量偏高，不利于植株吸收钙离子，使植株缺锰或缺钙所致。②在土壤缺水干旱年份蹲苗过度，或不施或少施农家肥，或施氮素化肥过量，或施用炉灰、垃圾等肥料过量，或用污水或咸水浇地、或土壤盐渍化，或土壤板结等，均可使干烧心病加重。③不同品种间的抗病性也有很大差异。

(3)预防措施 ①要因地制宜选用抗(耐)病品种，如青庆、塘沽大核桃纹、新河中核桃纹、中白4号、青杂中丰等。②选择土壤有机质含量在3%以上，全盐含量在0.2%以下，氯化钠含量低于0.05%的菜田种植大白菜。③播种前应浇透水，苗期提倡小水勤浇，莲座期依天气、墒情和植株长势适度蹲苗(天气干旱也可不蹲苗)。蹲苗后应浇足1次透水，包心期保持地面湿润。浇水后及时中耕，防止土壤板结、盐碱上升。避免用污水和咸水浇田。④对长期使用铵态氮的土壤，要适量增施农家肥料。一般每667米^{2}施肥量:施腐熟有机肥2 500～3 000千克并加入过磷酸钙40～60千克、硫酸铵10千克、硫酸钾10千克或大白菜专用复合肥50千克作基肥；根据土壤肥力和生长阶段，适量追施氮素化肥24～60千克、或腐熟的有机肥1 000～1 500千克、或氮磷钾复合肥30千克。⑤在酸性土壤可适当增施石灰，在碱性土壤中施入石膏，把酸碱度调节成中性。或从莲座期开始对植株心叶喷洒0.7%氯化钙加50毫克/升萘乙酸的混合液，每隔7～10天1次，连喷4～5次。⑥也可在大白菜的苗期、莲座期、包心期，对心叶各喷洒1次0.7%硫酸锰溶液，每667平方米喷50升药液。

(4)注意事项 在甘蓝、花椰菜、叶用莴苣等蔬菜上，类似干烧心的症状也有发展趋势。

208. 怎样减少大白菜贮藏期脱帮？

(1)症状识别 大白菜在冬季贮藏期间，叶球外部的叶片会逐渐变黄而脱落，重者腐烂，使大白菜贮藏损耗量可达30%～50%，严重时在入窖后20～30天就脱帮成了“白菜头”。

(2)诱发因素 ①当贮藏环境中（由大白菜释放的）乙烯含量超过一定浓度后（23毫克/升），即可导致大白菜脱帮。②选用了不耐贮藏的品种，或在贮藏前大白菜受冻或受热或受到机械损伤，或入窖时菜棵含水量偏高，或菜棵温度偏高，或贮藏环境温度偏高或偏低，或贮藏环境通风条件差，或贮藏后倒菜不及时，或窖内湿度偏低等，均易加重脱帮的发生。

(3)预防措施 ①选择种植中晚熟的青帮直筒型大白菜品种，用于贮藏后上市。②北京及太原地区在霜降前后，将大白菜的外叶向上拢起，用稻草或马蔺或红薯茎蔓等物捆在菜的上部（捆菜）。对准备贮藏的大白菜，在收获前10天停止浇水。③在收获前3～10天，选晴天下午用40～100毫克/升防落素溶液，从大白菜基部自下向上喷洒，以外部叶片全湿润而溶液不下滴为宜；或在收获前5～6天，选晴天下午用50～100毫克/升萘乙酸溶液喷洒大白菜基部，可减少贮藏期脱帮。④（在立冬前后）适时收获。若有较强寒流来临，气温有可能降至－5℃时，可将菜砍倒或把已砍倒晾晒的菜一棵靠一棵紧紧立放在一起，其四周用土围住菜根部，在菜堆上面覆盖一层菜叶等物防冻，待气温回升后再摊开晾晒。⑤把砍倒的菜根朝南晾晒，过2～3天后把菜棵翻转再晾晒另一边2～3天，到菜棵直立时其外叶下垂而不折断为宜。晾晒后选七八成心的菜棵，整修后码放在背阴处待贮，注意白天防热、夜间防冻。⑥当外界气温降至1℃～2℃方可入贮。可因地制宜选择堆藏、沟藏、窖藏、冷库贮藏等方式贮藏大白菜。堆藏时可通过揭盖覆盖物来散热或防寒，并要每隔3～4天倒菜1次。沟藏时需随着外界气温的降低而分次覆土防冻。窖藏时可在清晨或夜间入窖，每层菜之间用3～5根秫秸分开，贮藏的环境温度为0℃、空气相对湿度为95%以上，并需根据外界气温的变化来调节天窗和气孔的开与关。入窖初期每隔4～5天倒菜1次，连续3次倒菜后可逐渐延长倒菜的间隔天数。冷库贮藏时需分批入库，适时（约隔20天）倒菜。

(4)注意事项 在倒菜过程，注意清除黄帮、烂叶、不耐贮菜及病棵等。

209. 白菜类蔬菜有哪些缺素症？怎样防治？

(1)缺氮症

①症状识别 大白菜早期缺氮，植株矮小，叶片小而薄，叶色发黄，茎部细长，生长缓慢；中后期缺氮，包心期延迟，叶球不充实，叶片纤维增加，品质降低。油菜缺氮，新叶生长慢，叶片少叶色浅，逐渐褪绿呈现紫色，茎下叶缘变红。严重时呈现焦枯状，出现淡红色叶脉，植株生长瘦弱，主茎矮纤细，株形松散，角果数很少，开花早且开花时间短，终花期提早。

②防治措施 施足腐熟有机肥作基肥。在施基肥或作种肥时，用长效碳酸氢铵或涂层尿素等缓释肥料。发现田间症状后，每667米^{2}追施尿素7～8千克，或碳酸氢铵15～20千克，或叶面喷洒1%～2%尿素溶液。

(2)缺磷症

①症状识别 大白菜缺磷，生长不旺盛，植株矮化茎细，叶小呈暗绿色，根部发育细弱。油菜缺磷，叶片呈暗蓝绿色至淡紫色，叶片小，叶肉厚，无叶柄，叶脉边缘有紫红色斑点或斑块，叶片数量少，下部叶片变黄易脱落。严重时叶片边缘坏死，老叶提前凋萎，叶片变成狭窄状。植株矮小，茎变细分枝少，植株外形呈细高状而直立。根系小发育差，侧根少。推迟成熟期1～2天。

②防治措施　每667米^{2}用过磷酸钙20～30千克，与基肥混均匀后施用。在生长后期或田间发病初期，每667米^{2}叶面喷洒0.2%～0.5%磷酸二氢钾溶液50升。

(3)缺钾症

①症状识别　大白菜缺钾，初期下部叶缘出现黄白色斑点、迅速扩大成枯斑，叶缘呈干枯卷缩状；结球期缺钾，结球困难或疏松。油菜缺钾，幼苗呈匍匐状。叶片暗绿色，叶片小，叶肉似开水烫伤状，叶缘下卷，叶面凹凸不平、松脆易折断，叶片边缘或叶脉间组织失绿、开始时呈现小斑点、后发生斑块状坏死。严重缺钾，叶片全部枯死但不脱落。缺钾先表现在新生叶片上，老叶上不易见到。缺钾时主茎生长缓慢且细小，易折断倒伏。角果短小，角果皮有褐色斑点。

②防治措施　在每667米^{2}缺钾的地块上，用草木灰50～80千克混入基肥施用，或在苗期将硫酸钾10千克与细土拌匀穴施；或追施硫酸(氯化)钾5～10千克，或追施草木灰100千克，或叶面喷洒0.2%～0.5%磷酸二氢钾溶液。

(4)缺钙症

①症状识别　大白菜缺钙症状可参照干烧心条。

②防治措施　参照干烧心条。

(5)缺铁症

①症状识别　大白菜缺铁，心叶先出现症状，叶脉间组织失绿、呈浅绿色至黄白色。缺铁严重时，叶脉也会黄化。

②防治措施　适量增施腐熟有机肥作基肥。及时叶面喷洒0.2%～0.3%硫酸亚铁溶液2～3次，间隔7～10天。

(6)缺硼症

①症状识别　大白菜缺硼，开始结球时心叶多皱褶，外部第五至第七片幼叶的叶柄内侧生出横的裂伤，维管束呈褐色，后外叶及球叶的叶柄内侧也生裂痕，并在外叶叶柄的中肋内、外侧发生群聚

褐色污斑，球叶中肋内侧表皮下出现黑点呈木栓化。植株矮，叶片严重萎缩粗糙，结球小而坚硬。油菜缺硼，苗期幼根变褐色，新根少，根茎膨大，个别根端有小瘤状突起。茎尖生长点变白枯萎。叶暗绿色皱缩、呈现紫红色斑块或全部叶片为紫红色，严重时引起死苗；蕾薹期缺硼，花蕾枯萎变褐，薹细且短，顶部花蕾失绿枯萎，花色暗淡，花瓣皱缩干枯不能正常开花和结实，出现花而不实。不能形成正常角果，幼果大量脱落，个别畸形发育的角果籽粒少，大小成熟不一。

②防治措施　每667米^{2}用硼砂0.5～1千克配合基肥施入。及时叶面喷洒0.2%～0.4%硼砂（酸）溶液2～3次，每次间隔10天，每667米^{2}喷溶液50～60升。

(7)缺镁症

①症状识别　油菜缺镁，常使叶片呈现缺绿，但叶脉仍呈现绿色，其基部老叶开始发黄。开花往往受到抑制，花瓣呈苍白色。植株大小变化不明显。

②防治措施　实行测土配方施肥技术和2年以上轮作，保持土壤呈中性状态。施用充分腐熟的有机肥。每667米^{2}叶面喷洒0.2%～0.5%硫酸镁溶液50升，连喷2～3次。

(8)缺锰症

①症状识别　油菜缺锰时，幼叶呈现黄白色，叶脉仍绿色、开始时产生褪绿斑点，后除叶脉外，全部叶片变黄。植株一般生长势弱、黄绿色，开花数目少，角果也相应减少。芥菜型油菜则发生不结实现象。

②防治措施　每667米^{2}用硫酸锰0.5～1千克配合基肥施入。在田间发病初期，每667米^{2}叶面喷洒0.05%～0.1%硫酸锰溶液50升，连喷2～3次，间隔7～10天。

(9)缺硫症

①症状识别　油菜缺硫，其症状与缺氮症状相似，幼苗窄小黄

化，叶脉缺绿，后期逐渐遍及全叶及抽薹和开花时的茎和花序上，淡黄色花变成白色，开花延续不断。成熟期植株上同时存有成熟和不成熟的角果，还有花和花蕾，角果尖端干瘪，约有一半种子发育不良，植株矮小，茎易木质化或折断。

②防治措施　可施用硫酸铵、硫酸钾等。

(10)缺锌症

①症状识别　油菜缺锌时，叶脉间组织褪绿，叶片小略微有所增厚，严重的叶片全部变白。植株一般生长矮小，长势弱。芥菜型油菜开花受到抑制，完全不结实。

②防治措施　每667米^{2}用硫酸锌0.5～1千克配合基肥施入。在田间发病初期，每667米^{2}叶面喷洒0.1%～0.3%硫酸锌溶液50升，连喷2～3次，间隔7～10天。

(11)注意事项　白菜类蔬菜包括大白菜(又名结球白菜、黄芽菜)、白菜(又名普通白菜、小白菜、青菜、油菜)、乌塌菜(又名黑菜、塌棵菜)、紫菜薹(又名红菜薹、油菜薹、红油菜薹)、菜心、薹菜等。白菜类蔬菜缺素症的诱发因素可参照黄瓜缺素症中的有关内容。

210. 怎样避免白菜类蔬菜出现肥害？

(1)症状识别　白菜类蔬菜肥害在育苗、大田栽植中时有发生，尤以南方发生为多。常见的有以下3种。①外伤型肥害。是指由肥料外部侵害所致，造成白菜类蔬菜的根、茎、叶的外表伤害，如氨气过量可致油菜出现水渍状斑、输导组织坏死、茎叶出现褐黑色伤斑，严重时植株不长或枯死。或造成烂种和烧苗。②内伤型肥害。是指施肥不当，造成植株体内离子平衡受到破坏引起的生理伤害，如氨气过量吸收，造成叶肉组织崩溃、叶绿素解体、光合作用不能正常进行，最后植株死亡。③硝酸盐含量超标。是指蔬菜体内含有大量硝酸盐。

(2)诱发因素　①气体毒害。生产中施用碳酸氢铵、氨水、尿素等化肥，都可以产生(气态)氨，遇有高温、土壤含水量低于20%时，氨气易沉积在苗床或土壤表面，造成气体毒害。②浓度伤害。施用化肥或有机肥过量，都会造成土壤溶液浓度偏高，使植株吸收养分和水分的功能受抑制。化肥干施或施用没有充分腐熟有机肥，这些肥料分解出大量有机酸、有害气体及热量，伤害了白菜类蔬菜的根系。③拮抗作用。过量施用钾肥会妨碍植株对钙和镁、硼等微量元素的吸收而出现缺素症。④积累作用。过量施用氮肥，发生硝酸盐的积累。

(3)预防措施和补救措施 ①采用分层施肥法(将生产下茬蔬菜所需肥料，按总量的60%～80%在整地时分层施入土壤中)或全层深施法(按当年计划茬口及施肥总量，在深翻地时一次性施入)。施肥后要根据土壤干湿程度确定是否浇水，一般要保持土壤湿润，切忌干施肥后即播种或定植幼苗。②提倡施用生物肥料。③必要时每667米^{2}用惠满丰液肥250～500毫升对水稀释为400～600倍液喷洒，或用0.01%芸薹素内酯乳油3 000～4 000倍液喷洒，或用1.8%爱多收水剂6 000倍液喷洒。④其他措施可参照施用有机肥不当造成的危害和施用化肥不当造成的危害、蔬菜硝酸盐污染中有关内容。

211. 怎样避免白菜类蔬菜受到高温障害？

(1)症状识别 刚出土的白菜类蔬菜幼苗根茎部出现缢缩，轻的幼苗萎蔫、重者死苗，造成出苗不全或缺苗断垄。

(2)诱发因素 在出苗过程中，遇有天气持续干燥、土壤中缺水、中午阳光强烈气温升高，造成地温过高且持续时间长，靠近土壤表面幼苗的根茎部就会发生灼伤，而出现上述症状。反季节栽培的白菜类蔬菜易受害。

(3)预防措施 ①选用耐热或耐湿白菜类蔬菜品种。②在反季节栽培要掌握正确的播种期，避免播期过迟。③在苗期遇高温干旱天气要注意播前播后浇水，尤其要适时适量复水及时降温，必要时再浇第三、第四水，保持适宜的土壤湿度。沙壤土易缺水，尤其要注意加强苗期水分管理。④注意采取遮光或通风降温等措施。

(4)补救措施 及时浇水或采取遮光措施或通风降温。

212. 怎样避免白菜类蔬菜受到冻害？

(1)症状识别 白菜类蔬菜在越冬栽培、育苗、早熟栽培及大白菜生长后期均可发生冻害，轻的叶片变白呈薄纸状，重的似水烫过，叶片瘫倒在地。

(2)诱发因素 普通白菜等苗期遇到－3℃～－5℃的低温，叶片即发生冻害，在花蕾期抗寒力弱，0℃以下极易受冻害。大白菜在气温短时间降至－5℃以下开始受冻，持续时间较短受害较轻，若持续 2 天以上，日平均气温也降至 0℃以下，会造成严重冻害。

(3)预防措施 ①适当控制施用氮肥、增施磷、钾肥，促进根系发育。②入冬前把秸秆、树叶、谷壳、草木灰等物铺在青菜行间、或覆土厚 3～5 厘米把心叶盖住，翌年春季再揭除覆盖物。③入冬前把猪、牛粪或土杂肥 1 000～2 500 千克施于青菜行间（提高地温 2℃～3℃），还可起冬施春用的作用。④早春中耕培土。疏松土壤，提高地温。⑤在寒流来临前，采取措施防降温。寒流过后及时查苗，注意清沟和培土，解冻时撒施 1 次草木灰或谷壳灰。⑥喷洒 27％高脂膜乳剂 80～100 倍液。⑦每 667 米^2 用惠满丰液肥 250～500 毫升，对水稀释为 400～600 倍喷洒。⑧每 667 米^2 用植物抗寒剂或抗逆增产剂 100～300 毫升，对水稀释后喷洒。⑨对秋大白菜适时收获，可采取多种措施避免受冻（见上文）。

(4)注意事项 对越冬或早春种植的白菜类蔬菜，要提前采取措施，避免出现早薹早花。